CONTEMPORARY CHINESE ARCHITECTURE READER

当代中国建筑读本

李翔宁 主编

中国建筑工业出版社

序一
读本与学科的铺路石

自古以来就有“工欲善其事，必先利其器”一说，对于研究人员和教师而言，我们的“器”恐怕主要是文献，理论的、实用的和工具的。我们在进行研究的过程中，往往感叹寻找文献，尤其是全面收集文献的困难。有时候寄希望于百科全书，但是许多百科全书到应用的时候才发现恰恰是你最需要的东西缺得很多。由于研究工作的需要，我曾经刻意收集国内外出版的各种工具书、文选和读本作为参考。2003 年以来，我和国内许多学者主持翻译《弗莱彻建筑史》的八年中，根据这本史书涉及的语言，除英文词典外，也收集了德语、法语、意大利语、西班牙语、荷兰语、葡萄牙语、拉丁语等各种语言的词典，还收集了各国出版的建筑百科全书、历史、地图和术语词典。又由于翻译的需要，还收集了各种人名词典、地名词典，多年下来也收集了几乎满满一书架的工具书。自 1992 年为给建筑学专业的本科生开设建筑评论课以来，由于编写教材的需要，同时又因为为博士生开设建筑理论文献课，也收集了不少理论文选和读本。这些读本的主编都是该学科领域的权威学者，由于这些经过主编精选的文选和读本的系统性、专业性以及权威性，同时又附有主编撰写的引言和导读，大有裨益，将我们迅速领入学科理论的大门，扩大了视野，帮我们省却了许多筛选那些汗牛充栋的文献的宝贵时间。这些年因为承担中国科学院技术科学部的一项关于城市规划和建筑学科发展的课题，又陆陆续续收集了一批有关城市、城市规划和建筑的文选和读本。在教学和研究中常常感叹所使用的文选或读本选编基本上都是国外学者的论著，因此，也想自己动手编一本将中外论著兼收并蓄的文选或读本，但都因为工程过于浩大而只编了个目录就搁在一边。

从国内外出版的文选和读本的内容来看，大致可以分为四类：作者的文选或读本、文化理论读本、城市理论读本以及建筑理论文选等。前两种和我们的专业有一定的关系，但并非直接的关系，进行某些专题研究时具有参考价值。作者文选或读本多为哲学家、社会学家或文学家的读本，例如《哈贝马斯精粹》、《德勒兹读本》、《哈耶克文选》、《索尔仁尼琴读本》等。目前国内出版的文化理论读本较多，涉及面也较广，包括《城市文化读本》、《文化研究读本》、《视觉文化读本》、《文化记忆理论读本》、《女权主义理论读本》、《西方都市文化研究读本》等，早年出版的各种西方文论也属这一类读本。

目前最多的读本，并成为系列的是有关城市方面的读本，国外有一些出版社专题出版城市读本，最有代表性的是美国劳特利奇出版社（Routledge, Taylor & Francis Group）出版的城市读本系列，例如《城市读本》、《城市文化读本》、《城市设计读本》、《网络城市读本》、《城市地理读本》、《城市社会学读本》、《城市政治读本》、《城市与区域规划读本》、《城市可持续发展读本》、《全球城市读本》等，其中一些读本已多次再版。其中的《城市读本》已经由中国建筑工业出版社于2013年翻译出版，由英文版主编勒盖茨和斯托特再加入张庭伟和田莉作为中文版主编，同时增选了15篇中国学者的论文，这部读本当属国内目前最好的城市规划读本。其他也有多家出版社如黑井出版社（Blackwell Publishing）出版的《城市理论读本》以及城市地理系列读本，威利-黑井出版社（Wiley-Blackwell）出版的《规划理论读本》，拉特格斯大学出版社（Rutgers University Press）出版的《城市人类学读本》。中国建筑工业出版社在2014年还出版了《国际城市规划读本》，选编了《国际城市规划》杂志历年来的重要文章。

国外在建筑方面虽然没有像城市读本那样的系列读本，但已经有多种理论文献出版，有编年的文献，收录从维特鲁威时代到当代的理论文献，也有哲学家和文化理论家论述建筑的理论读本，例如劳特利奇出版社出版的由尼尔·里奇主编的《重新思考建筑：文化理论读本》（1997）收录了阿多诺、哈贝马斯、德里达等哲学家，以及翁贝托·埃科、本雅明等文化理论家的著作。近年来国外有三本重要的理论文选出版，分别是麻省理工学院出版社出版的由迈克尔·海斯主编的《1968年以来的建筑理论》（2000），普林斯顿大学出版社出版的由凯特·奈斯比特主编的《建筑理论的新议程：建筑理论文选1965-1995》(1996)和克里斯塔·西克思主编的《建构新的议程——1993-2009的建筑理论》（2010）。

近年来国内出版较多的是建筑美学类的文选，例如由奚传绩编著的《中外设计艺术论著精读》（2008），汪坦和陈志华先生主编的《现代西方建筑美学文选》（2013），王贵祥先生主编的《艺术学经典文献导读书系·建筑卷》（2012）等。也有学者正在为编选更全面又系统的读本而在辛勤工作，这些文选和读本选录的基本上都是国外理论家的论著。

虽然有一些类似文选的出版物收录了国内学者的文章，例如《建筑学报》杂志社 2014 年为纪念《建筑学报》六十年出版的专辑，主要是为了编年史的目的，属于纪事性，并不是根据论题的文献选编。

最近欣闻中国建筑工业出版社计划编辑出版“当代中国城市与建筑系列读本”，不仅是对近代以降的文献进行系统的整理，也是对当代中国学术的梳理，反映学术的水平。从目录来看，读本的内容包括中外学者的论著，但是以中国学者为主。这些读本选编的内容大致包括历史、综述、理论、实践、案例、评论以及拓展阅读等方面的内容，基本上涵盖并收录了当代最有代表性的中文学术文献，能给专业人士和学生提供一个导读和信息的平台。读本的分类包括建筑、园林、城市、城市设计、历史保护、居住等，文章选自学术刊物和专著，分别由李翔宁、童明、张松、葛明、何建清和王兰等负责主编，各读本的主编都是该领域的翘楚。这个读本系列既是对中国城市、城市设计、建筑与园林学科的历史回顾，又是面向学科未来发展的理论基础。这其实是一项功德无量的工作，按照我国的不成文的学术标准，这些主编的工作都不能算学术成果，只是默默甘当学科和学术发展的铺路石。

相信我们国内大部分的学者和建筑师、规划师都是阅读中国建筑工业出版社的出版物成长的，我们也热切地盼望早日读到这套系列读本。

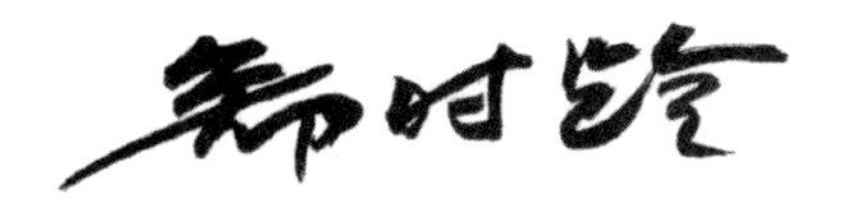

2015 年 2 月 28 日

序二
图绘当代中国

两年前，中国建筑工业出版社华东分社的徐纺社长找到我，一同商讨新的出版计划。这让我想起自己脑海中一直在琢磨的事：是否有某种合适的形式，让我们能够呈现当代中国快速发展的社会现实下城市和建筑领域的现状以及中国学者们对这些问题的思考？

不可否认，史学写作最难的任务是记述正在发生的现实。正是出于这个原因，麻省理工学院建筑系的历史理论和评论教学有一个不成文的规定，博士论文选题原则上不能针对五十年之内发生的事件和流派。这或许确保了严肃的历史理论写作有足够的研究和观照的历史距离，使得研究者可以相对中立、公允地对历史做出评判。同样，近三四十年当代中国的社会政治经济乃至建筑与建成环境的变迁，由于我们自身身处同一时代之中，许多争论尘埃未定，甚至连事实都由于某些特殊的人与事的关联而仍然存疑。

另一方面，近代科学技术的极速发展使得人类社会越来越呈现出一种多元文化并存的状态，我们已经很难在当代文化现象中总结和归纳出某种确定的轨迹，更不用说线性发展的轨迹了。著名的艺术史家汉斯·贝尔廷创作了名著《艺术史的终结》，他的观点其实并不是认为艺术史本身已经终结，而是一种线性发展结构紧密的艺术史已经终结。传统的艺术史是把在一定的历史时代中产生的“艺术作品”按照某种关系重新表述成为一种连贯的叙事。[①]这也是关于当代中国建筑史、城市史和其他建成环境的历史写作的困难之处。我们很难提供一种完整逻辑支撑的线索去概括林林总总的风格、思潮和文化现象。

面对这样的挑战，我们依然决定编辑出版作者眼前的系列丛书，主要出于以下两种考虑：一是从学术研究的角度，我们需要为当代中国城市和建筑领域留下一些经过整理的学术史料。这种工作，不是简单的堆积，而是一种学术思考的产物。相较个人写作的建筑史或思想史，读本这种形式能够更忠实地呈现不同学术观点的人同时进行的写作：既有对事实的陈述，也有写作者本人的评论甚至批判；二是从读者尤其是学习者的角度出发，如果他们需要对当代中国城市建筑的基本状况建立一个基本而相对全面的了解，读本可以迅速为他们提供所需的养料。而对于愿意在基本的了解之上进一步深入研究的读者，读本提供的进一步阅读的篇目列表为因篇幅所限未能列入读本的书目给予提示，让读者可以进一步按图索骥找到他们所期待阅读的相关文章。这样小小的一本读本既能提供简约清晰的学术地图，又可辐射链接更广泛的学术资源。

经过和中国建筑工业出版社同仁们的讨论，我们初步确定了系列读本包括建筑、城市理论、城市设计、城市居住、园林研究和历史保护六本分册，并分别邀请几位在该领域有自己的研究和影响的中青年学者担任分册主编。同时在年代范畴的划定上，除了园林研究由于材料的特殊性而略有不同之外，其他几本分册基本把当代中国该领域的理论和实践作为读本选编的主要内容。其时间跨度也基本聚焦在“文化大革命”结束至今的三四十年间。

经过近两年的编辑，终于可以陆续出版。我们必须感谢徐纺社长、徐明怡编辑，没有他们认真执着地不断鞭策，丛书的出版一定遥遥无期；感谢郑时龄院士欣然为丛书作序，这对我们是一种鼓励；还要感谢的是丛书的各位分册主编，大家为了一份学术的坚持，在各自繁忙的教学研究工作之余花费了大量心血编辑、交流和讨论，并在相互支持和鼓励中共同前行。

我们的工作所呈现的是当代中国城市和建筑领域一段时间以来的实践和理论成果。事实上，在编辑的过程中，我们也深深地感到当代中国研究这片富矿并没有得到很好的发掘，在我们近几十年深入学习和研究西方的同时，对自身问题的研究在许多方面并不尽如人意。我们对材料和事实的梳理不够完备，我们也还缺乏成熟的研究方法和深刻的批判视角。作为一个阶段性的成果，我们希望我们的工作可以成为一个起点，为更深入完备、更富有成效的当代中国建筑与建成环境研究抛砖引玉，提供一个材料的基础。我想这也是诸位编者共同的心愿吧。

李翔宁

注释：

① 参见（德）汉斯·贝尔廷，《现代主义之后德艺术史》，洪天富的译者序，南京大学出版社，2014 年。

前言

中国二十年来的超常规发展让世界瞩目。近年来西方对于中国格外关注，以中国当代建筑为主题的展览在威尼斯双年展、巴黎蓬皮杜文化中心、荷兰建筑协会（NAI）等重要的国际学术和展览机构登台亮相。中国城市的快速发展和大量建造的设计实践，使得中国当代建筑获得了前所未有的关注和发展机遇：中国青年建筑师的实践和西方大师们的作品同台展出，中国出现了在国际建筑界有影响力的建筑师，而西方出版界也陆续出版了一系列中国当代建筑的作品专集。然而与此相对的是伴随着实践的盲目高歌猛进，中国建筑师和理论家在实践急速发展的同时是历史性记述的缺失和中国自己的理论话语的失声。

自从改革开放以来，中国建筑从以苏联为模板的建筑理论、实践和教育，经历了怎样的向西方世界开放的转化？有哪些重要的建筑师和建筑实践作品？在他们的实践中如何转化中国建筑文化的传统并和西方现代建筑思潮与理论融合？当代西方的建筑理论如何在中国被理解和转化并影响了当代中国建筑师们的实践？如何批判性地看待这三十年的得失？当代中国建筑的力量和缺陷分别是什么？如何通过梳理当代中国建筑这三十年的实践和理论发展的历程，揭示两者之间的互动和影响？这三十年来的实践发展建立了怎样的一个“当代的”、“中国的”建筑模式？这些问题都等待着我们的讨论和回答。

在这个意义上说，当代中国建筑已经到了一个急迫需要历史性梳理、理论性总结和评判性反思的时刻。我们应当如何以一个三十年实践和理论互动的当代史的系统性研究，为这三十年的建造活动建立详细的档案，甄选重要的建筑师、建筑作品、建筑理论和话语，为这三十年的历程记述立传并批判性反思，从而也为中国当代建筑的未来发展廓清方向？

当代建筑和城市研究的学者一定对 Routledge、Balckwell 或 Wiley Academy 这几大出版集团的城市理论、规划理论和建筑理论的读本留下了深刻的印象。正是这些精心选编的读本帮助我在博士研究阶段建立起了当代理论的宏观图景，对理论有了一个历史性和空间性的把握：我可以在决定开始针对某种理论进行深入研究之前，了解在某一个特定历史时期和特定国家或者研究机构的哪位学者有这样的著述，从而在时间和地域的坐标系中比较清晰地定位一个特定的理论或者文献。

尤其在当代中国，要进行建筑和城市的研究，建立这样的宏观图景是一个尤为紧迫的任务：我们常常看到研究者、学生和专业人士对于我们容易接受的某种西方理论奉若神明，进行所谓的精读（close reading)。殊不知，世界建筑的理论常常呈现一种百家争鸣的现状，往往一种理论的提出有它的靶子，因而是有针对性和参照系的。离开了这样的参照把它当作放之四海而皆准的公理难免南辕北辙。比如早期现代主义针对古典主义建筑的装饰和形式语言提出现代主义的理性逻辑；而后现代主义又正是为了抨击现代主义的功能至上和缺乏人性观照而祭出历史主义的利器；建构等当代理论则又一次拨乱反正，作为对符号和形式主义的抵制而重归建筑本体的材料和构造。

读者眼前的这本读本正是本着这样的目标，从近三十年当代中国建筑的著述和文献中，甄选具有影响力和代表性的文章，按照三个部分汇编成册：第一部分（历史与综述部分）按照不同历史时期汇集代表性回顾文章，以及对当代中国建筑理论、实践、批评、展览、媒体等不同方面的总述性文章；第二部分（理论与话语部分）是对三十年当代建筑演进进程中最热点的一些理论话语的集中论述，比如从当年的民族形式、地域风格，到今天的建构理论、参数化理论等；第三部分（实践与批评部分）着眼有代表性的建筑师作品的自述或评论家的批评，从实践和案例的角度呼应理论话语的变迁和当代建筑的历史演进进程。

在文章选择的标准上，我们力求兼顾宏观历史、理论的阐释与具体案例的评论，呈现理论与实践的特殊关系；兼顾批判性和代表性，主要着眼于文章的学术价值，少量文章虽然带有较强的时代烙印，但考虑到作为对当时时代和思想的真实再现，具有其代表性的特殊价值，也予以选入；兼顾主流建筑思潮和独立建筑师事务所的研究和探索，当然由于建筑史的选择一定更倾向于个性化和有独特性价值的建筑师个体和作品。

现在呈现在读者眼前的读本一定是一个中和的产物，一个多元和混杂的综合体。或许这正契合了我们选编这本读本的初衷：作为研究者、实践者和学习者的参考书，我们希望呈现一个异质的、多元的回溯式呈现。毕竟彼此互为参照又彼此争鸣、裹挟着不同的起源与流变不断变化发展的思潮与实践，才是这三十年的真实面貌。或许这更有利于读者建立起一个全面的宏观视野，并作为进一步深入研究探讨的起点。我们的初衷也就达成了。

目录
Contents

第三章 实践与批评

拓展阅读篇目

第一章
历史与综述

当代中国建筑的基本状况思考

郑时龄

在政治、经济和文化发展的诸多因素影响下，中国大陆的城市问题和建筑问题都十分错综复杂，需要分析其基本状况。城市化的快速发展使绝大多数的中国城市自1980年代以来发生了根本性的变化，新城和新区快速涌现，其建设规模甚至是原有城市的翻番。伴随着工业化的城市化已经成为政治和经济重要的发展指标，中国城市化无论在速度上还是在建设量上，在世界历史上都是空前绝后的，被评价为“人类历史上规模最大的城市化进程”。与此相应的是建筑数量的剧增和大规模的建设活动，一些大城市的建设用地占市域面积的比例已经在世界大城市中居于高位，相当一部分城市的粗放型建成区面积已经超过实际的需要。

在现代化的城市更新过程中，空间结构和产业结构都在进行重组。城市的战略发展研究和区域发展战略研究已经纳入城市的总体规划修编，成为城市发展的导向。城市规划先行的思想和政策已经成为共识，城市规划愈益成为公共政策，并成为城市发展的引导和城市管理的依据，而不只是城市发展的最终蓝图。在经济发展的过程中，许多城市的生态环境保护问题正日益具有挑战性，以资源消耗和环境污染为代价的发展模式正在调整，新型城镇化要求城市转型发展。城市的空间环境、生态安全和生活质量比历史上的任何时期都获得更为深切的关注。

就当代中国大陆的建筑而言，建筑往往是政治地缘文化的阐释和直喻，建筑经常成为政治运动的批判对象，有时又忝列政绩的丰碑。特殊的地缘政治环境形成了丰富而又复杂的社会、文化和经济背景，成为影响当代中国建筑最重要的因素。在媒体和网络的推动下，建筑日益成为公众关注的话题，一些报刊辟出专栏讨论建筑问题，建筑师也更为广泛地参与各种建筑展、艺术展、建筑评奖、研讨会、报告会等活动，这些事件也成为公众广泛参与的活动。中国建筑师开始全面融入世界建筑，各种国际建筑活动中也都有中国建筑师的身影，中国建筑师正在世界建筑中发挥着重要的影响。尤其是 1999 年第 20 届国际建筑师大会在北京的召开，2008 年北京奥运会和中国 2010 年上海世界博览会筹办期间，出现了一批优秀的建筑，培养了大批中青年建筑师。同时，也吸引了许多国际建筑师和规划师的积极参与，在中国的作品也已经成为他们职业生涯和建筑师事业的里程碑，引进了多元而又丰富多彩的世界建筑的各种潮流和倾向，尤其是在高层建筑的设计和施工建设领域，中国正进入世界的先进行列。

中国建筑师获得了千载难逢的机遇，从事城市规划、城市设计、建筑设计、室内设计和景观设计，大批年轻的建筑师也得到培养和锻炼的机会，创造了一批优秀的建筑。然而也不能不感叹，建筑师们也失去了许多本可以创造更好建筑的机会，许多商业化的国际建筑师也带来了他们不受文化约束、无视社会环境的建筑。一方面，中国建筑师得到在全新的环境和建筑领域中表现他们才华的机遇；而另一方面，许多中国建筑师和学术机构正在丧失他们的实验性和先锋性，缺乏深层次的社会人文关怀，缺乏前瞻性的研究，缺乏那种不断探索、创造具有批判性意义的建筑。总体而言，仍然缺乏大量的高素质建筑师，对建筑师的培养在人文教育方面还存在许多缺失。我们的人均建筑师数量是许多发达国家的十分之一，甚至十五分之一，三十分之一。尽管今天全国在校学习建筑学的学生已经达到 20000 人左右，也仍然只相当于意大利的在校学生数。

在相当多的项目中，境外建筑师成为主角，中国建筑师甚至连参加设计竞赛的机会都没有。境外建筑师的情况也是鱼龙混杂、泥沙俱下，既有优秀的建筑师，也有滥竽充数的南郭先生。相比于改革开放初期，只要是外国建筑师就受欢迎的情况，在许多城市已经有了不少进步，邀请优秀的建筑师参加设计，但是他们有时候不一定是合适的建筑师。每年举办的国际、国内设计竞赛数量之庞大绝对属于前无古人后无来者，然而，相当一部分设计竞赛和方案征集反映出草率的计划，许多设计竞赛项目的任务书语焉不详，业主并没有弄明白自己究竟想要怎样的建筑，就举行方案征集，让参赛者感觉就像是赌博。评审时也往往不深究技术经济问题，节能和生态问题的考虑也只是一种形式。2008 年上海北外滩城市设计项目评审时，一位澳大利亚建筑师把他参加迪拜的一项总体规划设计文本误送给了评委，十分详尽，甚至达到城市设计的深度。第二天发现送错了，重新把文本送过来。两份文本相比，上海文本的粗糙是显而易见的。

从 1980 年以来的这个时代对于中国建筑而言，是一个最好的时代，是建筑创作繁荣的年代，也是一个最好的与最坏的建筑和建筑现象共存的时代。既是一个建立信仰的时代，也是一个缺乏信仰和价值观扭曲的时代；既是一个创造新文化的时代，也是一个去文化的时代；既是一个多元建筑的时代，一个实验建筑的时代，也是一个建筑商业化的时代，一个追求数量和质量并行的时代；既有国际建筑的强烈影响，也有源自本土文化的演变；既有对建筑文化遗产的保护，也有大量轻视甚至破坏建筑文化遗产的现象。

就总体而言，当代中国建筑大致表现出以下六种相互影响并相互渗透的倾向：1）新现代建筑；2）批判性地域建筑；3）建筑遗产保护；4）新形式主义建筑；5）反现代建筑；6）原功能教旨主义建筑等。

新现代建筑是当代中国建筑的主流，尽管发展道路艰难曲折，直面的问题太多，中国现代建筑仍然在坚韧地发展，受到意识形态和政治话语的影响，有时候也受到缺乏现代思想的社会的批判和抵制。1990 年代以来的新现代建筑主要表现在对明星建筑的仿效、注重功能、表现建筑和社会的现代性，融合了西方现代主义和后现代主义。也有人摇摆并犹豫于新现代和传统现代之间。但是由于思想上的局限性，缺乏现代建筑理论的积淀和科学技术意识的支撑，对建筑的现代性没有展开深入的探讨，大部分中国建筑师所从事的只能是有限的现代建筑，如果说发展中国新现代建筑的使命已经实现还为时过早。

长期以来，中国文化与西方文化的交织与融合已经成为中国城市空间和建筑的重要特征，寻求中国建筑文化的固有特性一直是中国建筑的重要倾向。在当代中国，对传统精神与理性的探求自 1950 年代以来一直方兴未艾，理性的探索从未停止过，以寻求现代化的中国建筑之路。仍然有一些建筑师在不断探索传统与现代的整合，仍然在推进批判性地域主义，创造了一批优秀的建筑。

随着疾风暴雨式建设的基本平息，一些城市和地区已经认识到城市更新和历史文化遗产保护的重要性，保护意识近十年来在不断增强。目前已经有一批建筑师正在从事历史建筑的保护和修缮工作，保护修缮了一批历史建筑和历史文化风貌区，取得了令人瞩目的成绩。

同时也出现了一些需要我们密切关注甚至警惕的倾向，需要我们反对的倾向。今天被认为是创新的一些建筑，实质上只是追求新颖，超越现实的“完美”，表现为吸引眼球的奇特效果，注重纪念性、标志性和广告性，以虚拟替代现实。相当一部分建筑已经异化成符号，甚至建筑技术也成为形式的附庸，高层建筑成为追求城市形象的手段，一些城市争相竞争建筑的高度。这是一种新形式主义，追求宏大叙事、追求纪念性和标志性、追求感官的愉悦或者是自娱自乐。1950 年代以来，对形式主义的批判就已经成为中国建筑理论和实践所关注的焦点，形式主义始终是建筑批判和政治斗争的对象。而到了 1990 年代，形式在城市空间与建筑中，却扮演着前所未有的重要角色。在许多情况下，“形式追随利润”已成为城市和建筑心照不宣的宣言，高层建筑和高密度的无序建设就是一种明证。此外，相当一部分建筑师在设计时缺乏对理念的提炼，以形式的原型代替理念，寻找与所要设计的建筑完全不相干的理念，或者在方案成型后再凑理念。例如 2012 年在上海的世博会博物馆设计方案征集时，有一位建筑师为了追求室内空间的丰富，提出的理念是“爆炸”。

反现代建筑是当代中国建筑的特殊现象，长期以来，以否定历史作为现代建筑发展的思想，其实质是反现代和反理性，在这种思想意识主导下，只能是缺乏现代性的现代化。对历史往往采用虚无主义的态度，幻想在没有历史的基础上创造历史，这些也反映在快速出现的没有历史和文化根基的城市中。思想进步和物质文明的进步是在历史进步的基础上形成的，正如恩格斯在《卡尔 · 马克思政治经济学批判》（第一分册）中指出的：“历史从哪里开始，思想进程也应当从哪里开始，而思想进程的进一步发展不过是历史过程在抽象的、理论上前后一贯的形式上的反映；这种反映是修正过的，但是它是按照现实的历史过程本身的规律修正的……”①

反现代和反理性的建筑思潮在中国几乎从未绝迹，在一定程度上，建筑领域出现了一种缺乏现代性的现代化，许多场合表现为超越技术经济现实的过度现代化，或者逆现代化，甚至是封建迷信的建筑思潮。将钱权经济理解为市场经济，脱离实际，好大喜功，过度豪华的建筑现象普遍存在。随着历史观和价值观的扭曲，商业文化的流行，追求奢华和感官效果，追逐财富之风日盛。媚俗建筑盛极一时，诸如“欧陆风”建筑、山寨式仿制、超级具象建筑、艳俗建筑、迪士尼化和舞台布景式的建筑等。有许多这类建筑实际上是由政府机构所倡导的，在相当大的程度上成为许多城市的新景观，迄今依然方兴未艾，其本质是反现代和反理性。封建迷信也表现在某些建筑上，一些业主热衷于风水，甚至要求建筑师按照风水师的安排进行设计；在建筑上表现金钱欲，把自己的私宅建造得像帝王的宫殿。

上海的某业主试图在建筑上表现控制欲，在他投资建造的建筑顶部加上一顶“帽子”作为王后的王冠，把正在设计将要建造的建筑比作“国王的王冠”，而把城市的电视塔看成是“国王的权杖”。

应该告别脱离环境的英雄建筑的时代，回归建筑的本原。建筑与城市空间的关系，建筑与人的关系，建筑的功能应当成为建筑的主导因素。一座优秀的建筑与所处的城市空间有着共生的关系，不虚张声势、不事张扬、不霸道、不摆出一副纪念碑式的架势去统率城市空间，不去破坏城市空间的和谐。优秀的建筑应当考虑使用者的需要，以城市的公众利益为追求的目标。然而也出现了一种原功能教旨主义的倾向，这可能是绝大部分大量性建筑、追求数量的建筑所采取的道路，保障性住房以及一大批低造价、缺乏良好规划的社区和住宅区建筑采用了这种方式。此外，相当一部分住宅小区成为缺乏社区公共生活的自我封闭式庄园，与公共环境割裂。

中国的现代建筑是在十分复杂的时空压缩的环境下演变和发展的，一直处于现代与反现代的矛盾之中。中国建筑的现代性必然不同于欧洲或美国式的现代性，中国建筑的现代性也不是单纯靠移植外国或境外建筑师的设计能够实现的。外国建筑师和境外建筑师的设计能带来设计理念和设计方法，带来西方的现代建筑思想和西方的物质文明，然而不能直接移植过来成为中国建筑。中国建筑需要实验，需要探索，需要思想，需要摒弃受污染的思维模式。

目前建筑师的社会生态环境堪忧，需要优化建筑的决策机制，使之科学化，改变那种以行政决策取代专业决策，以钱权话语取代建筑话语的现象。在建筑师与业主的关系成为雇佣关系的状况下，建筑师对他们所设计的建筑没有发言权，建筑师从建筑的中心地位被排斥到边缘，设计变成产值的追求，建筑师变成单纯的绘图工具，其后果必然是大量水平不高的建筑充斥城市空间。有时候，行政条例以及规定对建筑设计的不合理干预和各种评审甚至会达到过分深入的细枝末节，以至于从空间布局、立面处理、材料选择到室内设计，都要求建筑师满足各种合理或不合理的要求。另一方面，建筑师也需要加强社会责任，不断学习，深入研究中国文化，维护公众和业主的利益，摒弃急功近利和短期行为。

建筑不仅仅是建筑师的作品，也是整个社会的作品。优秀的建筑需要土壤培植，需要有让建筑师脱颖而出的环境，需要培育适合中国现代建筑生存的社会生态环境。

注释：

① 恩格斯．卡尔 · 马克思：《政治经济学批判》（第一分册）.《马克思恩格斯选集》第 2 卷 . 北京：人民出版社 .2014：14.

参考文献：

[1] 中国工程院咨询研究项目 2011-XD-26——“当代中国建筑设计现状与发展”课题组 .《当代中国建筑设计现状与发展》研究报告 [C] .2013.10 讨论稿

[2] 《建筑创作》杂志社 . 中国建筑设计三十年 [M] . 天津：天津大学出版社 .2009.

[3] 朱文一、陈瑾羲、秦臻 . 当代中国建筑图语 [M]. 北京：清华大学出版社 .2007.

[4] 《建筑创作》杂志社 . 中国建筑设计三十年 [M]. 天津：天津大学出版社 . 2009.

[5] Xiangning Li, Christian Dubrau. Updating China: Projects for a Sustainable Future[M]. Berlin:DOM Publishers. 2010.

[6] Bruno J. Hubert. Architectures[M] // Mutations: Urban Transformations in China. Ecole Nationale Supérieure d'Architecture Paris-Malaquais Cité de l'architecture & Du Patrimoine. 2012 .

[7] NEVILLE MARS,ADRIAN HORNSBY. The Chinese Dream: A Society under Construction[M]. Rotterdam 010 Publishers. 2008.

作者简介： 郑时龄，中国科学院院士，同济大学建筑与城市规划学院教授

原载于： 《建筑学报》2014 年第 3 期

8

九十年代中国实验性建筑

王明贤　史建

一

20世纪是一个不断远离传统、趋向现代性的世纪，当然，在它将要结束的时候，传统又受到重新估价，现代性也开始被质疑。如果我们把20世纪的中国艺术放到世界艺术的背景中去，就会发现它的发展是与之契合的，虽然近十几年来，中国艺术家和理论家对西方艺术的“急起直追”一再受到嘲讽。不可否认的是，新观念的接受与思维的移位确实带来了中国艺术的巨变。伴随着1990年代大众文化和商业主义的勃兴以及传统复归的新语境，中国的前卫艺术也充满活力地对这个日益物化的世界进行着批判。或许可以认为，1990年代中国的前卫艺术正与经济振兴中的东南亚艺术融合为一个整体，形成某种“共同的声音”[①]。在这种趋势下，中国的建筑艺术就显得很沉寂，它好像在自我边缘化，一直与主流和前卫艺术保持疏离，缺少真正投入艺术家庭的“主动性”，也迟迟没有自己的声音。

事实上，整个20世纪，特别是1950年代以来，中国建筑都与这个时代艺术的兴奋点不太合拍，复古主义与折中主义始终是中国建筑艺术的主流，现代主义一直到1980年代还只是隐隐的潜流。从表面看来，1980年代以来的中国建筑理论与西方世界保持了高度的契合，当中国文艺界的前卫群体尚在追逐现代主义时，建筑界的热门话题却已是后现代主义，甚至是解构主义。1990 年，由中国建筑界人士评出的“1980 年代世界名建筑”不仅囊括了当时风行的后现代主义建筑名作，甚至还有当时在西方亦属“实验性”的解构主义作品（如屈米的拉 · 维莱特公园）。这种急切超前的姿态，在当时其他艺术门类中是鲜见的。

但是，与这种理论和观念的超前形成巨大反差的，却是创作实践的苍白无力。1980 年代的中国建筑仍然纠缠在传统与现代的浅层转换之中，无法传达民族的现代意识，实验性的前卫建筑更是无从谈起，这也是“波澜壮阔”的新潮美术运动中唯一的不和谐音。在论述这一运动的《中国当代美术史 (1985 -1986)》[②]中，这一矛盾更加突出地显露了出来，以致高名潞在“序”中要特别加以说明：“建筑是美术史的重要组成部分，本书撰写的建筑部分也试图与整个美术思潮连为整体论述。但由于在客观上，我国当代建筑还似乎游离于艺术之外，同时也由于各种局限性，这部分或许在某些方面与全书不尽合拍。”

1980 年代激荡的文化语境期待着中国实验性建筑的创生，然而那时的青年建筑师仍在渐进的变革中寻找发展，即使是那些在世界建筑设计大赛中获奖的作品，也仍然缺乏应有的冲击力，更何况它们往往只是一些设计方案。

可以设想，如果没有 1990 年代中国经济与文化的巨变，这种局面也许还要持续下去。1990 年代的巨变是如此迅猛，它一下子把中国建筑推到当代世界的洪流之中，各种思潮的建筑风格不断涌现，就像猛然“新潮”了的中国城市里的时装，鲜亮而时髦。官员、业主和新闻媒介都渴求建筑最新奇的样式、最奢华的装修和最宏伟的规划远景，外国建筑师的介入更加速了这一趋势的到来。1990 年代的中国建筑仿佛一下子与世界接轨，艺术上的艰难的革命似乎被经济与文化的需求在无意间促成了，“走向世界”的梦想好像一夜之间成为现实。但是事情绝没有如此简单，在 1990 年代中国建筑空前繁荣的表象下潜隐着深层的危机，因为涉及中国建筑艺术当代化的许多根本性的问题都没有被顾及和解决。而且，更为严重的是，1980 年代那种渐进而富有成效的变革也被商业主义的氛围冲散了，“走向世界”的呼声转变为内向的退守状态，建筑师们不再像 1980 年代那样追逐世界建筑的动向，而是以更实用的方式兼收并蓄，看重当下的利益和成功。1990 年代的中国建筑呈现出平庸化的多元探索的态势，粗略地概括，就有新折中主义、通俗建筑、新传统主义、新主流建筑、新历史主义和新现代主义等趋向[③]。令人欣慰的是，在这些“大趋势”的洪流中还潜藏着一条小小支流，这就是由 1980 年代末期断断续续发展而来的青年建筑师的实验性建筑。虽然直到如今，实验性建筑还游离在边缘，难以形成规模和思潮，但它毕竟已经有意识地与前卫艺术进行横向的沟通，试图在边缘寻找自己准确的定位，同时，它也开始在建筑界和文化界搅动起轻微的涟漪。

1990年代，中国的青年实验性建筑师们是一个松散的“群体”，他们因所处地域的经济与文化环境、个人的知识背景以及旨趣的不同而呈现出“多元”的理论与创作特色。为了论述的方便，我们由南向北展开，先是“深圳群体”中的汤桦和吴越，继而是杭州的王澍和武汉的赵冰，最后为北京的张永和及其主持的非常建筑工作室。有意思的是，随着由南向北的推进，实验性建筑呈现出某种“规律性”的变化：深圳群体的实验与商业文化的默契和冲突，赵冰表露出对东方文化复兴的强烈呼唤，张永和则沉醉在现代中国文化的理念和精神的探索之中。所以从南到北，是商业性渐弱、“学术性”渐强的递进，而与时下流行思潮自觉的疏离以及对本土文化精神的探索则是一条贯穿的“轴线”。

二

汤桦（深圳华渝建筑设计公司）的设计表现了他对当代世界建筑趋向的独到认识。他认为，建筑学的基本内涵是建造和构筑诗意，后现代建筑的趣味一再出现于他的作品中。

在深圳南油文化广场的设计中，汤桦写下了他的建筑学宣言。“这是一个仪式化的广场，人们通过宽敞的阶梯，上升到一个具有纪念性基座的广场而面对天空和海平面。透明的屋顶在头顶飘浮，身后，代表时间的钟塔冲天而起，并与反射着人和周围环境的镜面玻璃一起，构成一个隐秘的、立体的太极图案，传达出某种宗教般的神圣意境。从西方古典建筑语汇到现代建筑运动的遗产中借用来的建筑元素与石材和高技派的钢和玻璃被十分考究地、仓促地拼合在一起，表现构造的过程和形体之间的关系使文化广场带有废墟的情调，它消除着物体的包装化整体，使不同的元素在清晰的逻辑演绎过程中呈现自身和相互关系……这是当前商业社会中一个孤寂的神话，一个逝去的乌托邦的建筑学文本和一个未来的超越了伤感的消解后的废墟。”④

对西方古典建筑语汇的运用、错接以及渲染废墟情调，是后现代主义建筑的一种手法，其中最著名的是日本建筑师矶崎新的筑波中心。在那里，西方古典建筑语汇和当代文化记忆都被进行了主观的、随意性的重新阐释，并按照建筑师的新语法进行了组合、拼接，所以作为中心的广场，恰恰是“虚”中心 的，它以分裂的性格颠覆了现代主义的“透明逻辑”。

1 2
3

图 1-2. 深圳南油文化广场
图 3. 深圳南油文化广场模型

在筑波中心，“不均匀的多相的空间取代了均匀的空间，平衡被破坏了，形式被肢解成片断，以往存在和谐的地方现在变为不谐调、不一致的关系占了上风”[⑤]。对于谙熟西方文化的日本知识阶层来说，筑波中心异常丰富的西方文化隐喻让他们心领神会，所以铃木博之称它为一件不可多得的、叙事诗式的建筑作品。在筑波中心这样一个平地而建的、缺乏文化连续性和特征的科学城，矶崎新的激进折中主义姿态正好契合那个文化人聚集区的文化消费欲望。

深圳也像筑波一样，是平地而起的都市，由于没有历史文化资源，所以像微缩景观和民族文化村那样的仿文化建筑群落才会火爆起来。汤桦的南油文化广场显然采取了与矶崎新相似的对策。但他又试图沉入对东方文化的更深层的理解与阐释中，在他那里，传统的语汇并没有被轻松随意地变形，他是用娴熟的职业技巧以及混杂的元素，建构起了一种令人愉悦而又具有虚幻的深度感的文化氛围。

对于这个被“庄重”地拼合在一起的不确定的形式，汤桦用“太极”、“异域”、“神话”等语言去阐释，这种乌托邦式的表述方式也见于其他实验性建筑师的语言中。东方的玄学话语与西方的建筑语言、古典文化氛围的建构与消费文化的语境（文脉）不和谐地冲突着。在汤桦的深圳南山区冰雪娱乐城的设计中，白色的网架和实体的抽象的穿插和光影变幻又使人联想到晚期现代主义的惯用手法。无疑，汤桦的设计具有独到之处和较高水准，但他的创作个性也尚待从当代建筑混杂的背景中更鲜明地凸显出来。

吴越也是深圳建筑师，他的深圳机场和石厦影剧院方案试图借助传统文学中的手法，给抽象的建筑语言以诗意的表述。深圳的青年建筑师群体大多是活跃在第一线的实践者，正像有人指出的，“应该承认，他们所从事的工作性质决定了他们不可能在纯概念的意义上进行实验性创作；但不可否认，他们是在一种更宽泛的操作层面上实践着自己的建筑信念，构造出城市人文的空间景观，同时完成一种对‘人与世界想象关系’的叙述”[⑥]。

与上述身处商品经济大潮中心的深圳的青年建筑师们不同，王澍在杭州某歌舞厅和某地道入口改造等的设计中，充分表现了“建筑达达”的感觉。他与工人们一起在施工中进行即兴创作，切断与建筑学的关联，直接面对现实，建筑成为一种即兴冲动过程中对当下的经验和感觉。

在西方，达达是后现代主义的源头之一，哈夫特曼在《〈达达——艺术和反艺术〉出版记》中曾表述了达达的美学观念：“只有当精神不受逻辑左右时，它才能在艺术里找到自己的表达方式。当然，这个矛盾的精神也把传统的艺术观念分解了，使艺术家处于矛盾境地，必须坚持说，‘艺术是没有用，是无法评判的’（毕卡比亚），但却还继续搞艺术。但正由于这种矛盾，它才反映坚持艺术自由的矛盾和无限度，在某个历史片刻总必须这么出现一次。”⑦显然，达达是一种最为“激进”的对待建筑传统乃至建筑学的方式，因为后现代主义只是质疑了现代主义，并以一种轻松幽默的心态运用和重新拼接古典建筑的语汇，“建筑达达”则质疑了建筑学本身。

王澍的姿态说明他确实深切感受到了东西方沉重的历史传统、当代强势的西方文化以及浮躁的当代中国建筑的重压，他与一切有关“建筑学”的庄严话语和建筑史的时髦话语保持距离，热衷于某种边缘生存状态的表达，他用“充满生机的临时性构筑物，对抗着周围现代化巨型结构的迷狂，对抗着正统建筑学的权力话语”⑧。这与日本的象设计集团有某些相近之处，象设计集团的建筑师们对现代日本的消费经济和高度系统化的产业社会持批判的态度，致力于发掘民俗世界、生态世界的重要性和趣味性，他们主张建筑是场所营造的一部分，所以不用“设计”而改用“营造”，坚决排斥功能和意义，而是把特定场所本来需要的东西顺其自然地展开。所以象设计集团设计的作品往往朴实无华，合理而不做作，好像“人出生后初次进行空间体验那样，按照未经世故的感性认识来进行设计的”。王澍的随意和“从头开始”的方式，让我们看到了实验性建筑的希望，当然，他的工作还刚刚开始。

至此我们已可以看出，萌生于1990年代的中国实验性建筑，与时下流行的西方前卫建筑保持了距离，它试图在对建筑潮流保持清醒认识的基础上，以新的姿态切入东方文化和当下现实，以期发出中国“新建筑”的声音。在这方面，张永和等人的努力显然更值得重视。

三

赵冰严肃而又荒唐的实验性游戏创作是与他特有的超宏观哲思和艺术玄想联系在一起的。还是在1980年代，他的思维状态就沉浸在一种对语言分析和语言概念的把握中，他不是用那种学院化的学术逻辑去表述，而是用一种艺术化的、超宏观的文化逻辑玄想去统合。1990年代初，他曾着力研究和介绍中西方前卫艺术，并且是“思维派”艺术的成员。

虽然极力介绍后现代主义和解构主义，但他的落脚点却是“建构”，这种强烈的建构意识像他 1980 年代的玄思一样，充满了超宏观的主观逻辑的推演。他认为："中国的当代艺术，两种不同的力量正在分化更迭，一种是从 1980 年代西化浪潮的惯性中蜕化衍变出的虚假做作，它徒有一具被称为当代艺术的僵尸，它的'活力'更多体现在商品市场上；另一种是 1990 年代出现的回归本土、回归中国精神的力量，它在中国历史的变化更迭中更多地体会了中国精神中的命运感，更多地接受了中国传统中的思想精华，它以沉浸在中国的情境中为其艺术指向。"[⑨]进而认为，"1990 年代是中国文化周期发展的又一个开端"，"是西化思想浪潮之后，中国传统精神的复苏时期"[⑩]，甚至认为这次复苏终将导致"中国文化的又一次复兴——人类文化的复兴"。在这种强烈的建构思维的驱动下，他尝试着"以中国文化为背景，建构全新的人类思维的尺度"[⑪]。赵冰 1990 年代早期的思维语言一直沉迷在这种玄想中，作为补充，他的《创世纪》文本的开头就有如下的表白："人类不能不接受这样一个历史事实，中国乃文明之源。"他把人类的未来寄托在古老中国文化的复兴上，他身处的武汉（中部）则是"中国文化的转换中心"，即所谓"太极中心"。他设想在"亚太地区特别是中国，出现以'太极论'为代表的后现代主义，它将带动世界文化走向一种多元的太和世界"[⑫]。

由此，赵冰试图寻找一套真正属于中国的设计方法和理论，他称之为"太极设计理论"。在他看来，中国近代从西方输入的建筑理论，其中包括设计理论，在基本形态上保持了西方的特征，它伴随着西方文化对中国的冲击，在文化理智上中断了中国文化数千年承传发展的"易的设计理论"，即人们通常说的风水理论等。太极设计理论的特点是，强调从虚无中生成的转换协调过程，强调它的空间媒介的文本化过程，最终空间文本只是影像、形象、功能、结构片断的协调痕迹。在他的想象中，这是一种比解构主义更为前卫的实验，在"逻辑"上是解构状态的东方式化解，避免了解构思维中的片断和离接，不再冲突、割裂和扭曲，而是呈现出"合和境界"。

赵冰在这种设计思想指导下设计的"红框系列"，以红框为符号，以平面的轴线重叠变化，暗示了人们内心蕴藏的文化记忆。裸露框架，并把它转换为个性语汇，是后现代主义和解构主义建筑师们频繁使用的方法，美国的解构主义建筑师埃森曼的俄亥俄州州立大学韦克斯纳艺术中心是著名的实例。相对而言，赵冰的红框系列的冲击力还不够强烈，这里主要不是指红框本身，而是红框系列整体的空间组合效果。解构主义建筑并不是玄学，它确实带来了远比后现代主义建筑深刻得多的视觉和空间震撼力，但是到目前为止，它们大多局限在有限的建筑类型中，如果把它的文化内涵无限扩大，就有可能陷入解构的圈套。

赵冰的基本特点是每一个时期都有一种感觉和思考，并结合不同的工程，把当时的感觉和思考状态灌注到设计中去。近两年他似乎摒弃了以前熟谙的逻辑思维，进入了“迷醉”状态，他自己将其中一种概括为“失语的迷狂”，这个词实际是表明当下个人的状态；另一种状态是“忘我”。失语状态实际是对语言的超越，而失却记忆的状态是真正的一种修行的状态，也就是书写的境界。他在这种状态下做了书道系列和仿佛系列等。

在书道系列的“龙凤呈祥”（南宁新商业中心方案）中，赵冰采用唐代书圣张旭的草书——“龙”字来书写。他认为书法只是一个平面，真正的创造是在大地上进行的一种空间的书写。这样一种“龙”的书写，它本身又有书写的那种流动性，在感受层面上一方面有东方的流动性，有东方的影像，另外，也有一种西方古典的感觉。在这个设计方案中，他试着把两个古典——东西方古典结合到设计中来。设计中采用了一些西方古典的手法，这种手法包括处理上的那种结构关系；同时，它那种空间的流动性、动态感，它那种龙的影像都还在，这是东方的精神，两种古典都被结合到作品中。他的仿佛系列有两层含义：一，佛教讲的是真空，他做的是仿“佛”，不是真佛，真与假，引导人们思考；二，“仿佛听到”是一种缥缈的感觉。做仿佛系列时，甲方要求的是古典形式，设计者则希望寻求一种多义的关系，让念佛的人觉得是古典的，现代人则又觉得是当代的。赵冰寻求的精神状态是——一切都在无形中，本质即是空，所以他做这个设计时抓住一个“无形”，作品不过是无形中变幻出来的东西。

赵冰将整个东方文化理解为一个大的书写过程。当然，这个书写过程在佛学里面包含了许多从起点到终点的探讨，它提供了一个“白茫茫”的境界，在此境界中，人们可以进行一种人生的书写。在他看来，东方文化就是一种书写文化，而西方文化可以说是一种言说文化，在从语言学向文字的转换中真正要打出来的旗帜，就是书写创造隐奥空间。应该说从1980年代开始，中国建筑师就已经突破了纯建筑传统的局限，试图从古典艺术中汲取、提炼东方建筑的内在要素。1990年代的实验则代表了青年建筑师更为宏观深入地把握传统精神的努力，他们不再满足于对传统中的文化细节的提炼，而是试图在当代人类文化交流整合的大背景下重新评估传统，寻求和阐释足以与西方文化相抗衡的东方文化。这是一个艰难和“危险”的历程，因为20世纪中国和东方许多国家的艺术家们的无奈的努力都说明，回溯传统又瞻顾西方的融合之路总是难免最终陷于折中主义。而且这种倾向的潜在危险正如日本评论家后小路雅弘在评价1990年代亚洲艺术时所说，往往使艺术家因此失去作为一个艺术创作者的独立性，而仅成为某一国家的代表（即本尼迪克特·安德森所说的“假想的集体”的代表），使本应属于艺术家个体的“独立性”被偷换成“实际上并不存在的所谓‘民族独立性’”；独特性与超越西方的努力的另一种危险是传统成了西方眼中的传统，东方成了西方观念中的东方，也就是爱德华 · 赛义德所命名的“东方主义”[13]。

赵冰企望从白茫茫的失忆状态中“化显”出某种超越现实建筑空间语汇的新样态来，然而在他目前的实验性作品中，“龙”与“佛”多少还是“有形”的存在，他的“化显”也许还要经过执着与漫长的探索。在这方面，日本著名建筑师黑川纪章、矶崎新和槙文彦的经验或许值得注意，他们也都曾深埋于本国的传统文化中，但各自悟出的却是与形全无干系的“灰”、“空”等“心得”，在他们的作品中，东西方文化的命运已不是重负，传统更像是幽灵，“化显”在那些个性化的现代形式之中。

四

对于建筑外部“表面”形象的过度甚至绝对的重视，几乎成了20世纪中国建筑的顽疾，尤其是那些“经典”作品，环境和内部使用功能往往要绝对屈从于形象。虽然“全心全意”地忠实古典传统的作品并不多见，但是能够把现代建筑的精神贯彻始终的也寥若晨星。在“中而新”、“传统的现代转化”等旗帜鲜明、逻辑无误的口号下，1990年代的中国建筑师们正在创造着不仅是中国历史，恐怕也是世界历史上最狂烈的建筑奇观。过去，我们常常把西方当代建筑思潮变更的频繁作为批判和讥讽的对象，现在，反倒是西方建筑师把1990年代的中国建筑看作不可思议的奇观。1997年5月，在上海召开的“第二次中外建筑师合作设计研讨会”上，来自纽约的伍时堂谈到他的体会：“域外的建筑师对中国建筑和中国建筑师的真实看法，是他们在中国做客时绝口不提的。单凭翻阅国外杂志，是难得看到刺目的字眼的，编辑们明白，如果让这些建筑师丢掉了‘肥肉’，将来自己的出版日子也就并不会好过，因唇亡齿寒，而心照不宣。一位眼下很火的明星建筑师，日前在纽约的一次演讲中，说打算将‘中国建筑师’这一词组申请版权，以特别用来描述那些不按设计规律，设计出亘古未有离奇形象的建筑师。”[14]

建筑是空间的艺术，西方现代建筑注意的是灵活穿插的内部空间。西方人谈后现代主义和解构主义，是建立在现代主义的空间成就普遍现实化了的基础之上的，而中国建筑师则往往脱离自己特殊的语境，“自然”地认同于西方理论家（如詹克斯）的情绪化的理论。

于是1980年代的中国建筑师跨过现代主义，热衷于“先进”的后现代主义，1990年代又追逐解构主义，而西方建筑师对东方文化的心仪，则让中国建筑界进一步反思。

比如，1990年青年建筑师张永和在纽约对美国解构主义建筑师彼得·埃森曼的采访就很值得注意。在那次采访中，在张永和不断把话题引向东方语境的过程中，埃森曼对解构主义思想作了可以为中国建筑界理解的表述，比如，“后现代主义对我来说是西方人文主义最后的喘息”，“建筑是一种表达方式”，“我对实施没兴趣”，“解构是个很东方的想法”[15]等等。在那次采访中，张永和不仅表现出对西方前卫艺术的深刻理解，也透露出对建筑空间问题的独特理解，这在中国建筑师中是难得的。

对中国传统空间(而不是外部形象)的重视一直贯穿在张永和的研究与设计中，并逐渐形成了“含蓄空间”的概念。他认为“含蓄”在概念上将空间开敞了，空间不再是一个独立的护围，而是一组关系，就文化而言，含蓄空间也回到了天人合一的认识论。他进而从中国古典园林的空间中有所感悟，“留园的建筑如果被形容为空间性的，便忽视了空间被认知的方法：运动。也许说，留园是经验的建筑更为确切，时空的经验。”“留园的设计是通过在基地上做确实的或想象的漫步中产生的。……他安心于内部，他是有着内向世界观的中国人。”[16]他把“内向空间”归纳为中国传统的性格。

清溪坡地住宅群方案是张永和“内向空间观”的一个尝试，在这个住宅群的设计中，他对流行于中国大地的美国模式提出了质疑。所谓美国模式，就是在郊区住宅中以房屋为中心，周围留出一圈空地，住宅群则是楼群的铺排，在那里，院子是开敞的剩余空间。清溪坡地住宅群方案中的公寓“重新认同”了中国传统空间概念，将建筑群体进行重组，把它们衔接、围合起来，每幢住宅也同时具有了“室外房间”。这个方案获得了美国第43届《进步建筑》优秀建筑工程设计奖(1996年度)。

在洛阳老城幼儿园方案中，他考虑到需要设计的并不是窗子本身，而是窗子之间的关系，真正的“窗景”是孩子们自己在运动中创造的，因此设计的实质就是“变和动”，这样就使幼儿园变成视觉游戏场。而在郑州小赵宕幼儿园方案中，对中国空间传统的解读构成了这个幼儿园设计的概念坐标：正方形的游戏场/庭院为建筑群中心的原空间；围墙迂回伸展，创造了完整的内向的围合以及其多个室外空间的重叠；教室建筑按自己的规律组织后叠加到庭院系统上。

尽管张永和做了十几年的设计，但他第一个实现的方案是他在北京的公寓的室内设计。公寓所在的建筑是一幢典型的点式高层住宅，内部空间存在着某种逻辑关系，但被过分的随意的分割遮盖了。他所做的室内设计是要寻找和恢复这个空间关系，而非创作新空间。经过减法操作，即拆除一切非结构的部件后，这个空间的关系呈现为被一道剪力墙分割的两个房间，然后分别在这两个房间内的两面做了一层“衬里”——木制的家具，通过它们重新限定了房间的使用方式。作为插入体的“衬里”是木材本色，与原有的水泥地面以及漆成白色的原有墙面、顶棚、管道、暖气等区分开来。在外屋，“衬里”构成壁橱和台面，里屋的“衬里”构成书架和地板。地板在这里是家的需要，里屋实际是“空”间一空的房间。居住的行为没有像往常那样填充空间，限定空间的功能，反而把空间“空”了出来。外屋的“衬里”向房间中央伸出形成桌子，“衬里”模糊了建筑与家具的界限，就像传统的炕一样。实际上这个公寓也有一个炕，是原有的阳台改造的。建筑的“衬里”和衣服的功能也是一致的，它是人体真正接触的那一层。正因为回到了最基本的空间逻辑，改造后的公寓与包括它的建筑物从概念上脱离了关系，是纯内部空间。

张永和目前知名的作品是北京的席殊书 屋。北京席殊书屋实在是太小和太简朴了，它在宽阔的车公庄大街上极不起眼，“门”不过是漫长墙面上的一道豁口，所以它也是个纯内部的空间。

席殊书屋外部最吸引人注意的是门两边用以展示最新书籍的书车，黑色的铁质书架冰冷而有艺术趣味，但它们却用自行车轮子“支撑”着，这一怪异的“符号”又给书架染上了怀旧品味，而书架也在向工具架“转换”。张永和把自行车轮作为元素带入设计，代表他对当代中国文化的一种理解。这是西方后现代主义和解构主义建筑师们常用的手法，美国建筑师盖里最常用的元素是“鱼”，鱼有时以写实的形态成为他设计的餐厅外的夸张的雕塑，有时又幻化成博物馆扭曲缠绕的空间。盖里把鱼作为自己心目中完美的象征，他认为美的本质规定存在着主观随意性。而日本建筑师隈研吾的 M2 则对西方古典的爱奥尼柱头情有独钟，把它扩张为建筑上不可思议的主体形象，使它脱离了原来的用途和意义。相比之下，张永和在运用自行车轮时显得较为温和、“务实”，因为车轮在这里并不仅是作为主观化了的装饰语言，它也使书架成为可以转动和移动的物件。这一点非常重要，因为书屋首层中间两排书架与门外的相同，它们使书屋首层的空间成为可以变化组合的空间。贴墙的大书架夸张性地与顶棚相接，超出了书籍陈列功能的实际需要。可以看出，书屋首层两种形式的书架都被有意的陌生化了，张永和在这里展示了他的另一重思路，那就是触及日常生活中的平凡经验，把它转化为“非常”的实验性设计。

早在 1980 年代末，张永和就在寻找求变之路，他认为“‘温故知新’的‘新’总不免

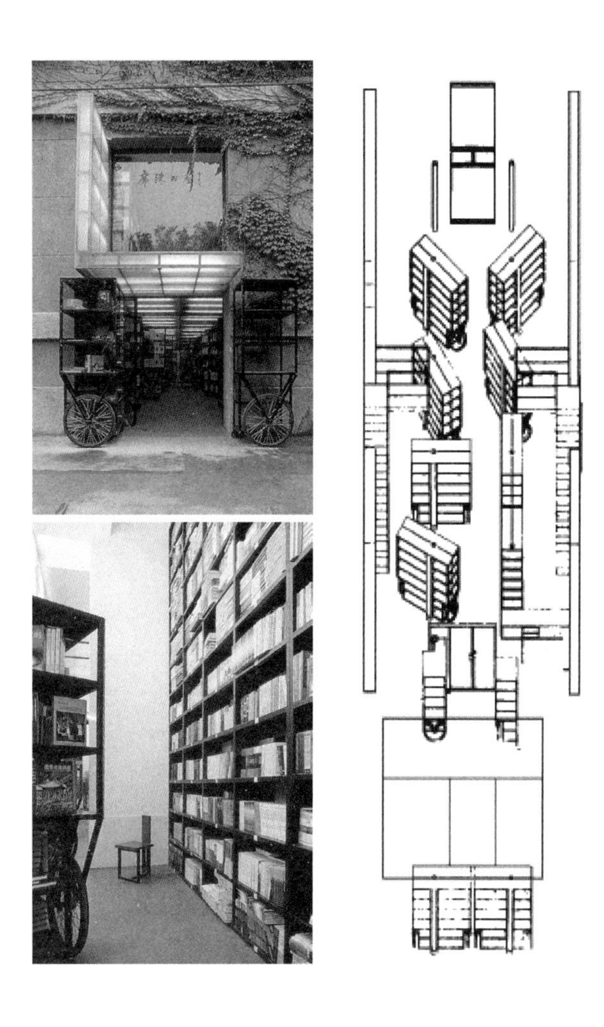

4 5
6

图 4. 北京席殊书屋大门
图 5. 北京席殊书屋轴测图
图 6. 北京席殊书屋内景

受限于‘故’”，“寻找必须从‘新’开始”。“如果诚心寻找未知，目标无从谈起；而漫无目的，又苦于无法起步。相反，与真理‘逆’行，既不受现有知识之局限，亦可循之方向感，为求‘新’工作的展开创造了条件”。他由此强调，求新路上的一重障碍乃“熟视无睹”，“一旦人们对某事物了解太多，便会失去正确清醒的判断能力。通过对现有条件的改‘变’，亦可帮助人们建立对熟悉事物的新观察点”。“‘变’有助于重新获得陌生感”[17]。

席殊书屋不过是个二层小“楼”，却由于张永和及其工作室把每一个细节都陌生化了，我们原本熟视无睹的那些建筑元素就具有了“非常性”。通向二楼的楼梯藏在两边墙角，它们是用工业防滑钢板焊接的，扶手是冰冷的方钢管，而护栏则是两道钢丝绳——纯粹和夸张了的工业语言把东西方传统建筑中的温情都摒除了，而这不正是楼梯的“本义”吗？二楼的书架背后的玻璃为楼梯带来光线，这里书架/墙/窗的界限模糊了。更让人惊异的是二楼的地板竟是玻璃（钢化玻璃）的，只有心有余悸地踏上去，才能体会到与楼下空间的“贯通”。二楼狭窄的空间里只有两排书架，落地排放。书照样从地面码到房顶，黑色的书架横格把人的视线引到尽头的窗前。那是一扇落“地”大窗，在书架的夹围下，它好像是一面从玻璃地面延展出来的玻璃墙，在这里，窗/地面、窗/墙的界限再次模糊了。

在北京席殊书屋的设计中，张永和的策略与解构主义有许多近似之处，但是并没有带来西方式的表面化的躁动，东方式的沉静庄重和现代建筑的单纯的形式语汇构成了空间的基调。而陌生化的“非常”之举则充满了深思和智慧，设计者由此获得了自由与个性。

在南昌席殊书屋的设计中，他们考虑的是“具体的中国空间模型从古典的内向架构转为当代时‘平行城市’，即在平均主义原则主导时期，（住宅）建筑作为社会福利时形成的匀质线性的群体形态”[18]。

在虎门宾馆方案设计中，张永和从《康熙字典》找出一组汉字，根据古词的诗意搭构出这个位于珠江口的星级宾馆的轮廓。其空间完成了第一次进驻，诗意的进驻。这些汉字又作为不同的庭院经历了建筑性的转化，即墙体的转化。随后，是第三次进驻——绿化的进驻。最后一次进驻是引入室内空间。这些字形的四次进驻的过程也是不断调整建筑任务的过程。汉字不是设计过程的实际开端，但它们的出现为设计重新确立了开端。

1993年，张永和与夫人鲁力佳创办了非常建筑工作室，以上这些作品是张永和与非常建筑工作室共同完成的。他们的工作重心由纯概念转移到概念与建造关系上，并开始了对材料和构造以及结构和节点的实验。同时，在他们的工作中，创作与研究是重叠的，旨在突破理论与实践之间的人为界限。

中国的实验性建筑才刚刚起步，与整个国家巨大的建设洪流相比，它们显得弱小无助。然而，正是这些小作品顽强地表露着青年建筑师们对中国当代空间独特性的新体验。1990年代中国的实验性建筑身处在时代主流的边缘，但边缘正是它们适合的位置与姿态。

注释:

① 后小路雅弘:《作为一种态度的现实主义：90年代的亚洲艺术》，《世界美术》1995年第2期。

② 《中国当代美术史（1985-1986)》，高名潞等著，其中“建筑和后现代主义”部分为王明贤著，上海人民出版 社1991年版。

③ 参见史建《文化背景中的建筑——90年代中国建筑的几种趋向》，《文艺研究》1996年第3期。

④ 参见汤桦《孤寂》，《建筑师》第68期。

⑤ 菲利浦 · 路德:《矶崎新的建筑》，见邱秀文等编译《矶崎新》，中国建筑工业出版社，1990年版。

⑥ 饶小军、姚小玲:《实验与对话》，《建筑师》第72期。

⑦ 哈夫特曼:《〈达达——艺术与反艺术〉出版记》，〔台〕《艺术家》1988年第6期。

⑧ 饶小军:《边缘实验与建筑学的变革》，《新建筑》1997年第3期。

⑨ 乾子(赵冰)：《民众的精神力量》，见《当代艺术》系列丛书4，湖南美术出版社1992年版。

⑩ 赵冰:《后现代情境》，见《当代艺术》系列丛书4。

⑪ 乾子(赵冰)：《思维意志的文本化》，见《当代艺术》系列丛书2。

⑫ 赵冰:《编者的话》，见《当代艺术》系列丛书2。

⑬ 爱德华 · 赛义德所命名的“东方主义”。

⑭ 伍时堂:《域外名师与中国建筑市场及其他》，《世界建筑》1997年第5期。

⑮ 参见张永和:《采访彼得 · 埃森曼》，《世界建筑》1991年第2期。

⑯ 张永和：《坠入空间》，《读书》1997年第10期。

⑰ 张永和：《非常建筑》，黑龙江科学技术出版社1997年版，第102页。

⑱ 张永和：《思想的过程与过程的思想——寻找新建筑》，见顾孟潮、张在元主编《中国建筑：评析与展望》，天津科学技术出版社1989年版，第44页。

作者简介: 王明贤，副编审，《建筑师》副主编
史建，《天津社会科学》编辑

原载于: 《文艺研究》1998年第1期

实验建筑：一种观念性的探索

饶小军

关于“实验建筑”的命题，记得早在1996年广州召开的“实验与对话：5 · 18中国青年建筑师、艺术家学术讨论会”上就已提出，那是一次明显带有“实验性”和“前卫性”以及强烈“反理论”色彩的会议，聚集了国内颇具影响的青年建筑师和艺术家，会议主题涉及中国实验建筑的可能性和未来发展方向问题。而有关这一命题的讨论，后来分别在《喜玛拉雅》、《建筑师》、《新建筑》等各类杂志上陆续有所发表，但始终有一种思想尚未成熟、问题有待深入的感觉，的确，这是因为“一切都刚刚开始，实验者尚未形成旗帜鲜明的群体，多数人仍停留在正统话语的无形控制中无法脱身，社会也还未能承认这一部分人的存在价值。”[①]几年过去了，“实验建筑”似乎有了一些进步，内涵及外延都有所拓展，也许价值并不在于有多少的作品问世，而在于思想观念的探索与成熟，因此，这里只想就其中关键性的概念问题给予一些回顾和讨论。

1. 怀疑与挑战

这是“实验性”建筑的思想前提和问题的出发点。回顾1980年代以来，中国建筑理论界曾出现过的几次重大的理论探讨，但多少带有一点思想的“虚假性命题”特征。随着西方的建筑理论思想的翻译和引进，客观上对中国建筑产生了积极的影响。但在思想开放的同时，问题却又不由控制地走向了另一极端，即西方建筑的主流话语很快成为禁锢人们头脑的一种新的传统。特别是当所谓后现代主义进入中国之时，建筑理论界似乎找到了“中西合璧”似的建筑发展方向，纷纷以西方“建筑符号学”为理论根据，大势提倡所谓中国建筑文化的复兴，而实际上却不过是复古主义的“借尸还魂”，尚未形成格局，已是气数殆尽。观念上的“被动盲从”和主体意识缺失，导致了我们没有从思想上真正对西方建筑有所认识和批判，而仅仅停留在对表面风格的模仿乃至抄袭；而随之在本土出现的“建筑与文化”讨论，更由于学术上缺乏整体的国际框架坐标作为参照系，缺乏必要的学术思想论争，仅仅怀着一种文化本位主义的复古心态，在一些老掉牙的问题上兜圈子，思想近于枯竭。

1990年代初期，建筑学的学术思想在商品经济的大潮的冲击下，显得苍白而无力，在备受种种的困扰之后，建筑论坛似乎变得沉默了。在1996年的《建筑师》上，我以“实验与对话”为题，曾经描述了这一时期的大体思想状况：

“1990年代的建筑学变得沉默了。人们仿佛失去了对理论和批评的兴趣，有关思想的讨论已呈过度疲劳的状态……1980年代一批活跃的思想者似乎放弃了对建筑学的哲学性思考，而呈现为一种‘白茫茫的失语状态’，有意无意地忘却了曾经有过的思想的激烈论争和理论的逻辑思辨，甚至忘却了作为建筑学所固有的职业话语。他们变成了现实中的‘局外人’，或索性‘逃离’出建筑的圈……在边缘处起舞弄姿，心灵深处潜藏对建筑学正统观念的反叛。”[②]

于无声处，也许恰恰在悄然孕育着一场思想上的变革。实验建筑正是在这种观念背景下起步的，并从一开始就表现为对正统或主流的建筑思潮观念的强劲的怀疑态度和挑战姿态。这是面对西方的一种价值怀疑，也是面对自我的一种生存挑战。人们认识到：矫情的模仿和抄袭终究不能代替真实的创作体验，表面的趋同毕竟无法掩盖深刻的文化差异，也无法逾越现实技术及观念上的滞后状态。以往那种对西方价值的不加思索的认同和膜拜，随着主体意识的不断解放和理论交流的不断扩大，越来越受到尖锐的质疑和批判。

建筑的现代化不能建立在牺牲自我本体价值的基础上，而必须从我们自身对生存空间的理解出发，从日常生活事件的体验和观察中去寻求一种创作的表达方式，正是这种对生活具体、切实的体验，才是建筑创作真正的灵感之源。我们始终关注的是，如何在现实游移不定的困局中，寻找自己在世界中的定位，寻找自身存在的价值和意义，寻求表达自我生存状况的新策略。

2. 边缘实验及其策略

实验者对正统和主流的观念提出质疑，体现为一种边缘化的思想策略和非主流意识。它首先是一种机智的理论行为：一方面要在西方思想的空白、间断、边缘和缺失处建立本土的话语实验，以消解西方建筑理论对我们的控制性影响；另一方面，它也并无意产生一种替代性理论，以超越前此以往的理论框架，上升为新的正统和主流。它可以看成是一种理论上的增值，把对本土建筑发展的生存焦虑和对西方建筑理论思想的解构批判同时加以思考，来寻求当代中国建筑的思想定位。

其次，与上述思想策略相对应的是建筑的边缘化设计实验，这是一种具有理论性批判职能的设计行为，在反对一切正统的建筑学的话语中心的基础上，它更直接地强调对个人的生存体验而言是十分真实的建筑表达方式。在此，我引述一下 1997 年给《新建筑》写的文章中的一段话，可以说是对这种设计实验边缘化立场和特征的一种初步归纳[③]：

“我们必须把自己置身于学科的边缘，置身于当代生活的具体体验之中，在对生活中的偶发事件和空间的特殊现象的观察体验过程中，去发现设计和创作赖以为本的概念，寻求对我们自身精神生活而言乃是十分真实的表达方式。……原创性建筑的发生，只能建立在这种实验性的态度之上。

实验性的探索充满激动人心的活力和刺激性的冲动。它甚至带有某种前卫性艺术的特征：形式让人费解，内容无法理喻。但它所探究的问题和经验，却关系到建筑学乾坤社稷的根本。也许，这正是实验性建筑所担负的使命。”

值得强调的是，实验性建筑对于建筑学本体学术价值的探寻，首先是从观念层面上对建筑学的基本概念寻求突破的，所以说，它是“一种观念性的探索”。这就注定了它在实验的过程不可能一蹴而就，思想将面临种种困难，并排斥一切陈腐的观念。作品的设计过程也没有什么现成的式样可供模仿和抄袭，甚至只能作“纸上谈兵”，少有实现的可能，这就是实验建筑的现状和前提。实验者也正是这样的“前行者”，永远不能满足于现成已有的东西。

3. 从审美到观念

当代中国实验建筑的思想源流和脉络，错综复杂，难以从一个方面加以确定和分类。其发生的内部条件之一在于受到国内前卫艺术思潮的影响，特别是受装置艺术和观念艺术的思想冲击，形成了一股综合的探索实验艺术的汇流。1990 年代中期，中国各门艺术实际上都处在令人鼓舞的激变当中，年轻的建筑师、雕塑家乃至艺术家都走出了本体内循环式的职业圈限，怀着一种理性的批判态度，对各种新的观念性的尝试充满热情，在与各种观念艺术的对话和感悟过程中，创作出了一批批颇具新意的实验性艺术作品。近年来，笔者在参与了一些国内雕塑展的学术策划工作的过程中，对当前国内雕塑艺术的变化提出了一点粗浅的看法，在此，可引用来概述包括建筑在内的整体的艺术思潮变化及其发展趋势④：

"20 世纪的艺术史是一部关于视觉的批判历史。现代雕塑（或建筑）艺术完成了从古典主义的'对自然的描绘'向着'对主体精神的表现'的转换……但现代主义并未从根本上否定艺术'对视觉审美的诉求'……直到观念艺术的出现，才从根本上瓦解了现代主义艺术尚未摆脱的'不自觉的审美主义'，而强调'一种崇高意义被瓦解之后的意义'的表达，对'形式被解体之后的形式'的构造，这是一种对现实的观念性的构造。……20 世纪观念艺术最晚近的发展，可看成是完成了从'视觉审美'走向'观念的构造'的过程。

当雕塑（或建筑）摆脱了视觉审美要求所带来的沉重压迫，而进入一种纯粹观念的艺术表达领域，艺术家实际上获得了一种无敝的自由创作状态。雕塑（或建筑）的形象……只是作为一种观念的构造物，向人们陈述着形象背后所发生的意义。"

的确，这种概念化的倾向——不以审美为取向，而直接诉诸人的感受，也许是 21 世纪总的艺术发展方向。一如英国艺术史家赫伯特 · 里德说的，"这种概念的结构，仍然必须诉诸人的感受性，但是这里有一个假定，那就是这种概念结构，同那种负担着不必要的表象效能的结构相比，在诉诸人的感受性方面，要直接得多，强烈得多，也深刻得多。"实验性的建筑当然也无以例外。

当审美不再作为一切艺术的标准的时候，评价作品优劣则不再是"形式的美感"或"风格与式样"，而上升为作品所表达的观念是否切入当代生活和经验这样一些实质性的命题，以及表达观念的构造方式是否机智和有效。

1 2
3 4

图 1-2. 成都禅苑休闲营地，设计：刘家琨（张文武供稿）
图 3. 深圳电视中心（模型），设计：汤桦（张文武供稿）
图 4. 书道系列：龙凤呈祥（南宁新商业中心），设计：赵冰（张文武供稿）

4. 真实性问题

此乃实验性建筑所首要面对的思辨命题。学术的本义应当是求真，方法论的模式只能寓于研究的对象之中。学术的真实性，只能来自对我们周围生活现实的敏锐观察和体验。但是，真实性的含义却往往被曲解，它成了现实中真理、抽象理论、流行式样、习惯做法、约定俗成等的代名词。常识和规范，构成了正统和主流的学术营垒，它凭借一些抽象的理论和概念体系，表现为一种独断论的权力话语特征：即对一切背离理论规范的异常现象视而不见，或是对异端邪说思想进行无情的扼杀和将其排斥局外。它所导致的直接后果是：

“人们只能在缺乏想象力的空间里腾挪复制，循规蹈矩。一种类似复印机功能的创作正在大量生产着混凝土的垃圾，并充斥着城市的各个角落。当人们把注意力放在事物的最后结果的时候，实际上只能获得一种表面化的真实，而其内在精神的丰富含义则被掩盖不见。”⑤

建筑理论的视域，由于长期局限于常识和规范所铸成的封闭性壁垒之中，已越来越远离了客观现象的本质。学术的思想在各种空洞的概念堆砌中渐渐失去了赖以滋生的现实土壤和生活体验。我始终以为真正具有价值的思想命题不可能从概念本身的演绎中得出，而只能从生命和生存的原生状态中涌现出来，这也许是一切学科发展的充分必要条件，而往往为人们所忽略。如果不能感悟到概念之外的具象指涉，不能将概念解读成鲜活的生命现象，任何学术的思想也许只能是没有灵魂的躯壳，几无价值可言。

因此，我以为建筑学必须真实地“贴近生活”，必须以真实的个体的人的经验作为建筑设计的依据。这不仅仅是指设计构思上的更切合实际的生活，而且也是指理论或思想方法应当在具体、微观、形而下的经验层次上展开；任何居高临下、宏观抽象的体系化结论，我都怀疑可能导致某种“虚假性命题”，或演化成某种禁锢人们头脑的权力话语。只有打破了常识所形成的思想套路，走入现实的生活之中，方能建立一种清醒而独立的批判意识。

5. 建筑空间论

有关实验建筑的讨论，不能不涉及“空间”这个建筑学理论的经典性命题。因为在建筑学历次最重要的理论变革中，都是基于人们对于空间认识论的改变。有关空间问题的讨论，实际在推动着建筑学的发展。

空间的发生原本有着它自生自在的逻辑。但传统建筑学把空间转变成了静止不动的抽象实体，而丧失了空间的本真意义。现代建筑把空间或形式理解为一种功能性的显现，却忽略了空间的更本质的特性，对此我曾作过这样一番思考：

“单纯以功能作为空间发生的依据，无法探索空间的本质，并可能导致空间形态在重复操作下走向枯竭。空间的在本质上是不确定的。空间设计应当回到空间发生的原初状态，即回到时间的原生状态，回到物本身，而将一切既有的东西加以悬置。在一种无敝的状态下，重新发掘空间发生的潜在依据。”[⑥]

我以为，空间是一种类生命的实体，是人的内在经验的表现形式之一，它呈现“流动空间”的样态。也就是说，空间的发生总是与一定的“事件”相关，“事件”构成了人生活经验的一部分，空间即成了“事件”发生和演绎的结果，空间表现为一种时间的“变体”，时间的流程诠释了空间发生的理由。

空间由于人在其间的使用或体验，而具有了建筑性。人的活动是对时间运动痕迹的具体诠释。空间因时间得以发生和存在，并须经由人的体验或观察，才能成为建筑性的空间。所以说，建筑空间的本质就是我们日常的生活经验，是活生生的具体经验，而不是一般或抽象的经验，功能主义的设计方法所依赖的却是抽象的人的经验。

我们的日常生活是复杂而多变的，难以用抽象的概念来概括和表述，功能主义的抽象空间是以牺牲人本的经验为前提的，把鲜活的人性空间变成了程式化的铁板一块，切断了它与日常生活现象的血脉关联，只能徒劳地在风格样式上做表面文章。

有一点特别在此想说的是，以往国内有关建筑设计的教育和研究，从未涉及空间经验的本质性探讨，致使学生在学习的过程中，把复杂多变的空间问题简单地理解为表面的造型表现问题，渐渐失去了对空间经验的敏锐感受力，也失去了建筑创作所必需的空间想象力。因此，实验建筑实际上还担当着从根本上改变设计师习以为常的思维观念的任务，应当说是一件任重而道远的事情。

限于篇幅，本文只在观念的层面上，就这几年思考的一些问题进行了梳理，未涉及一些作品的设计实验。目前，实验建筑也许仅仅是一小部分人的所为所作，作品还大多是停留在方案的探索阶段，甚至构不成一种思潮，但由于它的实质性价值所在，所以对于中国建筑的发展而言，这是它所走出的至关重要的一步。

至少，我们应当时刻关注实验建筑的成长，关注它对于建筑学观念上的变革与更新。

我始终认为，思想或理论上的探索实验，应当与设计作品的实验相并行，这在当下中国建筑思想论坛沉寂、理论批评的匮乏之时，尤其显得至关重要，没有理论上的实验先行，则不可能有今后建筑创作的真正繁荣。

注释：

① 引自拙文“边缘实验与建筑学的变革”，《新建筑》1997 年第三期。

② “实验与对话：记 5.18 中国青年建筑师、艺术家讨论会”，《建筑师》第 72 期，1996 年 10 月。

③ 见拙文“边缘实验与建筑学的变革”，《新建筑》1997 年第三期。

④ 见“从审美的表象走向观念的构造”，《美术观察》，1997 年第 7 期。

⑤ “边缘实验与建筑学的变革”，《新建筑》1997 年第 3 期。

⑥ 见“《空间书法》：一种概念性的设计”，《建筑师》第 88 期，1999 年 6 月。

作者简介： 饶小军，深圳大学建筑与城市规划学院副院长、教授

原载于：《时代建筑》2000 年第 2 期

中国建筑师的分代问题再议

彭怒　伍江

我们已知最早的由中国人设计的近代西式公共建筑是 1906 年沈琪设计的陆军部大楼，最早的由中国建筑师开设的事务所是 1915 年开业的“周惠南打样间”，最早留学西方建筑院校回国从事建筑设计的是 1914 年回国并被聘为清华学校驻校建筑师的庄俊，那么我们可以把第一代建筑师的出现划在 1910 年代左右。中国建筑师的出现至今已有 90 多年了，自然是由具有不同年龄段、不同知识背景和创作理念以及不同实践经历的几代人组成。对中国建筑师的不同群体进行适当的划代，有助于从人（建筑师）的主体角度更明晰地认识建筑历史发展的丰富性和复杂性中存在的集体共性，同时也可揭示建筑物被生产时，“建筑师”的知识背景、创作理念等主体因素如何影响建筑物的产生。

1. 已有的关于中国建筑师分代的原则和观点

曾坚先生在“中国建筑师的分代问题及其他”一文中最早明确提出中国建筑师分代的三个原则：1) 时间上每隔 20 年左右算一代；2) 结合建筑师的师承关系进行划分；3) 根据

现代建筑发展的历史阶段以及每一时期建筑师对建筑事业的发展所起到的历史作用进行分代。[①]

这三个分代原则是比较科学的。关于第 1 条，虽未见诸文字，杨嵩林教授 1980 年代在重庆建筑工程学院教“中国建筑史”课程近现代部分时，就已明确提出[②]。曾坚先生也指出欧美书刊往往把 20 世纪以前出生的著名建筑师列为第一代现代建筑大师，1919 年以前出生的算第二代，1919 年后出生的算第三代[③]。第 2 条原则在划分中国第一代和第二代建筑师时非常有效，因为他们之间存在着非常直接的师承或师徒关系。关于第 3 条，即要求结合对中国现代建筑的历史分期来理解建筑师的分代问题，同时也要视建筑师成熟期的创作对建筑发展的历史作用而定。实际上这三个分代原则是与邹德侬、曾坚先生提出的中国现代建筑历史分期观点一致的。他们写道：“1920 年代至 1940 年代——中国现代建筑起始期 /1950 年代至 1970 年代——社会主义民族风格和新风格的探求期 /1980 年代开始——具有中国特色的现代建筑探求期”[④]。这一分期是针对受西方现代建筑运动影响而产生的中国现代建筑历史而言（包括了西方在华建筑师的现代建筑创作），并非从中国建筑师开始建筑创作算起，也非从中国建筑体系的近代化和西化算起。所以他们把中国现代建筑分期的起始点放 在 1920 年代，确切地说，在 1920 年代末是恰当的。1920 年代末到 1940 年代，尤其是 1930 年代，正是中国第一代建筑师创作的普遍成熟期，对中国现代建筑史产生了整体影响。1950 年代则是第二代建筑师创作的高峰期以及部分第一代建筑师创作成熟期的延续。综合这三个原则，曾坚先生提出下表[⑤]

表 1

代次	起止	内容	人物构成
第一代	1910 年 ~1931 年	毕业或工作	建筑留学生和部分自学成才的早期建筑师
第二代	1932 年 ~1949 年左右	毕业或工作	国内外培养的建筑师
第三代	1950 年 ~1966 年左右	毕业或工作	国内外培养的建筑师
第四代	1966 年至今	毕业或工作	国内外培养的建筑师

张榑建筑师也提出过中国建筑师的分代问题：

第一代：1911~1931 年毕业的，留学生为主；第二代：1931~1951 年，国内大学毕业者为主；第三代：1951~1976 年，这是一股强大的力量；第四代：1976~1992 年，大量新生力量[⑥]。

杨永生先生的分代观点与张镈先生比较接近，他认为：“以梁思成、杨廷宝等为代表的留学归来者算第一代，他们基本没有现代主义的东西，但中西文化底蕴非常厚，而且在1930年代设计的建筑与国际上差别不大……以张镈、张开济等为代表的第一代培养的学生算第二代，刚毕业就赶上了抗战……一开始施展才能，我们的建筑方针又偏向苏联……第二代没有与国际接上轨……以齐康、戴复东等为代表的这些新中国成立后毕业的算第三代……先天不足，后天又失调，（在他们的成长期）就学苏联那点东西，连西方的杂志都看不到，第三代是逆流中努力的一代……‘文革’后是第四代……”[⑦] 这一划分与他对中国现代建筑的分期观点是一致的。《在关于20世纪中国建筑的思考》一文中，杨永生、顾孟潮先生把近百年中国建筑史分为四个阶段：1900~1930年为第一阶段；1930~1953年为第 二阶段；1954~1979年为第三阶段；1980年至今为第四阶段[⑧]。在新近出版的《中国四代建筑师》中，杨永生先生这样划分中国建筑师：第 一代中国建筑师是清末至辛亥革命1911年间出生的……第二代中国 建筑师是1910年代至1920年代出生且是新中国成立前大学毕业的……第三代 建筑师是1930年代至1940年代出生，且是新中国成立后大学毕业的……第四代建筑师出生于新中国成立之后……”。[⑨] 在此可以看出，杨永生先生的分代观点实际上与张镈先生比较接近，但他主要以曾坚先生提出的第一个分代原则来划分的，而曾坚先生和张镈先生的分代原则主要以第2、3个原则为主。

在第一代建筑师的划分上，三种分法基本没有分歧。在第二、三、四代间，张镈先生选取了1951年和“文革”结束前后为分界点，曾坚先生选取了“解放”和“文革”开始为分界点，杨永生先生选取了“解放”和“文革”结束前后为分界点。

2. 关于中国建筑师分代问题的建议

2.1 关于划分第一代和第二代建筑师的分界点问题

曾坚先生提出以1932年（毕业或工作）为划分第一代和第二代建筑 师的分界点是很有说服力的。这是因为：

1) 第一批中国建筑师事务所基本上是1932年以前成立的；

2) 首批建筑师学术团体也在1932年前建立，比如1929年私立营造学社创立，1927年冬在庄俊、范文照的召集下成立了“上海建筑师学会”，1932年在此基础上成立了中国建筑师学会，1931 年成立了包括建筑师、工程师、建筑施工行业在内的“上海市建筑协会”；

3) 作为中国建筑师学会和上海市建筑协会出版的学术刊物，《中国建筑》、《建筑月刊》均创刊于 1932 年 11 月；

4) 最早的高等建筑教育——“中央大学建筑工程系，创始于民国 16 年（1927 年），为中国大学校中设有建筑系之先进”[⑩]，实际上是把苏州工业专门学校建筑工程科并入南京第四中山大学（后改为中央大学），1928 年开始招生。东北大学建筑系 1928 年秋创立，北平大学艺术学院建筑系 1928 年夏创立[⑪]。1932 年由中国第一代建筑师培养的建筑学生开始走出校园，他们中很多成为著名的第二代建筑师。所以，以 1932 年（毕业或工作）划分第一代和第二代建筑师比较切实可信。

2.2 关于划分第二代与第三代建筑师的分界点问题

关于划分第二代与第三代建筑师的分界点，我们认为在 1952 年比较合适。这是因为：

1) 新中国成立初期，大部分私营建筑事务所仍继续开业，一部分则经过重组后开业，一部分停业。但在“三反”、“五反”中，1952 年 4 月中央作出《三反后必须建立政府的建筑部门和建立国有公司的决定》[⑫]。1952 年 8 月，中央人民政府建筑工程部成立，各地在此前后成立了国有的勘察设计机构。大部分私营事务所在此阶段被合并，比如 1952 年 5 月，刘开济先生所在的华泰建筑事务所结束，他和卜秋明建筑师（后成为张开济先生助手之一）加入当时的北京市建筑公司设计部[⑬]（后来的北京市建筑设计研究院）。杨锡镠先生也于 1952 年 5 月解散北京联合顾问建筑师事务所，并携孙秉源建筑师等进入北京市建筑公司设计部[⑭]。至此，建筑师的“自由职业者”身份被改变[⑮]。

2) 新中国成立初期，知识分子被划入资产阶级范畴，1951 年秋 ~1952 年，中国共产党对各界知识分子集中进行了思想改造。“在建筑界，重点涉及清除技术人员‘盲目崇拜英、美’、‘单纯技术观点’及‘立场不稳’等问题[⑯]。”中国建筑界基本隔绝了与西方现代建筑思想的交流。可以说，在“自由职业者”身份丧失的同时，建筑师的创作思想的“自由”也已丧失。

3)1953 年各地建筑设计院开始全面引进苏联的设计体制。在设计人员的劳动组织方面，采取院、室、组的三级管理；在设计技术管理上采取三段设计（初步设计、技术设计、施工图设计）、三级管理工程（分为院级、室级、组级）和三审制度（对施工图设计人自审，其他人复审，组长最后审查）。至此，设计体制、人员组织和技术管理纳入了严格的计划经济范畴。

4)1952~1953 年，全国高校进行了院系调整。清华大学、同济大学、天津大学、南京工学院、东北工学院、哈尔滨工业大学等学校合并重组了建筑学系或专业，引进苏联的教学体系[17]。比如重庆土木建筑学院（后改为重庆建筑工程学院），1952 年由重庆大学、西南工专（原中央工校）等 6 所学校的 9 个土木、建筑系（科）合并而成，是当时中央建工部唯一一所直属高校。其中建筑系由重大、西南工专、川南工专、成都艺专的建筑系（科）合并[18]。重组后的各建筑系（专业）也是重新制定专业教学计划；建立教研室，采用苏联 教材，引进苏联教学中的各环节；改革考试制度和实行教师工作量制等。梁思成先生在 1947 年美国回来后，在清华大学建筑工程学系（后改为营建系，建筑系）一年级的“预级图案”课程里安排了平面构图、立体构图等现代建筑教育的基础内容，这一时期却受到批判[19]。至此，不仅建筑设计单位而且建筑院校都已全面脱离英美体系而采用苏联模式。

5)1952 年中央建筑工程部成立，1953 年 10 月中国建筑学会成立，作为建筑行业的中央政府机构和学术团体所发挥的行政指令和导向作用也已显露。

6) 从中国现代建筑历史分期应以建筑本位事件来看，我们也赞同从 1920 年代末到 1952 年应划为第一个阶段。邹德侬先生在多篇论文中强调，1949~1952 年现代建筑思想得到了延续，佳作频出。比如杨廷宝先生设计的和平宾馆 (1952)、张开济先生的小汤山疗养院 (1951~1952 年）。1952 年对中国现代建筑历史分期以及第一、二代建筑师都是一个分界点。并且新中国成立前最后一批大学生 (1948 年进校) 也是 1952 年左右毕业开始工作。

2.3 关于划分第三代与第四代建筑师的分界点问题

关于第三代与第四代建筑师的分界点，我们认为在 1978 年比较合适。这是因为：

1) 从 1953~1977 年，虽说这 20 多年中国建筑经历了民族形式的探索、反浪费和复古主义、快速设计、设计革命、“文化革命”等不同时期，但总的说来，这一阶段接受建筑教育和从事建筑设计的建筑师基本上都完全与西方建筑思想隔绝，建筑创作思想也受官方政治意识形态的强烈束缚。尽管在改革开放以后的创作成熟的晚期，也有一些佼佼者突破了自身和历史的限制，比如齐康、关肇邺、马国馨先生等，然而也难以从整体上代表这一代建筑师共同的专业命运，故杨永生先生指出他们是逆流中努力的一代。

2) 虽然从 1953 左右毕业或工作算起，到 1977 年左右以前接受高等或其他建筑教育的建筑师（最后一届 76 级工农兵学员毕业于 1979 年）跨越了 26 年，但从 1966 年至 1971 年，因“文化大革命”各大学建筑系基本上停招了6年。所以这代建筑师从专业人才的培养来看，基本上也是跨越了20年的一代人。

3) 从1977年底恢复高考，1978年3月入校开始接受高等建筑教育的一批建筑师已经崛起并走到了中国建筑舞台的前沿。他们中既有在国内接受本科教育后再留学西方或者毕业后在工作中被官费派往国外学习的，也有一直坚持在本土的实践者。前者如张永和、丁沃沃、张雷、吴钢等，后者如刘家琨、王澍、崔愷、汤桦等。如果说1993年11月“汤桦及华渝建筑设计公司作品联展”和“21世纪新空间”文化研讨会在上海的举行说明这批建筑师开始在公众面前崭露头角，那么1999年6月22日~27日第20届世界建筑师大会上的中国青年建筑师实验性建筑作品展的曲折参展经历以及外国同行的高度关注，正说明其与主流文化的交锋和对峙。2000年10月2日~4日在成都举行的“中国中青年建筑师学术论坛”标志这些青年建筑师的正式结盟和每两年一次的学术聚会的确定。于2001年9月21日~10月28日举办的题为“土木”的“中国新建筑”展是“2001年柏林亚太文化周”的一个组成部分，由德国国际城市文化协会和柏林Aedes美术馆主办，主办者邀请了德国建筑师进行作品挑选。张永和、刘家琨、马清运、南大建筑（张雷、朱竞翔、王群）、王澍以及青年艺术家艾未未的作品入选。这一事件表明这些青年建筑师已经开始产生国际影响，并试图在建筑文化的世界格局中开始寻求自身的定位。

4) 北京大学建筑学研究中心（2000/5/27）和南京大学建筑学研究中心（2000/12/14）的先后成立标志着这批青年建筑师开始对建筑教育发生重要影响。他们不仅全面引入美国和欧洲的建筑学教学方法，而且采用了新的教授工作室体制以保证学术发展的自由和空间。正如第一代建筑师多热心于建筑教育，他们投身建筑教育也会影响下一代学子。2000年春，《A+D》杂志由南京大学建筑学研究中心出版发行，成为传播他们的学术主张和创作思想的阵地。

5)1990年代初，国家开始建立注册建筑师制度。建设部分别于1993年和1995年颁布《私营设计事务所试点办法》，尽管获得审批的私营设计事务所尚在少数，但建筑设计咨询公司（没有出图章，但所有制性质和经营模式与私营设计事务所相似）的大量存在，实际上为这批青年建筑师的自由创作和职业生存提供了可操作的方式。2000年末的全国勘察设计工作会议提出的“积极稳妥地发展设计事务所”的政策思路，更为这一代建筑师提供了选择新的经营模式的可能。

综上所述，针对划分第一代、第二代、第三代和第四代中国建筑师分界点的探讨，笔者就中国建筑师的分代问题提出表2。

表 2

代次	起止	人物构成
第一代	1910 年代毕业或工作 ~1931 年左右毕业或工作	建筑留学生或兼修建筑的留学生、洋行学徒、近代工科尤其土木工学培养的技术人才
第二代	1932 年左右毕业或工作 ~1952 年左右毕业或工作	国内外培养的建筑师、建筑师事务所学徒、 土木工学培养的技术人才
第三代	1953 年左右毕业或工作 ~1977 年左右接受高等或其他建筑教育	国内外培养的建筑师
第四代	1978 年接受高等或其他建筑教育至今	国内外培养的建筑师

3. 中国建筑师分代问题的相对性

必须指出的是，能够就中国建筑师进行分代是因为中国建筑师的产生只有 90 多年的历史，这一方面使得分代方法有效，另一方面也有助于我们从整体上认识中国建筑师中不同群体的特征，从而更好地理解中国现代建筑的发展。当然，也有很多建筑师具有介乎两代之间的特征。

建筑师分代和建筑历史分期一样，并非只有某一种绝对的划分。分代和分期根据研究者的研究时段或范围、研究的对象、研究的主题等问题的不同，完全可以有不同的有效的划分方式。比如，可以单就西方的现代建筑运动的兴盛而言对他们的现代建筑师进行整体的分代，也可以就欧洲现代建筑师和美国的现代建筑师分别进行分代，这是由于研究的对象范围不同而产生不同的分代方式。如果单就受西方现代建筑运动思想的影响而言，对中国建筑师进行分代，相信完全会有与本文不同的结果，这是由于研究的主题不同而产生不同的结果。

对于本文而言，还是就中国建筑师自产生以来进行整体上的断代。随着陈植先生的仙去，中国第一代建筑大师基本上都已辞世，在他们生前进行的建筑师和建筑设计思想的研究甚至即使资料的保存都非常有限。目前，中国第二代建筑师也普遍年事已高，因此对第二代建筑师及其建筑设计思想的研究显得极为紧迫。此外，第四代建筑师作为不可忽视的新生力量，已经走上国内以及国际建筑舞台的前沿，他们同样值得研究和重视，而不是简单粗暴地加以拒斥。因此，笔者出于对第二代建筑师和第四代建筑师研究的关注，再度探讨了中国建筑师的分代问题。

注释：

① 曾坚，《中国建筑师的分代问题及其他》P86，《建筑师》Vol.67，1995年12月。

② 2000年10月，笔者重庆调研时拜访了杨嵩林教授，他再次肯定了这一分代原则。

③ 同1，P86。

④ 邹德侬、曾坚，《论中国现代建筑史起始年代的确定》P54，《建筑学报》1995年5月。

⑤ 同1，P87。

⑥ 张镈，《我的建筑创作道路》P79，中国建筑工业出版社，1994年第一版。

⑦ 杨永生先生访谈，北京朝阳庵大院甲11楼6门，2001年3月22日。

⑧ 杨永生、顾孟潮，《关子20世纪中国建筑的思考》P1~2，《20世纪中国建筑》天津科学技术出版社，1999第一版。

⑨ 杨永生，《中国四代建筑师》P4，中国建筑工业出版社，2002年第一版。

⑩ “中央大学建筑工程系小史”P34，《中国建筑》第1卷第2期，1933年8月。

⑪ 张复合，《中国近代建筑史“自立”时期之概述》P2，《第五次中国近代建筑史研究讨论会论文集》中国建筑工业出版社，1998年第一版。

⑫ 龚德顺、邹德侬、窦以德，《中国现代建筑史纲（1949-1985）大事年表》P204，《中国现代建筑史纲》.天津科学技术出版社，1989年第一版。

⑬ 刘开济先生访谈，北京市建筑设计研究院，2001年5月22日。“主要经历”表格，卜秋明先生干部技术档案，北京市建筑设计研究院人事处。

⑭ 孙秉源建筑师访谈，2001年5月25日。

⑮ 实际上，解放时有一部分建筑师结束建筑事务所。比如，1949年夏张开济先生结束南京伟成建筑师事务所。1949年徐尚志先生结束怡信工程司进入重庆建筑公司设计部。

⑯ 龚德顺、邹德侬、窦以德，《中国现代建筑史纲（1949,1985）大事年表》P27，《中国现代建筑史纲》天津科学技术出版社，1989年第一版。

⑰ 同上，P46。

⑱ 《重庆建筑工程学院校史》编写组，《重庆建筑工程学院校史》P2，P54，重庆大学出版社，1992年第一版。

⑲ 王其明、茹竞华，《从建筑系说起——看梁思成先生的建筑观及教学思想》P44-45，《梁思成先生百岁诞辰纪念文集》清华大学出版社，2001年第一版。

作者简介：彭怒，伍江，同济大学建筑与城市规划学院教授

原载于：《建筑学报》2002年第12期

权宜建筑
——青年建筑师与中国策略

李翔宁

文章试图在杨永生先生关于四代建筑师划分的基础上分出第五代青年建筑师，分析他们所受的影响，以及应对当代中国特定问题时的独特策略，并将这种中国特殊条件下发展出的“权宜建筑”的策略看作中国创造性地接受并改造西方建筑模式而发展出的具有当代中国特征的建筑文化。

1. 青年建筑师与中国建筑师的分代问题

1990 年代下半叶以来，中国当代建筑逐渐步文学、诗歌、当代艺术和电影之后，进入了世界舞台的聚光灯下，如果说 2001 年在德国柏林举办的“土木”展，是当代中国建筑在世界舞台上的第一次集体亮相，那么随后的众多国际大展，比如威尼斯双年展和蓬皮杜文化中心举办的中国艺术展，都将中国的建筑作为了关注的重点之一。或许我们可以按照一种艺术门类实现的难度将中国文化的门类走向世界的顺序做一个排列，那么建筑理所当然地排在了最后。这似乎是合乎逻辑的，思想意识和世界的接轨可以先于相对滞后的经济、技术的接轨。建筑的实现，和电影一样依赖于投资方的支持，然而建筑受到甲方的制约远远大于电影。同时，技术和材料也是另一重无法摆脱的制约。

对于电影，我们已经非常普遍地接受了关于导演的分代问题。作为中国电影冲破坚冰走向世界的领军人物张艺谋，是第五代导演的代表，而娄烨、贾樟柯、陆川，甚至一些更年轻的导演，被认为是第六代、第七代导演。如果我们试图平行地对电影和建筑做这样的类比阅读，那么建筑是否也有着建筑师的分代问题呢？或许这也是试图对不同风格和采用不同策略的当代中国建筑师进行定义和划分的一种角度，尽管任何简单化的定义和划分都可能对中国当代建筑日益复杂和多元化的状态的正确把握产生危害。其实启蒙运动以来对事物进行的这种分类和界定,可以帮助我们产生一种能够正确认识和把握复杂现实的错觉。这种方法本身非常危险，它也正是长期以来建筑师和评论家、历史学家之间争执不休的焦点所在。是的，对建筑师简单地按年龄或者风格进行准确的划分，尤其当面对的是纷繁复杂的当代中国建筑的现状，几乎是一种不可能的使命。可是我们的确能够隐隐约约地感受到当代中国建筑在不同时期所关注的主题和热衷的策略所发生的转变。

2002 年，中国建筑工业出版社出版了杨永生先生的《中国四代建筑师》，杨先生在书中将中国建筑师分为四代: 第一代是清末到辛亥革命 (1911 年) 间出生的, 多留学国外学习建筑; 第二代是 1910 年代到 1920 年代出生，新中国成立前大学毕业；第三代是 1930 年代到 1940 年代出生，新中国成立后大学毕业；第四代出生于新中国成立以后，在改革开放的年代接受的大学教育。如果我们遵照这个思路，那么今天我们是否应该在这个基础上分出第五代、第六代建筑师呢？

20 世纪的中国历史经历了不同社会的剧烈变革，这或许有助于帮助我们进行代的划分。我们注意到，杨永生先生的划分从表面看来，是按照常用的年代划分的标准，即 20 年左右为一代人, 可是从更深的层面上, 还是按照重要的历史时期, 清末、民国、解放、“文革”……, 只不过这些重大的历史变革和 20 年一代的划代标准有着某种巧合的基本对应，从而成了分代的重要参照。今天我们似乎只能从风格和设计中所关注问题的更细微的差异来努力进行区分的工作。

现在我想做的事是划定当代中国年轻建筑师的范畴，并通过他们的实践和思想分析他们受到西方现代主义以来的建筑实践和理论思潮的影响，同时检视他们所受到的中国前辈建筑师和建筑传统的影响。当然，这是一项困难而又危险的工作，因为通常的理解（西方许多介绍青年建筑师作品的书籍常常如此界定）是将 40 岁作为处于起步和发展阶段的青年建筑师与前辈建筑师的分水岭，然而中国建筑界的现状是最近十年来才出现的建筑量和逐渐出现的尊重建筑师的相对自由开放的建筑氛围，使得年纪更大的建筑师们也正处于建筑创作和探索的高峰期。因此我尝试着按照关注的建筑问题的转移来进行划分，这条界限其实是模糊和非封闭的。

2. 关注点的差异与转变

在杨永生先生的《中国四代建筑师》书中，第四代建筑师中包括了今天在中国建筑界广受关注的张永和、崔愷、刘家琨等人，当然还有王澍，他们自 1990 年代初以来的实践，应该说深刻地影响了今天众多三十多岁的青年建筑师，影响了他们对于建筑、对于建筑师道路的认识。我想这应该是分析今天更年轻的建筑师作品时没法回避的现实。

虽然这或许不是这批建筑师的初衷，但今天的文化界、艺术界和中国的媒体如此关注当代建筑的问题，却和他们获得了“明星”建筑师的光环不无关系。从客观的角度来看，这对于提升大众对于建筑的关注和理解，提高建筑师的地位和获得更大的创作自由度，的确起到了很大的作用。

尤其在国际舞台上代表了当代中国建筑师的领军人物——张永和，他对于中国当代建筑走向国际舞台所起的作用很容易让人联想起张艺谋对于中国电影所起的作用。张永和的作品，从早年参加日本《新建筑》的概念竞赛，到回国后的许多建成作品，始终是青年建筑师和建筑院校的师生们关注的对象。尽管对于他的作品有不尽相同的看法，甚至有一些争议，然而他作为最早出现的、非设计院体制的、有着独立思想的建筑师的实例，对于青年建筑师所起的作用是不可估量的。这是一个鲜活的样板，鼓舞着青年建筑师，在中国不尽如人意的创作环境下，坚持一种有思想性的建筑探索，也可以获得成功并通过这样的成功改造我们的环境，改变大众对于建筑、对于建筑师的认识。随后，作为一个频频在中国当代建筑舞台上亮相并常常被相提并论的建筑师团体，张永和、王澍、刘家琨这些建筑师的作品、人生态度、探讨建筑问题的话语，甚至写作的行文，都可以在今天三十多岁崭露头角的更年轻的建筑师（暂且称为第五代建筑师）身上找到影子。

可是，如果我们比较一下上述几位建筑师的建筑实践，我们可以发现一个比较明显的共性：即对于什么是中国建筑以及什么是中国当代建筑的界定。或者说是在追寻一种建筑的“中国性”。如果说张艺谋最早在国际获奖的电影如《红高粱》、《大红灯笼高高挂》等所展现的是极富中国传统文化特征的元素，那么张永和、王澍他们这些最早在国际上展览自己的建筑作品的建筑师，有意无意地在作品中表达着和西方建筑相异的特征：这一方面出于对中国建筑界流行的抄袭拼凑西方建筑形式和语汇的一种抵抗；另一方面也是树立中国当代建筑在国际舞台上鲜明形象和旗帜的使命感使然。

同样，我想西方的媒体和策展人习惯于简单地从中国建筑与西方建筑的不同样式出发，或者说是挖掘中国固有的建筑文化传统在当代建筑上的体现，同时这种立场也被理解为是和中国快速建造的大批量的建筑策略的抵抗。也许正如“土木”展的策展人在展览前言中所说，“土木是传统中国建筑的语汇，因为土和木是古代中国最早的，也是唯一的建筑材料。这都是很久以前了。自从1950年代这个国家按照苏联的模式使建筑师集合化、建造工业化以来，中国建筑已经逐渐失去了和文脉、和传统建造方式和当地可获得的土和木的材料的关系。……中国最早的一批私人建筑事务所于1990年代末出现。当然大部分建筑项目仍然由大型国有设计院完成，有些甚至有几百位建筑师和工程师。但年轻的独立的设计事务所仍然有足够的空间发展出不同的立场。”“土木”这个简单化的代表中国当代建筑和传统建筑文化联系的宽泛的概念，被用作了统领展览的主题，而无视其中一些建筑师的出发点和关注点与中国的传统完全没有关系。从张雷的受到瑞士或者德语区文化影响的形式抽象和现代主义原型式的建筑以及朱竞翔追求理性和纯净的作品中，我们真的很难体会到中国传统的影响。事实上，西方策展人和评论家挑选作品和建筑师的出发角度仍然是他们认同的建筑品位和设计质量，“中国性”或者当代中国问题的特殊性则被他们心目中既定的模糊抽象的“中国模式”所掩盖。

王澍作为四十多岁的建筑师中最突出的代表，对中国传统文化的深入理解和强烈的兴趣使他具有了一种传统文人的气质、并坚持着用传统文化中的意境作为自己建筑创作的参照。他在解释自己作品时最常举出的例子是倪瓒的山水画。他执着地在建筑中运用青砖、木、瓦、夯土等传统的建筑材料和施工工艺。对传统文化的追求和对于快速变迁的城市生活的抵抗使他获得博士学位后离开了学习的城市——上海，而选择了文化氛围更加浓郁的古都杭州。比如他的作品《拆筑间》（图1），隐喻了传统工匠建造的过程，并使用了非常传统的材料——青砖。中国美院的新校区则将小青瓦的屋面，多层重叠地运用在大尺度的当代建筑中（图2）。同样，张永和的《竹化城市》研究和一系列以竹为主题的设计和装置作品，探讨了竹子作为一种素材，在当代中国运用的可能性（图3）。

1 2
3 4
5

图 1. 王澍的作品：拆筑间
图 2. 王澍设计的中国美院象山校区中的建筑
图 3. 张永和的作品：竹化城市
图 4. 张斌设计的同济大学建筑系新系馆
图 5. 大舍建筑设计的上海青浦夏雨幼儿园

相比而言，“中国性”这一宏大和沉重的命题，对于今天更年轻的建筑师而言，既不是他们的经验和传统文化的修养所能够探讨的，也非他们的兴趣所在。今天三十多岁在中国建筑界崭露头角的青年建筑师，许多有着在国外接受建筑教育的背景，比如都市实践、张斌、马岩松、卜冰、陈旭东、祝晓峰、华黎、标准营造等，他们更关注的是如何在中国现有的条件下，实现有品质、有趣味的建筑。他们并不太在意自己的思想和形式是“西方”的，还是“中国”的。虽然他们的某个设计的构思中可能会强调中国传统建筑文化的影响，但这只是解决某个具体案例的具体策略，绝不是将对中国建筑和中国文化的界定作为自己的建筑观或者选择的道路。

张斌在同济大学建筑城规学院系馆（图 4）设计中，热衷于不同的工业化材质在一座建筑不同的局部和不同尺度上的运用，对他而言，中国建筑的特征并不是一座建筑系馆设计时的出发点。同样，我们看看大舍建筑设计的青浦夏雨幼儿园（图 5、图 6）的设计构思，这样一个曲径通幽的多重院落应当很容易被套上中国园林的模式加以解释，然而他们的构思却是来自于莫奈的一幅表现果盘中水果的静物画。可见追求建筑本身的趣味，成了青年建筑师新的关注中心，他们不再执着于中国空间和样式的追求。如果我们比较一下王澍最近的作品——为在南京举行的国际建筑艺术实践展设计的住宅（图 7）和青年建筑师张轲的作品——北京武夷小学礼堂（图 8），我们可以明显地感觉到同样是波状起伏的屋顶，王澍在认真地探讨屋顶占建筑主导地位的传统模式在今天的运用，而张轲追求的则是起伏屋面的趣味性。

另一个比较具有典型性的例子是上海的建筑师——马清运。和王澍同样有着在中国古都西安地区生长的经历，他在美国求学的经历对他后来的建筑道路起了决定性的作用。我没有直接问过他和库哈斯在宾夕法尼亚大学的相遇对他产生了怎样的影响，但今天他处理建筑时对政治的敏感、用建筑改造社会的抱负以及处理建筑时的态度都让我们有理由相信他是库哈斯在中国的一个翻版。他虽然从没有和库哈斯一样说过“fucking the context”，但对他而言，中国建筑传统一定不是什么必须供起来的金科玉律。他为青浦所做的曲水园边园改造（图 9），将亦步亦趋跟随传统建筑样式的“假古董”和跟传统完全没有任何联系的一个形态怪异的亭子放在了一起。从策略上，可以说服那些保守的保护专家和政府官员，让他们觉得新建部分完全和老建筑融为一体而满意。而私底下，他应当在为大大地揶揄甚至嘲讽了中国建筑的传统而偷偷得意。马清运一定是一个全球化的拥护者，虽然他同样具备足够的功力和智慧，可以在他觉得有必要打某张牌的时候，大秀一把乡土的材料和工艺，正如他在陕西的父亲住宅中所做的那样。即使是这样，当地的村民依然觉得这是一个飞来

6 7
8
9 10

图 6. 大舍建筑设计的上海青浦夏雨幼儿园模型
图 7. 王澍在南京国际建筑展中设计的小住宅模型
图 8. “标准营造”设计的北京武夷小学礼堂
图 9. 马清运设计的上海青浦曲水园边园改造
图 10. 马清运设计的父亲住宅

之物，这样的形态一定不属于住宅，而应该是一座庙宇或者宗祠（图10）。

3. 当代中国建筑：批判的地域主义？

在讨论诸如中国当代建筑应当如何呼应传统中国的经验这样的问题时，最常常被提及的理论参照之一，就是“批判的地域主义”。似乎“地域主义”可以用来分析和指导当代中国建筑的实践，并竖起复兴中国传统建筑文化的一面大旗，或者建立起一个“有中国特色的当代建筑”的批评和评价的框架体系。崔愷多年前的作品北京丰泽园饭庄一度被评论界作为体现“地域主义”风格的代表作。

在这里我无须详述“地域主义”作为一种概念的起源，也不想探讨从“地域主义”到“批判的地域主义”的概念演化发展的过程。我想做的是检视一下“批判的地域主义”面对今天的世界，特别是面对当代中国建筑的问题时是否有效。在这里我的观点主要受到美国建筑历史学家和理论家阿兰·柯尔孔（Alan Colquhoun）的一篇文章《地域主义的概念》的启发。

事实上，“地域主义”是基于这样一种社会模式的假设，即所有社会都有一个核心或者本质，这个核心或者本质部分存在于当地的地理、气候和习俗中，与使用和转化当地的、自然的材料有关。“地域主义”被用在分析建筑问题是出于对现代建筑运动和国际式在世界范围内的泛滥和全球化导致的地域文化差异的丧失。“批判的地域主义”在今天失效是基于以下几个方面：

首先，必须认识到“地域主义”并不是一个真实的存在，而是人类欲求的一种投射；尤其是当人类觉得某种价值即将丧失时，这种欲求就愈显强烈。

其次，所谓的地域，从广义上讲可以和不同文化的地区相重合，然而这种所谓的地域，与其说是根据不同的文化特质来划分的，不如说是按照政治团体、疆域或者国族的概念来划分的。今天我们很难说从西藏到云南，哪一种建筑的传统代表着中国建筑的传统。

再次，在今天工业化的社会中，维系这种地域差别的封闭的农业社会的体系已经完全被全球化的信息和技术交换所取代。今天的地域文化是极为动态和不稳定的存在，所谓的和地域相联系的特征可能只是一种自由的选择，而不是受到地域文化和特性的制约使然。

在建筑问题上则更是如此，正如阿兰·柯尔孔所指出的，“地域性只是众多的建筑表达的概念中的一个，要想赋予它特别的重要性就是在遵从一种已经被踩得粉碎的传统，这种传统完全不具它可能曾经有过的效能。的确现在许多有趣的当代设计采用了当地的材料、类型和形态。但是设计它的建筑师并不是要表现特定地域的本质，而是在构思过程中就把当地的特征作为母题，以创造出一个原创、独特并和文脉有联系的建筑想法”。[①] 这样的例子在当代建筑中比比皆是，如赫尔佐格和德梅隆在加利福尼亚建造的酿酒厂、马清运设计的父亲住宅，虽然使用的都是当地的材料，但这种对当地材料的使用，无非是创造独特建筑材料的效果，而不是为了突显与当地建筑传统的关系。尤其是当中国今天因为环保的原因而限制黏土砖和木材使用的前提下，大量使用这样的材料只能是为了表示一种和历史相联系的姿态，或者仅仅是一种怀旧的美学趣味。

同样，在材料之外，对于“地域主义”建筑空间模式的盲目追求，更可能导致一种滥用：今天高等院校的建筑学生和青年建筑师们如果试图使自己的设计显得有些“想法”，而又想强调所谓的“中国建筑文化的传统”以打动老师或者某些特定的甲方，那么最常用和最容易上手的模式就是“园林”。的确，园林堪称中国传统建筑文化的精华，它所反映出来的人生哲学和空间模式与西方模式截然不同，而具有极为独特的价值。可是今天，它也成为最被滥用的模式之一：在设计中任何一点不规则的空间和路径组织都可以被牵强附会为对中国古典园林的现代诠释；任何有着两个以上转折点的路径都可以被理解为对园林中曲径通幽意境的再现；任何的天井和院落都是对中国传统园林住宅的空间组织的模拟……我还注意到，这种构思在中国和外国学生的联合设计课程中出现得尤其频繁。

让我们再来看看另一种中国人发展和摸索出的空间模式的不同命运。我指的是今天大量性建造的住宅的单元布局。这长期以来是外国建筑师最难于理解的问题之一，为什么中国的住宅单元一定要南北通风，明厨明厕，而且形成了非常固定的模式，不按照这个模式建造的住宅很可能就没有市场？仔细想想，这个长期被视作束缚了建筑师施展才华的有着“负面效应”的类型，不正是当代中国所特有的地域文化的体现么？我们往往贬低身边随处可见的体现当代地域性的模式的价值，而去追寻“园林”这样一个逝去的梦？事实上，对当代中国成天忙忙碌碌的精英阶层而言，即使居住在一个园林中也不会对他的生活方式带来什么改观。

不难看出，所谓“地域主义”的追求，总是倾向于对历史上的模式和即将或已经消失的文化元素的强调，而容易误导人们忽视身边正在发生的地域特殊性的价值。如果说地域主义的理论有助于我们认识和评价当代中国建筑的状况，那么我们似乎更应该关注一下其更“当代”的方面，即使长期以来，许多这样的因素被视作中国当代建筑发展的不利条件，也许，我们应该试着换个角度来重新审视这些方面。

4. 权宜建筑：当代中国的建筑策略

西方城市理论的权威学者彼得·霍尔（Peter Hall）在中国做讲演时，一位中国的学者提了一个问题，请霍尔从西方城市发展的历史经验给中国当代的城市化提出建议。霍尔表达了这样的观点：中国的城市化是西方社会所未曾经历过的，如此迅速、旺盛的城市发展的生命力，也是西方未曾有过的，对于中国城市的发展模式，西方学者没有发言权，他们等待着向中国的城市学习。

中国的城市，学习的是西方现代化的模式，可是社会和经济状况的演变使得中国的城市化迅速具有了西方城市化过程所未曾经历过的历程和特点，西方学者正在意识到对于中国当代城市发展模式的研究，或许应当采用不同的标准。

是的，如果谈及城市的生态环境和居住舒适度，上海不如温哥华；谈及城市的秩序和法规的完善，上海不如新加坡；就城市文化的丰富性，上海不如伦敦、纽约；谈及城市历史和文化景观的和谐，上海不如巴黎。可是，如果我们换一套评价体系，从发展速度、提供的就业前景、城市景观的生命力和异质性所提供的刺激，上述城市没有一座可以和上海相提并论。问题是，我们是否只有一套标准和价值来评价城市？库哈斯就曾经批评过欧洲城市的虚伪和死气沉沉，而看到亚洲城市的真实和生命力。

现在让我们回过头来看看建筑。中国现代建筑事实上是自觉不自觉地沿着西方现代主义为我们划定的道路前进的。从中国的第一代现代意义上的建筑师开始，我们经历了几次西方建筑的洗礼。我们对于建筑品质的理解，也是遵照西方建筑的空间、材质、工艺、细部的系统来进行评判。今天我们常常抱怨中国的建筑工期短、预算少、施工糙，中国建筑师缺乏想法，总是跟在西方建筑潮流的后面亦步亦趋。

事实上，这些对于中国当代建筑是一种束缚，但如果我们换一种角度来理解，当代中国建筑的这些特点，是否是对当代中国社会、政治、经济状态的一种最恰如其分的体现呢？中国文化的“中庸之道”，为我们提供了一种“权宜”的发展思路，这样的例子不胜枚举：如果完全从生态的角度出发，不越雷池一步，那么中国的工业发展从何谈起；如果彻底灭绝了盗版工业，那么今天中国的计算机和信息产业还只能蹒跚学步；如果按照西方设计和建造的速度，那么今天中国大部分城市十分之九的建筑还没有完工……这里不是对社会现实做道德或者法律的考量与评判，而是对中国当下现实的接受与承认。

既然不管我们愿不愿接受，这些都是我们理解社会，同样也是理解中国当代建筑时必须面对的框架，那么为什么不可以被理解为中国当代建筑的地域性的来源呢？事实上，不用我们有意识地努力寻找“中国性”，或者中国的“地域性”，中国当代的条件和局限，都已经清晰地烙在建筑上，即使一个外国建筑师在中国的作品也逃脱不了这样的影响。

正在走向成熟的中国青年建筑师熟悉西方建筑的特点和潮流，同时又能够深刻地理解中国的现状与局限，从而发展出一套“权宜”的建筑策略（有时或许并非情愿）：

“权宜建筑”不是对现实的妥协，而是一种机智的策略，是在建筑的终极目标与现实状态间的巧妙平衡；“权宜建筑”不是对西方建筑评判标准的生搬硬套，而是对自身力量和局限的正确评价；“权宜建筑”不逞劳而无功的匹夫之勇，而是采取“曲线救国”的迂回战术；“权宜建筑”不是盲目追求“高技”的炫目，而是充分重视力所能及的“低技”策略；“权宜建筑”可以曲高和寡，但更重视能够实现的操作性；“权宜建筑”可能不是最好的，但绝对是最适合中国的……

青年建筑师朱涛设计的四川华存希望小学反映了一个建筑从构思到实现所经历的嬗变过程，这或许反映了一个原本理想的“地域主义”式的方案在实施过程中遭遇现实的境遇，正如作者所说，“尽管很多设计想法和工艺质量在实施中大打折扣，但是建筑的最终使用者——老师和学生的由衷欣赏最让人欣慰”，而设计师本人也“为建筑理念与各种现实因素相遇、混合杂糅后所产生的丰富、‘真实’的质感而赞叹”[②]。

同样我们可以从朱竞翔的几个作品看出两种不同的策略：在盐城青年活动中心项目（图11）中，我们看到的是非常理性和纯净的白色形体，而在盐城卫生学校教学主楼（图12）和盐城中医院病房楼中，空间和形体的穿插就显得颇为复杂，材料的选用也更为多样。从建筑的纯粹性角度出发，我更喜欢盐城青年活动中心，可是由于甲方功能的改变，该建筑被弃置不用，几年之后墙面、金属栏杆等已颓败不堪。相对中国施工维护条件的现状，另两幢楼就可能耐久得多。事实上，中国建筑师一直非常善于充分评估中国的现实条件和局限，有选择地运用西方流行的形式。1980年代理查德 · 迈耶的作品在中国的风行就是一个很好的例子：考虑到中国粗糙的施工质量，简洁的形体和精密的构造必定无法施展，相反，迈耶所擅长的构架和片墙的穿插可以在粗糙的施工条件下仍然维持必需的视觉兴奋度。这或许是一种被动的选择，而马清运所采取的方式则是更自觉和具有代表性的：从形式上，他的作品很“西方”，然而他在几年间建造起来的近百万平方米的建筑，彻底改变了一座城市的面貌，完全真实地反映着当代中国城市发展和建筑的现状，从而具有更广泛的现实意义。他有意识地没有将着眼点放在过度在意建筑的设计和建造质量上。他将西方的形式

11 12

图 11. 朱竞翔设计的盐城青年活动中心
图 12. 朱竞翔设计的盐城卫生学校教学楼主楼

13
14

图 13-14. 马清运设计的宁波天一广场

和自己的奇思妙想结合起来（否则怎么打动和说服政府的官员），将立面的刻意修饰和对室内空间的放任自由结合起来（对于两个月之后就可能改变使用功能的建筑来说，精心构思的室内空间，或者室内空间与立面之间的相互反映的“真实性”又有多大意义呢？）（图13、图14），将材料、细部的构思和对粗劣施工的充分估计结合起来。他用别人设计建造一座90分建筑的时间，建造了一座全部建筑都80分的城市，何况扣这10分的标准还值得重新审视，而他用这些时间未必不能设计一座95分的小建筑。

张永和在为意大利建筑杂志*Area*的中国专辑写的文章题为*Learning from Uncertainty*③，引用了崔健的两句歌词“不是我不明白，这世界变化快”。在中国这个政治经济各方面急速变革的国度里，任何价值都是不稳定的，我们又如何要求建筑具有永恒的价值，或者至少“一百年不落后”？库哈斯讨论过“大”对于建筑革命性的改变，建筑在功能布局、造型和细部等诸方面，都不仅仅是量的变化，那么考虑一下中国建筑前所未有的巨大尺度、前所未有的建造量、前所未有的建造和变更速度，我们为什么不能自信地要求有着和西方建筑不同的评判模式？“权宜建筑”为什么不能被看作中国创造性地接受并改造西方建筑模式，而发展出的具有当代中国而非追忆中中国特征的建筑文化？2005年夏天，在和来访的美国建筑理论家安东尼·维德勒（Anthony Vidler）的交谈中，他问了我一个问题：中国是否需要西方，中国的建筑和城市是否需要西方？我知道他在提出这个问题的同时，心里已经有了一个否定的答案。事实上，我们今天在讨论中国当代建筑的几乎所有问题时，都无法回避这个话题。也许我们是需要西方的，它提供了一种思考问题的参照，然而我们不能依赖西方。我们应该在平等的舞台上讨论中国的建筑问题，从而发展出一套独特的评价标准和操作策略，“权宜建筑”或许可以提供给我们可能的路径。

注释：

① Alan Colquhoun, *Concepts of Regionalism*, in Gülsüm Baydar Nalbantoglu and Wong Chong Thai(eds.), Postcolonial Space(s) [C], New York: Princeton Architectural Press, 1997, p.19.

② 引自朱涛所作《“华存希望小学”小传》[OL], http://blog.sina.com.cn/s/blog_49e53b730100 04pu.html.

③ Yung Ho Chang. *Learning from Uncertainty*[J]. Area. No. 78. 2005 Jan/Feb. P.6-11.

作者简介：李翔宁，同济大学建筑与城市规划学院副院长，教授

原载于：《时代建筑》2005年第6期

中国当代建筑在海外的展览

秦蕾　杨帆

首先，在这里要对本文的标题做一个限定。何为“当代”，在这篇文章中实际指从1990年代直至今天；何为“中国建筑”，在这里，我们将之限定为中国大陆建筑师所进行的实践，这实践并不必然地发生在中国，也有可能是在海外的实践；同时，这实践也不仅仅局限于建筑方面，而是把考察的范围拓展到其他相关艺术领域，如装置、展场设计等等。因此，相应地，这些所考察的展览，也就涉及建筑展以及其他各种艺术展。

本文的结构分为两个部分，前面汇聚了几乎所有中国当代建筑在海外的展览的相关概况，后面则是从不同角度来审视这大量的展览内容，以期从中发现一些值得深入思考的问题（见附表：中国当代建筑在海外的展览总表）。

1. 从展览开始

据张永和 / 非常建筑提供的一份参展名单[①]及该名单遗漏内容统计，1996~2008年间，其参展总数为74个，其中海外展览54个[②]。张永和 / 非常建筑无疑是中国当代建筑师 / 事务所参展最早、最多的个体，尤其在1990年代，这些展览俨然成了一种宣言，打破了当时沉闷的中国建筑界，呈现出一条完全不同的“实践”之路，为“中国实验建筑”的萌芽与发展注入了重要的力量。而细数这些展览，我们会很清楚地看到，在非常建筑成立早期，与实际项目并行的同时，展览及其相关设计成为一种特殊的“建筑实践”，它同样成为其发出自己的声音、表达观念与主张的极为重要的窗口；这些展览在为非常建筑带来“国际知名度”与影响力的同时，也带来越来越多的建筑项目，那些在展览中呈现的建筑思考也终于有机会应用于这些实际项目中。事实上，张永和/非常建筑总是力争利用展览中的一切可能性来实验他们的建筑思想，这些思考与操作实际建筑项目时的想法是一脉相承的，这说明了“展览”之于张永和/非常建筑的特殊意义。

2. “展览时代”的来临

从1996年到2009年这十四年间，经统计，中国当代建筑在海外参加的大大小小的各类展览共89个[③]，平均一年有6.4个，而这还仅仅是发生在海外的展览。伴随着中国城市化进程的加速，中外文化交流的密切，建筑师被关注度的提升以及世界范围内各种各样展览如雨后春笋般地出现，中国当代建筑无疑迎来了一个“展览时代”，这给中国建筑师群体的启示是巨大的，他们意识到，“展览”同样也是拓展自身影响力的重要阵地，这种影响力可以帮助建筑师获得更多参与重塑中国当代文化的机会。这当然是好事，然而，在媒体发达的今天，参加展览也暗示着一种“墙内开花墙外香”、“曲线救国”的迅速获得关注度的操作策略。

3. 主动出击

除张永和/非常建筑外，另一个值得注意的个例是MAD事务所。2006年威尼斯建筑双年展期间，MAD事务所主动发起、举办了所谓的威尼斯双年展外围展“MAD IN CHINA——一个关于未来的实践”，并在开展前于北京意大利大使馆高调举办了媒体发布；会展览期间，马岩松还在威尼斯大学进行了题为“MAD IN CHINA”的主题演讲，并邀请

中国当代建筑在海外的展览总表

时间	地点	展览名	（国内建筑）参展人	（国内建筑）参展内容	展览性质	主办	策展人	概况
1996	美国旧金山 2AES	P/A 建筑奖展览	张永和 / 非常建筑	清溪坡地住宅	建筑群展	P/A Awards 组委会		
1996	日本大阪	Innovative Architecture in Asia 1	张永和 / 非常建筑	虎门旅馆设计等（建筑作品）	系列建筑群展	Innovative Architecture in Asia 组委会	村松伸，川口卫等	
1997	韩国光州	第 2 届光州双年展	张永和 / 非常建筑	院城 1（Square Town，装置）	艺术双年展	光州双年展组委会	Young-chul Lee	光州双年展始办于 1995 年，本届主题为“无地图的世界”
1997	奥地利维也纳	运动中的城市（Cities on the move）	张永和 / 非常建筑	院城 2（Square Town，装置），展场设计	亚洲百余名艺术家建筑师作品联展	维也纳分离派美术馆（Secession Museum）	Hans Ulrich Obrist，侯瀚如	运动中的城市系列展览于 1997-1999 年间先后在维也纳、纽约、曼谷、丹麦、伦敦、赫尔辛基巡回进行，其中非常建筑负责维也纳分离派美术馆、路易斯安那现代美术馆两场展览的展场设计
1997	日本东京	海市	张永和 / 非常建筑	海市计划地块之一（建筑设计）	建筑群展	NTT Intercommunication Center	矶崎新	矶崎新 1994-1997 年间提出海市计划（在珠海附件的南海上建立一个人工岛，一个与现行制度完全隔绝的乌托邦岛屿）并邀请若干建筑师进行设计，并做展览、工作坊等
1997	奥地利格拉兹 Steirischen Herbst	边界线（Borderlines）	张永和 / 非常建筑	“轴线城市”（影像装置）	艺术群展	格拉兹艺术节组委会	Roland Ritter	本展览是格拉兹市每年一度的艺术节 1997 届的一个部分，建筑师艺术家通过合作装置作品讨论城市中的边界线问题。策展人选择了 5 个城市：伦敦、雅典、北京、新加坡、纽约。非常建筑与宋冬组成北京合作组
1998	印度班加罗尔	Innovative Architecture in Asia 2	张永和 / 非常建筑	建筑作品若干	系列建筑群展	Innovative Architecture in Asia 组委会		
1998	英国伦敦	亚洲建筑三人展	张永和 / 非常建筑	可大可小（装置）	建筑三人展	AA 建筑学院	3 位参展者本人	另外两位参展者为新加坡陈家毅事务所，台北季铁男工作室
1998	丹麦哈姆列贝克	运动中的城市（Cities on the move）	张永和 / 非常建筑	蛇足（Snake Legs，装置）	亚洲百余名艺术家建筑师作品联展	路易斯安娜现代美术馆	Hans Ulrich Obrist，侯瀚如	

续表

时间	地点	展览名	（国内建筑）参展人	（国内建筑）参展内容	展览性质	主办	策展人	概况
1998	美国纽约	街戏（Street Theatre）	张永和 / 非常建筑	中科院晨星数学研究中心、院宅等建筑设计、展览设计	建筑个展	尖峰艺术画廊（Apex Art）	侯瀚如	“街戏”是非常建筑的首个海外个展
1999	芬兰赫尔辛基	运动中的城市（Cities on the move）	张永和 / 非常建筑	三十窗宅（Thirty Windows House，装置）	亚洲百余名艺术家建筑师作品联展	基雅兹玛当代美术馆	Hans Ulrich Obrist，侯瀚如	
1999	泰国曼谷	运动中的城市（Cities on the move）	张永和 / 非常建筑	竹墙（Banboo Wall，装置）	亚洲百余名艺术家建筑师作品联展	Silipakorn University	Hans Ulrich Obrist，侯瀚如；曼谷站联合策展人 Ole Scheeren	
1999	网络	威尼斯双年展在线展览	张永和 / 非常建筑	竹化城市	威尼斯双年展	威尼斯双年展组委会	Massimiliano Fuksas	1999 年之前威尼斯双年展四年一届，而从这届开始决定两年一届，并做网络展览
2000	英国伦敦	Retrace your steps: Remember Tomorrow	张永和 / 非常建筑	四盒（每个20厘米见方，装置）；展览设计	艺术群展	Sir John Soane's Museum	Hans Ulrich Obrist	
2000	意大利威尼斯	第 7 届威尼斯建筑双年展	张永和 / 非常建筑	卷桌，竹化城市，桥场，泉州小当代美术馆，竹屏风门	建筑双年展	威尼斯双年展组委会	Massimiliano Fuksas	本届双年展主题为“城市——少一些美学，多一些伦理”
2000	意大利罗马 Villa Medici	城市 · 花园 · 记忆（City Garden Memory）	张永和 / 非常建筑	屋上一百五十竹（Bamboo on the roof，装置）	综合艺术建筑展	罗马法国学院 · 美第奇家族	Hans Ulrich Obrist	
2000	日本东京	East Wind ——亚洲设计论坛	张永和 / 非常建筑	建筑作品及本展览命题设计 TRANScity “东京湾海上运输设计”	建筑群展	亚洲设计论坛		
2000	日本东京	Pacific Rim Architects	张永和 / 非常建筑	建筑作品	建筑群展	Pacific Rim Architects 组委会	古市彻雄，Waro Kishi	此展览是一个关注亚太地域的建筑展览
2001	德国柏林	生活在此时（Living in time）	张永和 / 非常建筑	折云（Folding Clouds，装置）；展览设计	中国当代艺术展	柏林汉堡站国家美术馆	侯瀚如	
2001	英国曼彻斯特	中国制造——当代中国设计	张永和 / 非常建筑	卷桌（装置）	综合艺术群展	中国艺术中心		该展览是一个有关建筑、平面设计、时装等的综合艺术展，在英国巡回展出
2001	德国柏林	土木——中国青年建筑师作品展	艾未未，张永和 / 非常建筑，刘家琨，马清运 / 马达思班，王澍，南大建筑	各参展者建筑作品若干；非常建筑担任展览设计	建筑群展	Aedes East 画廊	Eduard Kögel，Uif Meyer	此展览于 2001 年“柏林亚太周”期间举行
2001	日本东京，京都	Space Design	马清运 / 马达思班	历史街区改造	建筑群展		槇文彦	此展览为历史街区改造获奖作品巡展

续表

时间	地点	展览名	（国内建筑）参展人	（国内建筑）参展内容	展览性质	主办	策展人	概况
2002	韩国光州	第 4 届光州双年展	张永和 / 非常建筑	参与主展与建筑展（根据地块做命题设计）；展览设计	艺术双年展	光州双年展组委会	Charles Esche，侯瀚如	与 Young-Joon Kim 合作
2002	瑞士弗莱堡	小就是好（Small is Ok）	张永和 / 非常建筑	透视宅（装置）	艺术展	Fri-Art 画廊	侯瀚如	
2002	意大利威尼斯	第 8 届威尼斯建筑双年展	张永和 / 非常建筑，马达思班，SOHO 中国	非常建筑，四合廊宅；马达思班，浙江大学宁波校区图书馆，SOHO 中国长城脚下的公社	建筑双年展	威尼斯双年展组委会	Deyan Sudjic，矶崎新	非常建筑“四合廊宅”参加矶崎新策展的“创造汉字文化区的建筑语言”单元；马达思班参加主题馆展览；SOHO 中国“长城脚下的公社”参加特别单元展览，张欣获威尼斯金狮奖特别个人推动奖
2002	美国纽约哈佛大学	丹下展：六箱建筑（Six Crates of Architecture）	张永和 / 非常建筑	六箱建筑（建筑设计及装置）	建筑个展	哈佛大学 GSD		张永和当年获得 GSD 丹下健三教席，在此期间根据 GSD 传统而举办此展览
2002	美国纽约	混凝土；Cement:Marginal space in contemporary Chinese art	张永和 / 非常建筑	Corridor（装置）	艺术群展	前波画廊（Chambers Fine Art）	冯博一	
2003	意大利威尼斯	第 50 届威尼斯艺术双年展	张永和 / 非常建筑；王澍 / 业余建筑	非常建筑：“坡地”（“紧急地带”展空间设计）、“动顶”（“乌托邦驿站”展空间装置）；王澍“拆筑间”（装置）	艺术双年展	威尼斯双年展组委会、中国文化部（中国馆）	Francesco Bonami 侯瀚如；中国馆策展人范迪安，王镛，黄笃	非常建筑参加的是主题馆展览，王澍参加的是中国馆展览，主题为“造境”，这是中国首次在威尼斯双年展做国家馆，由于 SARS 影响，该次中国馆展览在广州举办
2003	意大利威尼斯	The Snow Show（第 50 届威尼斯艺术双年展外围展）	张永和 / 非常建筑	Minus House	艺术群展	Rovaniemi Art Museum，Kemi Art Museum	Lance Fung	建筑与艺术家一对一合作设计冰屋并展出设计作品；其中的部分方案后来在芬兰建造实现
2003	日本新潟县	第二届越后妻有艺术三年展	张永和 / 非常建筑	稻宅（一个全钢格栅结构装置）	艺术三年展	东京佛朗艺廊	北川富朗	越后妻有艺术三年展始办于 2000 年，旨在将艺术融入公共建筑和公众之中
2003	法国巴黎	影室（Camera）	张永和 / 非常建筑	展览设计及装置	建筑 / 影像三人展	巴黎现代艺术博物馆	Hans Ulrich Obrist，Viviane Rehberg	与汪建伟、杨福东合作
2003	荷兰鹿特丹	首届鹿特丹建筑双年展	张永和 / 非常建筑	城市环路（装置 + 录像）	建筑双年展	鹿特丹建筑双年展组委会	Francine Houben	由当时张永和指导的北大研究中心学生完成的作品参展
2003	德国柏林	马达现场（MADA on Site）	马清运 / 马达思班	无锡站前商贸区，百岛园，桥梓湾，北外滩，井宅，玉山石柴，浦阳阁，空中西市	建筑个展	Aedes East 画廊		

续表

时间	地点	展览名	（国内建筑）参展人	（国内建筑）参展内容	展览性质	主办	策展人	概况
2003	法国巴黎	“间”中国当代艺术展（Alor,La Chine?）	张永和 / 非常建筑，家琨建筑，马清运 / 马达思班，王澍 / 业余建筑，大舍建筑，朱锫，齐欣	装置，建筑作品（DV，影像）	综合艺术群展	蓬皮社艺术中心	John Clark，范迪安，侯瀚如	本展览是中法文化年的一个内容，涵盖绘画、摄影、装置、雕塑、录像、声音、电影及建筑；建筑部分策展人邀请艺术家和建筑师一对一合作拍摄后者的建筑作品，作为 DV 内容参展
2003	德国杜塞尔多夫	“建与筑”——当代中国建筑展（bauen+bauen）	大舍建筑，王路，郑可 / 都灵国际，WSP、张雷等	各参展者建筑作品若干	建筑群展	德中建筑协会，德国北威州建筑师协会	余迅	由当时的德中建筑协会（余迅负责）与杜塞尔多夫建筑师协会合作，召集国内十余位建筑师，每人提交部分作品资料，以图板形式在德国展出，属于民间文化交流活动
2004-2005	柏林，巴塞罗那，维也纳，曼彻斯特，伯明翰，伦敦	马达思班建筑作品欧洲巡展（MADA on Site）	马清运 / 马达思班	浦阳阁，桥梓湾，大唐西市，慈城计划，无锡站前商贸区	建筑个展	Aedes East 画廊		展览先后在柏林 Aedes 画廊，巴塞罗那 Aedes 画廊，维也纳 Aedes 画廊，曼彻斯特 CUBE 画廊，伯明翰 Custard Factory，伦敦 Candid Arts Center 巡回
2004	日本东京	承孝相 - 张永和——东亚建筑：超越边界	张永和 / 非常建筑	建筑模型，夯土墙装置，海报	二人建筑联展	“间”画廊（Gallery MA）		
2004	法国里尔	New Trends of Architecture in Europe and Asia-Pacific 2004-2005	张永和 / 非常建筑	安仁建川博物馆聚落规划，安仁建川文革海报博物馆	建筑群展	New Trends of Architecture in Europe and Asia-Pacific	多米尼克 · 佩罗，原广司	这是一个由欧盟和日本联合发起的项目，每年举办展览与研讨会，旨在在欧洲与亚太城市间建立更直接的交流与联系。本届展览由多米尼克 · 佩罗和原广司选择欧洲和亚洲各的 10 位建筑师参展
2004	中国台北	台北双年展	张永和 / 非常建筑	Paper Cameras	艺术双年展	台北市立美术馆	Barbara Vanderlinden，郑慧华	台北双年展始办于 1998 年
2004	罗马尼亚布加勒斯特	布加勒斯特国家当代艺术馆开馆展	张永和 / 非常建筑	影室	艺术展	布加勒斯特国家当代艺术馆	Hans Ulrich Obrist	
2004	中国台湾金门岛	金门碉堡艺术馆展览	张永和 / 非常建筑	装置作品	艺术展	台湾历史博物馆，金门县政府	蔡国强	展览包含 18 个个展，涉及绘画、音乐、戏曲、电影、建筑、历史等
2004	法国波尔多	“东西南北”（Est-Ouest/Nord-Sud faire habiter l'homme）	大舍建筑，张永和 / 非常建筑，马清运 / 马达思班，张雷	非常建筑，北京城市研究；其他参展人，建筑作品（图像投影）	建筑群展	arc en reve 画廊		Arc en reve 建筑画廊举办的“东西南北”展览邀请了世界各地建筑师参展

续表

时间	地点	展览名	（国内建筑）参展人	（国内建筑）参展内容	展览性质	主办	策展人	概况
2004-2005	中国台北	城市谣言——华人建筑展	张永和/非常建筑，刘家琨，崔恺	建筑作品模型、图板，及装置、空间设计	建筑群展	台北当代艺术馆	安郁茜，阮庆岳	展览邀请17位华人建筑师参展，每位参展人被分配到美术馆的一个房间，在其中展示自己作品的模型、图板，以及装置，并做空间设计
2005	日本东京	山本理显 - 张永和联展	张永和/非常建筑	若干项目建筑折纸模型，空间设计	二人建筑联展			
2005	美国纽约	前波六箱	张永和/非常建筑	六箱建筑（建筑作品及装置）	建筑个展	前波画廊		张永和当时刚被聘为MIT建筑系主任。六个盒子内置有建筑设计方案模型与图纸
2005	意大利威尼斯	威尼斯艺术双年展	张永和/非常建筑	竹跳（装置，博物馆收藏）	艺术双年展	威尼斯双年展组委会，中国文化部	中国馆策展人：蔡国强	此作品参加中国馆展览
2005	希腊佩特罗大学会议中心	"建筑新潮流"世界巡展希腊首站	马清运/马达思班	青浦夏阳湖浦阳阁，西安井宇	建筑群展			
2005	土耳其伊斯坦布尔	2015UIA大会展览	吴良镛，关肇邺，张锦秋，程泰宁，柴裴义，崔恺，王小东，赵小钧，刘家琨，庄惟敏，谢强，朱锫，张斌，王澍，周恺，齐欣，王路，李兴钢，张雷，维思平等参加"北京之路"工作组展览；北京建筑设计研究院方案创作工作室参加国际建筑展览单元	各参展人的若干建筑作品	建筑群展	国际建筑师协会、中国建筑学会	有中国建筑学会负责推选中国参展者，召集人为崔恺	"北京之路"工作组是1999年北京UIA大会后成立的国际建协的一个工作组，在2002年UIA大会上做了"《北京宪章》在中国"的研讨会及展览
2005	意大利帕尔马	意大利帕尔马建筑节	刘家琨、张雷、王澍、张永和/非常建筑	各参展人的若干建筑作品	国家建筑节，群展	帕尔马建筑节组委会	Lauranna Pezzetti	帕尔马建筑节始办于1987年，采用双年展形式
2005	巴西圣保罗	圣保罗国际建筑与设计双年展	都市实践、梁井宇/九源三星、朱锫、墨臣建筑、东方华泰、崔彤/中科院北京建筑设计研究院、中联环	各参展人的若干建筑作品	国际建筑设计双年展	圣保罗双年展组委会，中国文化部	中国对外艺术展览中心拉美部	五年一届的圣保罗国际建筑与设计双年展始办于1973年，是世界三大建筑艺术双年展之一

续表

时间	地点	展览名	(国内建筑)参展人	(国内建筑)参展内容	展览性质	主办	策展人	概况
2005	意大利都灵	ALL LOOK SAME——中日朝当代艺术家联展	马清运/马达思班	朝(霓虹灯装置)	艺术群展			
2006	英国伦敦	伦敦建筑双年展	张永和/非常建筑	命题建筑设计	建筑双年展	伦敦建筑双年展组委会		伦敦建筑双年展始办于2004年
2006	意大利米兰	中国建筑——传统与转换	张永和/非常建筑、刘家琨、王澍、张雷	各参展人的若干建筑作品	建筑群展	米兰技术大学建筑学院		
2006	美国纽约 Urban Centre	不稳定(INSTABILITY)——纽约青年建筑师奖展览	MAD事务所	鱼缸(装置)	建筑群展	纽约建筑师联盟	Anne Van Ingen	MAD事务所马岩松和早野洋介获2006年度纽约青年建筑师奖(年度评选主题为"不稳定",共6位/组获奖)
2006	荷兰鹿特丹	中国当代艺术设计展(China Contemporary: Architecture, Arts and Visual Culture)	艾未未,张永和/非常建筑,陈旭东,大舍建筑,梁井宇,李巨川,李晓东,刘家琨,马清运/马达思班,祝晓峰,标准营造,童明,都市实践,王晖,王路,王澍,张雷,朱锫	各参展人的若干建筑作品	综合艺术群展	荷兰建筑学会(NAI)	Linda Viassenrood	展览涵盖了中国当代建筑、影像与视觉艺术
2006	美国	美国艺术文学院获奖展	张永和/非常建筑	若干建筑作品	群展	美国艺术文学院		张永和获得2006美国艺术与文学院奖章(建筑类)
2006	意大利威尼斯	第10届威尼斯建筑双年展	王澍/业余建筑	瓦园	威尼斯双年展中国馆	威尼斯双年展,中国文化部	中国馆策展人王明贤	2005年,中国以国家馆的形式首次参加威尼斯艺术双年展,2006年则是第一次参加建筑双年展
2006	意大利威尼斯	MAD IN CHINA——一个关于未来的实践	MAD事务所	北京2050,包括"未来胡同"、"CBD上空的浮游岛"和"天安门人民公园"(影像及文字资料);10个正在或即将实施的建筑作品(壁纸,由米未设计)	个展;第10届威尼斯建筑双年展外围展	MAD事务所,Diocesi Museum	Luca Paschini	

续表

时间	地点	展览名	（国内建筑）参展人	（国内建筑）参展内容	展览性质	主办	策展人	概况
2006	英国伦敦巴特西发电厂	CHINA POWER STATION 展览	马清运/马达思班；梁井宇	马达思班，景观设计；梁井宇，声音艺术部分的空间设计	综合艺术群展	蛇形画廊（Serpentine Gallery）	Hans Ulrich Obrist	马达思班应库哈斯和小汉斯之邀做景观设计作品，并于展览开幕之际在蛇形画廊中举办论坛；梁井宇应声音艺术部分的联合策展人欧宁之邀做该部分的空间设计；2007 年在奥斯陆巡展
2006	法国圣埃蒂安	圣埃蒂安国际设计双年展（Saint Etienne International Design Biennial）	MAD 事务所		设计双年展	圣埃蒂安国际设计双年展组委会		圣埃蒂安国际设计双年展始办于 1998 年
2006-2007	加拿大多伦多	迂回 · 中国都市化策略与方法（Detours:tactical approaches to urbanization in China）	都市实践，俞孔坚，黄伟文，欧宁与曹斐，王晖，张永和/非常建筑，马清运，刘家琨，谢英俊，王澍，艾未未	各参展人的若干建筑作品或城市研究	建筑群展	加拿大多伦多大学建筑/景观/设计学院	Adrian Blackwell,Fei Zhao	
2007	德国柏林	和（AND）	张永和/非常建筑	无间造（装置及展场设计）	四人设计联展	Aedes East 画廊	张永和，Ulla Giesler	另外三位参展人为刘治治、王一扬、刘索拉
2007	美国波士顿	DEVELOP:The Architecture of Yung Ho Chang/ Atelier FCJZ	张永和/非常建筑	无间造（三个窥视箱，内置小电影；多媒体设计，展场设计）	个展	MIT	Gary Van Zante	
2007	葡萄牙里斯本	里斯本国际建筑艺术三年展	都市实践	人民公园（公共空间设计系列），土楼公舍	建筑艺术三年展	里斯本国际建筑艺术三年展	中国馆策展人王路	本届展览主题为“Urban Voids”（城市空缺），邀请 15 个国建的建筑师为城市中被荒废、忽视的地块进行设计，都市实践代表中国建筑师参展
2007	俄罗斯莫斯科	俄罗斯第 15 届国际建筑节	刘家琨等	建筑作品若干	建筑群展	俄罗斯国际建筑节组委会，中国文化部		本展览是俄中文化年的一个部分
2007	英国伦敦	年度设计作品展	MAD 事务所	鱼缸（装置），梦露大厦	建筑群展	AA 建筑学院		

续表

时间	地点	展览名	（国内建筑）参展人	（国内建筑）参展内容	展览性质	主办	策展人	概况
2007-2008	丹麦哥本哈根	MAD IN CHINA	MAD 事务所	CBD2050；绿树覆盖的天安门广场；广州 800m 塔；梦露大厦，中钢国际广场；鱼缸	个展	丹麦建筑中心（DAC）	Kent Martinussen	展览通过模型、图片、影像和声音装置展现了 MAD 成立三年来对当代中国的政治现实、历史文化与平民生活的观察和反思，以及如何把这些基于现实的未来式构想转化为可实现的建筑空间，并为城市大众所共享的设计理想。（摘自 MAD 网站）
2008	美国纽约建筑中心	因地制宜 · 中国"本土建筑"展（Building China）	崔愷，王澍，刘家琨，都市实践，张雷	崔愷，德胜尚城；王澍，中国美院象山校区；刘家琨，文革之钟博物馆；都市实践，大芬美术馆；张雷，砖房子	建筑群展	AIA New York	Wei Wei Shannon，史建	由 Iwan Baan 拍摄 5 位参展人的建筑各一个，展览同事也展出了部分模型
2008	意大利米兰	SKIN Architectural Surfaces	张永和 / 非常建筑	建筑作品	建筑群展			由意大利 Mapei 集团（生产地板及装饰材料）赞助的一个展览
2008	英国伦敦	创意中国——当代中国设计展（China Design Now）	张永和 / 非常建筑，MAD 事务所，标准营造，有限设计，大舍建筑，家琨建筑，王澍，朱锫，王晖	各参展人一个建筑作品。张永和还为 V&A 博物馆的庭院设计了大型装置作品"塑与茶"	大型综合设计展	V&A 博物馆	Lauren Parker	这是英国第一次举办当代中国设计的展览，约 100 位设计者展出了他们关于建筑、时装、绘图设计、电影、摄影、产品、家具设计、青年文化和数字媒体方面的作品。2008 年 10 月 18 日—2009 年 1 月 11 日该展览巡回到美国辛辛那提美术馆举办，非常建筑做展场空间设计
2008	意大利都灵	You Prison	张永和 / 非常建筑	"囚禁"（装置）	群展		Francesco Bonami	YOUprison 国际艺术展旨在探讨关于空间与自由的界限，邀请全球 11 个著名建筑师事务所设计空间艺术装置
2008	英国伦敦	伦敦设计博物馆年度设计大奖提名展	MAD 事务所	红螺会所	设计群展	伦敦设计博物馆		
2008	瑞典斯德哥尔摩	在城市（On Cities）	MAD 事务所	北京 2050		瑞典建筑博物馆	Cecilia Andersson	

续表

时间	地点	展览名	(国内建筑)参展人	(国内建筑)参展内容	展览性质	主办	策展人	概况
2008	比利时布鲁塞尔	建筑乌托邦 ARCHITopia 2 论坛——中国新锐建筑事务所设计展	大舍建筑、致正建筑、德默营造、麟和设计、标准营造、集合设计、山水秀、侯梁建筑、缪朴、上海同济城市规划设计研究所 6 所	每位参展者若干建筑作品	建筑群展	同济城市规划设计研究院、比利时布鲁塞尔首都地区出口局，布鲁塞尔 CIVA 国际建筑与都市中心	支文军	作为同济百年校庆系列活动之一的“建筑乌托邦 ARCHITopia1 论坛——比利时新锐建筑事务所设计展”曾于 2007 年 3 月在同济举行。
2008	德国德累斯顿：柏林	活的中国园林 从幻象到现实 (Chinese Gardens for living:Illusion into Reality)	朱锫，李兴刚，王澍、刘家琨，李翔宁	朱锫，廊亭；李兴刚，乐高积木“假山”，王澎、DV“同游”(象山校园一、二期）及模型；刘家琨，自带庭园的长凳（装置）和鹿野苑石刻博物馆；李翔宁 Garden/ 上海 / 园林 /（装置）	艺术群展	德累斯顿国家艺术收藏馆，中国美术馆	中方策展人：唐克扬	40 余位艺术家的作品涵盖了绘画，摄影、雕塑、陶瓷、装置、新媒体、设计、建筑等领域。2009 年 9 月 18 日 -11 月 8 日该展览在欧罗巴利亚艺术节期间作为艺术节的内容之一在比利时老议会厅再次举行
2008	法国巴黎	立场，中国新生代建筑师群像 (Positions, portrait d'une nouvelle génération d'architectes chinois)	中国建筑设计研究院，家琨建筑，大舍建筑，马达思班，MAD 事务所，都市实践，童明，朱锫，致正建筑，艾未未，齐欣，标注营造，张雷，王澍，张永和 / 非常建筑	每位参展者若干建筑作品	建筑群展	法国建筑与遗产中心 (Clté de l'architecture & du patrimoine)	Fredéric Edelmann, Françoise Ged	2008 年 11 月展览巡回到巴塞罗那举办
2008	意大利威尼斯	第 11 届威尼斯建筑双年展	主题馆“非永恒城市”单元中国参展者 MAD 事务所；中国馆参展者刘家琨、刘克成、李兴刚、童明、葛明、王迪（摄影作品）	MAD 事务所，“超级明星——未来中国城”，刘家琨“再生砖”，刘克成“集水墙”，童明“支架栖所”，葛明“默默”，李兴刚“纸砖房”	建筑双年展	威尼斯双年展组委会，中国文化部	本届双年展总策展人 Aaron Betsky; 中国馆策展人张永和，阿城	主题馆“非永恒城市”展览邀请了来自全世界的 12 位青年建筑师（包括 MAD,BIG,WESTB 等）做命题设计，中国馆主题为“普通建筑”，5 位建筑师设计了 5 个 2m×15m 的临时建筑（葛明的可移动钢架“默默”除外）

续表

时间	地点	展览名	（国内建筑）参展人	（国内建筑）参展内容	展览性质	主办	策展人	概况
2008	西班牙巴塞罗那	巴塞罗那世界建筑节（World Architecture Festival）	中国参展者有北京市建筑设计研究院胡越工作室，朱锫，WSP，土人景观	各参展人的一个或多个建筑作品	建筑群展	Emap 传媒集团		该建筑节创办于2008年，内容包括大师主题报告、学术研讨会、建筑评奖及展览，评奖（共分16类）面向全球征集作品（报名费500欧），通过初选者，作品被展出并向评委陈述，最终确定获奖者。王路任2008年Shopping类评委之一。2009届中国报名参加者多于2008届，包括北京院方案创作工作室，土人景观获奖
2008	日本东京	传统和高科技——19位国际建筑师作品邀请展	刘家琨，张雷	若干建筑作品	建筑群展	东京设计中心		
2008-2009	美国纽约	土楼公舍——中国廉租住宅	都市实践	土楼公舍	个展	Cooper-Hewitt National Design Museum		Cooper-Hewitt博物馆餐厅（由一座卡耐基豪宅改建）中的一个部分被改造成土楼公舍的一个二室一厅样板间，并在其中展示了土楼公舍的相关内容
2008-2009	韩国安山	BIG INABA MAD MASS	MAD事务所	美丽心灵（城市家具装置），整体规划	建筑四人展	京畿道当代艺术博物馆	Jeffrey Inaba	在经济危机的大背景下，BIG（哥本哈根），INABA（洛杉矶），MAD（北京），MASS Studies（首尔）4家事务所应邀为博物馆所在区域提出了建筑尺度和功能可自由变化的4种规划方案，对“具有多尺度功能的建筑的价值”进行了全新的诠释
2009	中国台北	各搞各的 · 歧观当代	马清运/马达思班	马达思班，广厦亭	艺术群展	台北当代美术馆	顾振清	广厦亭原本是为纽约Cooper Hewitt美术馆有关中国建造方式的命题展览所做的作品，由于展览没有举行，转而在此次展览中实现

续表

时间	地点	展览名	(国内建筑)参展人	(国内建筑)参展内容	展览性质	主办	策展人	概况
2009	法国巴黎	生态居住(Habiter écologique-quelles architectures pour une ville durable?)	王澍/业余建筑	五散房的夯土茶室	建筑群展	法国建筑与遗产中心(Cité de l'architecture&du patrimoine)		
2009	法国巴黎	全国可持续建筑奖获奖建筑师作品展	王澍/业余建筑	象山一期,五散房,瓷屋	建筑群展	法国建筑与遗产中心		全球15位建筑师获奖,中国获奖人为王澍
2009	德国法兰克福柏林	MB in China-Contemporary Chinese Architects	家琨建筑,马清运/马达思班,朱锫,徐甜甜/DnA,标准营造,张斌/致正建筑,王澍/业余建筑,童明	各参展人的若干建筑作品	建筑群展	法兰克福德国建筑博物馆、中国国家宣传部、新闻出版总署;协办 - 辽宁科技出版社,《时代建筑》	支文军 Peter Cachola Schmal (DMA 馆长)	在2009年的法兰克福国际图书博览会期间,作为该届主宾国的中国举办了包括本展览在内的一系列重要活动,2009年12月-2010年2月该展览在柏林再次展出
2009	韩国光州	光州设计双年展	张永和/非常建筑	竹箱(2m见方家具)	设计双年展	光州设计双年展组委会	Byung-soo Eun	光州设计双年展始办于2005年
2009	比利时布鲁塞尔	欧罗巴利亚艺术节·心造——中国当代建筑前沿展	潘石屹,李虎,都市实践,崔愷,吕品晶,刘家琨,庄惟敏,胡越,马延松,王昀,朱锫与吴桐,梁井宇,王登悦,侯梁	都市实践,土楼公社,大芬美术馆,华美术馆;刘家琨,鹿野苑石刻博物馆,再生砖,胡慧珊纪念馆	大型综合艺术节中的一个建筑单元展,群展	欧罗巴利亚艺术节,中国文化部	中方总策展人范迪安,单元策展人:方振宁	欧罗巴利亚艺术节创办于1969年,是欧洲最大的文化艺术节之一,两年一次,每次邀请一个国家作为主宾国在比利时举办各类艺术活动,2009年主宾国为中国
2009-2010	比利时布鲁塞尔美术馆	建筑作为一种抵抗——王澎/业余建筑工作室及其中国乡土传统重建	王澍/业余建筑工作室	象山校园一、二期,宁波历史博物馆,金华瓷屋,宁波五散房,研究线索,书法作品	大型综合艺术节中的一个建筑单元展,个展	欧罗巴利亚艺术节,中国文化部	中方总策展人范迪安:单元策展人王澎,Iwan Strauven	欧罗巴利亚艺术节创办于1969年,是欧洲最大的文化艺术节之一,两年一次,每次邀请一个国家作为主宾国在比利时举办各类艺术活动,2009年主宾国为中国
2009	西班牙加的斯	中国当代建筑展	大舍建筑,艾未未,马岩松/MAD,张斌/致正建筑,家琨建筑,都市实践,张雷,王澍,童明,马清运/马达思班	各参展人的若干建筑作品	建筑群展	加的斯建协	JESUS LAZARO, IZQUIERDO, FRANCISCO SESE GUTIERREZ	2009年是加的斯市的中国年。该展览由加的斯建协主办,由来自周边城市的一些年轻建筑师策划

1 2 3 6
4 5 10 11
7 8 9

图 1. 张永和 / 非常建筑，“街戏”（纽约，1998）
图 2. 张永和 / 非常建筑，第 7 届威尼斯建筑双年展，“竹屏风门”（威尼斯，2000）
图 3. 张永和 / 非常建筑，“六箱建筑”（纽约，2002）
图 4. 张永和 / 非常建筑．“影室”（巴攀，2003）
图 5. 张永和 / 非常建筑，威尼斯艺术双年展，“竹跳”（威尼斯，2005）
图 6. MAD，威尼斯双年展外围展 MAD IN CHINA（威尼斯，2006）
图 7. MAD，MAD IN CHINA 丹麦个展（哥本哈根，2007）
图 8. MAD，在城市（斯德哥尔康，2008）
图 9-10. MAD，BIG INABA MAD MASS（韩国安山，2008）
图 11. MAD，威尼斯建筑双年展，超级明星（威尼斯，2008）

众多业内人士出席展览开幕式。丹麦建筑中心负责人 Kent Martinussen 在开幕式上对媒体表示，"'MAD IN CHINA'不仅仅是一个新崛起的年轻工作室的设计展，它具有争议的社会性更让西方人对中国有了崭新的认识。中国正在开始创造自己的游戏规则，而不再受国际兴趣的误导。"④。同时，Martinussen 邀请 MAD 于 2007 年 9 月在哥本哈根举办首次欧洲个展。于是次年，"MAD IN CHINA"个展在丹麦建筑中心举办。展览举办的同时，MAD 被邀请参加哥本哈根的超高层建筑竞赛，而 MAD 在其网站的相关网页上提到，同时被邀请的其他建筑师包括 MVRDV、BIG 以及 Behnisch & Behnisch。2008 年威尼斯建筑双年展期间，由于前一次"外围展"的成功铺垫以及媒体策略的成功推进，MAD 受该届展览总策展人 Aaron Betsky 邀请，与其他 11 位来自世界各国的年轻建筑师（包括 BIG、WEST8 等）共同参加了主题馆"非永恒城市"的展览，参展作品为"超级明星——未来中国城"。正如我们可以从 Martinussen 在"MAD IN CHINA"威尼斯个展开幕式上的评价中可以感受到的，西方正在越来越密切地关注中国，他们带着对这个正在崛起的"东方"的想象，找寻他们想要看到的东西；而 MAD 看似充满中国新一代建筑师横空出世的锐气的"浮游之岛"、"北京 2050"、"超级明星"之类的作品无疑相当符合西方想要寻觅的"口味"，尤其在 2008 北京奥运之际，整个西方渴望看到一个符合他们想象的中国，而夸张、充满视觉冲击力的"超级明星"立刻满足了他们，更深层的意义讨论反倒成了次要。

这种积极的媒体策略为 MAD 带来了让埋头苦干的大多数中国建筑师们羡慕不已（当然也可能是不屑一顾）的实实在在的项目——330m 高的中钢国际大厦、迪拜东京岛规划与设计、鄂尔多斯博物馆、北海假山住宅综合体、黄都艺术中心、港丽酒店台中会展中心、台中会展中心……

回望 MAD 短短几年的发展，仿佛一盘利落的棋，而海外展览是其中非常重要的几步。

4. 几个重要的展览——"土木"、"间"、"威尼斯双年展"

这些展览中有几个值得特别关注。

2001 年，著名的德国建筑画廊 Aedes East Gallery（柏林）举办了"土木——中国青年建筑师作品展"，参展者为艾未未、非常建筑、刘家琨、马达思班、王澍、南大建筑，这次展览是中国当代青年建筑师首次在国外的集体亮相，是一个重要的里程碑。这其中的 5 位

12 13
14 15 16

图 12. “土木”展览画册封面（柏林，2001）
图 13. 马达思班，威尼斯建筑双年展（威尼斯，2002）
图 14. “间”展览画册封面（巴黎，2003）
图 15. 马达思班欧洲巡展伦敦站（伦敦，2005）
图 16. 鹿特丹中国当代展（鹿特丹，2006）

建筑师 / 团队，也成为后来参展最多、在国际亮相最为频繁的人 / 团队。在展览前言“潮流边缘的立场”一文中，策展人 Eduard Kogel 和 Ulf Meyer 写道：“中国第一批私人建筑师事务所成立于 1990 年代末，当然大部分项目仍然由拥有几百名建筑师和工程师的国有设计院所掌握，但那些年轻的事务所还是逐渐另辟蹊径地找到了足够的发展空间。本次展览所介绍的建筑师，有一些曾在海外接受专业教育或者在其事业开始之初吸收了其他艺术领域的知识与操作经验。在自由建筑师的职业形象开始被熟悉，私人业主逐渐实现自己理想的社会中，独立的立场就必不可少了……中国青年建筑师的新的观念和美学意味，已进入了当代建筑文化讨论的视野。”“土木”成为最早将中国当代建筑萌发的新动向呈现给西方，同时也为中西建筑对话搭建了桥梁的展览。

“间”中国当代艺术展（Alors, la Chine ？）是 2003 年巴黎蓬皮杜中心在中国文化年的大背景下举办的一个大型综合艺术展，中国当代建筑被作为一个与艺术相关的门类首次与绘画、摄影、装置、雕塑、录像、声音、电影共同被纳入到这样一个官方的大型展览中。这也是西方首个有关中国当代艺术与建筑的大型综合展览，在建筑门类的展览中，8 位参展者（非常建筑、家琨建筑、马达思班、业余建筑、大舍建筑、朱锫、齐欣和山水秀）被策展人邀请，各自与一位艺术家合作，拍摄一个关于其建筑作品的 DV 参展。

另一个必须提到的展览则是威尼斯双年展，由于其在国际所有展览中的权威影响力与地位，无疑成为中国建筑师最渴望参加的展览。跻身这个耀眼圈子的中国建筑第一人，自然是张永和 / 非常建筑（最早参与 1999 年威尼斯双年展的在线展览，随后参与了 2000 年威尼斯建筑双年展及其后多届艺术与建筑双年展），紧随其后的便是马清运 / 马达思班（参与 2002 年威尼斯建筑双年展主题馆展览），而第三位则是王澍。早在 2003 年，王澍便应范迪安之邀，为那一届的中国馆设计了“拆筑间”，但由于 SARS 的影响，中国馆的展览不得不改在广州进行。2006 年，王澍受王明贤之邀为该届双年展设计中国馆——“瓦园”，而我们可以留意到，在这次成功亮相之后，王澍立刻获得了国外专业媒体广泛的关注，意大利 *Domus* 等杂志开始关注和报道其建筑作品，特别是在 2008~2009 年间，王澍参加的海外展览多达 9 个。

5. 谁来办展览

纵观这些展览，其主办方大致可以分为两类：一是官方或半官方的文化机构；二是民

17 18 19
20 21 22

图 17. 王澍，威尼斯建筑双年展中国馆（威尼斯，2006）
图 18. 因地制宜：中国“本土建筑”展（纽约，2008）
图 19. 立场：中国新生代建筑师群像（巴黎，2008）
图 20. 马达思班，各搞各的，广厦亭（台北，2009）
图 21. 心造——中国当代建筑展（布鲁塞尔，2009）摄影：方振宇
图 22. 王澍，比利时欧罗巴利亚艺术节个展（布鲁塞尔，2009）

间的机构组织与个人。由国内官方组织的展览大致出于一种宏观的经济文化目的，因为伴随着中国经济实力的提升，并且在全球及其他国际事务中扮演日益重要的角色，中国目前迫切需要提升自己的软实力，文化艺术上的成就不仅可以带来全民族的文化自信，而且可以加深国外对中国的了解，从而赢得大国崛起所需要的必要国际空间。正是在这样一种强烈而迫切的现实诉求之下，中国日益加强与海外的文化艺术交流。在这样的背景下，中国在海外的艺术展也迫切需要建筑师及建筑作品的参与，以保证其学科的多样性。而与此同时，随着全球化时代的到来，中国比任何时候都更吸引世界的目光，世界越来越关注中国的高速发展，期望更多地了解“那里”发生的情况。国外的艺术、建筑展也十分需要中国的参与，选择中国，也是它们在文化视角上进一步国际化的尝试，中国的参与丰富了它们的全球化版图，满足了他们全面审视中国的需要。于是，在中国和海外的共同需求下，越来越多的以“中国”为主题的展览在海外应运而生。

6. 谁去参加展览

从上述的 89 个展览中可以统计到参展建筑师或团队共有 55 个，也就是说，参展人的数量远不及展览的数量多。再进一步统计，可以看到，其中参展次数居前十位的建筑师/团队包揽了总展览数量的近八成。这意味着，十几年来，绝大多数海外的中国当代建筑展或有中国建筑师参加的海外展览上出现的面孔大都来自这十位。对比中国庞大的人口数量、中国建筑师的整体数量[5]以及中国近些年来的建设规模，能够代表中国当代建筑水平的建筑师似乎实在是凤毛麟角。而中国当代建筑的现实质量、水平与纷繁的展览景观之间亦存在着巨大的落差。展览多肯定不是坏事，但一次又一次同样的参展者除了能增加老朋友见面的机会外，还能更多地增加什么呢？这是一个令人无奈的现实。

7. 拿什么去展览

建筑师拿自己的建筑作品参展本无可厚非，但与前面提到的参展人数量之少相对应的是，除去某些展览中的装置作品外，我们常常可以看到同样的一些建筑作品在多个展览中反复出现，例如王澍的中国美院象山校区在2003~2009年间，在多达12个海外展览中展出（不计同一展览的异地巡回展次数）。这固然与中国现阶段的建筑水平低、精品太少有关。但也可以有另外的思路值得我们反思。反观由国内策划的展览，遴选作品的视角似乎不外乎两种考虑：一是国外想要看到什么样的中国；一是中国想让国外看到什么样的自己。视角决定了视域范围，也折射出真实的文化心态。很多展览往往不敢在文化的高度上提出自己的观点来，实际上是某种程度上的文化怯懦。也许，目前中国翻天覆地的大规模建设现实本身就最具力量，就如库哈斯对珠三角的研究一样；也许，我们有着许多的素材，就看敢不敢站在自己的语境和视角上提出来。另外，某些建筑展出于学术目的，也还可以有从展览的主体架构直到多种作品呈现方式的探索，参展的作品也可以不是清一色的“现成品”，而是可以有更多应对展览主题而创作的作品，或体现建筑师思想与一贯思考的概念方案之类。

8. 如何策划展览

目前复杂的展览现实中，总是难于分清展览本身更多地聚焦于文化生产还是市场营销，这样的尴尬源于缺乏成熟的展览机制、批评机制以及缺少有学术能力的专业策展人。建筑师、展览、媒体、声望，无疑越发紧密地联系在一起，“展示”自身便是可以消费的，这似乎暗示着消费与展品质量之间可以无关。如果真如此，策展人本身便被不断地工具化和非专业化，学术质量的下降则更是必然了。把作品的资料汇集整理并展出，当然是有一定意义的，但是所有素材如果没有经过一次强有力的针对对象的“再生产”，那么展览现场就可能由于受众个人化的角度而注入不同的意义，从而稀释整体的学术价值。因此，如何确定主题，如何选择作品、呈现作品，直到如何同步书写和评论展览，这都需要一整套的展览机制的建立。倘若无法建立一种合理的学术策划保障制度，“展览”就只能停留在作品集市的水平上，高水平的展览及其对推动整个中国当代建筑向前发展的动力又从何谈起呢？

注释：

① 参见 MIT 网站张永和个人简介。

② 鉴于非常建筑于 1993 年正式在中国开始实践，故 1993 年之前的展览未列入本文考察范围内。

③ 某些展览内容基本相同的巡回展览均记为一个展览，只在“中国当代建筑在海外的展览总表”备注一栏中注明其随后的各站巡回展览情况（如伦敦 V&A 的展览“China Design Now”、巴黎夏悠宫的展览“Positions, portrait d' une nouvelle génération d' architectes chinois”以及德累斯顿“活的中国园林”等）。

④ 参见 MAD 网站 www.i-mad.com 该展览网页。

⑤ 据《图说中国建筑》（朱文一，2008）一书中的数据，截至 2007 年中国注册建筑师人数为 3 万人。

作者简介： 秦蕾，同济大学出版社北京办公室负责人，群岛工作室主持人

杨帆，建筑师，清华建筑设计研究院

原载于： 《时代建筑》2010 年第 1 期

姿态、视角与立场：
当代中国建筑与城市的境外报道与研究的十年

王凯 王颖

目前所见的境外媒体对中国大陆建筑和城市的关注，始于 1990 年代中期。大体而言，此前绝大多数的研究都集中在传统中国的城市与建筑，对于现代中国的兴趣不多。1990 年代以来，随着中国城市建设的大规模加速发展、国内外交流的增加和中国建筑设计市场的对外开放，西方学界和媒体对中国的建筑发展状态逐渐产生了越来越多的兴趣。

据笔者所见，以 1999 年西班牙 *2G* 杂志的中国专辑（Instant China）为开端，在 2000 年、2004 年和 2008 年左右，形成了三次比较集中的报道中国建筑的时间点，几本重要的境外建筑专业期刊，例如法国的 *Architecture d' Aujourd' hui*（2000）、美国的 *Architectural Record*（2004, 2008）、英国的 *Architectural Review*（2008）、*Blueprint*（2008）、日本的 *A+U*（2004, 2008）、西班牙的 *AV Monografìas*（2004）等先后出版了中国建筑的专辑（图 1）。与此同时，随着西方学者对中国兴趣的增大，特别是在一些华裔学者的积极推动之下，与中国现代建筑有关的研究文章和专著也在逐渐增加（表 1）。总的来说，近十年来才逐渐出现的这些相关著述基本上可以分为三类：其中数量最多的是建筑作品集，此外还有为外国建筑师在中国实践提供方便的、与中国法规制度相关的专著以及为数较少的和中国城市或者建筑历史有关的学术性研究。

相关出版物简表 表1

一、杂志部分			
标题	主题	出版地	时间
Architectural Review	Beijing Airport	英国	2008 Aug
Architectural Record	Beijing Transformed	美国	2008 July
Architectural Review	China	英国	2008 July
A + U: Architecture and Urbanism	2008 Beijing	日本	2008 July
Blueprint	The Olympics: From Beijing to London	英国	2008 Aug
Area	China overview	意大利	2004 Feb
Architectural Record	China Builds with Superhuman Speed, Reinventing its Cities from the Ground up.	美国	2004 Mar
AV monografías= AV monographs	China Boom: Growth unlimited	西班牙	2004, n.109-110
A + U: Architecture and Urbanism	"百花齐放": Architecture in China	日本	2003 Dec
Architecture d'Aujourd'hui	Chine(部分)	法国	2000 Feb
2G: Revista Internacional de Arquitectura = International Architecture Review	Instant China: Notes on an Urban Transformation	西班牙	1999, n.10
Architecture	"美国建筑师在亚洲"(editor's page: Carpet Bagging in Asia)	美国	1994 Sept
二、专著部分			
标题	作者/编著	出版社	出版时间
1. 实践指南			
China, China: Western Architects and City Planners in China	Xin Lu	Ostfildern : Hatje Cantz	2008
Building Projects in China	Bielefeld, Bert (EDT)/ Rusch, Lars-phillip (EDT)	Springer Verlag	2006
Building Practice in China	Charlie Q.L. Xue	Hong Kong : Pace Publishing Ltd.	1998
2. 报道/作品集			
Art and Cultural Policy in China: A Conversation Between Ai Weiwei, Uli Sigg and Yung Ho Chang	moderated by Peter Pakesch	Wien ; New York : Springer	2009
Positions: Portrait of a New Generation of Chinese Architects	Frédéric Edelmann and Jérémie Descamps	Actar	2008
New Architecture in China	Christian Dubrau	Singapore : Page One	2008
Beijing: The New City	Claudio Greco, Carlo Santoro	Milano : Skira ; New York : Distributed in North America by Rizzoli International Publications	2008
Shanghai: The Architecture of China's Great Urban Center	Jay Pridmore	New York : Abrams	2008
CN, Architecture in China	Philip Jodidio	Hong Kong ; Los Angeles : Taschen	2007

续表

New China Architecture	Xing Ruan	Singapore : Periplus Editions (HK)	2006
On the Edge: Ten Architects from China	edited by Ian Luna with Thomas Tsang ; introduction by Yung Ho Chang	New York : Rizzoli	2006
China Contemporary: Architectuur, Kunst, Beeldcultuur = Architecture, Art, Visual Culture	Vlasssenrood, Linda	NAI Publishers	2006
China's New Dawn: An Architectural Transformation	Layla Dawson	Munich ; London : Prestel	2005
New Architecture in China	Bernard Chan	London ; New York : Merrell	2005
Shanghai: Architecture and Urbanism for Modern China	edited by Seng Kuan and Peter G. Rowe	Munich ; New York : Prestel	2004
Shanghai in Transition: Changing Perspectives and Social Contours of a Chinese Metropolis	Jos Gamble	London ; New York : Routledge Curzon	2003
Shanghai Reflections: Architecture, Urbanism, and the Search for an Alternative Modernity	edited by Mario Gandelsonas	New York : Princeton Architectural Press	2002
3. 研究 / 历史著作			
Architecture of Modern China: A Historical Critique	Jianfei Zhu	Abingdon ; New York : Routledge	2009
The Concrete Dragon: China's Urban Revolution and What it Means for the World	Thomas J. Campanella	New York : Princeton Architectural Press	2008
Shanghai Transforming	Iker Gil	Barcelona : Actar	2008
Remaking Chinese Urban Form: Modernity, Scarcity and Space, 1949-2005	Duanfang Lu	London ; New York : Routledge	2006
East Asia Modern	Peter G. Rowe	London: Reakton Books	2005
Building a Revolution: Chinese Architecture Since 1980	Charlie Q.L. Xue	Hong Kong : Hong Kong University Press	2005
China's Urban Transition	John Friedmann	Minneapolis : University of Minnesota Press	2005
Architectural Encounters with Essence and Form in Modern China	Peter G. Rowe and Seng Kuan	the MIT Press	2004
Shanghai	Alan Balfour, Zheng Shiling	London : Wiley-Academy	2002
Modern Urban Housing in China, 1840-2000	edited by Lü Junhua, Peter G. Rowe and Zhang Jie	Munich ; New York : Prestel	2001
Great Leap Forward	Bernard Chang, Mihai Craciun, Rem Koolhaas, Nancy Lin, Yuyang Liu, Katherine Orff, Stephanie Smith	Taschen ; Cambridge, Mass. :Harvard Design School	2001

与纯粹学术性的论著不同，无论是期刊的中国专辑，还是作品集或实践指南的专门书籍，都起到了类似的作用，即对西方世界的读者“报道”正在中国发生的情况。根本而言，西方媒体对中国的报道开始于西方建筑界对开放的中国市场的兴趣，并且始终发自其自身的（而不是中国的）实践需要。因此，在对待这些报道的时候，读者应该注意到这些差别。而另一方面，来自外来的审视毕竟对我们是一个契机。我们应该如何利用这些材料，是中国建筑师们应该考虑的问题，也是本文希望讨论的目的之一。

因此，本文的讨论以“报道”为核心，讨论与之相关的几个侧面。这里的“报道”并非狭义的新闻报道，而是与广义的跨文化交流之中的“认可”① 行为联系。因此，本文涉及的材料将不限于杂志和作品集，同时会涉及与“报道”问题相关的研究专著。全文分四个部分：第一部分讨论报道得以出现的历史背景以及报道本身和经济发展的关系；第二部分将以杂志的中国专辑为主要讨论对象，概括出境外媒体中当代中国建筑的总体样貌；第三部分讨论这些著作中所体现的三种“中国”形象以及背后隐藏的三种理解中国的视角；第四部分作为总结，讨论我们应该如何看待境外媒体视野中建筑报道的“姿态”与“立场”的问题，并希望最终对“我们如何通过这些报道去理解自己和他人”提出看法。

1. 报道的出现：媒体关注的经济背景

为什么有关中国的报道会在这一时期大量出现？这当然不是一个容易回答的问题，因为如此宏观的问题，原因必然是多方面的。或许我们应该换一种问法：关于中国建筑的报道出现的历史背景是什么？

1980 年代，随着中国改革开放的推进，到 1990 年代以后，以市场经济为基础的房地产业和政府主导的基础设施建设投资一直是国家经济发展计划中的支柱和主要内容之一。对外开放导致的外资输入，使“中国”很快作为新的经济实体在世界市场中崛起。随之而来的快速城市化，带来了高速度和大规模的城市和建筑的建设量。在西方人眼中，“中国已经进入到一种‘高速城市化’阶段。尽管有强制的人口流动限制，在接下去的几年中，13 亿中国人中的近 4 亿 ~5 亿人将涌入指定的大城市中。这些城市都希望通过经济的繁荣把生活和工作的空间需求提到更高。这种趋势不会结束，它才仅仅是个开始。”②

另一方面，建筑设计的市场也逐步对外开放。同时由于美国等西方国家建筑设计市场日趋饱和，“淘金”目标随着美国*Architecture*杂志“带一个旅行袋去亚洲”（Carpet Bagging in Asia）的呼吁转向东南亚市场[③]：“在印度尼西亚、马来西亚、新加坡、菲律宾和中国，爆炸性的经济发展正创造着利润丰厚的建筑设计委托机会。”[④]于是，我们看到，远在2001年11月中国正式加入WTO之前，外国建筑师和设计机构就已经开始作为重要的力量进入中国市场，北京、上海等地已经开始有吸引外国建筑师参与的重要公共建筑项目。1998年的上海大剧院、1999年的国家大剧院竞赛的不同命运，揭示了西方建筑师参与中国重大项目的敏感之处，也为后来更多的实践打开了大门。虽然后来CCTV这样的项目同样争议不断，但是国际化的设计合作已经不再引起社会的争议。可以肯定的是，作为一个全球最大的持续的市场，吸引西方媒体的目光是自然的。

所有这一切，导致了随后的1990年代末期，“中国”作为建筑新闻关注点的出现，同时也决定了关注的角度和形式。于是，我们可以在报道中清楚地看到，虽然自1990年代中期以来，中国的青年实验建筑师群体逐渐在国内媒体中突围，但是同期大量关于中国建筑的报道是城市化、设计法规和对中国建筑现状的好奇目光。在2004年以前，除了一两位个别建筑师（例如张永和、艺术家高波）以外，中国建筑师群体尚不在报道视野之内。

那么，这些境外媒体是如何看待中国，又是如何看待中国建筑师的？我们固然不能天真地认为，是中国建筑本身的高品质吸引了媒体的注意，但是否就可以认为，经济发展或者市场的增长是导致中国建筑受到关注的主要原因？

在这方面，日本和西班牙的建筑也许可以为我们提供有益的比照。1960年代以来，日本和西班牙建筑同样经历了有些类似的过程。二战以后，日本经济的迅速崛起带来了建筑业的兴盛，战后的日本建筑师很快在西方媒体中发出了自己的声音。同样在1980年代之后，西班牙快速经济发展时期，西班牙建筑师高品质的现代建筑迅速吸引了媒体的目光。与它们相比，中国建筑的崛起，究竟是一个经济政治事件，还是一个建筑学事件？迄今为止，关心“当代中国建筑”的群体是如何理解中国建筑的？当代中国建筑是仅仅停留在一种“新闻报道”的层面，还是已经成为一个独立的学术领域？

这些问题，都有待我们通过在对报道的具体的阅读和分析中，寻找答案。

关于中建筑研究的出版物及出版时间图示

表 2

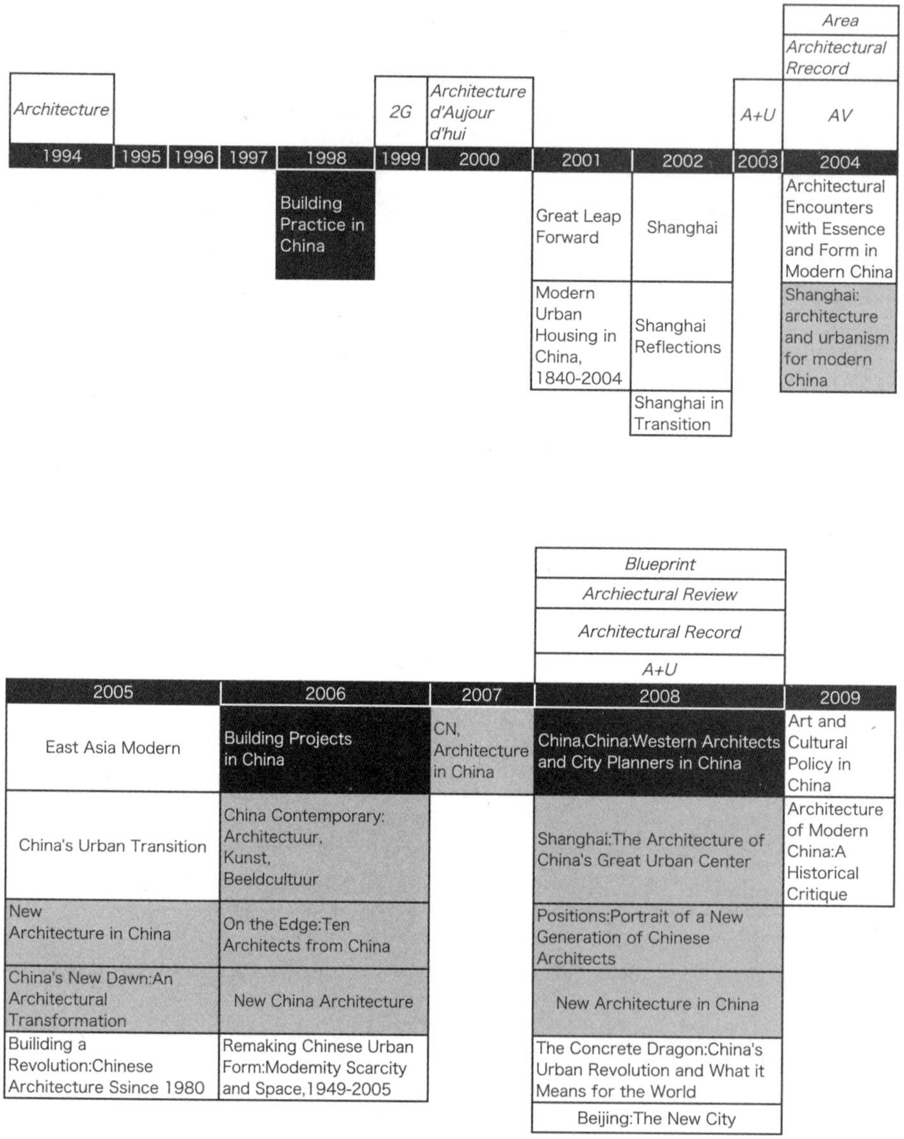

Year	Periodicals	Publications
1994	*Architecture*	
1995		
1996		
1997		
1998		Building Practice in China
1999	*2G*	
2000	*Architecture d'Aujour d'hui*	
2001		Great Leap Forward; Modern Urban Housing in China, 1840-2004
2002		Shanghai; Shanghai Reflections; Shanghai in Transition
2003	*A+U*	
2004	*Area*; *Architectural Rrecord*; *AV*	Architectural Encounters with Essence and Form in Modern China; Shanghai: architecture and urbanism for modern China
2005		East Asia Modern; China's Urban Transition; New Architecture in China; China's New Dawn:An Architectural Transformation; Builiding a Revolution:Chinese Architecture Ssince 1980
2006		Building Projects in China; China Contemporary: Architectuur, Kunst, Beeldcultuur; On the Edge:Ten Architects from China; New China Architecture; Remaking Chinese Urban Form:Modemity Scarcity and Space,1949-2005
2007		CN, Architecture in China
2008	*Blueprint*; *Archiectural Review*; *Architectural Record*; *A+U*	China,China:Western Architects and City Planners in China; Shanghai:The Architecture of China's Great Urban Center; Positions:Portrait of a New Generation of Chinese Architects; New Architecture in China; The Concrete Dragon:China's Urban Revolution and What it Means for the World; Beijing:The New City
2009		Art and Cultural Policy in China; Architecture of Modern China:A Historical Critique

2. 媒体报道中的“当代中国建筑”

如果我们要严格地区分“报道”和“研究”，恐怕永远也不会有一条清晰的边界，二者的差别不可能像字面那样清晰鲜明。但是有一点是明确的，与追求知识生产和批判价值的研究相比，报道更加注重新闻性。浏览 1990 年代以来的境外期刊有关中国建筑的报道，我们不难发现,早期对中国建筑特别的专题性关注以及中国特辑也恰恰体现了这样的特征。

经过笔者的检索和统计，1994 年之后，关于中国的报道发生在三次比较集中的时间段：1999~2000 年对中国城市化的关注；2003~2004 年对中国建筑师群体的关注；2008 年对大型事件（北京奥运会）引发的关注（表 2）。由这三个报道的不同和变化，也可以看到中国建筑吸引关注点的不同。

在这三次高潮中，最早集中讨论中国建筑和城市的特辑是 1999 年西班牙的建筑杂志 *2G*，其主题为：“Instant China: Notes on an Urban Transformation”。引言的文章为我们指出，这期特辑的目的是勾勒出外国建筑事务所在中国的实践情况，并向西方解释发生在中国的不易被理解的状况及中国发生的明显巨变[⑤]。Vicente Verd ú 在 *The Chinese Castle* 一文中指出，最近 20 年，随着中国经济的高速发展，中国人的理想变为个人财富的聚集，而丧失了原有的社会主义理想。[⑥] 法国的 *Architecture d' Aujourd' hui* 杂志在 2000 年的一期中包含一个名为“中国”（Chine）的特别报道。报道体现出刚刚开始了解的中国城市的巨变，选取的照片都是城市内的新旧对比，看起来中国正在进行着转瞬间从“农村”变成“城市”的灾难性变化。*Cities without Qualities* 一文指出，“城市化”是目前中国发展的主要方向，其造成的结果是所有的中国城市都没有特征，以往的传统被消除，由此而产生混乱的文脉。[⑦] 显然，“中国的快速城市化”是这一波境外媒体报道最关注的方面，而这种转变是令西方震惊的。

我们注意到，这一时期中国建筑师群体并没有受到西方媒体的关注和报道。虽然 2000 年的 *Architecture d' Aujourd' hui* 在惊讶中国城市化的同时，肯定了张永和的设计，认为它是“将当前城市的偶发性同既存的文化和自然的延续所混合”（mix the urban contingencies of today with the existing cultural and natural carry-overs）[⑧]。但在这两本杂志中，被报道的华裔建筑师只有张永和和旅法摄影师高波（在北京为自己设计建造的工作室）。这一状况在第二轮报道中发生了转变。

2003~2004 年期间，境外一共出版了四期中国建筑专辑，包括美国的 *Architectural Record*、西班牙的 *AV Monograf ì as*、意大利的 *Area* 和日本 *A+U* 杂志的中国特辑，形成了

1 2 3
4 5

图 1-5. 出版物封面

关于中国建筑集中讨论的一轮高峰。中国作为建筑设计的新市场的讨论在这一轮集中报道中依然在延续。2004 年，*Architectural Record* 以一种极为乐观积极的态度指出境外建筑师如何在中国进行实践，看起来就像是为美国建筑师拓展海外市场所作的宣传。比如，Tom Larsen 指出的："他们会获得世界级的设计项目，这在美国是从来得不到的机会，并且可以看到设计的实施。"[⑨]Brad Perkins 甚至直接列出美国建筑师在中国实践的十点指南（Brad Perkins's 10 Tips for China）[⑩]。

但是，与上一次仅关注中国城市的巨变不同，这一轮报道中，"中国建筑师"作为一个群体第一次集体出场。比如 *Architectural Record* 中一篇关于青年建筑师的报道题为"新一代的建筑师正在改变游戏的规则"（A New Generation Architects is Changing the Rules of the Game），"从设计院到工作室"（From Institute to Studio）。Area 杂志的建筑报道中，中国建筑师的项目占了相当大的比例。A+U 杂志则集中于北京、上海的重点项目和明星建筑师的项目。我们可以看到，当时的中国建筑师已经以一种从背景中脱颖而出的"明星建筑师"的身份集体出场。形成于 1990 年代中期的"实验建筑师"群体，在经过了 10 来年的积蓄经验和作品，在一系列的展览中吸引了足够的注意，[⑪] 中国的青年建筑师们首先引起媒体的关注也就不足为奇了。

2008 年有四本杂志以"北京奥运"或"中国"为主题：美国的 *Architectural Record*、英国的 *Architectural Review* 和 *Blueprint* 以及日本的 *A+U*。与前两波的报道不同，中国不再被作为一个神秘的他者被介绍给世界，而是作为媒体里通常由重大事件而引发的报道。2008 年在北京举行的奥运会就是这一波对中国尤其是北京的城市和建筑报道的一个根本原因。虽然其中 *Architectural Review* 和 *Blueprint* 都是第一次报道中国，但也以奥运场馆建筑作为报道的重点。

另外值得一提的是，*Architectural Review* 在 2008 年的 8 月份又出了一期"北京机场"的特辑。福斯特设计的北京机场作为一个项目被特别的报道，可见，中国建筑已开始以建筑本身的特征进入了媒体正常报道的氛围，而不再是对于神秘冒险地的一种另类观察。我们有理由相信，这样的报道会在未来越来越多。而中国建筑师的形象在越来越多的报道中，也逐渐开始摆脱了非常"中国"的标签，成为在中国这个国际化市场中，与西方建筑师平等竞争的对手和合作者。中国，已经越来越多地成为今天国际建筑实践和竞争的"舞台"。

3. 三种视角：如何报道“中国建筑”

无论是作为市场的中国城市，还是作为奇观的中国建筑，可以看到2000年代中期，媒体对“中国建筑”的好奇大过对建筑本身的批判性考量，无论是“百花齐放”，还是事件性的“2008年北京奥运建筑”，都可以纳入新闻媒体的报道逻辑之中。那么，在这种报道之中，中国建筑是如何被呈现的呢？在这一部分中，本文将从如何选择案例、如何描述案例以及如何通过历史理解“当代中国”等三个侧面，从各种报道和研究中找到一种或几种宏观的关于“当代中国建筑”理解的不同视角和模式。

3.1 从异域到舞台：作为地理概念的“当代中国”

什么是中国建筑？到底是中国人设计的建筑，还是在中国这片土地上的建筑？对这个问题的回答决定了报道中如何选择案例。

早期杂志报道的理解显然趋向后者，并且其中更多的是西方建筑师的设计。从1994年 *Architecture* 的“美国建筑师在亚洲”，到2000年左右的“外国建筑师在中国”的设计报道，境外媒体关注的是其本国建筑师在中国的实践状况。这一时期的中国是西方建筑设计所到达的“新大陆”，在报道中被称为“a remote land”。*2G* 中国特辑的第二部分报道了保罗·安德鲁（Paul Andreu）、Arquitectonica等一批“境外”建筑师在中国的设计项目，标题“Strangers in ……Paradise?”非常形象地表明这一时期境外杂志对于其建筑师在中国实践的理解。事实上，有一本比大多数专辑报道更早出现的英文出版物，即薛求理博士的《中国建筑实践》（Building Practice in China），这本书的目的就是为了解决“香港和海外业界对中国内地建筑领域还处于兴奋和懵懂状态”的困难，而由于这本书可以为英语世界的建筑师进入中国市场提供方便，所以销量特别好（见原作者序言）。对于西方建筑师来说，中国是一个可以“带一个旅行袋”（Carpet Bagging）去探险的神秘地区。

一些中国建筑的作品集也表现出这样的理解。比如，雷拉·道森（Layla Dawson）的《中国的新曙光》（China's New Dawn: An Architectural Transformation）中选择的作品除马达思班以外，其余全部属于香港或境外事务所。书名似乎在暗示着，西方建筑师的实践为中国大地带来了“新曙光”：“在这里，利用中国的白板状态以及一个刚刚开始且无约束的市场变革和中国业主希望胜过西方的理想，西方建筑师尝试各种设计的可能性，并且用在其他地方难以实现的作品来检验中国业主的接受限度。”[12] 不但西方建筑师为“异域”

中国带来了新设计，中国也为西方建筑师提供了一个广阔的试验场。阮昕在 *New China Architecture* 中介绍了中外事务所、中国设计院的各种项目，选择非常广泛，按照他本人的说法，用意是："这本书是一个快照，但是快照的目的是为了读者得到对于这些建筑以及这些建筑所发生的环境的更深刻的理解，提供一个开始。"⑬

而随着2004年中国建筑师越来越为读者所熟悉，对中国建筑的报道就越来越综合性了。比如2008年因北京奥运的契机而出版的几本特辑中，*Architectural Record* 和 *A+U* 都详细报道了"鸟巢"、"水立方"和"数码北京"，*Architectural Review* 7月份的中国特辑报道了CCTV、"鸟巢"、中国美院象山校区、草场地等项目，8月份一期整本报道了北京机场。

由此，我们看到的是，对于西方世界的读者来说，中国从一个作为陌生的"异域"，已经成为西方建筑师得以实现其理想的舞台。而且，在这个舞台上不再只有西方建筑师的设计，国内外建筑师在这里共同进行设计的竞争和展示。而杂志或者作品专辑的报道提供的，就是各种建筑师在这个舞台上的表演。

3.2 作为城市和建筑实践主体的"中国"：制度，还是建筑师？

很多论述认为，随着经济发展，中国大量建造或者大型重要项目的出现，来自于政府推动力。因此，不论是期刊专辑还是作品集，都有相当的一部分会把中国特殊的政治与经济制度作为当前建筑发展的先决条件。政治与经济制度的阐释也成为报道和论述的重要方面。

开始于对重庆钉子户的讨论的托马斯·坎帕内拉（Thomas Campanella）的 *The Concrete Dragon: China's Urban Revolution and What It Means for the World* 一开始就把关于中国的理解放在了政治与经济的视角之下，在这个框架下，城市的讨论就不可避免地与政策文化习惯相关。克里斯蒂安·杜布罗（Christian Dubrau）在《中国新建筑》（New Architecture in China）的引言中，开篇就指出"high-speed-urbanization"和"high-end-architecture"的关系，导致所谓的"image architecture"的根本原因是快速城市化和大量建造，进而提出中国建筑的身份和归属问题。在长期关注中国城市问题的学者吴缚龙的一系列著作中，中国的建筑与城市发展，应该在经济-制度-政治的框架中去解释："从全球视角来看，中国的经济改革并不是从中央计划经济转变到'中国特色的市场经济'那么简单，尽管这个趋势已经十分明显。……另一方面，社会主义国家的变革过程，也可以被看成是开始于1970年代的全球发达资本主义国家的制度模式和积累体制变化的一部分。如此看来，中国的城市转型与全球化过程有关，这个过程已经影响到空间的生产、城市的消费以及资本、人口和技术的流通。”[14]

这种解释，可以比较有力地解释有关中国普遍出现的大量建造的情况以及成因，透视建筑现象背后的制度和经济因素。不过，在遇到解读具体案例的时候，我们会发现这种做法并不能让人完全满意，比如一本作品集中对金茂大厦的案例介绍：“420.5m 高、光彩照人的金茂大厦完工于 1999 年，屹立在黄浦江畔的浦东一侧，高度至今仍然没有被超越，作为一个象征，代表了中国人在追求现代方面所获得的成就——越高越好！或许比高度更重要的是它的层数……88 层。8 在广东话里和‘发’谐音。自 1980 年代初，中国香港还是中国内地的榜样时、邓小平视察南方时鼓励人民致富以来，8 这个数字就在电话号码、车牌和任何与建筑有关的数字中流行起来……”[15]

事实上，这种描述方式在各种作品集中并非罕见的个例。然而这种对案例的评论并没有把握具体案例的特殊性，因而也不太能够完全揭示作品本身的价值。最重要的是，在这类描述中，我们基本上感觉不到建筑师主体性的在场。

而与之相对的，一些报道中的案例分析则强调建筑师作为实践主体的作用，是设计思维而不是政治或经济成为建筑评论关注的核心。比如，在 *On the Edge: Ten Architects from China* 一书中，编者对童明的董氏茶庄的案例进行了如下的介绍：“餐饮的功能唤起了人们对传统茶室的空间特质的联想，它围绕着一个带有木门的内院布置，木门的开合提供了两种状态：或者关上为主人提供了更好的私密性，或打开则提供了穿越院子的视线。”[16]

另外，相当多的报道非常深入地关注和思考建筑师的问题。例如为在法国举办的一次中国青年建筑师作品展览而出版的 *Positions: Portrait of a New Generation of Chinese Architects* 一书中，对这些新一代的建筑师有深入的分析：“他们在 35 岁 ~50 岁之间。他们在中国接受教育，随后在美国或在法国接受教育。这使得他们的作品越来越国际化，不同文化之间的交互影响使身份成为一个问题[17]。”克里斯蒂安 · 杜布罗在《中国新建筑》一书的序言中肯定了中国青年一代建筑师的探索和实践的同时，也提出了他的担忧：“就像 1920 年代的现代主义在欧洲所引发的孤立的先锋运动一样，在这里也有同样的一个危险，这种建筑也可能一直作为一种孤立的现象，被掩埋于大量平庸的图像建筑中。”[18]

大约半个世纪以前，耶鲁大学的艺术史学者和人类学家乔治 · 库布勒（George Kubler）在其著作《时间的形状》中，为了反抗当时盛行的目的论色彩的“生物学模式”的艺术史写作，提出了以“相关解答（linked solutions）”的序列作为替代的综合性叙述的模式。[19] 在这种模式中，历史被理解成一系列个体艺术家应对不同时代的问题而采取的不同策略和方案，而这些针对不同问题的不同解答，构成了艺术史发展的线索。这或许与本论题有关：从这个意义上说，我们是否也应该在特定环境中理解和评价建筑师的作为？

由此可见，上述两种例子恰巧构成相对的两种方向：第一种模式强调体制的作用（往往是静态的或者消极的）；第二种则强调在具体的环境中，评价建筑师个人的努力。相对而言，在具体的环境下评价建筑师的主观思考，把实践环境中的建筑师作为实践的主体，能够更加接近中国建筑实践的真实状态。

3.3 作为文化－历史概念的“现代中国”：传统与现代化

对于一个西方的作者或者读者来说，要想理解中国这样一个历史悠久的国家，从历史和文化入手是很自然的事情。事实上，除了专门的历史研究之外，相当一部分对于当代作品的介绍和报道，常常以一种历史性的叙述作为引入，例如雷拉 · 道森的《中国的新曙光》，伯纳德 · 陈（Bernard Chan）的《中国新建筑》（New Architecture in China）等。而另一方面，中国又面临着当下和历史的断裂非常严重的现实。新一轮对中国建筑的报道特别关心城市化带来的快速建造和对历史建筑的毁灭。比如 *Is Beijing a Hamburger City?*[20]，*The death and life of old Beijing*[21] 和 *Beijing at warp speed*[22]。

在我们阅读这两类描述的时候，时时可以感受到两种现象展示给我们的冲突。在对具体案例的描述中，时不时可以感觉到这种冲突的影子。很多报道特别强调中国建筑师在传统和现代之间的冲突和抉择。2004 年的 *AV Monografías* 专辑的一篇文章中，作者特别强调，“传统和现代性之间不太容易平衡，这仍然是中国建筑师们工作的主要目标，也是他们的环境赋予他们成功的关键。”在作品的介绍中，作者也着意突出作品与“传统－现代”问题的关系。前文提到的 *On the Edge: Ten Architects from China* 中，评论者是这样介绍刘家琨的鹿野苑石刻博物馆的：“混凝土和页岩黏土砖的虚实处理使建筑呈现出冷漠的巨石一样的外表，刘家琨以此在古代雕像和现代的建筑之间形成了一种对话，将展示品和博物馆建筑都作为通向中国漫长的人造石历史的通道。”[23] 在这些描述中，中国建筑师的形象往往被笼罩在某种特别的文化传统的光晕下。

如何理解这种冲突，这种冲突的现状是如何产生的？在一些报道文章的戏剧化描述中，中国似乎从传统农业社会一夜之间转变成为现代化城市，而忽略了其中的历史。事实上，要想真正理解这种冲突和差异，就必须理解中国建筑的现代化过程，才能进而理解当下中国建筑实践中的种种问题。这就要求我们把它们放到一个宏观的“现代性”发生的历史框架和脉络中去理解。

那么，如何理解中国建筑的变革？如何理解当代中国建筑的成因和趋向？

大部分论述中，学者们把当代转变放在“文革”后的改革开放的脉络中来理解，特别注重强调 1980 年代改革开放的影响，从“开放”的角度去理解当代建筑的成因。例如薛求理博士在《建造革命：1980 年以来的中国建筑》（Building a Revolution: Chinese Architecture Since 1980）一书中，在简述了 1949 年以来的民族形式之后，把“海外建筑的冲击”作为“文化的转变”的重要契机，无论从篇幅还是内容的详尽程度来看，作者认为西方建筑与中国建筑的再次接触，引发了中国建筑的变革，造就了今天的建筑状态：“这种开放政策导致了思想方式的自由化，这是中国真正的文艺复兴。从 1978 年开始，国际建筑的影响力戏剧性地增长。异国风格的建筑和随之而来的生活方式打开了普通市民的视野，中国建筑师了解新技术、新风格和新的管理方法。”[24]

在这方面，朱剑飞博士的《现代中国建筑：一种历史批判》（Architecture of Modern China: A Historical Critique）提出了不同的看法。该书是一本理论色彩较强的关于中国建筑“现代性”问题的批判性论述。在这本书的第一章“Perspective as Symbolic Form”中，作者似乎有意提醒我们与艺术史家潘诺夫斯基名著的关联。在涉及内容广泛、思维跨度很大的这一章中，作者将中国建筑的现代性起源追溯到明末清初的耶稣会士来华时期，认为西方传来的透视法和圆明园设计中的比例对称等西方的视觉原则是中国建筑传统转变的标志性事件（Symbolic Form），甚至可以作为后来 20 世纪建筑现代化的先声。[25]

这两种叙述尽管涉及的时间范围差别很大，但是两种论述有一个共同的前提假设，就是将中国建筑的“古今”（现代性）问题纳入到“中西”框架下去理解。这种理解方式无疑在一定程度上是符合历史实际的。然而，我们在肯定其具有一定历史真实性的同时，也不能不指出其中可能隐藏的危险——正如我们在朱剑飞博士关于“透视”的重视可能是受到西方艺术史或建筑史的范式影响一样——就是用西方的历史模式或者概念化思维套在中国历史之上，或者用西方的标准评价中国。而这种危险不但是我们在阅读西方学者的论述的时候最应该注意的地方，而且也是我们与西方学术界进行对话的时候应尽力避免的。

中国建筑的现代化发展历程，不但受到西方建筑学的影响，更是本土建筑文化传统发展的延续，因此，如何更加切实地把握本土建筑发展的历史过程和具体现实，是我们能否理解中国现代的关键，而忽略具体历史过程的概念化处理，则往往难以避免失之于空泛的危险。

在这方面，关于1950年代~1970年代中国建筑的论述就是一个最好的例子。1950年代在我们所见的各种建筑历史叙事中并不少见，但是无论人们如何对其记忆犹新，实际上1950年代往往是被不厌其烦地作为某种文化符号反复提及，或者作为被当今建筑所超越的对立物而一语带过，这段时期在历史中的真实面目或者对后来历史的影响却始终模糊不清，更普遍缺乏反思。在这方面，或许卢端芳博士关于城市形态的历史研究 *Remaking Chinese Urban Form: Modernity, Scarcity and Space(1949-2005)* 为我们提供了补充。该书从几个相关问题入手，分析塑造今天中国城市形态独特性的历史和制度性成因，从她的研究中我们可以看到，理解今天的城市形态，1950年代和1980年代都不可或缺，如果没有1950年代以来的社会制度变迁，当代中国城市完全可能会是另一种样貌。

在这里，我们强调历史脉络的重要性，不仅在于种种社会制度的连续性把现在、未来与过去联结在了一起，更在于通过具体性的历史，我们可以切近地把握中国的现实，而避免限于空泛的概念先行或者西方中心论的陷阱。历史为我们理解当下提供了厚度，而理论的介入则为我们提供了更多的思考空间，最终的目标都是为了“追求更好的理解”。

4.“批判性的介入”：一种关于立场的讨论

在进入本文最后关于立场的讨论之前，让我们回到讨论的最初，重新思考一个最基本的问题：我们为什么要关心境外中国报道和研究？

如果我们同意，无论是我们追溯历史、理解过去，面对现实还是认识自己，最终的目的是为了经由他人的言论加深对自己的理解，并最终为中国建筑学科建构自己更好的知识，为实践创造更好的发展。那么，这就意味着，我们在面对西方话语系统中有关中国的言论的时候，应该避免盲目，而采取一种更加批判性的立场。

如果我们把这种中西之间的“交互性”问题放到更长的历史脉络中，就会发现本文所讨论的近几年来中国被西方关注的现象并非独有的现象，在更长的历史时间段来看，也许可以和17~18世纪西方的“中国热”时期有一些共同之处。事实上，启蒙运动以来，中国作为“他者”，无论形象是理想化还是妖魔化，都是作为欧洲本身的对立面，帮助欧洲人反省并进而完善了自身。而正如有学者指出的，启蒙以来西方对中国想象的一个基本特点，就是对立的特征并存。在欧洲人的意识里，“中国”是一个超出欧洲人理性的范围的他者，

“体现了欧洲人以为中国是超出他们理性理解之外的世界的另一极”[26]。今天，情况当然是大为不同了，但是恐怕我们必须明白，无论是华裔作者还是西方作者，在西方语境和话语系统中的思考，毕竟是在西方知识系统在其自身的逻辑和问题意识驱动之下的知识生产，是在西方学术话语系统中和范式下进行的讨论。

而这和我们最终追求的“更好的自我理解”的目标和旨趣都是不同的。其中根本的区别，不在于作者的国籍或者身份，而恰恰在于作者所采取的立场以及由不同立场所导致的不同作者观察中国的“视角”和介入中国问题的“姿态”。

回顾前文所述的报道中的种种现象，我们可以发现，在经济性的介入（淘金）的驱动下，境外媒体对中国建筑的报道先后出现了“想象”、“观察”和“批判的分析”等几种不同的模式。虽然在具体的案例中，这三种模式交替出现而非线形地发展，但它确实代表了境外媒体对作为读者的“中国”的认知过程。从最初缺乏了解的好奇、惊讶，到略带臆测和想象的现象描述，试图理解的过程开始于对现象的描述和评论，而随着现象描述和评论的深入，运用不同的理论解释模式（制度、历史等）去批判性地解释这些现象成为学术性研究的诉求。

而对于中国建筑的媒体和建筑师来说，呼吁一种批判性的思考也是我们要追求的目的，他者的视角可以帮助我们形成批判性的“自我理解”，同时还需要一种“介入”的姿态和立场。“批判性”+“介入”的价值或不同之处在于，它代表了一种设身处地的、带有同情的理解和身处其中的主体性和担当感，避免陷入脱离此时此地的自我他者化的西方话语的狂欢，同时又避免陷入自我中心的拒绝反思状态。通过“批判性的介入”的立场，我们希望能够期待在跨文化对话中保持主体性的同时，为自身的实践、建筑评论以及知识生产获取更多的启示。

注释：

① 关于“认可”的概念和相关讨论，参见冯仕达，王凯：中国建筑学中跨文化交流中的前景刍议 [J]. 时代建筑, 2006, (5)：24-29.

② Christian Dubrau, “Image Architecture: Chinese Architecture Searching for Identity and a Sense of Belonging”, in *New architecture in China, ed.* Christian Dubrau (Singapore : Page One, 2008), 10-31.

③ 我们可以看到最早于1994年美国*Architecture*杂志上一篇题名为《带一个旅行袋在亚洲》（Carpet Bagging in Asia）的编者按。Carpet-bagger是美国南北战争后南方人对（只带一个旅行袋）去南方投机钻营的北方人的蔑称。编者在这里形容美国建筑师在东南亚，言外之意东南亚是美国建筑师可以“投机钻营”的新市场，而中国第一次作为建筑师的市场在境外媒体中被提及。

④ Bradford Mckee, "Carpetbagging in Asia" , *Architecture, vol.83, no. 9*(1994): 15.

⑤ 参见：Miguel Ruano, "Urban Impressions" , *2G, no.10*(1999): 14-28.

⑥ Vicente Verdú, "The Chinese Castle" , *2G,no.10*(1999): 4-13.

⑦ Laurent Gutierrez, Valérie Portefaix, "Cities without Qualities" , *Architecture d' Aujourd' hui, no.326*(2000): 88-93.

⑧ 同⑦。

⑨ Tom Larsen, "Doing Business in China: A Primer for the Daring, Shrewd and Determined" , *Architectural Record, vol. 192, issue 3* (2004): 51-54.

⑩ Brad Perkins, "Brad Perkins's 10 Tips for China" , *Architectural Record, vol. 192, issue 3* (2004): 118.

⑪ 参见：秦蕾，杨帆．中国当代建筑在海外的展览 [J]．时代建筑，2010，（1）：41-47.

⑫ Layla Dawson, *China's New Dawn: An Architectural Transformation*, Munich ; London: Prestel, 2005: 56.

⑬ Xing Ruan, *New China architecture*, Singapore: Periplus Editions (HK), 2006: 8.

⑭ 吴缚龙，马润潮，张京祥．转型与重构——中国城市发展多维透视．南京：东南大学出版社．2007：4.

⑮ Xing Ruan, *New China architecture*, Singapore: Periplus Editions (HK), 2006: 128.

⑯ ed. Ian Luna with Thomas Tsang, *On the Edge: Ten Architects from China*, New York : Rizzoli, 2006: 41.

⑰ Frédéric Edelmann and Jérémie Descamps, *Positions: Portrait of a New Generation of Chinese Architects*, Actar: 2008.

⑱ christian Dubrau, *New architecture in China,* Singapore: Page One, 2008：28.

⑲ 巫鸿．时空中的美术：巫鸿中国美术史文编二集 [J]．北京：三联书店，2009：24-25.

⑳ *Area, issue 2* (2004).

㉑ *Architectural Record, vol. 196, issue 7* (2008).

㉒ 同㉑。

㉓ ed. Ian Luna with Thomas Tsang, *On the Edge: Ten Architects from China*, New York : Rizzoli, 2006: 53.

㉔ Charlie Q.L. Xue．*Building a Revolution: Chinese Architecture since 1980*．HongKong University Press．2006：68.

㉕ 关于这个问题，笔者不能同意作者的观点，总的来说，笔者怀疑深处皇宫中的圆明园或者绘画中的透视法对中国建筑的设计和建造实际影响的普遍性如何很难说。更重要的是，这种讨论事实上建立在中国建筑系统与视觉艺术关系很大这一前提之下。这一点似乎不能让人信服，笔者认为，将本不能归属于"视觉艺术"而主要是基于建造行为的中国建筑体系纳入西方化的视觉艺术史范式中去理解，似乎并不恰当。

㉖ 张国刚，吴莉苇．启蒙时代欧洲的中国观：一个历史的巡礼与反思 [M]．上海：上海古籍出版社，2006：405-412.

作者简介：王凯，博士，同济大学建筑与城市规划学院教师

王颖，香港中文大学建筑系，博士，比利时天主教鲁汶大学博士候选人

原载于：《时代建筑》2010 年第 4 期

关于全球工地：
交流的格局与不同的批评伦理

朱剑飞

当今天中国成为世界最大建筑工地时，三个相关的问题浮现出来。

第一个是我已经探讨过的，有关中国和西方之间思想的“对称”交流。现在看来有必要发展这个看法，以容纳一个更宽阔的视野，包括中国的建筑实践以及越来越多关于中国的国际性讨论。这需要采用历史、地理和全球的研究视角。这是一个发展的对当代现实的跟踪阅读。

第二个问题是关于“批评建筑”（critical architecture）在中国和其他地方的地位。中国和亚洲的某些地区确实为一种实用工具主义（instrumentalist）和后批评主义（post-critical）论点提供了例证，如库哈斯（Rem Koolhaas）的研究论述所表明的。但是这里的“中国”和“亚洲”指的是这些国家中的实用主义实践，而非我曾经讨论过的新的批评的“先锋”实践。实际上，批评主义实践和实用主义实践，在这里同时存在并交错关联。因此，一个重要问题就产生了。在面对这些国家里普遍的当代实用主义时，在全球化的新自由主义意识形态盛行的世界里，我们在中国和其他地方是否还需要批评主义建筑？如果答案是肯定的话，而且如果后批评主义思想在西方也正在超越负面的批评性的话，那么我们应该采纳什么样的新的批评建筑？今天在中国，我们是否可以发现相关迹象，以帮助寻找一种不同的批评性？作为对“对称”交流和中国“先锋”建筑研究的延续，我将探讨这个问题。

第三个问题是关于中国当下的政治经济发展以及中国在资本主义世界——或者套用沃勒斯坦（Immanuel Wallerstein）的定义，资本主义世界体系 (capitalist world-system) ——中可能的地位。现有的有关研究指出，中国的发展道路既不是“共产主义”，也不是“资本主义”的，而是第三种途径；其中，国家扮演了综合的领导角色，而且并不屈从于新自由主义呼声推动的，尤其是来自美国的市场资本主义。有关学者如杜维明（Tu Wei-ming）、诺兰（Peter Nolan）、哈维（David Harvey）和池田 (Satoshi Ikeda) 等通过不同的角度观察，都发现了一个走向后资本主义世界体系的发展趋势，而中国在其中扮演了重要的角色。这对建筑学来说有什么意义？如果这暗示了一种新的伦理和文化追求，那么它对“批评建筑”的意义是什么？批评性是否可以被重构，使之吸收不仅是西方的观点，还有不以自主、对抗和超越为基本假设的文化价值观念？

本文将依次处理这三个问题。首先我将从历史、地域和全球的角度描述“对称交流”，然后讨论批评建筑的问题，最后讨论中国的第三条道路或中间路线，以及它对建筑学的意义。[①]

1. 一个对称的瞬间

依据沃勒斯坦的论述，资本主义世界体系在 1450~1500 年间出现，那时欧洲将美洲变成自己的殖民地。在这个体系中，在生产、经济和政治统治关系上，欧洲和美洲分别是“核心”和“边缘”。[②]到 19 世纪末，这个体系已经扩展到几乎覆盖整个世界，广阔的殖民地处于边缘地位，而发达国家处于核心地位。其中存在一个全球的劳动力分配以及生产、金融和政治军事力量的等级分布。用这个理论和相关术语来说，自从 1840 年开始遭受侵略、丧失领土并被半殖民化后，1900 年左右的中国处在边缘地位。中国与西方核心国家之间有一种矛盾的关系，中国是这种侵略的资本主义现代性的受害者，然而为了自强、现代化和社会发展，中国人仍然要向西方学习思想和知识。在西方建筑师到中国实践的同时，中国学生也前往日本、美国和西欧等发达国家和地区学习建筑。他们学的主要是 1920~1930 年代先在欧洲而后在北美发展起来的巴黎美术学院设计体系。一个从西方向中国的思想和专业知识的流动显而易见。今天，中国看起来正在向一个世界的核心地位前进，或者说在世界体系的很多方面，都在与核心国家密切互动。学院派体系已经不再是占据统治地位的设计范本;

设计和建造现在是一个更加国际化的事业；中国城市化的速度和尺度正在催生一个令人惊讶的持续建设的工地和一个新的前所未有的超级城市的景象；向国际事务所开放的项目委托和提升自身形象的需求吸引了世界上几乎所有著名建筑师来中国设计建造；在一些海外建筑师和理论家思索中国和亚洲发展带来的启示的同时,关于中国的国际性讨论也在出现。随着这样一个图景在中国或者围绕中国展开，这里看起来存在一个从中国向西方和世界的图像和影响的流动。然而过去自西方向中国的流动在新的条件下仍然活跃：在西方和海外建筑师在中国实践的同时,中国学生继续像以往一样,大量前往核心或者发达国家学习建筑。从历史和国际的眼光来看，在当前的中国究竟发生了什么事情？一个对关键“瞬间”的准确描述是必要的，一个我将其描述为在中国和核心国家之间对称的瞬间，一个在之前和之后万变的历史中未曾有过和不再有的瞬间。依照我的观察，这个瞬间在2000年左右出现。因为有新的发展出现，中国和西方或者核心国家之间的相互关系可能已经离开了这个瞬间的状态。然而这个瞬间仍然应当被捕捉并记录下来。

1976年或者1978年以前，即后毛泽东时代到来之前，中国的现代建筑包括了两个主要传统：学院派的历史主义和社会主义的现代主义。尽管有争议，但前者更具统治地位。它是建立在1920年代末的主要由1920年代末和之后在美国接受教育的建筑师从美国引入的（尽管那些在日本和欧洲接受教育的建筑师也扮演了一定角色）教育体系之上。它的主要特征是在现代建筑结构上采用历史图样和风格以及在一些例子中的对称构图。从1920年代到1990年代，在南京政府和北京政府的直接支持下，其高潮分别出现于1930年代和1950年代。它可能以曲线的、具有生动轮廓的中国式屋顶出现，亦可能是看起来更现代的、带有中国或者西方和其他地区传统装饰纹样的平屋顶。1970年左右“文革”末期对政治符号的应用以及1980年代和1990年代在后现代主义影响下再次出现的中国式屋顶，是这个传统的两个变体。事实上，装饰性通过别的方式（例如地域主义）一直延续到20世纪的最后几十年。第二个主要传统是1960年代和1970年代在公共建筑和集合住宅的设计中采用的现代主义形式。它很大程度上是出于经济和理性的考虑，而非1930年代和1950年代从意识形态主导的民族主义形式，也不是1920年代及其后在欧洲由建筑师对形式研究和学科作独立探讨所得的结果。在当时的社会条件下，不存在让建筑师进行个人实验以探讨形式可能性的机会。除了一些特殊的例子（例如1930年代、1940年代末、1950年代初和之后的奚福泉、童寯、华揽洪、杨廷宝、冯纪忠等），中国建筑师在1970年代末之前主要的贡献，是为国家和社会大众完成风格化的历史主义和经济性的现代主义设计。在毛泽东时代

（1949-1976年），由于客户和设计院建筑师都隶属于公共集体，建筑设计非常“集体主义”，设计中的个人创作是被压制的。

1978年后在邓小平领导下的改革开放将中国带入了一个新的时代。至今已近30年的后毛泽东时代可以被划分成两个时期，第一是1980年代，第二是1990年代以及20世纪初的几年。如果说第一时期实行了农村改革和对外资有限开放的局部的城市企业改造，第二个时期则完成了城市产业改革，并建立了不断向国际资本和文化开放的“社会主义市场经济”，尤其是1990年代末以后。在建筑设计方面，中国建筑师的两个相关的贡献构成了1980年代的特征：晚期现代主义和装饰性的乡土或地域主义，有时是两者的混合体（我定义为“晚现代新乡土”）。1977年或1978年以前接受教育的教授和高级建筑师是其中的主要力量，吴良镛、关肇邺、彭一刚、邢同和、布正伟、程泰宁是最有影响力的人物。但是，齐康1980年代在南京东南大学设计研究院设计的大量作品，大概是这批建筑师作品中最重要的代表。“晚现代主义”设计（例如柴培义的国际展览中心，北京，1985年；彭一刚的天津大学建筑馆，1990年；邢同和的上海博物馆，1994年；布正伟的江北机场航站楼，重庆，1991年）是抽象的、英雄主义的、注重体量的，并且经常是对称的。从中可以清楚地看到古典主义的构图以及1976年之前的国民政府和社会主义时期，学院派传统中发展成熟的、集体式的英雄主义气质。新乡土主义（例如齐康的梅园纪念馆，南京，1988年；关肇邺的清华大学图书馆新馆，北京，1991年）使用砖材和单坡屋顶，同时还附加其他装饰细节。我们又一次看到，1976年以前的风格化的历史主义，在前期已经比较活跃的老一辈建筑师手中继续延续着。在历史纵向延续之外，这里还有一个横向的或者来自国际的影响：它包括1960年代和1970年代的粗野主义和晚现代主义，以及1980年代以及之后的后现代主义。1980年代中国的“晚现代”和“新乡土”，实际上是毛泽东时期接受教育的老一辈建筑师在后毛泽东时代对建筑语言现代化，使之与西方和国际发展同步的努力。[3]

1980年代也见证了海外建筑师的到来，尽管数量有限。重要的例子应该包括贝聿铭的北京香山饭店（1982年），Denton Corker Marshall（DCM）的北京澳大利亚大使馆（1982~1992年）以及黑川纪章（Kisho Kurokawa）的中日青年友好中心（1990年）。形式上，这些设计都介于晚现代主义和后现代主义之间，然而每个设计都有特色，具有明确的形式完整性。概念上，它们都与中国传统进行“对话”。如果说贝聿铭的香山饭店是使用了标志和装饰性元素来对照中国南方乡土建筑和文人园林，黑川纪章的中日青年友好中心是在现代主义语言上采用了日本和中国的文化符号，那么DCM的澳大利亚大使馆则是采用了更加抽象和纯粹的现代主义手法，同时用了抽象的后现代主义手法（轴线、墙体、层次、面板、方孔）来诠释北京古城中的墙体围合的院落型制。然而，这些与中国的互动仍然是个别的学术性对话，还不是介入本土的全面参与。

关于1990年代以及其后，最主要的贡献是新一代中国建筑师的出现，无论是在国内还是国际舞台上。他们在1977~1978年以后的后毛泽东时代，在向西方和国际影响开放的大学里接受教育，其中一些人还到发达国家留学，在各自不同背景下实验了一些思路和设计之后，他们“突然”在1996~2000年左右出现，带来了基于个人研究的、纯粹的、实验的现代主义建筑；就其连续性和规模而言，这组现象是中国从未出现过的。这些建筑师最重要的特征是他们个人的设计作者身份以及在建构、空间和体验这些领域里对建筑设计学内部知识和方法的实验。因为他们关注的是建筑学内部或独立的问题，他们的目的是挑战和超越已成为主流的巴黎美院的装饰主义现代传统，它在1980年代产生各种变体及其大众化、商业化的趋势，所以他们的设计在这个历史环境下是“批评的”。这些建筑师的出现，是以下这些历史发展的一部分：中国在1980年代和1990年代社会、政治、经济的开放，公民社会和中产阶级的出现（它与一个平行的资产阶级相关又正在与之迅速分离）以及设计市场的开放（1994~1995年建立了执照考试制度）。尽管情况还在发展，从最早的1996~2000年间以及之后，最重要的建筑师应当包括张永和（席殊书屋，1996）、刘家琨（何多苓工作室，1997年）、王澍（陈默工作室，1998年；顶层画廊，2000年；苏州大学图书馆，2000年）；崔愷（外研社二期，1999年；外研社会议中心，2004年）和马清运（父亲住宅，2003年；青浦曲水园公园，2004年）等。

另外一个从1990年代到现在的贡献或重要发展是国际参与的潮水般的“涌入”，或者更精确来说，是一个在中国和海外建筑师之间关于中国项目的交流的大海潮的浮现。这种情况在以下几个方面将中国变成一个“全球”工地：1) 城市化的尺度、工程的数量以及海外直接投资 (foreign direct investment，FDI) 的总量都跻身世界前列；2) 从1994年开始，海外直接投资在已有的经济特区以外的中国其他地区大幅上升。在中国2001年加入世界贸易组织并取得2008年奥运会主办权之后，重要工程的建筑师开始通过国际竞赛来选择。这些项目吸引了全世界的建筑师来参与中国的实践，其中主要来自欧洲的“明星”建筑师设计了具有国家意义的重要建筑。

需要特别注意的是，从历史的角度来看，从1911年甚至1840年开始，在充满波折的现代中国历史时间轴上的所有时期中，至今已经有30年的后毛泽东时代是时间最长和政治上最稳定的时期。它是 19 世纪末以来现代中国史上，持续对外开放，持续保持市场经济发展和科技及工业现代化最长的时间段。

上文最后提到的一个现象，即今天中国涌现的海外和中国建筑师并行或合作的大海潮，实际上是对这个国家整体设计状况的一个概括描述：几乎所有建筑师及其过去和现在的各种设计手法立场，都包含在此。为了从历史和世界的角度来观察当代中国的建筑实践和思想，现在非常有必要来全面检视这个交流的大海潮。如果仔细观察，我们可以发现四种设计类型：普遍的背景、大型项目、中型项目和小型项目。普遍的背景是指在今天中国大多数城市所能见到的，由高层建筑和大尺度街区混杂构成的景象，其中经常是商业和住宅建筑，由不同规模和背景的中国国营设计院和私营公司以及海外设计公司设计。所有的“主义” 和风格都能在这里看到，但是天际线主要由后现代和国际式风格建筑构成。更早期的不同质量的、带有历史痕迹的建筑，共同存在于一个贯穿城市的极度混杂的低层环境中。以此为大背景，我们可以找到三组有影响或有争议的建筑。

第一组是“大型建筑”，包括那些象征城市和国家的地标性工程，例如大城市里的文化设施，尤其是那些与北京奥运会（或者上海世博会）相关的建筑。客户主要是城市政府或国家政府以及他们下属的公共机构。建筑师多来自欧洲（英国、法国、德国、荷兰以及瑞士等）。著名的例子包括库哈斯的 CCTV 大楼，赫尔佐格和德梅隆（Herzog & de Meuron）的国家奥林匹克体育场（图 1），福斯特（Norman Foster）的北京国际机场三号航站楼以及这三个工程的结构工程师——来自英国的奥雅纳（ARUP）。

第二组是“中型建筑”，主要是重要的文化设施和住宅小区或新城。客户是多样的，它们可能是公共的或者私人的、政府机构或者房地产开发商。建筑师经常来自不同的西方国家，但是其中引人注目的是日本建筑师，例如山本理显 (Riken Yamamoto) 的建外 SOHO 高层住宅（北京，2003）和矶崎新（Arata Isozaki）的文化中心（深圳，2006）（图 2）。

第三组是“小型建筑”，小型指的是尺度和功能，而非影响力和意义。它们包括办公建筑、工作室、住宅和别墅。客户主要是私人个体，这些著名建筑师既有中国的也有海外的。在海外建筑师中，日本建筑师（以及韩国和其他亚洲国家的建筑师）仍然处于有影响力的行列中。隈研吾（Kengo Kuma）的设计，包括他在北京郊区的“长城脚下公社”别墅群中的“竹屋”（2002 年）（图 3a）以及他最近设计的上海 Z58 办公建筑（2006 年）是最具代表性的。另外一个重要的例子是来自美国波士顿的 Office dA（Monica Ponce de Leon 和 Nader Tehrani），设计的位于北京通州的一个 200m^2 的门房，一个展示了表皮、结构、材料和空

1 2
3a 3b

图 1. 一个“大型”工程：国家奥林匹克体育场（“鸟巢”），北京，2008（建筑师：赫尔佐格和德梅隆及中国建筑设计研究院，照片摄于 2006 年 11 月，朱剑飞提供）
图 2. 一个“中型”工程：深圳文化中心，2006（建筑师：矶崎新，照片摄于 2005 年 12 月，朱剑飞提供）
图 3. “小型”工程 a：“竹屋”别墅，北京，2002（建筑师：隈研吾，隈研吾提供）b：席殊书屋，北京，1996，（建筑师：张永和，非常建筑工作室提供）

间之间丰富交错的小型建筑。这里的中国建筑师，是上文提到的“突破的一代”，包括张永和、刘家琨、崔愷、马清运和王澍以及一批正在出现的更年轻的建筑师，例如童明。（图3b）如果说这些中国建筑师的主要立场是关注材料肌理、构造、细部、空间、光线和体验，以反映个人、乡土或传统的生活世界，由此抵抗主流现代传统和庸俗的设计，那么在此区间工作的海外建筑师，从他们西方内部“解构主义”和“新现代主义”的脉络和层面上出发，与中国同行享有着同样的对材料、构造、空间和体验的批判的关注。事实上，在更大尺度上操作的、“临界”或思考的（‘edgy’ and reflexive）海外建筑师，如矶崎新、山本理显、赫尔佐格及德梅隆、库哈斯等，其设计依然是建构的或后建构的，只是其形式属于更加激进的新现代主义。两者的共同点是明确的，需要进一步发展强调。这里还应当注意的是“集群设计”现象：来自中国、亚洲乃至全世界的建筑师都被邀请来参加设计（比如每人设计一个别墅），为房地产开发商展示新的设计和生活理念；例如为开发商“SOHO 中国”设计的“长城脚下公社”（北京郊区，2002 年）以及在南京正在进行的为另外一个开发商设计的“中国国际建筑艺术实践展”。这些都是重要的场合，使具有相似而又不同设计理念的中国和海外建筑互相观摩切磋，它为中国建筑师（当然也为其他建筑师）提供了观察和学习的窗口。

这三组重要的大、中和小型建筑设计，事实上是“象征资本”(symbolic capital) 的产物，其目的是在地方、国家和国际市场上树立卓越的标志 (marks of distinction)。[④]它们是建筑师与强大的或国家单位或私人客户间的合作，用来在竞争市场和大众图像文化中，在多层次上，为某商业机构、城市或国家建立卓越的符号或者优越的象征。在这些层次中，设计中的形式资本，被用来创造文化的、社会的和商业的可见度，为开发商、市政府或国家机构服务。建筑专业的资源，尤其是知识以及其实践者——建筑师的名望，正在与那些政治与商业权威的资源合作：一种可同时促进两个资源系统有效权力的联合投资。世界上最有名望的职业荣誉——普利兹克建筑奖，在 1999 年、2000 年和 2001 年分别授予福斯特、库哈斯、赫尔佐格和德梅隆，而从 2001 年起，他们很快就成为中国 2008 年最大的国家工程的设计者（北京首都机场三号航站楼、CCTV 大楼以及国家体育场）。这是国际最高层面上的这种联合的清晰表现。

然而这种情况不应该限制我们认识这些参与的机缘和可能性的开启。首先，并非所有商业和政治权威都是压迫的：它们在一个人道主义的判断上可以是进步的或压迫的，取决于具体的历史情况。以殖民地的历史和高度制约的毛泽东时代为背景，后毛泽东时代政治经济的改革开放，对于中华民族而言，是进步的和解放的(尽管出现的问题也需要妥善解决)。第二，在权力与设计之间有一个我们不能否认的辩证关系。当设计服务于政治和商业权力时，由政治支持的开放和经济依托的物质基础也使设计知识得到发展、设计思想得到实现。

在这种情况下，由于政治经济的开放，许多设计实验和有关讨论在中国发生，而建筑师及其思想也在交流的海洋中跨越了国界。这里我们可以发现两股方向相反的主要流动趋势：一种是中国对西方和世界的影响流；另一种是西方和世界对中国的影响流。在第一种影响的流动中，看来中国作为一个整体向世界和西方学术界释放了一个特定印象。一种为高速现代化的大社会服务的，高效的设计和建造的实用主义态度，为西方提供了一个窗口或场景，使之重新思考在西方建立起来的一些思想，尤其是后现代主义对建筑（以及其他专业）中的工具主义现代性进行批评之后建立的思想。在相反的方向上，看起来是来自西方和一些亚洲，尤其是欧洲和日本建筑师的具有思考和激进建构手法的、有质量的设计，最大地影响了中国。这里，建构美学、纯粹主义、批评设计和大众关注(及有关的社会民主价值观)，是西方对中国影响中比较明确的一些突出要素。现在让我们近距离检视这两股影响的流动。

从中国流向西方和世界的影响，通过三种途径传播：遍布世界的西方专业媒体关于中国的话语（例如论坛、展览和杂志的专刊）、以库哈斯为典型代表的个人理论型建筑师对中国的专注思考以及在西方越来越多的关于参与和设计中国实际项目的报道。关于第一种，从 *AA Files*(1996 年 36 期)、*2G: International Architectural Review*（1999 年 10 期）（图 4a）开始，在海外出现了一个出版中国建筑特刊的潮流，表现在 *A+U*，*Architectural Record*，*AV Monographs* 和 *Volume*（2003 年，2004 年，2004 年和 2006 年）等专刊上。关于这个主题的展览会主要在欧洲各国陆续出现，如柏林的 Aedes 画廊、巴黎的蓬皮杜艺术中心、鹿特丹的建筑中心以及最近在维也纳建筑中心举办的第 15 届建筑师大会（分别在 2001 年、2003 年、2006 年和 2007 年举办）。这些活动都伴随出版了令人印象深刻的画册（图 4b）。有关论坛和系列讲座提供了介绍中国建筑情况的独特机会，如伦敦皇家艺术院和维也纳第 15 届建筑师大会上“中国制造”等讲座(分别在 2006 年和 2007 年)。西方和世界关于中国的大众话语，传递了一个中心印象，可以用 *2G* 和《建筑实录》（Architectural Record）相关期刊的封面文字作最好的总结：“即时中国”，“中国……以超人速度建设，重新创造它的城市，从平地上冉冉升起”。标题背后是直上云霄的高层建筑的神奇的天际线（图 4c）。它表达了一个关于中国的想象，而如果这一图像被认真接受的话，它为西方提供了另一个现实世界的窗口，那里展现的是为高速现代化服务的工具主义建筑。

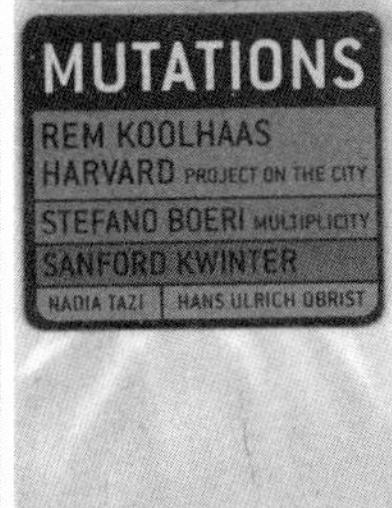

4a 4b 4c
5a 5b 5c
6a 6b

图 4. 关于中国的出版物 a:*2G: International Architecture Review*, 1999 年 10 期封面："即时中国"特刊；b: *Alors, la Chine?* 封面，巴黎：蓬皮杜艺术中心，2003：展览手册；c：《建筑实录》（Architectural Record），2004 年 3 期封面，包括关于中国的特别章节（朱剑飞提供）

图 5. 库哈斯的出版物 a: 封面，1995 年；b：《流变》封面，2000 年；c：《大跃进》封面内页，2001 年（朱剑飞提供）

图 6. 库哈斯文章中使用的图片 a:*Rem koolhaas* 中的《新加坡诗集》（1062 页）（取自：Rem Koolhaas, Singapore Songlines *Rem koolhaas*, New York: Monacelli Press, 1995: 1062; b:《流变》(Mutations, 317 页）和《大跃进》（Great Leap Forward，197 页）中关于中国珠江三角洲的文章（1062 页）（图片取自，Rem Koolhaas et al. *Mutations*, Barcelona: ACTAR, 2000:317）

目前西方理论型建筑师对中国的关注和思考，应该以库哈斯为最突出代表。在他的写作中，我们可以发现与中国和亚洲观察相重叠的一系列阐述和主张。在此我们面对的可能是西方今天，以中国和部分亚洲为基本档案和理论实验室的，关于为高速现代化服务的真实有效的建筑的最严肃的理论思考。

在1995年出版的书籍*S,M,L,XL*中，四篇关于“城市”、“大”、“新加坡”和“通用城市”的文章是特别相关的（图5a）。在“城市设计发生了什么？”一文中，库哈斯说我们必须敢于“不批评”，以接受在全世界不可避免的城市化，并探索一种能够促进这种不可避免的物质条件的设计思想。[5]在第二篇文章中，库哈斯主张一种“大”建筑，一种量的建筑，一种可以将它自己从西方建筑学消耗殆尽的艺术和意识形态运动中脱离出来，“重新获得它作为现代化载体的工具性”的建筑。[6]在第三篇文章中，库哈斯用新加坡作为一个西方世界外的令人信服的例子，来探索建筑中的“操作”和“城市建造”，探讨据他说是西方在1960年代之后已经遗忘了很久的思想，一种可能将西方带回到为改造城市和社会的、具有尺度和能量的、英雄的和功能的现代主义的思想（图6a）[7]。在“通用城市”一文中，库哈斯全面挑战了在1980年代和1990年代占主流的关于认同、特征和地域主义的观点，并鼓励重视在全世界到处都可以找到的现代城市，一种一直被西方批评的但被亚洲所积极拥抱的城市模式（“亚洲追求它……很多通用城市都在亚洲”）。[8]

在《流变》（2000年）一书中，库哈斯发表了一段关于“珠江三角洲”的演说，总结了在之后出版的《大跃进》（2001年）背后的一些观点（图5b、图5c、图6b）。库哈斯的听众看来是西方人，他很明显是在对西方听众解释和理性化对亚洲关注的重要性。库哈斯说，现代化有其强度的顶峰，出现在不同地区，它曾经出现在欧洲和美国，但是，“今天现代化强度的顶峰出现在亚洲，如新加坡和珠江三角洲等地”。[9]他认为，这些亚洲城市可以教导我们今天正在发生什么。他说：“为了更新建筑师职业和保持批评的精神，我们必须……观察这些新的现象并且将其理论化”。[10]在《大跃进》中，库哈斯描述道，亚洲正处于一个持续猛烈的建设过程中，其尺度前所未有，是现代化大旋涡的一部分，它摧毁现存的环境并创造一个全新的城市物态。[11]他说，一个关于城市和建筑的新理论是需要的，而这本书的结尾部分描述了中国珠江三角洲的70个术语，可以作为这个新理论的起步。[12]

这种发表于西方的理论型建筑师对中国的研究，又涉及中国影响西方的第三条途径，即西方和海外建筑师对设计和建造的直接参与以及在西方的快速报道。库哈斯当然是赢得了2002年CCTV新办公楼的竞赛，并在2008年完成（图7a）。西方和海外建筑师获得的

7a 7b
7c 8a 8b
9a 9b

图 7. 施工工地 a: CCTV 大楼建设中，2007 年 9 月；b: 国家奥林匹克体育场（"鸟巢"）建设中，2006 年 11 月；c: 国家大剧院建设中，2007 年 3 月（a 和 b 朱剑飞提供 c 谢诗奇提供）
图 8. 艺术中心门房，通州，北京，2004 年（建筑师：Office dA（Monica Ponce de Leon and Nader Tehrani）a：室外；b：室内（Nader Tehrani，Office dA 提供，摄影：Dan Bibb）
图 9. Z58 办公总部，上海，2006 年（建筑师：限研吾）a：街道立面 b：屋顶水亭（限研吾提供）

委托，包括体育场、体育馆、大剧院、机场、博物馆、展览建筑以及名气略低但是更加普遍的大型住宅新城都是向西方传递影响的一部分；它们至少间接地展示了为高速都市化和现代化服务的大型的实用工具主义建筑。也许最后，中央电视台大楼和国家奥林匹克体育场是这类为社会和物质发展服务的、量的、建筑的最永恒的明灯（图 7）。

以库哈斯为最好代言人的这样一种趋势，在另外一个关于“后批评”实用主义的讨论中被引用；这个讨论这几年在美国和部分欧洲（主要是荷兰）之间穿行，其中索莫（Robert Somol）、怀汀（Sarah Whiting）和斯皮克斯（Michael Speaks）提倡了这种“后批评”实用主义，而贝尔德（George Baird）则对整个讨论进行了观察。[13] 他们抓住了一种目前在西方已控制并消耗建筑专业多年的批评传统的不满，一种走向“图表”和“效益”的实用主义趋势，一种据索莫、怀汀和斯皮克斯所说已经表现在库哈斯思想和工作上的趋势。尽管他们发现了库哈斯，他们却没有认识到库哈斯思想中一个重要的地域所在或理论实验室——亚洲和中国，或者是任何一个真实世界历史中介入现代化的某个地理所在。[14] 然而，这里还有更加重要的问题需要提出。这些后批评主义理论家对于真实地理的茫然本身还不是最重要的问题，最重要的应该是跨入新地理领域时出现一种新批评伦理的可能性的问题。因为在理论层面上，核心问题依然是：我们需要什么样的批评理论，新的批评理论如何构架，有何内容，它如何吸收“后批评”中有益的部分，同时又是面对社会的、负责的、进步的。如果今天中国的建筑确实处于一个最强的实用主义实践中，而如果今天确实有大众的和社会主义的理想需要维护保持，又有职业批评态度需要保持和发展，那么在此是否会萌发有关批判伦理的新的思路？我们能否在作为理论思考基地的中国，发现构造新批评理论的线索和可能性？在文章的最后，我将对此提出一个初步的讨论。

在相反的方向上，也存在一个从西方和世界流向中国的影响。这里我们可以发现实现这种影响的两个媒介：第一是西方和一些亚洲建筑师在中国所做的高品质设计；第二是中国在后毛泽东时代受教育的“突破的一代”，以张永和、刘家琨、崔愷、马清运和王澍为代表，在 1996 年后出现。在前者将西方思想带到中国的同时，后者也成为西方思想的中介，因为这些建筑师在后毛泽东时代接受的建筑教育是向国际开放的，他们中的一些也曾留学西方。

在这里，西方和海外建筑师设计了“大型”、“中型”和“小型”建筑项目，例如 CCTV 大楼、国家体育场、建外 SOHO 住宅区、竹屋、“Z58”办公楼、深圳文化中心以及通州艺术中心门房（分别由库哈斯、赫尔佐格和德梅隆、山本理显、隈研吾、矶崎新和波士顿 Office dA 事务所设计），如同前文所述（图 8、图 9）。在西方建筑背景下，这些

10a 10b
10c 10d
11a 11b
11c 11d

图 10. 张永和的设计 a：席殊书屋，室外，北京，1996 年，b：晨兴数学中心，北京，1998 年，c：柿子林别墅，北京，2004 年 d：UF 软件研究发展中心，北京，2006 年（非常建筑工作室提供）
图 11. 刘家琨的设计 a：何多苓工作室，设计模型，成都 1997 年，b，c，d：鹿野石刻博物馆，成都，2002 年（家琨设计工作室提供，摄影：毕克俭）

12a 12b 12c
12d 13a 13b
13c 13d 14a
14b 14c 15a 15b

图 12. 崔愷的设计 a,b：外研社二期工程，北京，1999 年 c,d：德胜尚城，北京，2005 年（a 朱剑飞提供，c 和 d，摄影：张广源）
图 13. 王澍的设计 a：陈默工作室室内，海宁，1998 年 b：苏州大学，文正学院图书馆。苏州，2000 年 c：中国美术学院象山校区，杭州，2005 年 d：象山校区二期，2007 年（王澍提供）
图 14. 马清运的设计 a：浙江大学图书馆，宁波，2002 年 b：父亲住宅，西安，2003 年 c：无锡商业中心，无锡，2003 年建设中 （MADA s.p.a.m. 提供）
图 15. 童明设计的董氏义庄茶室，苏州，2004 年 a：室外 b：室内 （童明提供）

建筑师来自“新现代主义”和“解构主义”的历史阶段，企图超越1980年代和1990年代的历史主义的后现代主义。他们自己对纯粹和建构的兴趣，尽管以更加激进的形态出现，却与当地中国建筑师抵抗超越巴黎美院的历史主义和庸俗的商业主义的企图不谋而合。来自西方的注重形态、纯粹、内在、自立、作者、反思，比较完备而严密的批评的设计传统，对于企图超越本地主流传统的中国建筑师来说，显然是比较受欢迎的。

第二个媒介的中国建筑师，事实上与海外建筑师有着各种各样的联系。这些联系可能最明显地表现在北京长城脚下的公社、南京中国国际建筑艺术实践展、《大跃进》一书的写作以及各种合作项目的工作。[15]这些建筑师在1977~1978年后的面向世界的建筑教育体系中学习，其中又有一部分留学西方；他们强调内在自主性、建构逻辑和作者的独立设计思考，由此在中国做出了重要的跨越。最早的例子包括1996年及其后出现的以下几个项目：张永和的席殊书屋、晨兴数学中心和柿子林别墅（1996年、1998年、2004年），刘家琨的何多苓工作室和鹿野苑石刻博物馆（1997年、2002年），崔愷的外研社二期工程和会议中心（1999年、2004年）和他最近的德胜尚城综合办公建筑（2005年），王澍的陈默工作室、顶层画廊、苏州大学文正学院图书馆以及杭州中国美术学院象山校区（1998年、2000年、2000年、2005年）以及马清运的宁波中央商务区、宁波浙江大学图书馆、西安父亲之家、无锡站前商贸区和青浦曲水园（2002年、2002年、2003年、2003年、2004年）（图10~图14）。近几年新的建筑也同样出现，例如童明的董氏义庄茶室(苏州，2004年)（图15）。

所有这些建筑师都通过清晰的写作来阐述他们的设计方法：如果说张永和和马清运有较强的设计理论基础（都曾留学美国），那么刘家琨和王澍则是把中国传统与西方的思路和概念结合起来思考，而崔愷的文章则直接展示他在中国设计院环境下服务不同的大型建筑客户的思路和策略（图16）。就以西方方法思辨而言，张永和和马清运是比较突出的，他们对每个项目都有一个主题式的关注，其中马清运更加关心城市，而张永和在具体案例中更加注重某些文化的、实验的议题（图17）。

从历史角度观察，张永和的文章是最早的对中国现代传统的明确挑战，而挑战所运用的基本批评范畴是建筑的内在独立自主性(autonomy)，所以他在此代表了这代人的批评声音。1998年，在“平常建筑”一文中，张永和提倡了一种非表现、非话语的建筑，它以房屋的纯粹建构逻辑和其内在的诗意(踏步的、排柱的、墙体的、开口的、天窗的、庭院的诗意)为基础，他为此引用密斯（Mies van der Rohe）和特拉尼（Giuseppe Terragni）的作品为楷模（图17a、图17b）。[16]在“向工业建筑学习”（2002年）文章里，他说，一旦意义被取消，建筑就是建

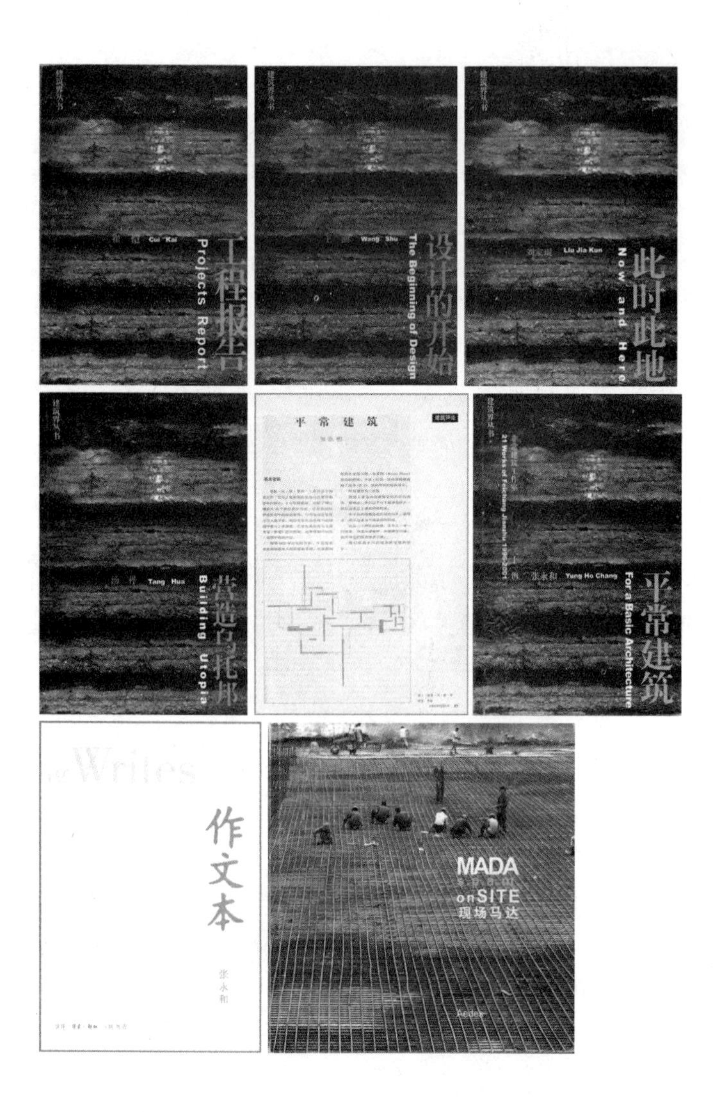

16a 16b 16c
16d 17a 17b
17c 17d

图 16. 中国建筑师的著作 a: 崔愷,《工程报告》, 北京, 2002 年 ; b: 王澍,《设计的开始》, 北京, 2002 年 ; c: 刘家琨, 《此时此地》, 北京, 2002 年; d: 汤桦, 《营造乌托邦》, 北京, 2002 年（朱剑飞提供）
图 17. 张永和与马清运的著作 a: 张永和《平常建筑》的首页, 发表于《建筑师》, 总第 84 期 1998 年, 27-34 页 ; b: 张永和, 《平常建筑》, 北京, 2002 年; c: 张永和, 《作文本》, 北京, 2005 年; d: 马清运, 《现场马达》, 柏林, 2004 年, 马在柏林 Aedes 画廊的个人展览手册（朱剑飞提供）

筑本身，是纯粹的、内在的、自立的存在。[17]张永和在此主张一种基本建筑，它不依赖于另一个世界，比如说它是外在的、附加的社会意识形态的表现，它是自立的内在系统，由此它可能具有一种能力，来超越中国的巴黎美院体系的“美术建筑”和装饰建筑及其近来的后现代的和其他的种种变体。张永和提倡包豪斯体系，将其作为挑战装饰和美术建筑的一条新路。在他更近期的2004年的文章里，他的反巴黎美院式的装饰、表达意识形态内在的自主建筑及其中的“资产阶级”和“右倾”的立场开始出现扭转，走向一个反“资产阶级”的、资本主义的、“左倾”的观点。在“第三种态度”一文中，他提倡既非纯粹批评研究，也非盲目商业实践的“批评参与”的立场，并强调需要坚持内在自主性，以批评反对正在上升的资本主义。[18]在“下一个十年”（2004年）一文中，张永和表明，他将把研究和对社会的服务结合起来，更加注重研究城市设计策略，并更加关心公共领域。[19]尽管这里有一个批评对象的改变，从巴黎美院传统转变为今天中国新的侵蚀的资本主义，但是（在批判参与中）对内在自主性的强调，仍然是一个思考的、批评的设计态度的核心方法。这里最重要的发展，并不是这些建筑师手中已经发展成熟的一种有批评态度的建筑，而是中国现代建筑史上一个自觉的批评态度的出现，表现在清晰的写作和1996~2000年间及其后建成的建筑作品中。这当然是历史背景下的一个突破，对此我已经在*Criticality in between China and the West*（2005年，中译文“批评的演化：中国与西方的交流”发表于2006年）一文中作出判断：具有一定程度批评理性的纯粹建筑的出现，反映在建筑师对建构逻辑、内在自主性、个人作者身份和思考性实验的追求。[20]

如果我们结合上述两种观察，即如果将从中国向西方与从西方向中国的影响流动联系起来，作为2000年左右在相反方向上同时发生的事物，那么一种对称的交换就清晰可见。在中国吸收西方“批评性”的同时，西方则吸收中国的“后批评性”。如果前者可以张永和这一代建筑师和他的文章为代表，那么后者则可以库哈斯和他的文章为最佳代表。如果说前者的运行中，中国吸收的是西方过剩的，即严密理性、学科内部知识、内在自主性、思辩论述和批评的作者姿态等理念；那么在后者的运行中，西方吸收的也是中国过剩的，即服务于高速都市化现代化和大社会的，提供容量和能力的有效率的工具主义的建筑实例。从历史角度看，如果前者准确发生在1996年和1998年（张永和的席殊书屋建成和“基本建筑”出现的时间），那么后者则发生在2000年、2001年和2002年（库哈斯的《流变》、《大跃进》和CCTV设计出现的时间）。第二个运行可以追溯到1995年*S,M,L,XL*出版的时候，因为它研究了“亚洲”和“新加坡”（如果我们把中国视为库哈斯所描述的亚洲现代化的一部分）。第二个运行还可以延伸到2004年“后批评主义”讨论在西方“出现”的时候，当时贝尔德发表的“批评性”文章总结了这场讨论（而中国的回应随即在2005年和2006年出现）。这个运行还可以进一步延伸到2008年以及后西方建筑师在中国设计的大型地标建筑陆续完成的时候。严格来讲，一个对称的瞬间，或者说其在历史上最早的出现，实际上最清楚地发生在1996~2002年之间。

促使这种对称交流的原因，是当两个世界互相开放时，或当互相开放到某种程度使互相交流成为可能时(发生在1990年代后期)，两者之间的强烈差异。两者间鲜明的反差对比、造成两者间自然的能量交换，使一边过剩的能量自然地向另一边输送。当两者逐渐形成一个更大的混杂综合体时，而这正是每天都在发生的，这种交换会被新的传播方式替代。特别需要注意的是，尽管建筑的工具实用主义现在在亚洲达到了最大强度，它却也曾经在美国和欧洲出现过，主要在19世纪和20世纪初期资本主义工业化发展的高峰阶段。即使是现在，后批评主义思想在西方出现，也是由于这些国家新自由主义市场经济和信息技术革命的兴起(当然也发生在其他地区,包括亚洲和中国)。另一方面,批评性尽管在欧洲传统中,也在1960年代后的建筑学内，尤其是在后现代对工具现代性的批判中发展成熟，但其也同样可以在亚洲和中国现代历史中找到。即使在这一代建筑师内部，在张永和、马清运和崔愷，尤其是刘家琨和王澍那里，中国的知识资源也被灵活地运用，所以他们的批评性也不完全是西方的。更进一步，在由特定“中介”传送的影响的方向上，也有新的发展。如果库哈斯和中国建筑师曾经分别向西方和中国的听众讲话，促成来自另一世界的影响的话，那么今天他们已经转向了新的听众：库哈斯与中国听众共同关注北京，而马清运和张永和则到美国任教，开启了有“中国”影响的新的教学日程。[21]用一句话来说，我所描述的原初的对称，是两个世界互通交流中一个具体历史瞬间的一个趋势。

在今天动态的历史演进中，新的趋势正在出现，并一定会混乱和替代这种对称。其中一个新的趋势是对中国本土智慧和文化传统越来越多的关注，以及运用悠久的历史资源来构建具有批评理性的建筑。这就产生了一个新的值得研究的问题：在这场已经跨过太平洋来到亚洲和中国的、关于批评和后批评的持续讨论中，是否有非西方的智慧资源可以运用，并被纳入探索新批评理论的计划之中？在中国和关于中国的讨论中是否已有这样的线索或征兆，可以得到发展，以助批评理论的重新构造？

2. 不同的批评伦理

根据沃勒斯坦的论述，资本主义世界体系中有核心国家，其成员和地理位置在历史上是移动变化的。据沃勒斯坦所说，这个体系尽管从1450~1500年间已经发展起来，并具有重复的周期和移动的规律，但由于地球的生态极限，它可能将不再延续并将在今天的环境中发生结构性改变。[22] 如果我们接受这个理论，很多问题就可以被提出来。如果中国正在向一个核心国家的状态靠近，那么它与传统核心国家比如美国之间将呈现一种什么关系？中国是否会给世界体系带来重大改变？如果这个体系将发生重大转变，这种改变将往什么方向发展，中国对这个转变可能产生什么影响？

哈维（David Harvey）注意到，中国的国家政权，伴随它对社会公正的一个长期的共产主义的原则，已经展示其决心，要驾驭而不屈从中国内部的资本集团和来自海外的以美国为主的世界市场的商贸和金融的挑战。[23]

诺兰（Peter Nolan）也发现，中国发展趋势中的“第三条道路”（既不是资产阶级——资本主义的，也不是无产阶级——共产主义的），它或许可以解决社会问题和生态危机，保持稳定的发展和相对的公平，同时又可抵抗全盘自由的市场经济和美国鼓动的来自世界的挑战。[24] 诺兰指出，中国为了生存和发展所必须采取的种种制度措施，如果成功，可能在更大范围内为亚当·斯密（Adam Smith）早已认识到的资本主义自身内在矛盾提供一个出路。中国可以提供的，不仅是一些新的制度规则，而是一个传统文化发展起来的整体的伦理哲学思想。根据诺兰所说，中国有一个社会、伦理和综合的“第三条道路”的悠久传统。这个传统包括一个无处不在的、但非意识形态的国家，一种能促进又能控制市场的方法，和一种关于责任、关系和互为依存的伦理哲学，使国家在一个有机复合的社会体系中管理市场。

池田 (Satoshi Ikeda) 对中国传统、中国目前“市场社会主义”的表现以及美国引领的新自由主义主导的世界体系进行观察，也提出了与诺兰相似的观点。[25] 池田认为，以中国传统和目前的情况看，中国国家政体既不是资产阶级的也不是无产阶级的；它不屈从于资本，却能吸引全球资本，保持经济增长。这样，中国或许可以走出其他亚洲小国的命运，在美国主导的市场经济之外，或者至少在不屈就于此体系的情况下，获得核心国家的地位。由此可能会出现一个中国引领的后资本主义的世界体系；它不以自由的、市场的资产阶级意识形态、新自由主义思想以及对财富资本无穷积累为最高价值观；它以平衡发展、社会和生态的不同要求，采用一种中性的、普遍的国家体制；它为世界政治经济秩序中处于边缘的、

“第三世界”的人群努力获取更好的“成交条件”或地位处境。[26]

这里的关键是一个普遍的、非意识形态的国家，存在于以社会和生态伦理为基础的一个有机的关系网络编织的中国传统之中，它外在于西方近代发展出的社会学理论的各种范畴。如果国家、市场和社会以近现代西方不曾有过的方式互相联系，那么其他所有西方理论概念，包括“批评”的各种范畴，如“抵抗”、“超越”、“自主”、“先锋”等，也就无法在中国使用，如果没有重要的修改调整的话。今天我们可以看到一个普遍的、非意识形态的国家的浮现，它既非古典的资本主义也非古典的共产主义。后毛泽东时代中国实行的几乎所有政策，实际上都在这看来似乎矛盾的两极之间寻找一条新的途径。如果国家普遍存在并有机地根植于社会中，如果市场经济在国家之下也是有机地渗入社会中，而如果文化和批评的实践也同样深入于社会之中，那么批评建筑的整个构架也必须是关联的、有机的、渗入的，而非对抗或对立的。当代中国政治制度当然会进一步演化，以引进更多的市场民主、政治参与和有效司法，然而中国传统中的关联伦理，已经在后毛泽东时代，在西方各种概念和二元对立中间，打开了一条出路，它很可能将继续发挥作用，由此导向一个新的社会体系。在这样的环境下，批评性必需是一个关联的实践。

这种关联伦理发展的迹象，可以在建筑界的某些事物中找到。库哈斯设计的北京中央电视台 CCTV 总部大楼，是一个有趣的例子。这可以从三个方面来看。(1) 关于国家和电视台节目多重和“矛盾的”功能在此出现。项目的客户——中央电视台和背后的国家政府，为社会扮演了多重的、广泛的、普遍的角色，而社会也以同样方式接受这些角色。电视节目代表了国家的声音，又代表了一个国内的大众文化和大众社会，又为世界提供了一个民族国家的形象。另外，它提供了解中国和世界的信息窗口，但同时它又为大众提供道德说教和文化引导。(2) 关于建筑：它扮演了多重的角色。大楼独特的标志性形象，表现了一个国家的兴起，它的集体雄心和一个新政府领导的自信。它在全球资本市场和视觉媒体中提升了城市和国家的形象，同时在内部它又包含着并服务于一个社会主义的、集体主义的工作单位。(3) 关于该设计出现的历史环境：这里的情况也是复合的。它是为政治和实用目的服务的地标建筑，但同时它允许并支持了一个反叛的、颠覆的建筑理念的实现。在这个激进设计建成时，它又象征了一个民族和它今天急速的转变。这种状态混淆了古典范畴的划分，混淆作为颠覆、否定和不介入的批评和作为服务社会或社会功能的保守。在这“批评的服务”中，一个激进的形态支持了又依托于一个社会和政治的权力机构。它发生在一个独特的历史阶段，其权力机构正极力推动物质的发展和社会的转变。

在中国这一代建筑师（张永和、马清运、刘家琨、王澍和崔愷）中，建筑中的批评态度历来都包含了来自本土的要素。刘家琨和王澍是这方面的代表。王澍近期的理论工作，“用手思考”和“在现代中国城市坍塌中重建生活世界”，采用了更多来自于过去中国知识传统和城乡空间环境的本土思想。[27] 这些对中国思想的逐步加深的引用，或许会在批评思考中加入整体的和有机关联的思想。

关于批评实践的模式，另外三个方面必须被注意。第一，这些建筑师长期在中国本土方式下工作，其中批评的社会立场是不可能完全自主和对抗的。我在前文中所提到自主性是一种相对的和关联的自主性。他们比过去获得了相对的、更多的自主性，而今天所获得的自主性仍然是渗入的和关联的。一个西方传统中完全对立和否定的批评性，无法在这个以历史传统为基础的、有机的社会场域中运用实施。第二，在马清运和张永和的文章中，都可以发现其与西方脱离和反对商业实践的批评态度保持的距离，两位在不同场合下都提及美国“理论”和“实践” 之间的脱离——一种中国建筑师不能也不应该效仿的做法。[28] 他们认为，建筑师应该从事的，是渗入到现实世界中的批评实践。刘家琨也将其工作策略理论化，认为应当在设计的最前期参与和客户的策划，以保护对形式和公共空间的内在独立性的设计。王澍和崔愷的作品也展示了其为了新的和批评的思想而与客户进行的积极对话。第三，张永和在 2004 年还特别将这种认识定义为“第三种态度”，一种不切断研究与实践、批评与参与的态度，一种整合两者的“批评参与”的态度。

如果我们仔细观察西方社会学理论和建筑学论述中相关范畴的概念化过程，我们确实可以发现它在概念之间也在立场之间的以“对抗”为基础的思维模式（而这又与二元对立的亚里士多德的哲学传统相关）。[29] 举例来说，在哈贝马斯（Jürgen Habermas）的理论中，“市民社会” 是在与“国家权威”和“市场资本主义”（或“资本”）干净而明确的对立冲突下界定的。[30] 对他来说，为了保护重建一个社会群体的生活世界和民主的市民社会，我们需要建立一座“大坝”来阻挡国家和资本、即理性官僚制度和市场资本主义的泛滥或者入侵。然而为了真正推动和保护市民社会（而这就不可避免需要使用某种资本和权威），我们就不得不“侵蚀”这个理论，因为它不容纳这种妥协，不允许一个有机的、关联的视野的出现。在另一个例子中，埃森曼（Peter Eisenman）关于批评和超越的论述，也是清晰、对抗、不妥协的：“批评的态度，因其对知识可能性的追求，永远反对任何与现实状况的妥协宽容（…the critical as it concerns the possibility of knowledge was always against any accommodation with the status quo）”。[31] 同样，这个理论本身不允许一个关联的视野的出现，尽管在实施建造一个“批评”建筑时，在与权威、资源和资本不可避免的联合中，一个“妥协”和“腐败”总在发生着。如果把这个不批评的瞬间纳入到一个新的批评理论中，那么我们就必须寻找一个新的理论构架。就此，一个非西方的哲学传统或许可以提供有意义的视野。依据有关研究，例如按照杜维明的论述，中国和东亚正在为现代性和资本主义发展提供另外的途径，其中携带着有机的、关联的伦理观念，并以传统伦理体系如儒家思想为基础。[32]而这又与中国普遍的哲学思想相联系，表现在阴阳两极的关系上，它们互相联系、转化，而非互相排斥、对立。[33]按照近来的有关探讨，这种认识在中国的政治结果就是一个关联的市民社会的存在，位于国家政府和民间乡土之间，它因此脱离于二元对立的哈贝马斯的“公共领域”的概念。[34]在这个传统中，国家、社会和市场，以正式和非正式的方式，在一个社会关系的网络中长久运行。更重要的是，这个网络的、关联的运行实践，早已被理论化，并且在文化和伦理价值观念上深深内化在一个悠久的传统中。在这样的传统中，一个普遍的、公益的、伦理的但在政治上非意识形态的国家政府，统筹兼顾市场和社会；在此一个改造的能量，一个“批评”的实践，在与他者和他者资源和力量的合作联系中展开。

基于以上所有思考，我们可以推测在不久的未来，将会出现源自中国的两项可能的贡献。随着对外影响力的增加，中国可能会在上述的对称关系上输出一种大容量的、有实用功效的工具主义建筑（思想），它的作用是淡化或解开源于西方世界核心国家的“批评建筑”的纯净、严谨和限制。这种实用的、大量的“垃圾”建筑，或许对世界边缘的国家和人群，甚至对其他地区的中产阶级和“劳动人民”，都更有效用。另外一个可能的贡献，是引入“关联”的视野，改造批评的理论构架和实践方法；这样，我们的任务就不是反对他者的、对抗和否定的批评，而是联系他者的、参与的、转化的批评，而他者则包括了权力、资本和自然资源的各种机构或主体；而这种关联的批评理论又以一个伦理的、有机的世界为基本的假设或构想。

注释：

① 这一章是从之前的一些文章发展而来：朱剑飞，‘Criticality in between China and the West’，The Journal of Architecture, vol. 10, no. 5, 2005, 479-98, 以及 ‘China as a global site: in a critical geography of design’，收于 Jane Rendell, Jonathan Hill, Murray Fraser and Mark Dorrian (eds) Critical Architecture, London and New York: Routledge, 2007, pp. 301-8. ‘Criticality in between’一文包含了一篇文章的前半部分，此文后半部分包括主张中国方式的批评性的观点，但未曾发表。这个观点在本章结尾处提出，全章的文稿最早在 2007 年 11 月 24 日维也纳建筑中心举办的第 15 届建筑师大会的“中国制造”论坛上发表.

② Immanuel Wallerstein, ‘The three instances of hegemony in the history of the capitalist world-economy’ in Immanuel Wallerstein, The Essential Wallerstein, New York: the New Press, 2000, pp. 253-63; 以及 ‘The rise of East Asia, 或 the world-system in the Twenty-First century’, in Immanuel Wallerstein, The End of the World as We Know It: social science for the twenty-first century, Minneapolis: University of Minnesota Press, 1999, pp. 34-48.

③ 1980 年代的这个贡献在 1990 年代直到今天仍然在继续。英雄主义的晚现代主义仍然在更年轻的建筑师如徐卫国和胡越的设计中采用。新乡土或者现代乡土建筑，从另一方面来说，正在 1990 年代最近的例子中逐渐被完善，例如沈三陵的天主教神哲学院，北京，1999，以及李承德的中国美术学院教学主楼，杭州，2003。尽管其延续到更年轻一代的建筑师，并进入 1990 年代而且现在形式技巧在上述例子中得以完善，它仍然是 1980 年代的贡献，而非 1990 年代新的历史突破。

④ 这里我用了被 David Harvey 修改为“集体象征资本”和“标志差异”的 Pierre Bourdieu 的概念 . 见 David Harvey, Spaces of Capital: towards a critical geography, Edinburgh: Edinburgh University Press, 2001, pp. 404-6 in 394-411.

⑤ Rem Koolhaas, ‘What ever happened to urbanism?’, in O. M. A., Rem Koolhaas and Bruce Mau, S, M, L, XL, New York: The Monacelli Press, 1995, pp. 958-71.

⑥ Rem Koolhaas, ‘Bigness, or the problem of large’, in O. M. A., Koolhaas and Mau, S, M, L, XL, pp. 494-517.

⑦ Rem Koolhaas, ‘Singapore songlines: thirty years of tabula rasa’, in O. M. A, Koolhaas and Mau, S, M, L, XL, pp. 1008-89.

⑧ Rem Koolhaas, ‘The generic city’, in O. M. A, Koolhaas and Mau, S, M, L, XL, pp. 1238-64.

⑨ Rem Koolhaas, ‘Pearl River Delta’, in Rem Koolhaas, Stefano Boeri, Sanford Kwinter, Nadia Tazi and Hans Ulrich Obrist, Mutations, Barcelona: ACTAR, 2000, pp. pp. 280-337, especially p. 309.

⑩ Koolhaas, ‘Pearl River Delta’, p. 309.

⑪ Rem Kollhaas, ‘Introduction’, in Chuihua Judy Chung, Jeffrey Inaba, Rem Koolhaas, Sze Tsung Leong (eds) Great Leap Forward, Kln: Taschen, 2001, pp. 27-8.

⑫ Koolhaas, ‘Introduction’, p. 28.

⑬ 见 : Robert Somol and Sarah Whiting, ‘Notes around the Doppler effect and other moods of modernism’, Perspecta 33: Mining Autonomy, 2002, 72-7; Michael Speaks, ‘Design intelligence and the new economy’, Architectural Record, January 2002, 72-6; 和 ‘Design intelligence: part 1, introduction’, A+U, 12, no. 387, 2002, 10-8; 以及 George Baird, ‘“Criticality” and its discontents’, Harvard Design Magazine, 21, Fall 2004/ Winter 2005. Online. Available HTTP: <http://www.gsd.harvard.edu/hdm> (accessed 5 November 2004).

⑭ 我在‘Criticality’一文中已经谈及这个话题 , 479 和 484 页 .

⑮ 2002 年完成时“长城脚下公社”(北京) 邀请的建筑师包括 : 张智强 (中国香港), 板茂 (日本), 崔恺 (中国), 简学义 (中国 - 台湾), 安东 (中国), 堪尼卡 (泰国), 张永和 (中国), 古谷诚章 (日本), 陈家毅 (新加坡), 隈研吾 (日本), 严迅奇 (中国香港) 和承孝相 (韩国). 受邀参加正在设计和建造中的中国国际建筑艺术实践展 (南京) 的建筑师包括 : 斯蒂文 · 霍尔 (美国), 刘家琨 (中国), 矶崎新 (日本), 埃塔 · 索特萨斯 (意大利), 周恺 (中国), 马清运 (中国), 妹岛和世 + 西泽立卫 (日本), 张雷 (中国), 马休斯 · 克劳兹 (智利), 海福耶 · 尼瑞克 (克罗地亚), 戴维 · 艾德加耶 (英国), 路易斯 · 曼西拉 (西班牙), 肖恩 · 葛德赛 (澳大利亚), 欧蒂娜 · 戴克 (法国), 刘珩 (中国香港), 姚仁喜 (中国 - 台湾), 盖伯 · 巴赫曼 (匈牙利), 汤桦 (中国), 王澍 (中国), 艾未未 (中国), 张永和 (中国), 崔恺 (中国), 阿尔伯特 · 卡拉奇 (墨西哥), 以及马丁 · 萨那克塞那豪 (芬兰).

⑯ 张永和 , ‘平常建筑’, 建筑师 , 84, 10 月 1998, 27-37, 尤其是 28-9 和 34 页 .

⑰ 张永和 , ‘向工业建筑学习’, 张永和 (编), 平常建筑 , 北京 : 中国建筑工业出版社 , 2002, pp. 26-32.

⑱ 张永和 , ‘第三种态度’, 建筑师 , 108, 4 月 2004, 24-6.

⑲ 张永和和周榕，‘对话：下一个十年’，建筑师，108, 4 月 2004, 56-8.

⑳ 朱剑飞，‘Criticality’，479-98. 这篇文章在这里再版为 Chapter 6.1

㉑ Rem Koolhaas, ‘Found in translation’ 和 ‘转化中的感悟’（王雅美翻译）, Volume 8: 无所不在的中国，2006, pp. 120-6 和 157-9. 也可见张永和，史建，冯恪如，‘访谈：张永和’，Domus 中国，001, 7 月 2006, 116-9 和马清运，史建，冯恪如，‘访谈：马清运’，Domus 中国，008, 2 月 2007, 116-7.

㉒ Wallerstein, ‘The three instances’，p. 254 和 ‘The rise of East Asia’，p. 35, 48. 也见 Enrique Dussel, ‘Beyond eurocentrism: the world-system as the limits of modernity’，in Fredric Jameson and Masao Miyoshi (eds) The Cultures of Globalization, Durham: Duke University Press, 1998, pp. 3-31, 尤其是 19-21 页 .

㉓ David Harvey, A Brief History of Neoliberalism, Oxford: Oxford University Press, 2005, pp. 120-151, 尤其是 pp. 120, 141-2, 150-1 页，分别观察了共产党长期坚持平均主义的承诺，中国从新自由主义中的脱离，以及政府政策对资产阶级的压制。然而 Harvey 的研究是全面的并且也确实指出了相反的趋势例如中国和美国在采用新自由和新保守主义政策方面的合作 .

㉔ Peter Nolan, China at the Crossroads, Cambridge: Polity Press, 2004, pp. 174-7.

㉕ Satoshi Ikeda, ‘U. S. hegemony and East Asia: an exploration of China' s challenge in the 21st century'，in Wilma A. Dunaway (ed.) Emerging Issues in the 21st Century World-System, Volume II: new theoretical directions for the 21st centure world-system, Westport: Praeger Publishers, 2003, pp. 162-79.

㉖ Ikeda, ‘U.S. hegemony and East Asia’，pp. 177-8.

㉗ 王澍在 2007 年 11 月 24 日维也纳建筑中心举办的第 15 建筑师大会的“中国制造”论坛上发表了这个观点 .

㉘ 见张永和，‘Yong Ho Chang (about education)’，in Michael Chadwick (ed.) Back to School: Architectural Education: the information and the argument (Architectural Design, vol. 74, no. 5, 2004), London: Wiley-Academy, 2004, pp. 87-90, 尤其是 p. 88; 和马清运，‘访谈’，2004. HTTP 网页发布有效：<http://www.abbs.com> (2004 年 10 月 15 日进入）. 也见张永和，‘第三种态度’，24-6.

㉙ 在 Francois Jullien 对中国和希腊 / 欧洲哲学的比较中，他论证了在战争和策略理论方面，中国人倾向于一种间接的和改造的方式，而欧洲人则视直接的对抗、最后一战、对敌人决定性打击为最重要。Jullien 的比较引导我们进入另外的领域例如文化和绘画，但是他最终的兴趣在于中国和希腊之间的哲学传统。这个关于亚里士多德和“阴阳”世界观中二元对立与二元关联的比较，见 Francois Jullien, The Propensity of Things: towards a history of efficacy in China, trans. Janet Lloyd, New York: Zone Books, 1995, pp. 249-58.

㉚ Jürgen Habermas, ‘Further reflections on the public sphere’，in Craig Calhoun (ed.) Habermas and the Public Sphere, Cambridge, Mass.: MIT Press, 1992, pp. 421-61.

㉛ Peter Eisenman, ‘Critical architecture in a geopolitical world’，in Cynthia C. Davidson and Ismail Serageldin (eds) Architecture beyond Architecture: creativity and social transformations in Islamic cultures, London: Academy Editions, 1995, pp. 79 and 78-81.

㉜ Tu Wei-ming, ‘Introduction’ and ‘Epilogue’，in Tu Wei-ming (ed.) Confucian Traditions in East Asian Modernity: moral education and economic culture in Japan and the four mini-dragons, Cambridge, Mass.: Harvard University Press, 1996, pp. 1-10, 343-9.

㉝ Jullien, The Propensity, pp. 249-58.

㉞ 在西方普遍存在并特别在 Habermas 理论中出现的，关于“公共领域” 中所使用的二元论概念的困境，见 Philip C. C. Huang, ‘“Public Sphere” / “Civil Society” in China?: the third realm between state and society’，Modern China, vol. 19, no. 21, April 1993, 216-40, and Timothy Brook and B. Michael Frolic (eds) Civil Society in China, New York: M. E. Sharpe, 1997, 尤其在 pp. 3-16 页 .

参考文献：

[1] BAIRD. G, ' "Criticality" and its discontents' , Harvard Design Magazine, [J].21, Fall 2004/Winter 2005. Online. Available HTTP: <http://www.gsd.harvard.edu/hdm> (accessed 5 November 2004).

[2] Brook, Timothy and B. Michael Frolic (eds) Civil Society in China, New York: M. E. Sharpe, [M].1997, especially, pp. 3-16.

[3] Chang, Yung Ho, 'Yong Ho Chang (about education)' , in Michael Chadwick (ed.) Back to School: Architectural Education: the information and the argument (Architectural Design,[J]. vol. 74, no. 5, 2004), London: Wiley-Academy, 2004, pp. 87-90.

[4] Dussel, Enrique, 'Beyond eurocentrism: the world-system as the limits of modernity' , in Fredric Jameson and Masao Miyoshi (eds) The Cultures of Globalization, Durham: Duke University Press, 1998, pp. 3-31.

[5] Eisenman, Peter, 'Critical architecture in a geopolitical world' , in Cynthia C. Davidson and Ismail Serageldin (eds) Architecture beyond Architecture: creativity and social transformations in Islamic cultures, London: Academy Editions, 1995, pp. 79 and 78-81.

[6] Habermas, Jürgen, 'Further reflections on the public sphere' , in Craig Calhoun (ed.) Habermas and the Public Sphere, Cambridge, Mass.: MIT Press, 1992, pp. 421-61.

[7] Harvey, David, A Brief History of Neoliberalism, Oxford: Oxford University Press, 2005, pp. 120-151.

[8] Harvey, David, Spaces of Capital: Towards a Critical Geography, Edinburgh: Edinburgh University Press, 2001.

[9] Huang, Philip C. C., ' "Public Sphere" / "Civil Society" in China?: the third realm between state and society' , Modern China, vol. 19, no. 21, April 1993, 216-40.

[10] Ikeda, Satoshi, 'U. S. hegemony and East Asia: an exploration of China' s challenge in the 21st century' , in Wilma A. Dunaway (ed.) Emerging Issues in the 21st Century World-System, Volume II: new theoretical directions for the 21st centure world-system, Westport: Praeger Publishers, 2003, pp. 162-79.

[11] Jullien, Francois, The Propensity of Things: towards a history of efficacy in China, trans. Janet Lloyd, New York: Zone Books, 1995, pp. 249-58.

[12] Koolhaas, Rem, 'Bigness, or the problem of large' , in Rem Koolhaas and Bruce Mau, S, M, L, XL, New York: Monaceli Press, 1995, pp. 494-517.

[13] Koolhaas, Rem, 'Found in translation' and 'Zhuanhua zhongde ganwu' (trans. Wang Yamei), in Volume 8: Ubiquitous China, 2006, pp. 120-6 and 157-9

[14] Koolhaas, Rem, 'The generic city' , in Rem Koolhaas and Bruce Mau, S, M, L, XL, New York: Monaceli Press, 1995, pp. 1238-64.

[15] Koolhaas, Rem, 'Introduction' , in Chuihua Judy Chung, Jeffrey Inaba, Rem Koolhaas, Sze Tsung Leong (des), Great Leap Forward, Cologne: Taschen, 2001, pp. 27-28.

[16] Koolhaas, Rem, 'Pearl River Delta (Harvard Project on the City)' , in Rem Koolhaas, Stefano Boeri, Sanford Kwinter, Nadia Tazi and Hans Ulrich Obrist, Mutations, Barcelona: ACTAR, 2000, pp. 280-337.

[17] Koolhaas, Rem, 'Singapore songlines: thirty years of tabula rasa' , in Rem Koolhaas and Bruce Mau, S, M, L, XL, New York: Monaceli Press, 1995, pp. 1008-89.

[18] Koolhaas, Rem, 'What ever happened to urbanism?' , in Rem Koolhaas and Bruce Mau, S, M, L, XL, New York: Monaceli Press, 1995, pp. 958-71.

[19] Ma Qingyun, 'Interview', 2004. Online posting available at HTTP: <http://www.abbs.com> (accessed 15th October, 2004).

[20] Nolan, Peter, China at the Crossroads, Cambridge: Polity Press, 2004, pp. 174-7.

[21] Somol, Robert and Sarah Whiting, 'Notes around the Doppler effect and other moods of modernism', Perspecta 33: Mining Autonomy, 2002, 72-7.

[22] Speaks, Michael, 'Design intelligence and the new economy', Architectural Record, January 2002, 72-6.

[23] Speaks, Michael, 'Design intelligence: part 1, introduction', A+U, 12, no. 387, 2002, 10-8.

[24] Tu Wei-ming, 'Introduction' and 'Epilogue', in Tu Wei-ming (ed.) Confucian Traditions in East Asian

[25] Modernity: moral education and economic culture in Japan and the four mini-dragons, Cambridge, Mass.: Harvard University Press, 1996, pp. 1-10, 343-9.

[26] Wallerstein, Immanuel, The Essential Wallerstein, New York: New Press, 2000.

[27] Wallerstein, Immanuel, 'The rise of East Asia, or the world-system in the twenty-first century', in Immanuel Wallerstein, The End of the World as We Know It: Social Science for the Twenty-First Century, Minneapolis: University of Minnesota Press, 1999, pp. 34-48.

[28] Wallerstein, Immanuel, 'The three instances', p. 254 and 'The rise of East Asia', p. 35, 48.

[29] Zhu, Jianfei, 'China as a global site: in a critical geography of design', in Jane Rendell, Jonathan Hill, Burray Fraser and Mark Dorrian (eds), Critical Architecture, London: Routledge, 2007, pp. 301-8.

[30] Zhu, Jianfei, 'Criticality in between China and the West', Journal of Architecture, 10, no. 5 (November 2005), 479-98.

[31] 马清运，史建，冯恪如．访谈：马清运 [J], Domus 中国，008, 2, 2007: 116-7.

[32] 张永和，第三种态度 [J]，建筑师，108, 4 月 2004: 24-6.

[33] 张永和，平常建筑 [J]，建筑师 84, 10,1998: 27-37.

[34] 张永和，向工业建筑学习，张永和（编）, 平常建筑 [M], 北京：中国建筑工业出版社，2002: 26-32.

[35] 张永和，史建，冯恪如．访谈：张永和 [J], Domus 中国，001, 7, 2006: 116-9.

[36] 张永和，周榕．对话：下一个十年 [J], 建筑师，108, 4, 2004: 56-8.

作者简介： 朱剑飞，澳大利亚墨尔本大学建筑与规划学院副教授、博士生导师

原载于： *Jianfei Zhu, Architecture of Modern China* [M], London: Routledge, 2009：169-198，中文由李峰（墨尔本大学建筑学硕士研究生）译出

当代建筑及其趋向
——近十年中国建筑的一种描述

史建

1. 实验性建筑的终结与当代建筑的起始

中国的实验性建筑肇始于1980年代中期，但整个1980年代和1990年代中期以前，是实验建筑的准备期，是建筑思想界基于国际流行思潮和文化使命感，对“新建筑”的呼唤与探索。

“1993年，张永和与夫人鲁力佳创办了非常建筑工作室……工作重心由纯概念转移到概念与建造的关系上，并开始了对材料和构造以及结构和节点的实验。同时，在他们的工作中，创作与研究是重叠的，旨在突破理论与实践之间人为的界限[①]”。由此，实验建筑脱离了思想文化界的文化与形式革命的冲动，在主流与商业设计的夹缝中，开始了艰难的概念、设计与机制的实验。1996年，他们的北京席殊书屋是中国实验建筑中最早建成的作品。

2003年12月日下午，在北京水晶石“六箱建筑”举行了“‘非常建筑’非常十年”的回顾展和研讨会。不大的会议室挤满了人，新一代青年建筑师群星荟萃，他们大都没有被归为“实验建筑师”，但同样关注“当代性”、“立场”和“批判性参与”等问题，艺术家/建筑师艾未未表现得尤其决绝。这实际上不仅是非常建筑十年，也是中国实验建筑“十年”实绩的展示、辨析和总结的契机，但只有《建筑师》破例刊出了纪念专辑，主流媒体反应平淡，笼罩在张永和及实验建筑身上的“前卫”光环悄然褪去。

此后，随着张永和、王澍、马清运等人在国内外高校担任要职和承担大型设计项目，新一代青年建筑师群体的崛起以及国家设计院模式的转型，实验性建筑的语境发生了彻底转换——它所要对抗的秩序“消失”了，开始全面介入主流社会，它所面对的是更为复杂的世界。所以，我把 2003 年 12 月 14 日看作实验建筑的终结和当代建筑的起始。

此时，中国意义上的现代主义前卫设计实验很快遭遇到经济起步和超速城市化的现实：国家主义设计模式崩解，建筑样式的表达成为社会的超量需求，快速设计成为普遍现实和生存前提。由此，实验建筑面对的问题被瞬间置换，实验性建筑师曾经标榜的前卫姿态亦被迫转换为文化上的退守。既有的“实验建筑”概念以及汇集的建筑师和作品，需要进行深入的学术清理；以“实验建筑”为话语的建筑活动和批评到目前依然具有强大的影响力，但是当其面对现实问题，又具有较大的局限性，即它难以将更为广泛的建筑实践和实验纳入进来；近十年中国城市/建筑的超速发展及面对的挑战，已经远远超过当年“实验建筑时代”或“实验建筑”所针对的问题，且成就庞杂、头绪纷呈，急需系统地梳理和分析、批评。

2. 当代建筑的内涵

如果说当年“实验建筑”的称谓是比“先锋建筑”更宽泛的概念，那么现今“当代建筑”所指的则更为宽泛，它特指具有“当代性”或“批判地参与”的探索群体。但是，与其说它与当代景观设计有某种对接，不如说与当代艺术有着更为“天然”的联系和共同点，它们已经是媒体时代的主流建筑/艺术，既保持着对现实锐利的审视，也是当下空间/视觉的最有力的表达者。

2.1 “当代”与“当代性”

时下，“当代”是个被屡屡提及的概念，尤其是与其相关的艺术家、作品和展览，已经形成自成体系的、完整的话语/生产/资本“生物链”。显然，“当代艺术”语境中的“当代”不是时间、当下或者“新”意义上的概念，它不同于中国语境的“当代文学”——是否具有“当代性”(contemporaneity)，才是考量“当代艺术”的基点。

2009年，在上海当代艺术博览会以“发现当代艺术”为主题的系列讲座上，德国艺术理论家鲍里斯·格罗伊斯(Boris Groys)基于对现代主义和现代性的反思，对“当代”、“当代性”和“当代艺术”进行了系统、透彻的分析。

他首先认为，“当代艺术”不仅仅是时间的概念，而且是对“当代性”的反映：“当代艺术只有反映出自身的当代性才名副其实，仅凭其现时制作与展示的特征则不能”，“在这里，以时间为基础的艺术再次把时间的稀缺变成了剩余——并显示出自己是一个合作者，是时间的同志，是真正具有当代性的”。

接着，他指出当代艺术是对现代性的质疑与重估，“我们的时代是这样一个时代：我们于其中重新考量——不是抛弃，而是分析和重新思考现代的规划”，“‘当代性’其实是由疑惑、犹豫、不确定、优柔寡断和一种对于长时间反思的需要构成的。我们想拖延我们的决策和行动，以便拥有更多的时间来做分析、反思和考量。这正是当代的——一种延长的，乃至无穷的延误”。

他进而指出，“当代”已经脱离“当下”和“在场”旧有的或现代性的语境，“当下已经不再是一个过去通往未来的转折点。它反倒成了对于过去与未来的永久性重写，对于历史的永久重写的场域——成为超越个人所能把握或控制的、历史叙事的惯常性扩散的场域”。“成为‘当代’的不仅仅意味着在场，在此时此地——它的意思是，‘同时间一道’而非‘在时间之内’，此时，艺术开始记录一种重复的、不定的，或许甚至是无限的‘当下’——一种已然存在且可能被延长到无尽的未来的‘现在’”。②

2.2 什么是“当代建筑”

本文提出的“当代建筑”概念，不仅仅基于当代艺术理论界对现代性的反思和对“当代”以及“当代性”等理论议题的既有探究，也是应对与阐释中国建筑近十年剧变的迫切需求。

首先，“当代建筑”并非对“实验建筑”的进一步泛化，而是还实验建筑以本来面目，并将更多具有相同特质的设计趋向予以归并，在全球化语境中予以审视。就像当代艺术之于主流艺术和传统艺术，当代建筑也并不仅仅是界定时间的概念，它首先指一种直面现实、应对现实的观念和态度。

其次，当代建筑无需对抗实验建筑时代无所不在的强大的“坚实”体制和国家主义设计模式，但是却被迫融入更为复杂的、与体制与市场机制混合的现实。当代建筑仍然具有批判性，这种批判性虽然更多的是作为生存策略的姿态或表演，但也有将实验建筑时代话语的批判性转化为建构的批判性的新的可能。

第三，由于超速城市化现实的催生，当代建筑已经割舍了实验建筑时代的“自闭式”空间实验的边缘化套路，转而在主流平台进行具有国际视野的设计语言演练。这种探索可能依然是有关空间的、本土语言的和城市的，也有可能是有关科技和环境的，或仅仅是“造型”/表皮的。在后实验建筑时代，具有不同立场、风格、观念的建筑师可以因不同的需要结成不同的利益群体（如著名的集群设计现象）。

本文相对较晚地提出“当代建筑”概念，并非欣喜于实验性建筑的终结和拥抱当代建筑的众声喧哗，而是忧虑于面对日益强势的意识形态/市场综 合体，当代建筑在学科建设、空间实验和社会批评方面日益萎缩的现状。

3. 当代建筑的几种趋向

要像当年论述“实验建筑”那样，按照谱系罗列中国当代建筑师及其作品，或者按照几种类型划分，都是不现实的。这首先是因为建筑师群体的壮大，不断有新的年轻建筑师/事务所加盟；同时，由于市场压力、立场的弹性和策略的多变，使许多建筑师的设计品质处于不稳定状态，其作品或者分属当代建筑的不同趋向，或者只有部分作品具有“当代性”这或许也是现实变化剧烈的一种表征。以下的五个层面/趋向的分析，只是试图从多角度全面概括这一群体现状的初步努力。

3.1 本土语境的建筑

这一趋向顺延着实验建筑十多年的实践，砖、瓦、竹子、夯土、合院、园林这些农业时代文明元素的混搭、挪用与化用，曾经是实验性建筑师对抗主流和商业设计，寻求本土身份国际认同的基本手法（如张永和的“竹化城市”二分宅、王澍的“夯筑间”），也因此广受质疑。

在后实验（即“当代”建筑时代），这一趋向并没有“收敛”，反而得以在更大规模的公共建筑项目中广泛实施。不仅如此，都市实践、张雷等留学海外的建筑师学成归国，加入到实验性建筑崩解后的众声喧哗，而对本土资源和现实的关注是他们与王澍、刘家琨等人的共同特征，只是对他们而言，这种“本土性”与“中国性”无关，他们的设计有着更为多元的国际视野。

2008 年 2 月 26 日，由 Wei Wei Shannon 和我策划的 “Building China: Five Projects, Five Stories” 在纽约建筑中心展出，与国内动辄中等规模以上的群展不同，这只是汇集五个中国建筑师的五个作品（刘家琨：文革之钟博物馆；王澍：中国美术学院象山校区；崔愷：德胜尚城；都市实践：大芬美术馆；张雷：高淳诗人住宅）的小展览，展览的中文名称为“因地制宜：中国本土建筑展”。

在展览的论坛上，我还列举了艾未未（艺术文件仓库、草场地村 105 号院）、马清运（井宇）、董豫赣（清水会馆）等人相近的设计作品，强调这绝不仅仅是个别建筑师的“自娱自乐”，它正在成为值得重视的设计潮流。这里“中国性”和“低技策略”虽然是重要原因，但我们不要被这些作品表面的退守姿态所迷惑。由于本土历史文化资源丰厚和现实剧变足够异类，以退为进的本土性建筑近年来正埋头于营造，就像王澍在中国美院象山校区的大规模实验所做的，“因地制宜”绝不是一种退避和守成的姿态，它充满着东方的智慧，隐含着再造东方建筑学的宏愿，也着意于建构园林城市 / 建筑的范本。

此外，童明的董氏义庄茶室、苏泉苑茶室，马清运的上海青浦曲水园边园，标准营造的阳朔店面，李晓东的丽江玉湖完小，袁烽的青城山八大山房等，虽然深处传统肌理环境，但进行了用现代设计语言重新阐释历史元素的探索。张永和的诺华上海园区对中国传统园林、建筑和公共空间进行尺寸和容量的研究，以求形成整体上院落布局的城市空间（由公共院子和公共廊系统构成的互相交流）。朱锫和王晖的设计虽然是“未来与媒体语境的建筑”趋向的代表，但前者的蔡国强四合院改造和后者的西藏阿里苹果小学，则显示出对都市文脉、传统民居和在地文化的深刻理解以及更为新异的表达。

当代建筑以更为国际化或策略化的态度对待本土性。这里所说的“本土性”已不再专指重新面对本土文化资源，更特指其直面剧变现实的积极应变姿态，即所谓“因地制宜”。这既不是类西方的中国建筑，也不同于刻意不同的中国建筑，而是正视中国问题的、“真实”的中国建筑。毫无疑问，本土语境的建筑是构成中国当代建筑最具国际影响力的趋向。

3.2 都市语境的建筑

在一本“内部发行”的名为《都市主义的中国政策》的小册子中，马清运谈到“政策”在剧变都市语境中的重要作用：“剧烈的社会变革常常与剧烈的都市化同步。在资本主义社会中，社会改革是在城市中萌发并由城市问题所驱使。但在中国，革命创造了城市，但革命创造城市是通过政策完成的”。进而归纳出十种政策。[③]

正是出于对中国超速城市化及其运作政策的透彻理解，马清运及其马达思班在宁波等城市的超大规模营造探索（如宁波天一广场、上海百联桥梓湾商城等），成为后实验建筑时代里中国当代建筑的孤例，已经远远跨越了建筑设计、景观设计和城市规划的界限，直接介入超速城市化的市场与政策运作的“内核”中去了。

相对而言，在深圳和北京的以“都市实践”为事务所名称的刘晓都、王辉和孟岩，更多立足于建筑学本体，将都市语境作为建筑设计的出发点，这也是实验建筑时代里张永和的策略。“从一开始把事务所的定位锁定在‘城市’这一主题词上时，都市实践就已明确感到亚洲当今的城市状态孕育着新的知识，而对这种知识的了解，必须经历亲身的实践与观察。”都市实践明确了这种批判性实践的三个内涵：第一，创造都市性而不是泛滥都市化；第二，知性事件而不是惯性实践；第三，做城市装置而不是做城市装置艺术。[④]他们的作品如深圳罗湖区公共艺术广场、大芬美术馆、土楼公舍等，立足于深圳剧变的城市语境，以纯熟的设计语言和精到的营造品质，成为都市区域中的积极因素。

值得关注的，还有徐甜甜及其 DnA 工作室在宋庄的美术馆、小堡驿站艺术中心和艺术家工作室兼集合住宅等项目，面对宋庄艺术家聚居区超速城乡接合部化的现实，以强烈、有力的前卫设计语言和低技策略相回应；张永和及其非常建筑设计研究所从空间实验性向技术实验性（上海世博会企业联合馆）和介入大型项目（深圳四个高层建筑加一个总体城市设计概念性方案）的转型，批判性的介入往往更多体现在先期对都市语境的深入研究、提炼和化用上；朱涛的文锦渡客运站以巨大、拥塞、夸张的体量和设计语言，对抗周边的普通都市语境，是批判性建构性地介入、激活区域的大胆实验。

眼下，立足都市或区域研究的设计已经成为当代建筑师的基本策略，这尤其体现在设计在专业领域（如展览、期刊）的呈现中。都市语境的建筑实践，体现了建筑师对中国超速城市化这一现实问题的批判性的积极应对的趋向，但是相对于“本土语境的建筑”，这一趋向在深入研究超速城市化中新异的都市性以及用建筑重塑都市空间的力度方面，都有待推进。

3.3 场所语境的建筑

这一趋向较为复杂，特指恪守独立的现代设计语言和营造品质的建筑师的作品，这是近年来大量出现的个人化建筑事务所的主流趋向。作为首届“深圳城市/建筑双年展”的策展人，张永和曾以“好趣味”名之：“他们普遍重视建筑艺术语言，常常接受欧洲现代主义的审美体系；同时过于强调形式上的‘好趣味’的重要性，对其他的研究和探索也构成一种潜在的局限”，“他们通常有较强的品牌意识和媒体意识”。[⑤]

几乎在这同时，在《时代建筑》“中国年轻一代的建筑实践”专辑中，李翔宁以“权宜建筑”概念正面评价了年轻一代建筑师的策略，指出“他们更关注的是如何在中国现有的条件下，实现有品质、有趣味的建筑”，“他们不再执着于对中国空间和样式的追求”。[⑥]

例如，当中国的实验建筑在21世纪走向新的临界点，即转而向传统文化/空间资源寻找突破点的时候，最有可能在这一方面有所作为的王昀（曾师从日本著名建筑师原广司，做过长期的聚落考察与研究），却返身极简现代主义，在纯白色的几何空间里实验，这确实是一个有趣的现象。[⑦]

“这是一个瞬息万变的时代，我们必须了解这个世界每天的变化并迅速做出判断，但我们不必好高骛远，因为我们已经知道有些东西是一直不变的。我们相信对基本元素的关注会有助于我们的成长，那些关于光线、材料、细部、尺度、比例，那些空间的要素与氛围的营造等等。”[⑧]这是大舍建筑的设计理念，他们在设计中（东莞理工学院、青浦私营企业协会办公楼和夏雨幼儿园）寻求着“理性而有人情味的设计途径”[⑨]。

同样，像标准营造（雅鲁藏布江小码头）、张雷（混凝土缝之宅、高淳诗人住宅）、齐欣（松山湖管委会、江苏软件园、用友总部）、王昀（庐师山庄A+B住宅、百子湾幼儿园和中学、石景山财政局培训中心、祝晓峰（青松外苑、万科假日风景社区中心）、袁烽（九间堂“线性住宅”别墅、苔圣石工坊）、直向建筑（董功和徐千禾“与记忆相遇”——华润置地合肥东大街售楼中心）这样的建筑师，并不直接表达对现实的鲜明的批判态度和应变策略，而是在长期的设计实践中恪守个人的审美品位（往往是现代主义的纯净风格），专注于建造过程和营造品质，这在标榜快速建设和表演性设计的浮躁现实中同样是非常可贵的。

而且，标准营造对建筑界的流俗有着清醒的认识：“我们需要放下书本，不要重复书里的设计，拒绝浮躁，回归建筑本身”，希望给建筑一个干净的动机，用更平常的心态，认认真真地为普通的老百姓创造建筑[⑩]；张雷对实验与品质有着独到的理解：“我现在有时候，情愿让我的房子在所谓观念和实验性方面稍弱一点，但是要保证它建造的水准[⑪]”；齐欣也有着对场所语境的独特理解：“如何寻找潜在的物理环境以及物理环境以外的精神或文化环境，便成了建筑师在从事‘无中生有’工作中‘有的放矢’的关键环节[⑫]”；王昀的纯粹现代主义探索更是基于其深厚的聚落研究背景；曾参与过库哈斯的珠江三角洲考察的祝晓峰，则探索着从现实“融合”的形式语言：“就建筑而言，当代中国的建造体系已经完全西化，这就注定通过建筑来传承传统文化的时候，必定是‘融合’而非‘复原’。事既至此，态度更需积极，应当以充分开放的方式对待‘融合’，从构造、材料、空间到精神，无不可信手取材⑬”；袁烽认为，只有“自主性”的创造才有我们的未来：“既不是一意孤行对国内的现状不屑一顾，也不是对国外新理念持抵抗的态度，而是和他们保持一种自主的关系⑭”；直向建筑不再满足于对营造品质和本土文化的已有关注，而更多关注现实的“问题”：“‘建筑设计’需要直率地面对各种‘问题’，并以专业观点提出完整的方案，若仅仅只是设计师的主观表达或某种风格的追求，将无法真实地面对环境，并失去设计应有的社会价值。每一次设计过程都是一次从发现问题到解决问题的过程。”⑮

另外，国有设计院因为体制改革，也产生了一些类工作室式的设计模式（如中国建筑设计研究院的崔愷工作室和李兴钢工作室），使设计水准迅速提升，增加了这一趋势的规模。

场所语境的建筑是中国当代建筑的主流，是过于亢奋的城市现实的“镇静剂”，也是真正的实验 / 先锋建筑产生的土壤。

3.4 未来语境的建筑

以朱锫（深圳展示中心、中国当代美术馆、杭州西溪湿地艺术馆）、马岩松（梦露大厦、800m 塔）、王晖（左右间咖啡、今日美术馆艺术家工作室）和王振飞（天津滨海于家堡工程指挥中心、上海电子艺术节装置、上海“双倍无限展”展场设计）的部分作品为代表的未来建筑，搁置本土、都市和场所语境，畅想未来，以非线性国际流行设计语言和高度个人化象征 / 阐释手法，成为目前最具国际影响和最受媒体追捧的路向。

与朱锫和马岩松惯用的“国际式”非线性设计不同，王振飞具有个性化和实操性的参数化设计，令人耳目一新。“我并不想为参数化堆砌虚幻的泡沫，亦不准备给这个‘洪水猛兽’套上枷锁，我们只想对这一个以解决问题为出发点的设计手段做一个真实的还原，让其真正为设计服务”。⑯

王振飞的作品不仅有炫目的、基于变量几何法的建筑表皮设计（天津滨海于家堡工程指挥中心、上海电子艺术节装置），也有魔幻的、基于结构生成历程的三维曲面室内和景观设计（上海“双倍无限展”展场设计）。也就是说，他以自己对参数化设计的独特领悟，做出了迥异于国内流行模式的实验。

“别把建筑这事整得这么严肃，也别赋予太大的意义，我希望好玩地做建筑。”可以说，在中国当代建筑师中，王振飞代表的是全新的一代，他们不再自觉肩负社会与文化的重任，也不再沉迷于形式主义的梦幻表演，而是专注于形式技术实验本身。

未来与媒体语境的建筑并非对未来风格的“预测”和媒体的鼓噪，而是甲方的诱导与意志的折射，因此，前述不同趋向中的建筑师也会偶有即兴之作，如崔愷的北京数字出版信息中心、首都博物馆，都市实践的新世界纺织城中心商务区，齐欣的于家堡 Y-1-28 金融办公楼。

未来语境的建筑搁置了传统，但并非不敬或轻慢，而是“敬鬼神，事而远之”，并试图在实践中积极面对超速城市化现实，以国际化视野 / 经验激活普通的都市区域。在某种程度上，未来语境的建筑是大众 / 媒体文化时代的实验建筑，它因此具有强烈的表演和玩世欲望。未来语境的建筑是这个疯狂的表演性时代的宠儿，甲方的奇观化、地标化渴求成就了他们的梦想，材料 / 结构技术的革命性进步使他们的妄想成为现实。未来语境的建筑在这个设计时代具有强烈的跨界欲望，它与产品设计和环境平面设计间的界限已日渐模糊。

未来语境的建筑面临的问题是设计的独有性的危机，由于缺乏来自自身的“自然”的原创力，深思熟虑的设计理念以及对都市和场所语境的基本兴趣，致使貌似激情四溢的未来建筑难掩空泛、苍白的“内核”。

3.5 景观语境的建筑

这实际上是“城市语境中的建筑”趋向的延伸，是建筑师和景观设计师积极介入、整合都市空间的探索，是后实验建筑时代产生的新类型，也是当代建筑向景观设计领域的积极而富有成效的“渗透”。

艾未未的金华义乌江大坝景观、艾青文化园和他所策划的金华建筑艺术公园，均以强烈的实验性介入城市空间，纯净而有力的设计语言同时给当代建筑和景观设计以启示；都市实践的地王城市公园两期项目和笋岗片区中心广场，是以层次丰富的小广场设计激活普通街区的探索；王澍的中国美院象山校园景观环境设计，由于保持了原有农地、溪流和鱼塘的格局，使建筑设计理念得以延伸；刘家琨的时代玫瑰园公共交流空间以更为先锋的姿态，进行了现有居住社区模式的主动城市化 / 公共化实验；标准营造的疯狂小三角公园以看似随意、简单的地景切割，赋予这一平淡空间以公共艺术般的品质。

作为景观设计的中坚力量，俞孔坚的中山岐江公园、都江堰广场、永宁公园、沈阳建筑大学校园景观以及庞伟的狮山郊野公园山顶景观塔、东部华侨城湿地花园等大量实践，创造性地运用当代的设计语言，通过乡土景观基底的保留、当地植物（甚至农作物）的极致化等手法，以批判性姿态和强烈的使命感介入景观设计实践，颠覆了时下巴洛克化城市景观的主流模式。

相对而言，反倒是建筑师的景观作品更为纯净，更贴近当代公共艺术的精髓，在城市空间中以自身“虚”的存在整合、激活区域；景观设计师们的作品往往有着过强的建筑意味、过于主观的景观建构意识和过于生猛的区域重塑欲望。

与大陆建筑师/景观设计师们的超大规模实践相比，在中国台湾“地貌改造运动”中异军突起的黄声远在宜兰的大规模实践(宜兰县社会福利馆、宜兰火车站周边都市魅力再造、宜兰河整治)或许具有更多的启示意义。他在宜兰的设计涉及建筑、规划、环境、装置、社区，其积极参与的透过公共工程进行地貌及环境改造、并配合区域行销而成功地推动地方发展的操作模式，被称为“宜兰模式”。

就像台湾评论家阮庆岳所说的：“(宜兰县社会 福利馆)预告了黄声远后期作品发展中，显得十分特殊的另两个特质：一是针对基地外周遭都市环境的直接介入；二是对基地内使用内容的强力参与。”“这种对建筑师角色，尤其是在处理公共建筑时，由传统领域位置主动往上层的都市计划领域、预审层化的参与内容设定方向延伸的态度，都叫人耳目一新。”⑰

（笔者注：限于体例和字数，本文不涉及作品的深入分析。）

注释：

① 参见：史建．九十年代中国实验性建筑．文艺研究，1998 (1)．

② 参见：鲍里斯・格罗伊斯．时代的同志．当代艺术 & 投资，2009 (10).

③ 分别为中心论政策、临时性政策、速度政策、巨大化政策、自由表情政策、半透明政策、清除政策、省力政策、高效政策、政策的政策。参见：马清运．都市主义的中国政策（内部参考）．马达思班，2003- 09-25。

④ 参见：URBANUS 都市实践．中国建筑工业出版社，2007.8～9。

⑤ 参见：张永和．现象与关系 // 城市，开门！—— 2005 首届深圳城市/建筑双年展．世纪出版集团上海人民出版社，2007.14。

⑥ 参见：李翔宁．权宜建筑——青年建筑师与中国策 略．时代建筑，2005 (6)。

⑦ 我曾对王昀的庐师山庄作过评论：“在王昀的设计中，庐师山庄实际上是反用或逆向的聚落。表象上，山庄表现出某种‘过度’设计、刻意设计和固执设计的特征，但它的深层空间戏码，却是多义的、混合的。”“在对弥漫于建筑设计界的复杂而躁动的表层语意进行了大胆的删节以及对都市语境进行了刻意的回避与疏离后，王昀将‘剩下’的、被抽空了意义的所谓极简空间进行了聚落意义上的重组。作品中一系列具有仪式性和戏剧性空间的穿插与交叠，都显示出对意义空间深度开掘的欲望与执着。在这里，白色 与围墙是对灰黄都市现实的某种拒绝，不仅是对其过分嘈杂语境的拒绝，也是对其空间秩序的拒绝，他试图构建自足的、主观的乌托邦空间语境，试图建立对新生的超大空间消费群体的另类空间想象，试图在赋予居住空间以某种都市性的同时，也

与传统有些深度契合（白色围墙拒绝都市语境却借景林木与西山）。”（史建．灰黄语境中的白色，或聚落几何学 .*Edge, Design Magazine 07*）

⑧ 参见：大舍建筑工作室・前言 .http://www. deshaus.com/atelierdeshaus.htm。

⑨ 参见：邹晖．记忆的艺术——关于大舍建筑设计事务所的思考 .A + U 中文版，2009 (2)。

⑩ 参见：南方都市报・中国建筑传媒奖颁奖特刊， 2008-12-30。

⑪ 参见：胡恒．裂缝的辩证法 .Domus 国际中文版， 2008 (1)。

⑫ 参见：齐欣建筑设计理念。

⑬ 参见：阮庆岳．中国建筑风火轮：城市自有山水秀．家饰（台湾）， 2008 (11)。

⑭ 参见：袁烽．现实下的自主建构．“现实建构”展览画册。

⑮ 参见：直向建筑设计理念。

⑯ 参见：陈韦．王振飞：好玩地做前卫建筑．中华建筑报，2010-06-05。

⑰ 参见：阮庆岳．弱建筑——从《道德经》看台湾当代建筑．田园城市文化事业有限公司（台湾）， 2006.81。

作者简介： 史建，一石文化（北京）

原载于：《城市建筑》2010 年第 12 期

有中国特色的形式主义

李士桥

总结中国过去十年间，建筑的发展充满了各种可能性。这个十年是中国建筑繁荣的大规模发展的十年，在城市历史发展中应该属于特殊的时期。也许我们可以说，过去的十年是媒体的十年，这是互联网与建筑杂志大众化的十年，信息的高速流通对文化和建筑产生了巨大的影响，不亚于印刷技术给文化和建筑带来的冲击；或者我们可以说，过去十年是建造能力本土化的十年，中国建筑材料的生产、建筑技术的革新和施工能力的建立与过去五十年相比产生了根本的变化，初步建立了本土化的生产、建造及管理能力，这个建造能力在下个十年中将会产生全球性的影响；过去十年也许是环境意识成为主流的十年，在20世纪，环境保护组织总被认为是另类教徒的小圈子，而在21世纪，几乎所有的主流建筑师都在不断制造、挥霍资源机会的同时大谈“可持续性”；可能，我们还可以认为，过去十年是中国建筑的名牌情结的十年，似乎世界上所有的通俗易懂、有国际名气的建筑师都纷纷来到中国设计建造，获得在其本土不可想象的机会，而中国建筑师也纷纷呈献出相应的中国版。在匆忙和无暇思考日常的生活中，在消费者无止境欲望的压迫下，在业主软硬兼施的操纵下，在媒体千姿百态的诱惑下，中国建筑师似乎接受了名牌是最可靠的金钱和地位保障的现实，名牌是建筑的来源也是建筑的归宿。

但我想评论的是形式主义在中国的十年。这是有中国特色的形式主义，通过大规模的发展，它在过去十年中为建筑创造了新时代。这并不是说过去十年所有的中国建筑都是形式主义建筑，而是强调形式主义占据了主导地位，而社会群体对建筑思想的耐心越缩越小。形式主义时代从过去的例子看是对既定思想传统的“技术性消费”，是将某种特定的思想体系推到实用逻辑的极限，直到崩溃。如罗马帝国对希腊文化的消费，或者工业革命以来的西方国家对其17世纪科学和哲学思想的消费，这两个时期都是建筑形式主义的高度发展时期。罗马对哲学的主要贡献是“伦理”（罗素甚至说罗马没有对哲学有任何贡献），是在关于如何建立道德规范的框架，对维护庞大的帝国有至关重要的作用；而美国对哲学的最大贡献是“实用主义”，其目的是在消费传统思想的过程中，在概念上清除障碍。如果思想是一种财富的话，希腊和17世纪是思想开拓时期，而罗马和工业革命是思想运用时期。但罗马帝国终于由于自己系统的庞大而无力维持，而今天我们对科技的盲目重视导致了全球性的气候变化危机。

今天中国的形式主义也是对欧洲17世纪科学和哲学思想的消费，它既是全球消费趋向的一部分，也具有新的内容。这个新内容来源于中国文化对形式和意义的构想，形成了一个可以称为“造像”的形式主义文化。

造像是中国文字的美学根源，这与西方文化中的“象”形成了令人深省的对比。在西方文化中造像总是具有一种内疚感。柏拉图说“象”不是物质的本质和真理，而是令人产生错觉的仿造物；早期基督教曾因恐惧宗教真谛的丧失而禁止将上帝形象化。从这个意义上看，“现象学”可以被认为是试图超越“抽象”，努力回到“外界真实”的思维。在这个思想传统中，“象”似乎隐含着脱离真实性的定义，使追求形式成为一种自我节制的行为，只有在美学道德框架边缘的，如拉斯韦加斯等地点才能得到淋漓尽致的发展。中国文化中的“象”具有内在的合法性，没有违背道德和宗教原则的负担。孕育了“象”的合法性之最重要的一方面是中国文字的构造，成为中国美学的最高表现形式之一。中国文字是意义与形式的结合，在艺术上有很高的地位：在文人传统中，书法与绘画的地位至少是相当的，甚至书法高于绘画，这与西方艺术很不同。中国文字是造像的根基，建立了造像的几个基础。第一，造像是自己的本体；这个本体不是外界的真实性，而是以自身对形式的要求取代了外界现实，它没有绝对的外界参考。第二，造像是对自然外界的重构，所以它表面上是关于自然外界，但它取代了自然外界，创造了一个取代自然外界的重构外界。

造像在很大的意义上确定了中国建筑在形式主义上的新特征，这在过去十年的中国建筑和城市中表达得特别突出。第一是强调单一个体，形象突出：过去十年中几乎所有的大型和重要建筑都有单一突出的形式，特别是表达如方、圆、简单几何体等基本几何形式。不论是外国建筑师在中国的作品，还是中国建筑师的回应作品，都具有强烈的形式感，与西方的形式主义比较，有过之而无不及。在城市规划中，形象鲜明的中心商务区（以曼哈顿为雏形）和科技园（以硅谷为雏形）在中国城市发展中受到特别的重视。“缺”的是美学观念以及它所暗示的、关联外界的和交流性的“补”，在这个文化前提下显得非常尴尬。也许其根源是中国方块字的形式逻辑，似乎方块字的自身构造要比字与字之间的关系更重要，与拼音文字的语法对比强烈（我们知道一个拉丁字有超过130种与句子意义关系所产生的变化，而其字根则具有“缺”的特征）。第二是要求整体全面：这个对全面的要求在建筑城市中表现为对“包罗万象”的追求，有时是通过数量（十大建筑、景点等），有时是通过对比（雅/俗、传统/现代等）。第三是规模大：大似乎有其必然的优越性，往往忽视了地方地貌的特征和城镇的原本规模。在这种环境中，“大”的地位要高于“合适”，合适是以柏拉图为代表的西方美学思想中心之一（比例以及道德化），但中国文化对“象”的追求意味着对“合适”的忽略。中国建筑中的形式主义与“象”的特征有深刻联系，“象”的威力和地位来源于单一性、完整性和规模性，这给中国建筑城市建立了形式主义的新框架。

造像带来了许多建筑与城市的新问题，这也许应该是中国建筑师需要深刻思考的一些方面。第一，造像时代的建筑往往有令人吃惊的形式，但在功能方面经常是失败的例子。认识和发展生活的空间需要是建筑设计的重要内容，必须以认真的、实事求是的态度来对待；在设计中，唯有现实能够改变成见。第二，以“象”为重点违背了建构特征。在离奇的形式中，我们经常会看到笨拙与烦琐的构造和节点。缺乏构造逻辑的营造不但缺乏美感经历，而且孕育了笨拙的思维环境。第三，“象”对单一形象的要求忽视了公共空间的发展。这里，建筑也许只是实施了一种特定的社会关系，而没有探索从某些角度改变社会现实的潜力。值得一提的是，这些形式现象似乎不完全来源于建筑师的设计意图，而是对社会文化运作的反映；我们经常听到颇有才华的建筑师抱怨设计任务书的不断变化，经费削减而造成了笨拙的建筑细部和不合适的建筑材料。这种社会条件在某种程度上更加刺激了对形式的追求，形式的突出似乎成为掩盖粗糙细节的有效途径。在这个文化和社会运作中，中国建筑似乎成了形式主义的最终归宿，同时它也可以是对形式主义最深刻的反思点。

思想开拓时期与思想运用时期对美学的要求是不同的。它的要求不是夸张、光亮、繁多、目不暇接，而是实事求是、合适、启发人、有幽默感。简单说，就是建筑具有思想性。

21 世纪应该是新的思想开拓时期。今天许多政治、社会、知识现实都在指向这一方向，这也是中国可以为世界建筑文化发展作贡献的机会。我们今天的全球文化与政治势力分布与过去相比有了结构性的变化，这需要我们用最大的努力重新修改我们对所知世界的总结。20 世纪的知识和包括建筑在内的文化太过于“技术化”和“同类化”，强调了效率和利润而忽略了真理和人文。我们的城市通过“功能分区”演变，成为追求效率和利润的机器，而我们的教育也以培养严守纪律、确保效率的专业“人才”为目的，不断为效率机器加润滑油。同时，我们也可以看到一种新意识的出现和发展，这就是所谓的“自反思维”。它在包括建筑在内的很多学术领域都有表现，对启蒙运动提出了批评和新的提议。从真理到病理，我们正面临着多元思想的可能性。自反思维在不否定科学技术的基础上自觉维护了人文价值观，将 20 世纪的“现代文化”从其过分简单的理想中夺回并重构。

今天，中国城市的发展仍然以“技术化”和“同类化”为中心思想，属于知识消费型发展，高度重视增长率、高效率、高速度。但从长远的角度看，中国建筑师、建筑职业和建筑媒体需要在这个环境中为下个十年打下不同的基础，需要培养对思想的开拓以及将思想带到设计中的欲望和能力。形式主义的快乐是短暂的，而思想的启发和发展是长期的，充满了更加强烈的快乐。我希望过去十年是中国人 100 年来“追”的最后阶段。追上别人这个目标是很容易确定的；追上之后，需要自己领头的感觉会很不一样，会令人产生失落和焦虑。领导能力需要在思想开拓的条件下才能发展。当今的中国建筑应该在沉浸于繁荣的同时为思想开拓奠定基础；这也许将会在下几个十年中出现。也许在失落之中的思考和实践的结果将会成为中国建筑的理论和实践的考验，也可能将会成为中国建筑对世界文明的真正贡献。到时，我们也许不用再为中国建筑和中国文化找借口。

作者简介：李士桥，香港中文大学建筑系副教授

原载于：《城市环境设计》2010 年第 41 期

输入外国建筑设计（1978-2010）

薛求理

1. 引进外国建筑的三个十年

黄浦江蜿蜒流过上海滩，黄浦江的两岸展现了两个时期的典型图景。浦江西岸，是20世纪初古典复兴式的银行、洋行和旅馆；浦江东岸是最近20年崛起的摩天大楼、金融机构或跨国公司总部，这些建筑的骨架砖瓦搭建于中国大地，但设计的起点却是在纽约、芝加哥、伦敦、汉堡的绘图桌和电脑（图1）。19世纪末到20世纪初的外国建筑设计是口岸通商、输入西方文明和半殖民地化的自然结果；而20世纪末改革开放后输入的外国建筑设计，则完全是中国政府和国营、民营发展商的主动选择。20世纪初的舶来外国建筑，到1938年戛然而止；1980年开始的引进外国建筑设计则如小溪汇入大海，30年来逐渐壮大，浩浩荡荡。

1938年之后的40年，中国由开放走向闭关，由铁幕锁国到慢慢重新开放。1978年来的改革开放，是建立"有中国特色的社会主义"，补上市场经济的一课。回国探亲的华侨、生意观光的外宾纷至沓来，而大城市里的宾馆酒店奇缺。谁能设计"最高档"的宾馆？上海的民用院、北京的市设计院可以，但境外的贝聿铭、陈宣远、波特曼、巴马丹拿更胜一筹。在"补课论" 甚响的1980年代，这些舶来的宾馆酒店——香山饭店、长城饭店、金陵饭店、上海商城，为中国建筑师补上了现代主义和后现代主义，为政府部门补上了服务方式类型，为市民大众补上了活生生的市场经济一课。据笔者对美国、日本和欧洲建筑师在华建筑设计的记录，1977~1989 年的十几个年头里，一共有约 22 个项目，日本建筑师占了 3/4，其余为美国建筑师设计，主要出现在上海、北京，广州、天津和西安也各有零星项目（图 2~ 图 6）。

1990 年代，中国的市场经济大潮时涨时落，而外部世界却起了翻天覆地的变化。冷战结束，“苏东波”巨变。西方世界在“历史终结论”后，更加关注经济发展。经济、社会、文化跨越国界的趋势，终形成“全球化”的说法和理论。中国要跻身全球化的经济活动，跨国公司要进入中国，首要建设中央商务区和综合办公楼，上海的浦东、北京的朝阳、广州的珠江畔，摩天办公楼拔地而起。之前，中国本土建筑师的最高楼实践止于黄浦江边 29 层高的筒中筒设计—— 联谊大厦（1986 年）。要造 50、60、90 层的摩天楼，综合的技术哪里寻，只有请出美国的 SOM（上海金茂大厦，1998 年），Sober/Roth（北京国际贸易中心，1991 年）和香港的王欧阳 （上海的酒店、北京的办公楼）、伍振民、刘荣广（广州中天大厦，1998 年）来设计。1990 年代，海外建筑设计事务所（包括香港和台湾）开始在北京、上海等地落地开办事处和分行。中国的领导最终为北京国家大剧院选择了安德鲁的“鸭蛋”设计，彻底截断了几十年来关于“民族形式”的讨论和实践。[①] 据笔者的记录，1990 年代，美国、日本、欧洲建筑师在中国的设计约有 58 项，近半为美国建筑师的作品。分布地主要在上海、北京、广州、天津，而大连、深圳、海口等城市各有 1~2 项（图 7）。

21 世纪，“文明冲突”打破了西方世界“历史终结”后的一帆风顺。中国受益于一连串的事件 —— 加入世界贸易组织、奥运会、世博会和亚运会。外国明星建筑师则受益于这些国际事件带来的设计竞赛。大剧院、奥运亚运场馆、飞机场、火车站给各地城市带来标志性的巨型结构。“创造有中国特色的社会主义”的国策在 1980 年培育出个体户；1990 年的“三个代表”政策使私营企业理直气壮; 21 世纪的“和谐社会”使昔日的个体民营终于成长为在纽约、香港上市的公司。私人地产发展商的壮大几乎垄断了住宅开发的市场。这些住宅在市场压力下，急于求新、打响名牌或追求一些“异域”情调。因此，外国建筑师也从国家的会展中心、大剧院转向私人开发的酒店、办公楼和高尚住宅区，开发规模动辄几十到几百 hm^2。在海外设计的参与下，以往思路较为单一的住宅设计在总体规划、单体建筑和户型设计上有了较大的改变。在改革开放的头 20 年里，海外建筑师，主要进行单体建筑设计，政府划好地块，发展商拿到地，请海外大师来设计。到了 21 世纪，海外建筑师参与了大规模的中国“造城运动”——旧城改建和新城规划，如 $150km^2$ 的河南郑东新区、$60km^2$ 的上海松江新城、$31km^2$ 的内蒙古

1
2 3 4
5 7 6

图 1. 上海黄浦江两岸，见证着两个开放的时期（摄影：王炜文）
图 2. 北京香山饭店（美国贝聿铭事务所设计，1982 年）
图 3. 南京金陵饭店（香港巴马丹拿集团设计，1983 年）
图 4. 北京建国饭店（美国陈宣远事务所设计，1982 年）
图 5. 上海花园饭店（日本大林组东京本社设计，1989 年）
图 6. 上海瑞金大厦（日本三井建设设计，1986 年）
图 7. 上海金茂大厦（美国 SOM 设计，1998 年）

鄂尔多斯新城康巴西、上海欧美风格的“一城九镇”等（图 8~ 图 10）。

据笔者统计，21 世纪的头 10 年里，日本、北美（美国和加拿大）、欧洲建筑师在中国的项目已达 250 个以上（当中还有很多缺漏）。建造地点除了上述主要城市外，还有南京、苏州、杭州、郑州、成都、重庆、珠海、佛山、中山等城市。

为了从数量上反映外国建筑设计在中国的大潮，笔者统计了日本、北美、欧洲建筑师于 1978~2010 年在中国的建成作品。图 11~ 图 16 是这些时期建筑设计按国家划分的比重和在我国各地区的比重。除了北美、日本和欧洲外，澳大利亚（主要是在 21 世纪）和其他亚洲国家和地区在我国也有设计，因数量相对零散，故未加入统计。笔者以中英文记录了这些设计的建筑名称、所在地、建成年代、设计者公司、建筑概况和中国的合作单位。“海归派”成立的公司或仅是挂着“外国”名称而在本国无业务的“国际设计公司”未统计在内。②

截至 2006 年的统计，刊载在《全球化冲击：海外建筑设计在中国》一书中。截至 2009 年的统计，附录在《世界建筑在中国》一书的中英文版中。当然，这样的记录不免有很多疏漏，功能也只是统计数量和记录事实情况，以供业界同仁进一步研究分析。

外国建筑设计 30 年来涌入我国的路径是由直辖市、沿海城市到内地大中城市，这一现象和我国经济发展状况和路径十分吻合。而参与设计的国别，从日本、美国到欧洲，可大致地看出 30 年来我国政府和开发商的选择和口味。一般而言，日本建筑师（或日本开发商）的设计严谨低调，功能性强，适合办公楼和公寓（如上海的瑞金大厦、环球金融大厦）；美国建筑师的设计铺张大度，适合于酒店、商场和大型综合体（如上海的金茂大厦、上海商城、北京银泰中心）；欧洲建筑师设计的艺术性强，适合文化建筑（如大剧院、会展中心）。北京市评出的 1990 年代十大建筑中，中外合作设计有 4 项；1999 年，上海举办“建国 50 周年上海经典建筑评选”活动，在获金、银牌的 20 个奖项中，海外设计建筑有 8 项；2009 年，中国建筑学会选出 1949~2009 年的 300 个创作大奖项目，1979~1999 年的 94 个项目中 9 项为中外合作设计，2000~2009 年的 148 个项目中 22 项为中外合作设计。③以笔者统计到的约 300 个项目为基础，则可推断 1/10 外国建筑师的方案设计受到中国官方或业界主流的重视。

自 1998 年上海大剧院落成以来，全国各地呈现一片“大剧院热”，各城市争相在市中心或新区中心建造引人瞩目的大剧院。据笔者的粗略统计，1998~2011 年，全国城镇落成了 155 座大剧院，这些大剧院综合体通常包括音乐厅、大剧院和小型剧场。在这 155 座大剧院中，33 座为海外建筑师完成的设计方案，其中欧洲建筑师占了一半，亚洲和美国建筑师各占约 1/4。④

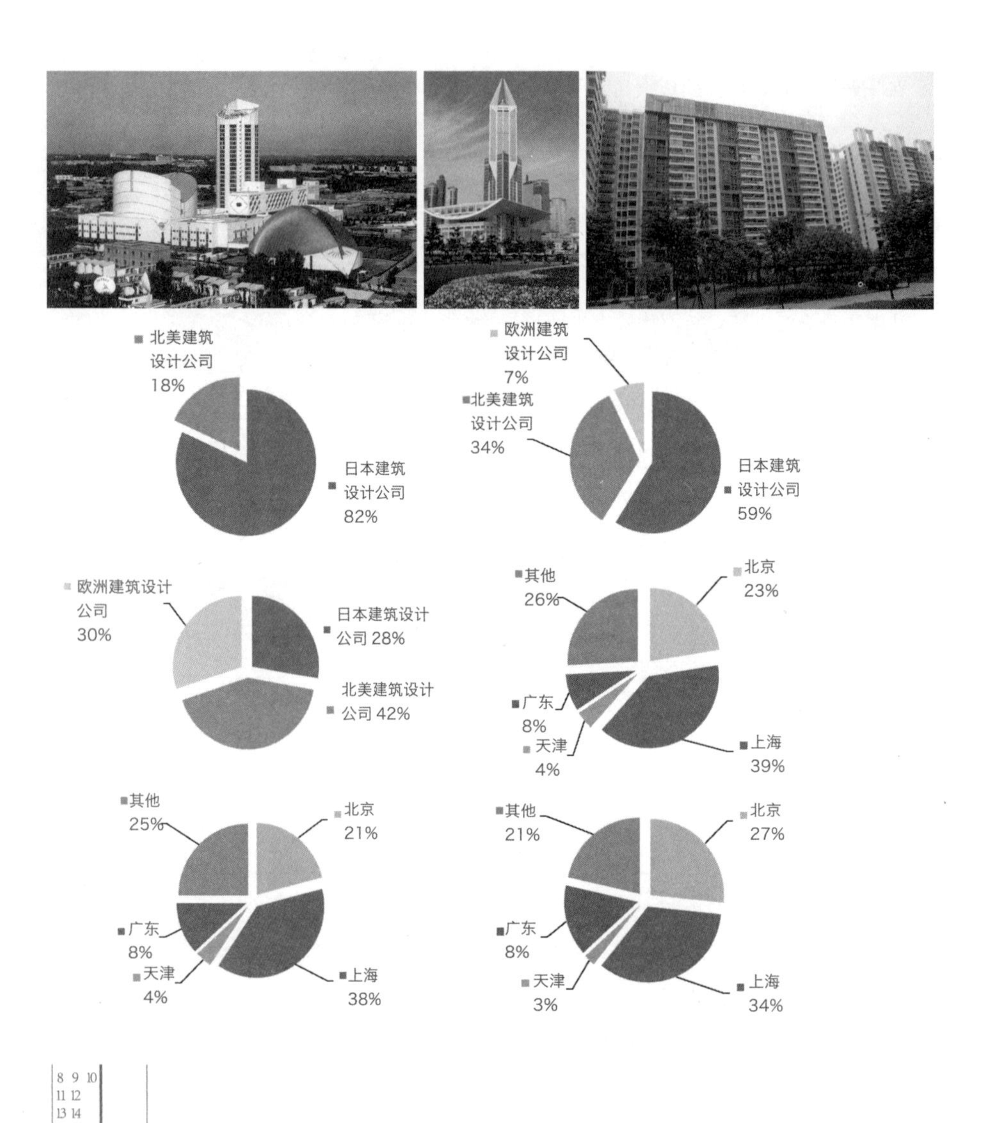

8 9 10
11 12
13 14
15 16

图 8. 北京中日青年友好中心（日本黑川纪章和北京市建筑设计院设计，1990 年，图片由黑川纪章事务所提供）
图 9. 上海大剧院（法国夏邦杰事务所，1998）；明天广场（美国波特曼事务所，2003 年）（图片由波特曼事务所提供）
图 10. 广东美术馆时代分馆（荷兰大都会事务所在住宅楼盘上加建，2008 年）
图 11. 1980 年代外国建筑设计在中国的项目，日本设计 18 项，美国 4 项， 总共统计 22 项
图 12. 1990 年代外国建筑设计在中国的项目，日本设计 33 项，北美 19 项，欧洲 4 项，总共统计 56 项
图 13. 21 世纪前 10 年外国建筑设计在中国的项目，日本设计 69 项，北美 105 项，欧洲 75 项，总共统计 249 项
图 14. 日本建筑设计在中国的分布北京 28，上海 47，天津 5，广东 10， 其他 31，总共 120 项
图 15. 北美建筑设计在中国的分布北京 27， 上海 49， 天津 5， 广东 15， 其他 32，总共 128 项
图 16. 欧洲建筑设计在中国的分布北京 21 项，上海 27 项，天津 2 项，广东 12 项，其他 17 项，总共 79 项

2. 外国建筑设计在中国的现象和意义

建筑设计跨出国门是全球化经济活动的一部分，资本寻租，服务业寻找主顾，不论国家疆界、政治宗教。早在“全球化”到来之前，英国、美国和欧洲一些国家的建筑师已经在海外或其殖民地设计房子。20世纪初，我国沿海沿江城市的主要商业建筑和高级私宅皆为外国建筑师的设计，它们构成了中国近代建筑的主要景观。美国、日本、欧洲（英国、德国、法国、荷兰等）的建筑师从1960年代起，便频频活跃于本国之外。1970年代，吸引海外建筑设计的是日本；1980年代，是中东和亚洲新兴的“四小龙”；1990年代中后期，西方建筑师渐渐转向中国。21世纪，中东的市场受到金融风暴的冲击后逐渐萎缩，中国的经济依然高速发展。在世界格局里，在全球化的浪潮下，曾经的殖民或半殖民城市最先成为“全球化”的城市，如新加坡、中国香港、上海，这些城市也较多地接受了西方来的设计。

以美国建筑专业为例，美国现有15万名建筑师，每年还有2~3千人加入这个行业。以美国2.5亿的人口计算，约1500人中有1名建筑师；香港是每3500人有1名建筑师；中国内地是每6~7万人中有1名建筑师。西方发达国家市场的饱和、建筑设计业的成熟和一次次的经济危机，使得这些国家的大设计公司不断寻求向外拓展的机会。⑤

海外建筑大量涌入中国的原因是中国的改革开放政策、走向现代化的坚定步伐以及地方政府和企业在树立高端形象方面“与国际接轨”的宏伟决心。既然北京、上海、广州和其他许多城市意欲成为“国际化大都市”，就必须向真正的国际大都市看齐，如纽约、伦敦、东京。由于我国的政治经济体制，中央和地方政府在引进海外建筑设计过程之中起着积极主导的作用。从“保驾护航”到“宏观调控”，中国政府这只“看得见的手”一直在经济活动中起着强有力的作用。

改革开放30年，使得中国从一个在国际经济上无足轻重的国度，成为世界第二强大的经济实体。到2011年，国家的外汇储备达到3万亿美元，并且集中在政府和少量国营、民营企业。地方政府和开发商从“土地经营”上获得快速和巨大的利润，因此对“打造”国际化大都市、把所在城市打造成地区的主导城市、创造政绩有强烈热情。开发商要建造“五十年不落后”的建筑并且在地产项目上走高档路线，最直接的办法就是（不惜代价）把海外“高水平”的“品牌”建筑师请进来，而不仅仅依靠本地的设计院。我国沿海沿江城市在追溯其本地“辉煌历史”时，多数着眼于半殖民地时期的“异国”风貌和建筑（而不是那些古代或民族传统建筑）。隔了半个世纪，这些城市争相引进外国建筑设计，也是十分自然的

17 18
19 20

图 17. 深圳万科集团总部，斯蒂文 · 霍尔设计（2011 年）
图 18. 中央美术学院美术馆，日本矶崎新设计（2008 年）
图 19. 青岛大剧院，德国 gmp 设计（2011 年，摄影：Christian Gahl）
图 20. 上海喜马拉雅中心，日本矶崎新设计（2011 年）

事（图 17~ 图 20）。

21 世纪的数字化时代，信息爆炸。图像和事件胜于文字和分析，社会对图像有巨大的消费需求。图像时代的建筑设计被简化成骇人的形象，方便大众通过媒体虚拟或现场消费。西班牙毕尔巴鄂的古根海姆美术馆和阿联酋迪拜的沙漠新图腾，以建筑振兴原本奄奄一息的本地经济，我国各级的省市乡镇也争相建造这类建筑以期达到同等效果。不独中华大地，其他国家和地区只要条件具备，也都在争先恐后地聘请明星建筑师，搞国际竞赛。如西欧、东欧、中东、包括我国的台湾、香港在内的亚洲城市。而在一些省市项目的国际设计竞赛中，从功能技术到形象处理，外国设计公司确实在总体上技高一筹，常常包揽了前几名。

中国地方政府和开发商的热情态度，为急于在国际上发表“建筑宣言”的外国建筑师提供了最好的机会。外国建筑师，特别是那些“明星建筑师”，在中国受到“追星”礼遇和丰厚的金钱物质报酬，他们感到振奋和实现了自我价值。德国 gmp 公司创办人冯格康教授说，在欧洲，设计大剧院的机会几近于零。在中国，该公司已经建成了三个大剧院，世界上哪位建筑师不会心动？[6]

因此，北京和几个沿海沿江城市出现了许多挑战技术难度和常规造价工期的“前卫性”、“标志性”巨构建筑。一些举国上下（如奥运会）、举城上下（如世博会、亚运会和大运会）的活动，使得某些建筑活动成了全国动员、不计代价、人海战术的群众运动和事件话题。这些项目虽然也引起过社会争议和舆论挑战，但多数在政府官员、政府企业和大发展商“求和谐”心态的保驾护航下，继续施工。这些作品虽在功能上、造价上存在这样或那样的缺陷，却成了 20 世纪末世界建筑之林的重要组成部分，是中国对当代世界的“反作用”和贡献之一。朱剑飞教授在著作中提到“双向交流”[7]，海外建筑对中国形成明显冲击影响的同时，中国的海外设计连同中国建筑师的实践，也反过来影响了世界。[8]

直到 1990 年代初，一家外国建筑设计事务所要在中国开分公司，还是限制诸多。2001 年，中国加入了世界贸易组织，专业人士和建筑教育逐步互认。许多外国的大小公司在我国城市长期驻扎下来，或买壳包装、逐步本土化，并且可以申请甲级设计资质。他们在中国的营业额甚至超过了他们在本土的收入，许多公司的网页都是中英双语。因此，近年来各类大型设计都能见到这些公司的身影。1990 年代后期，外国和香港的公司又在深圳、广州、上海开设分行，这些分行当然也接内地的设计，但其主要任务却是利用我国内地的廉价设计绘图劳力，为香港和境外的工程画报批或施工图。而模型制作和效果图公司的服务早已走出国门。[9]西方出想法，中国出劳力，建筑设计行业也在重复着中国在世界经济格局中的分工。

在最近十年时间内，我们的城市尽管还有许多问题，城乡差距还在扩大，但在一些城市中心却拥有了世界顶级“美轮美奂”的建筑。它们的使用效率如何；业主和用者的反应如何；如何积极地贡献于城市活动；为城市基础建设和土木建筑投下去的几千亿资金，如何产生经济和社会效应，如何影响中国经济和社会的其他部分，这些效应和影响如何衡量评定都需要更长时间的观察、跟踪和研究。这些问题应作为学界关注的重点。

引进海外建筑设计对我国建筑工程界产生了难以估量的积极影响。这种影响发生在建筑思维方式、设计手法、空间处理、跨度高度、材料运用、机电设备装置、综合设计、生产过程、文件和办公室管理等方面。海外建筑设计进入前夕，我国才刚刚脱离“文革”的硝烟，建筑设计的观念、方法和技术手段尚停留在一穷二白的 20 世纪五六十年代。主要建筑类型仅有工厂、简单的工人新村等。对形式的探索基本上掩盖在实用、经济的前提下，建筑量与满足庞大人口所需相比差距甚大，建筑设计人员的实践也相对有限。

1980 年代以后，建设量猛增，新的建筑类型和要求层出不穷，也更加重视追求美感。市场成为主导后，业主对建筑设计有了更高的要求。海外建筑师在此时大量涌入—— 先是杂志上的实例和图片介绍，建筑师和理论家的来华讲座，继而是实物的建造 ——对中国建筑业的冲击是强烈的。1980 年代 ~1990 年代，那些并非一流的海外（包括香港）事务所的设计及其建造让国人看到了许多新的设计和管理方法，而 21 世纪一流大师的设计让快速成长的中国建筑师有了真正的学习机会。

首先是在设计理念和造型方面，海外建筑师的确有些新的观念，如贝聿铭对空间、体量和周边环境的强调，将使用功能和建筑艺术相结合；SOM、KPF、RTKL 等公司对大型建筑的处理协调方法；赫尔佐格和德梅隆对建筑表皮的深入研究；库哈斯、MVRDV 对时代观、当代城市和高密度的见解；波特曼、捷得 (Jerdes Partnership) 对大型商业建筑、酒店、商场气氛的制造和经营等等。

其次是在建筑设计理念上，一些外国建筑师对形式的推敲与我国传统训练有所不同。海外事务所大量使用模型推敲，做各种比例的模型以研究其接近真实的效果，设计室就像一个工作坊。而我国的大部分设计院还是整天忙于在电脑上绘制图纸，设计室就是绘图室。工程管理方面，海外设计事务所的专业分工明确，绘图和表现甚至拿到国外以寻求更低成本。开工程会、传真编号、修改图纸的记录等都让中国同行感觉到外国建筑师办事认真的态度；在质量管理上，海外公司所使用的材料和做工说明 (specification) 让中国同行看到了建筑设计要做的另一部分工作和质量控制的途径。

在新材料应用、设备和节能方面，一些外国建筑设计师也起到引领和示范作用，如1980年代引进的玻璃幕墙。如外墙的面材、外墙保温、全面节能技术、全寿命分析等，比较突出的为奥地利 Baumschlager Eberle Architects 建筑事务所在北京和其他城市的设计。

海外公司还带来了应用软件，帮助绘图、计算工料、管理等。这些软件逐步汉化，成为中国设计和管理公司的有力工具。如同其他软件的开发上一样，我国在建筑设计软件开发上的自主能力基本缺乏，而软件又是思考和管理设计的工具。当中国的设计人员都用着外国的软件时，中国人的设计管理也只能向那个方向靠拢。

在“引进”外国建筑设计的过程中，中国政府、发展商、设计施工单位交了大量的“学费”。许多工程过于复杂，严重超支，造价比国内设计的同类工程贵数倍。北京或其他大城市这种豪华铺张、不计代价的做法，对其他省市无疑起着负面的示范和引领作用。这种建设模式对我们这样一个发展中国家来说，是极不健康的，在经济和资源上都不具备可持续性。北京、上海和广州的实例表明，在“合作”的过程中，外方拿着天文数字的设计费；中方在工作量、责任上承担着沉重的负担，却收取着不相应的报酬，许多地方标志工程，甚至就是赔本当政治任务完成的。对于城市标志性（单体）建筑，外国建筑师参与竞赛和投标尚占据优势，但对于一些需要大量本地数据和资料的旧区改建，从海外飞来的专业人士则明显不合适。

由于近距离的接触、海归派的回流和信息的大量流通，我国建筑师和外国一流建筑师的距离正在不断缩小。那些所谓的“先锋、探索”手法一两年后就成了某种建筑类别的常规语言。外国建筑师的构思最后都主要是靠本地中国建筑师和工程人员将其变为现实。如技术复杂的国家大剧院、奥运主体育场“鸟巢”、游泳馆“水立方”、中央电视台总部、广州歌剧院、上海喜马拉雅中心等。通过这些大型工程的频频实践，年轻一代中国建筑师逐渐成长起来，这反映在一些本土大中型设计的日趋成熟，活跃的建筑探索和中国建筑师在国际竞赛受到邀请并初露头角，中国学者在国际论坛逐步获得话语权等方面。2012年，中国建筑师王澍获得普利茨克建筑奖，可以广义地视为是中国和世界交流对话的一个结果。

海外建筑设计屹立在中国大地，促使本土人民生活方式和观念逐渐改变。这些舶来建筑对城市、市民和生活观念的影响，其深度和广度远远超过建筑业界或技术方面的影响。1930年代，十里洋场的上海是外滩、花园道、霞飞路、租界西区构成的纵横背景，和平饭店、花园（国际）饭店、法国俱乐部、百乐门和花园里弄里天天上演着平凡或惊艳的人间故事。半个世纪后，上海南京西路上的上海商城、茂名路上的花园饭店、南京新街口的金陵饭店、北京建国门的国贸中心、亮马河畔的燕莎商厦等，在改革开放的早期和中期向中国人民展示出现代的生活方式和现代文明；王府井的东方广场、建外SOHO、现代MOMA、中央电视台新馆、上海一城九镇以及一些公共建筑和私人住宅，都在直接提倡和传达新的城市生活和消费主义观念——干净、享受、娱乐、游戏、健康、自然、便利、人性化等。建成环境对生活其中人们的耳濡目染是不言而喻的。世界文化趋于同质，首先是从生活的相同开始的。私塾成了学堂，江湖郎中成了坐堂医生，钱庄成了银行和金融机构，街市和巴扎成了“销品茂”(shopping mall)，个人英雄崇拜和对权威的遵从让位给民主与法制，普通人的个人价值、兴趣、利益和享受得到重视。在空间格局和经济社会生活中，中心转变为无中心。全球化城市的经济、建造及传播活动改变了我们生产、消费、管理、传讯及思考方式，带来新的经济、社会以及媒体组合形式。

而这些建筑、环境及发生其中的生活，成了向世界传播的中国城市新形象，为西方世界所接受、习惯和认同，使得中国在实际上和心理上加入“强国”或“新兴”国家之列。

3. 外国建筑设计在中国的思考和研究

海外建筑刚传入中国时，“一石激起千层浪”，海外建筑设计往往成为该城市最华丽和引人注目的所在。1980~1990年代，每当有外国建筑师设计的建筑落成，在该市乃至全国都会引起极大关注。《建筑学报》、《世界建筑》和《时代建筑》在1980年代和1990年代初都发表过关于某栋引进建筑的讨论会发言纪要，如北京香山饭店、建国饭店、中日青年交流中心和上海商城。《世界建筑》杂志社举行了海内外合作设计专题研讨会，贾东东老师在此基础上编写了《海内外建筑师合作设计作品选》，由中国建筑工业出版社于1998年出版；邹德侬先生在其《中国现代建筑史》和其他专题文章中将海外输入建筑设计描述成“三次浪潮”。中国建工出版社于2008年出版的《为中国而设计——境外建筑师与中国当代建筑》，对一些著名实例和建筑师作了新闻式介绍。此外，朱剑飞教授的中英文著作对此专题也有涉猎。

北京的《世界建筑》杂志2004年第7期，上海的《时代建筑》杂志2005年第1期均以海外建筑设计为题作专题报道。2003~2008年，美国的《时代周刊》(Time Magazine)、《商业周刊》(Business Week)、《建筑实录》(Architectural Record)、《建筑》(Architecture)、英国的《世界建筑》(World Architecture)、《建筑综论》(Architectural Review)、《建筑设计》(Architectural Design)、日本的《建筑与都市》(Architecture and Urbanism)、意大利的《住房》(Domus)、德国的《建筑细部》(Architectural Details) 等有业界影响的杂志对中国和亚洲的建筑均有专题报道，对建筑设计、建筑师和由此引起的现象有许多专文描写和分析。海外出版的几本关于中国当代建筑的英文书，多数以咖啡桌图画书的形式出现，收录的半数是外国建筑设计的透视图和单个作品介绍。[10]王颖和王凯合作之论文，对1999~2009年海外出版的关于中国建筑的杂志专辑和书籍进行评论分析，许多专辑和书的着眼点即是外国建筑师的设计作品 (2010年）。

笔者在 *Building a Revolution: Chinese Architecture Since 1980* 一书中对此专题已有大量涉猎（该书中文版《建造革命——1980年来的中国建筑》2009年由清华大学出版社出版）。郭洁伟 (Jeffery Cody) 教授所写的《输出美国建筑：1870-2000》(Exporting American Architecture: 1870-2000) 一书则从另一个角度来谈建筑设计输入和输出的问题。麦克 · 尼尔（Mc Neill）的书专写“全球化”建筑师的运作状况（2009年）。而东南亚各大学或在西方大学任教的学者，则对前殖民地东南亚诸国的“后殖民”时期及西方专业人士在当地提供的建筑设计做了不少研究和批判。[11]

在《建造革命——1980年来的中国建筑》的基础上，笔者写成《全球化冲击：海外建筑设计在中国》一书，已于2006年底出版；它的后继之作，《世界建筑在中国》中英文版也于2010年推出。两书分别采用时间轴和专题的方式概览了30年来我国输入海外建筑的情况。对我国如火如荼的城市建设立此存照。在概览的基础上，笔者和内地研究者合作进行了一些有影响建筑的个案研究，如对美国波特曼公司在上海作品的研究，对上海“一城九镇”的个案研究，对上海陆家嘴金融区的形成和问题，对日本建筑师在上海的研究，对北京奥林匹克和其他巨型结构的研究，对黑川纪章在中国设计遗产的研究。这些文章以中英文在内地和海外建筑杂志发表。我们的着眼点是考察海外建筑设计如何推进中国现代化，中国本土人民大众和专业人士如何接受这些舶来品；这些建筑设计如何融入城市以及外国建筑师实践对中国建筑的影响，其中涉及大量彼时彼地的建筑设计、人文心境和社会问题。我们研究小组最近的尝试，是从“输入”看“现代化”在亚洲的引进，例如日本建筑师如何将现代设计引入新加坡和马来西亚。对于海内外的建筑从业者、业界决策者、学者学生或可作回顾思考、参考索引作用。

如今，海外建筑设计数量还在中国持续增加，人们会越来越习以为常。数量虽增，其受到的关注和影响力却在下降。时至今日，世界上每年有200万~300万人口在移民，1.3亿人在非出生国生活。一地发生的事情，有可能快速地影响另一地的生活。在世界日益走向一体化地球村的时代，地理和国界的壁垒被打破，超越国家的政治经济体系在冒现（如欧洲货币）。渐渐地，人们不再关注建筑的“输入”或“输出”，“海外”或“海内”，而只注重建筑的质与量，好与坏，高级与低级，建筑师个人或公司的品格，而他们的国家、背景统统不再重要。世界也变得越来越平坦。

（本文是国家自然科学基金项目 No. 51278438 的一部分，作者谨向插图供稿者深表谢意。）

注释:

① “民族形式”的停滞和海外建筑设计的涌入，看似无关，其实是必然相关。可参见：Charlie Q. L. Xue, *Building a Revolution: Chinese Architecture Since 1980* 的第二章。

② 图11~图16为笔者的统计，日本、北美和欧洲建筑师于1978~2008 30年间共建成327个项目。外国建筑师在中国设计项目的资料来源于杂志，如《时代建筑》、《建筑学报》、《世界建筑》，*Japanese Architects, Architectural Record* 等；网站，如abbs.com.cn 和各国建筑事务所之公司网站；媒体，如香港《明报》，*South China Morning Post*，上海《文汇报》等。笔者过往30年在中国各地的现场调查和建筑实践也为此统计增添资料。本文关于21世纪输入外国建筑的统计，和《新建筑》2012年第3期载沈金箴等文章中的数字有较大出入。沈文依靠的是英国杂志的统计资料，本文立足于自己调查核实的资料。许多在海外没有业务的“外国公司”，从笔者的统计中剔除。两者从不同方面说明了21世纪数量繁多的事实。

③ 20世纪末的北京、上海得奖项目统计，见薛求理《香港的“十大”和上海的“十大”》，北京，《世界建筑》，2000年第9期。2009年新中国成立60周年建筑创作大奖评选，见《建筑学报》2009年第9期。评选委员会成员为中国建筑学会理事、院士、建筑设计大师等。他们的眼光和意见代表了中国建筑的官方标准和趣味。一些在外国建筑杂志频频露面的作品并未上榜。

④ 关于大剧院建设的统计，相当部分来自于笔者对海外建筑设计的统计，其他部分来自于《建筑学报》和各类建筑和新闻网站。

⑤ 关于美国和香港建筑师人数，作者参考了建设部网站、香港建筑师学会资料和美国建筑师学会(AIA)的网站及Raymond W. H. Yeh, *Model for a professional degree program in architecture at the University of Hawaii, Proceedings of Chinese Conference on Architectural Education*, Hong Kong, 2000。在拙著《中国建筑实践》（中英文对照，第二版）中，对中国建筑师实践问题展开了讨论，中国建筑工业出版社，2009。

⑥ 参见薛求理:《德国种子，中国开花 - gmp 合伙人访谈录》，《城市 环境 设计》，2013年第7期，总73期。p.58

⑦ 参朱剑飞教授的文章，《西方学者论中国》，《时代建筑》2010年第4期，pp. 6-9；Zhu Jianfei, Architecture of Modern China - a historical critique. New York: Routledge, 2009。

⑧ 关于中国建筑对世界反作用的表现，证诸海外一些流行建筑网站，如 Archidaily, World Architectural News (WAN)，关于中国建筑和中国建筑师的报道日益增多。

⑨ 关于外国建筑设计事务所在中国开设机构，以美国波特曼事务所 (John Portman & Associates) 为例。波特曼先生早在 1979 年即来华访问，寻找机会，并在 1980 年代初与上海市和区政府商谈南京西路的项目。但限于当时我国的体制，他的公司最初只能开设于香港，直到 1993 年才在上海开设办事处。可参见 Charlie Q. L. Xue, Li Yingchun. *Importing American Architecture In China - a case study of John Portman & Associates' practice in Shanghai, Journal of Architecture*。Routledge (Taylor & Francis Group, UK): 2008, (3): PP,317-333. 其他叙述来源于作者过往十年在广州深圳和上海的调查。

⑩ 关于中国当代建筑的英文书，除笔者所著《建造革命》外，其余可参见：Peter G. Rowe and Seng Kuan, *Architectural Encounters with Essence and Form in Modern China*, Cambridge: MIT Press, 2002; Peter G. Rowe, *East Asia Modern - shaping the contemporary city*, London: Reaktion Books Ltd., 2005; Seng Kuan and Peter G. Rowe (ed.), *Shanghai—Architecture & Urbanism for Modern China*, Munich and New York: Prestel Verlag, 2004; Layla Dawson, *China's New Dawn*, Munich and New York: Prestel Verlag, 2005; Bernard Chan, *New Architecture in China*, London: Merrel Press, 2005; Xing Ruan, *New China Architecture*, Singapore: Periplus, 2006; Thomas J. Campanella, *The concrete dragon: China's urban revolution and what it means for the world*, New York: Princeton Architectural Press, 2008; Anne-Marie Broudehoux, *The making and selling of post-Mao Beijing*,New York: Routledge, 2004; Wu Fulong (ed.), *Globalization and the Chinese City*, London and New York: Routledge, 2006。

⑪ 东南亚诸国在后殖民时期输入海外建筑和受全球化影响，可参 Abidin Kusno, Imagining Regionalism, Re-fashioning Orientalism: Some current architectural discourses in Southeast Asia, Journal of Southeast Asian Architecture, Vol., No.1, November 2000; Pu Miao (ed.), Public Places in Asia Pacific Cities, Current Issues and Strategies. Dordrecht, The Netherlands: Kluwer Academic Publishers, 2001 （此书 2007 年已由中国建筑工业出版社出中文版）; and Nihal Perera, Society and space : colonialism, nationalism, and postcolonial identity in Sri Lanka, Boulder, Co.: Westview Press, 1998.

参考文献:

[1] 王颖，王凯 . 姿态、视角与立场：当代中国建筑与城市的境外报道与研究的十年（1999-2009）[J]. 时代建筑，2010，4：102-109.

[2] 薛求理 . 上海的“十佳”和香港的“十佳”[J]. 世界建筑，2000，9: 77-80.

[3] 薛求理 . 全球化冲击：海外建筑设计在中国 [M]. 上海：同济大学出版社，2006.

[4] 薛求理 . 中国建筑实践 （中英文双语版，第二版）[M]. 北京：中国建筑工业出版社，2009.

[5] 薛求理，建造革命：1980 年来的中国建筑 [M]. 水润宇、喻蓉霞译 . 北京：清华大学出版社，2009.

[6] 薛求理，世界建筑在中国 [M]. 古丽茜特译 . 香港：三联书店，上海：东方出版中心，2010.

[7] 薛求理，贾巍 . 北京国家体育场运行观察与分析 [J]. 建筑学报 , 北京，2009，9.

[8] 薛求理，贾巍 . 北京奥运建筑——“鸟巢”的城市影响及社会效应 [J]. 建筑师，No. 140, 2009，8：96-102.

[9] 薛求理，李颖春 . “全球 - 地方”语境下的美国建筑输入—以波特曼建筑设计事务所在上海的实践为例 [J]. 建筑师 . No.128, 2007: 24-32.

[10] 薛求理，彭怒 . “现代性”和都市幻象 - 日本建筑师 1980 年以来在上海建筑设计的空间分析 [J]. 时代建筑 . 2006，6: 124-129.

[11] 薛求理，周鸣浩 . 海外建筑师在上海“一城九镇”的实践 - 以浦江镇为例 [J]. 建筑学报 . 2007，3: 24-29.

[12] 杨冬江，李冬梅主编 . 为中国而设计 - 境外建筑师与中国当代建筑 [M]. 北京：中国建筑工业出版社 , 2009.

[13] 周鸣浩， 薛求理 . “他者”策略：上海“一城九镇” 计划之源 [J]. 国际城市规划 , 2008，2: 113-117.

[14] 朱剑飞．中国建筑 60 年 （1949-2009）- 历史理论研究 [M]. 北京：中国建筑工业出版社，2009.

[15] Cody, J W. *Exporting American Architecture, 1870-2000* [M]. London: Routledge, 2003.

[16] Koolhaas, Rem, Stefano Boeri, Sanford Kwinter, Nadia Tazi, Hans Ulrich Obrist. *Mutations* [M]. Bordeaux: ACTAR (arc en reve centre d' architecture), 2002.

[17] McNeill, Donald. *The global architect - firms, fame and urban form* [M].London and New York: Routledge, 2009.

[18] Klingmann, Anna. *Brandscapes: architecture in the experience economy* [M].Cambridge: MIT Press, 2007.

[19] Xue, Charlie Q. L. *Chronicle of Chinese architecture: 1980-2003* [J]. Tokyo: Architecture and Urbanism, No.399, 2003 (12): pp152-155.

[20] Xue, Charlie Q. L. *Building a Revolution: Chinese Architecture Since 1980* [M]. Hong Kong: Hong Kong University Press, 2006.

[21] Xue, Charlie Q. *L. World Architecture in China* [M]. Hong Kong: Joint Publishing Ltd., 2010.

[22] Xue, Charlie Q. L. and Chen Xiaoyang. *Chinese architects and their practice* [J]. Journal of Architectural and Planning Research, Locke Science Publishing Company, Inc., USA, 2003, 20 (4) : 291-306.

[23] Xue, Charlie Q. L. and Li Yingchun. *Importing American Architecture In China - a case study of John Portman & Associates' practice in Shanghai* [J]. The Journal of Architecture, Routledge (Taylor & Francis Group, UK), 2008, 13 (3): 317-333.

[24] Xue, Charlie Q. L., Nu Peng,Brian Mitchenere. *Japanese Architectural Design in Shanghai: A Brief Review of the Past 30 Years* [J]. Journal of Architecture, Routledge (Taylor & Francis Group, UK), 2009, 14 (5): 615-634.

[25] Xue, Charlie Q. L. and Zhou Minghao. Importation and Adaptation: *Building "One City and Nine Towns" in Shanghai, a case study of Vittorio Gregotti' s plan of Pujiang Town* [J]. Urban Design International, (Palgrave-MacMillan, UK), 2007, Vol.12: 21-40.

[26] Xue, Charlie Q. L., Wang Zhigang,Brian Mitchenere, *In search of identity: the development process of the national grand theater in Beijing, China* [J]. The Journal of Architecture, Routledge (Taylor & Francis Group, UK), Vol.15, No.4, 2010. pp.517-535.

[27] Xue, Charlie Q. L., Hailin Zhai,Brian Mitchenere, *Shaping Lujiazui: the Formation and Building of the CBD in Pudong, Shanghai* [J]. Journal of Urban Design, Routledge (Taylor & Francis Group, UK), May 2011, Vol.16, No.2, pp.209-232.

[28] Xue, Charlie Q. L., Lesley L. Sun,Luther Tsai, *The Architectural Legacies of Kisho Kurokawa in China* [J]. The Journal of Architecture, Routledge (Taylor & Francis Group, UK), Vol.16, No.3, 2011, pp453-480.

[29] Xue, Charlie Q. L., Ying Wang,Luther Tsai, *Building New Towns in China - A case study of Zhengdong New District* [J]. Cities, Elsevier, Vol.38, No.1, 2013. pp.57-69.

[30] Zhu, Jianfei. *Architecture of modern China - a historical critique*. New York: Routledge, 2009.

作者简介：薛求理，香港城市大学

原载于：《新建筑》2012 年第 6 期

第二章
理论与话语

中国当代实验性建筑的拼图
——从理论话语到实践策略

彭怒　支文军

对于自1990年代以来的中国实验性建筑而言，是难以勾勒出一个整体历史的。这不仅因为中国实验性建筑产生的时日尚短，还未显示出清晰可辨的发展脉络；也不仅因为研究者身处其中而“不识庐山真面目”；还因为历史思维总是易于以时间线索和因果关系把一定时期内的建筑事件构造为一个历史整体，却忽视了建筑历史自身的差异性。因此，在对当代中国实验性建筑的研究中，笔者试图在把握时间线索的同时尽可能观察一些共时性的现象；同时把建筑与社会、文化的关系理解为一种“产品”(Production)关系而非“表现”(Representation)关系[①]；而且从理论话语(不是建构理论体系)和实践策略的关系角度切入。那么，当代中国实验性建筑发展的图景将不再呈现为一个整体，而是一个拼图(Mosaic)：由多个小块图像构成的图像间并不绝对连续：有的图像清晰，有的模糊；有的图像尚在生成，有的已近消失。必须站在一定距离之外才能看清这些图像在整体上呈现的形状；也必须经历一定时间之后，这些图像的意义和相互之间的关系才能真正确立。

1. 中国当代实验性建筑与建筑的“实验性”

中国当代实验性建筑的“实验性”并非指形式上的革新（尽管常常表现为形式上的革新），而是一个针对当前的主流设计实践和学术意识形态而言的概念，它与西方建筑界的“先锋”[②]（Avant-garde）有不同的针对对象和内容。后者如卡里奈斯库（M.Calinescu）所言，是把“现代性”的某些因素——“戏剧化”、“激进化”、“乌托邦化”作为对“现代”的一种批判[③]，塔夫里（M. Tafuri）则在1960年代的“先锋危机论”中悲观地把建筑的先锋实践作为资本主义文化体制自身的一个部分，重新纳入历史的肌体里。中国当代实验性建筑针对的主流实践相对而言十分尴尬：一方面是作为样式被接受的现代主义，而又缺失了西方现代主义真正关键的问题和丰富多彩的内容，另一方面是商业主义和各种西方建筑新思潮的混合。而它针对的主流学术意识形态也比较复杂：1920年代末，建筑中的现代主义即以“国际样式”在中国登陆，但在1950年代初被打断了自然传播历程。而1920~1930年代被中国第一代建筑师从美、法引入的布扎体系（Beaux-Arts）和1950年代初从苏联输入的同样脱胎于布扎体系的学术体系会合后，与平面构成、立体构成等后来增设的现代建筑基础课程[④]一起构成了1980年代甚至延续至今的建筑教育的基础内容。布扎体系以传统的绘画训练和西方建筑的古典审美价值和标准（如以比例为中心的构图原则）为核心；平面、立体构成重视对抽象的平面和几何形体的操作——它们强调对建筑的图面表现而非对建筑本身的研究，强调建筑各个表面的形象以及造型而非空间效果和人对空间的经验，使得建筑师们过于关注建筑的外部形象。而“空间”才是现代主义最关键的理论问题。对于1978年以后接受国内建筑教育并处于实践前沿的多数第四代中国建筑师[⑤]来说，现代主义的“空间”概念并未在真正意义上深入骨髓。也正因如此，1980年代中后期开始大量引进的西方当代建筑思潮（如后现代主义、解构主义、极少主义等）与1990年代实践中的商业主义结合后，更多地呈现为一种样式上的不断翻新。

中国当代实验性建筑必须首先正视建筑本体内现代主义本质性内容的缺失，所以目前它的“实验性”多集中于建筑本体，而较少从建筑边缘以及非建筑领域进行。也正因为对建筑本体问题的重视，相对西方的先锋建筑，中国当代实验性建筑缺少了一种社会批判性。

2. 纷呈当下的事件：中国实验性建筑发展的几个标志

1993 年 11 月 12 日在上海美术馆开幕的“汤桦及华渝建筑设计公司作品联展”和同期进行的“21 世纪新空间”文化研讨会，意味着青年建筑师开始在公众面前崭露头角以及与文学界、美术界和哲学界主动的跨学科交流。1996 年 5 月 18 日，在广州召开了“南北对话：5 · 18 中国青年建筑师、艺术家学术研讨会”，着重探讨了中国实验性建筑的可能[6]。与会的建筑界人士有张永和、王明贤、王澍、饶小军、汤桦、朱涛、马清运等。尽管当时问世的实验性建筑较少而多集中于观念的讨论，但重要的是，这次会议第一次明确提出了“实验建筑”的命题。

1999 年 6 月 22 日 ~27 日，在艺术史专家和建筑活动家王明贤的不懈努力下，“中国青年建筑师实验性作品展”在第 20 届世界建筑师大会（北京）主题展建筑教育部分中展出。一方面这个展览曲折的参展过程[7]表明了实验性建筑与主流学术意识形态的对抗；另一方面也是一批实验性建筑作品的首次公开亮相。参展作品有：张永和的中科院晨兴数学中心、泉州中国小当代美术馆；汤桦的深圳电视中心；赵冰的“书道系列”；王澎的苏州大学文正学院图书馆；刘家棍的四川犀浦镇石亭村艺术家工作室系列；董豫赣的家具建筑、作家住宅；朱文一的“绿野 · 里弄”构想；徐卫国的国家大剧院方案等。2000 年 10 月 2 日 ~4 日，由“成都市家琨建筑设计事务所”轮值主办了“中国中青年建筑师学术论坛 · 2000 成都”，与会的除了前次展览的几位主要参展人外，还有王群和丁沃沃等。论坛议题有三点“1. 建筑未来的发展方向；2. 营造设计与建造的关系；3. 论坛的运作原则与延续发展[8]”。论坛此后将每两年举办一次，表明了这一批实验性建筑师的结盟和走向建筑舞台的前沿。

2001 年 9 月 21 日 ~10 月 28 日，由德国国际城市文化协会和柏林 Aedes 美术馆主办了题为“土木”的“中国新建筑”(Young Architecture of China) 展。张永和、刘家琨、马清运、南大建筑（张雷、朱竞翔、王群）、王澍以及艺术家艾未未的一些作品入选。这一事件表明这些青年建筑师已经进入国际视野，并试图在建筑文化的世界格局中寻求自身的定位。2002 年 8 月 25~9 月 5 日，由思班都市建筑艺术中心和 Aedes 美术馆在上海安福路主办“土木回家”展，则把这种在国际上的影响带回国内。

21 世纪初，北京大学建筑学研究中心 (2000 年 5 月 27 日）和南京大学建筑研究所 (2000 年 12 月 14 日）正式成立分别以张永和、“南大建筑”小组（由丁沃沃、张雷、王群、朱竞翔等组成）为核心的两个研究所集中了一批有实验性思想的青年建筑师，通过教授研究室和工作室双轨制的引入及其教学和设计实践，建立了主流学术体制外新的阵营，也影响了大批年轻的建筑学子。

3. 建造（Construction）、建构（the Tectonic）与非建构（the Atectonic）

自“建构”（tectonics）概念在19世纪德国建筑理论[9]中复兴之后，尽管关于建构的实践一直在现代建筑中存在，但是“空间”才是现代建筑理论的中心话语。1960年代，美国学者塞克勒（Eduard Sekler）重新把建构概念引入当代建筑理论的视野中[10]。在1963年题为“结构、建造与建构”（Structure, Construction & Tectonics）的著名短文里，塞克勒区分了结构、建造与建构的关系：“‘结构’是一个建筑作品建立秩序的最基本的原则，‘建造’是对这一基本原则的特定的物质上的显示，‘建构’是前两种方式的表现性形式（expressive form）[11]”，“当结构概念通过建造得以实现时，视觉形式将通过一些表现性的特质影响结构。这些表现性特质与建筑中的力的传递和构件的相应布置无关……应该用建构来定义这些力的形式关系的表现性特质[12]”。塞克勒建立了传统建构理论最基础的概念群及其关系，即建构是对结构（力的传递关系）和建造（构件的相应布置）逻辑的表现性形式。

弗兰普顿（K.Frampton）继承了塞克勒的建构学说，进一步以建构的视野和历史研究的方式重新审视了“现代建筑演变中建构观念的（实际）在场（Presence）[13]”以及“现代形式的发展中结构和建造的作用[14]”。皇皇巨著《建构文化研究——论19世纪和20世纪建筑中的建造诗学》（1995年）即为其研究成果的汇聚。作为建筑史家和理论家，弗兰普顿“对建构的关注最初源于对文丘里（R.Venturi）‘装饰的棚子’（decorated shed）概念的回应，在这个意义上，它对目前把建筑看成一种可消费的戏剧化布景（mice en scene）的时尚提出了批评[15]”。

“建构”在当前的中国建筑界无疑是一个最热切的理论话题。除去学界里大量不甚确切的理论转述外，王群先生在“空间、构造、表皮与极少主义[16]”（1998年）一文里，即从西方建筑发展中理论视野的转换角度切入“建构”的观念：“解读弗兰普顿‘建构文化研究’（一、二）[17]”则显示了他作为一位严谨的学者对弗兰普顿理论全面深入而又带有审视意味的研读。

张永和在“平常建筑”（1998年）一文里明确提出设计实践的起点是建造[18]（construction）而非理论；建筑的定义“等于建造的材料、方法、过程和结果的总和[19]”。可见其建筑创作理论已开始以“建造”为中心，并形成从材料→建造→建筑的形态→空间的创作逻辑。一方面，“材料”作为建造的起点、“空间”作为建造指向的对象和结果，具有重要的地位；另一方面，也暗含了对形式问题的回避，“形态”——房屋构件的关系——是一个接近“形式”的概念，但明显只与建造有关而无关于风格、历史、文化。这两方面反映出张永和的“工匠情结”和试图赋予建筑学学科自足性的努力。一个有趣的问题是，尽管张永和清醒

1	2	3
4	5	6
7	8	9

图 1-3. 江苏饭店改造
图 4-5. 北外逸夫楼
图 6. 杭州历史博物馆
图 7. “一分为二”
图 8. 浙江大学宁波理工学院图书馆
图 9. 杭州历史博物馆

地认识到形态的逻辑会与结构的逻辑产生矛盾[20]，也即是涉及了“建构”在忠实体现“力”的关系和表现性形式之间的“分离”问题，但为什么不提“建构”一词？

在“向工业建筑学习”(2000年)里，张永和把关于“建造”的创作理论扩大到整个建筑领域——“基本建筑”，它解决建造与形式、房屋与基地、人与空间的关系这三组建筑的基本问题，排除“审美及意识形态的干扰”以返回建筑的本质。在“对建筑教育三个问题的思考[21]”(2001年)中，张永和把中国式布扎体系和平面、立体构成混合而成的建筑教育基础内容所导致的建筑称为“美术建筑[22]”，并把“美术建筑”树立为“基本建筑”的针对物。至此，可以清晰地看到张永和的“建造”和以建造、空间为核心的“基本建筑”有意识地针对了目前中国建筑界主流学术意识形态的基本内核，这是他的创作理论在当前具有价值和现实意义的地方。出于对建筑基本问题的还原，他强调“建造”而非“建构”。因为在他看来，建造是比建构更基本的问题[23]。

张雷在其创作理论里也同时强调了建造和空间。在“基本建筑”(2001年)里他指出空间、建造、环境是基本建筑的核心[24]。建造则是“构筑材料的合理选择、连接和表达方式，而那些将建筑中材料与结构之间具有表现力的相互作用关系在视觉上忽视或使其含糊不清甚至进行虚假粉饰的做法基本上是反建造的[25]”。实际上，他对建造的定义描述了建构的概念。相对张永和而言，张雷强调“基本空间”更胜于“建造”，这在其设计实践中尤为明显。

张雷和张永和一样，都试图以空间和建造作为建筑的基础概念，建立建筑学科初步的自足性。这既弥补了中国建筑发展中现代主义本质性内容(空间)的缺失，也试图消除各种样式、手法和意识形态对建筑尤其是建筑形式附加的影响。他们倡导的“建造”无疑是对西方建筑话语中“建构”概念的一种还原，换而言之，其“建造”概念是“建构”在中国建筑界的一种适时的变体，也是立足于现代主义观念体系内的传统意义上的“建构”。[26]

最早自觉进行建构探索的建筑是丁沃沃的南京江苏饭店改造(1990~1991年)。江苏饭店原为1930年代的早期现代建筑，内框架结构，40cm厚外墙和混凝土框架共同受力，楼板和隔墙采用木构。老建筑在材料和结构体系上逻辑清晰，丁沃沃则顺此逻辑发展了改造工作。在建筑的后部加了2榀框架支撑一组混凝土筒体作为增加的卫生间，在外墙上则暴露这2榀框架。尽管这个建筑为了和老建筑协调，在暴露的混凝土框架表皮贴上浅黄泰山面砖(与老建筑的泰山面砖相近)的做法和框架本身的受力逻辑相悖(泰山面砖在视觉上有仿黏土砖受压的效果)，但是建筑师通过框架和外围护墙(轻质泰柏板外刷白色涂料)在面层材料选择上的对比以及外围护墙在立面上的退后(泰柏板仅厚10cm)，强调了结构体系和轻质围护体系在视觉形式上的截然不同以及框架结构的力量感。

江苏饭店改造具有历史意义的地方，在于它显示了一种从采用历史符号到自觉运用建构语言的转变。丁沃沃硕士期间曾在调研的基础上设计了南京夫子庙东西市场 (1986 年)，尽管采用了江苏传统民居符号作为装饰，但这些符号和建筑群的群体结构、街道空间的尺度上结合得较好[27]。对传统符号的使用自然和当时后现代主义建筑思潮影响国内有关。弗兰普顿曾以“建构”观念来针对后现代主义的“布景”，丁沃沃在江苏饭店改造中，自觉脱离了历史符号的运用，以建构的语言与历史建筑对话，相当具有启示性。设计这个作品前，她刚完成在苏黎世高工 (ETH) 的第一次进修 (1988~1989 年) ，ETH 建筑教育中对建构的重视无疑对她产生了影响。

崔愷的北外逸夫楼 (2001 年) 与江苏饭店改造的建构策略比较接近——强调混凝土框架与围护体系的对比。不同的是，崔愷在暴露的混凝土框架梁柱的表面涂刷透明防水涂料，更充分展现了混凝土本身的材料特性。

关于建构探索的例子在这批实验性建筑师的作品中并不鲜见。总的来说，有两个特点：第一，“建构”被还原为“建造”，因而多重视直接暴露结构的美感，而少有探索“建构”观念中构件的表现性特质对结构的影响，即对建构的工艺性特质方面没有充分展开。张毓峰的杭州历史博物馆在这方面是一个少见的佳作，这或许与他曾经当过车床钳工的经历有关。在该建筑的历史厅中庭采光天棚里，结构工程师在主梁方向布置了工字钢，但后来发现梁高不够。结构工程师原打算增加钢梁高度，张毓峰则要求在工字钢梁下加上 3 根钢的拉杆——既满足结构需要，拉杆的轻盈和丰富的连接细部也增加了钢梁的工艺特质[28]。第二，重视基于材料的构筑经验。王澍在“墙门”(2000 年) 里对夯土墙从夯筑到坍塌过程的经历和记录，“一分为二”(2000 年) 对砖的不同砌筑方式的形态表现反映了通过亲手砌筑来体验材料、工艺基本特性的探索过程。

前述例子基本上是在传统意义上进行建构探索，张永和在重庆西南生物工程产业化试验基地 (2001 年) 中则主动面对了“建构”的当代性问题——由于采用框架结构，建筑外墙 (包括围护和面层) 已不承重，那么应该在视觉上揭示这一特性。在这个建筑的侧立面以及中间通道的侧面，建筑师不仅暴露了内部框架梁柱，而且揭示了舒布洛克小型砌块相当于面砖的装饰作用。

在“建构”的实践之外，也有一些作品有意识地进行“非建构”实践。“非建构”(The Atectonic) 由塞克勒提出 , 他在分析斯托勒特住宅 (J. Hoffmann, Stoclet House, Brussels, 1911 年) 时认为“非建构是指从视觉上忽视或遮盖建筑中荷载和支撑的有表现力的相互作用关系的方式[29]”。

马清运在谈及他的浙江大学宁波理工学院图书馆 (2002 年) 外墙时，认为自己的态度是

"非建构"的，并不想在外部表现内部结构，而且各层窗户的上下错位布置以及窗户洞口的宽度到底是 1.3m 或 1.5m 并不重要，即使工人做错了尺寸也没有关系[30]这说明，他不仅不表现内部结构，而且也不想在已不承重的外墙上保存人们对传统构筑方式的记忆。在一系列都市巨构 (Mega-structure) 里，他确实一直采取了"非建构"的态度，甚至在上海安福路住宅改建（即"土木回家"展的展场，2002 年）中，外墙保留部分老建筑的水泥拉毛墙面单元，又增加新的面砖单元形成表面的拼贴关系，主要是重视面对城市时的形象，而与室内的功能（老的功能完全被置换）、结构（原有木楼板和隔墙也被弃用）毫无关系。可以说，这个小建筑仍然采用了"大"建筑的设计策略。这也许用库哈斯 (Rem Koolhaas) 在 *S*、*M*、*L*、*XL* 中关于"大"的观点能够解释，因为在这种基于城市策略的"大"的建筑中，传统的建筑学话语（当然包括"建构"）已经失效——建筑的内部和外部完全分离，内部处理功能计划的不稳定性，外部为城市提供构筑物的外观上的稳定性。那么，传统意义上的"建构"的真实性和表现性从何谈起？

4. 都市主义 (Urbanism)

近年来，中国的城市化经历了前所未有的进程。"世界上最大的农业人口向城市的位移，大规模的制造业向中国的迁移，城市中产阶级化生活的瞬间降临，城市中各阶层生活距离的加大[31]"。一方面，旧有城市形态急速膨胀或瞬间形成新的城市 (Instant City) 和城市片断；另一方面，城市又缺乏密度、变化和人的多种生活方式，表现为一种没有都市性的城市化 (Urbanism with no Urbanity)。对于这种无情的城市发展现状，传统建筑学对单体建筑物的偏重显然是无效的。在这方面，"都市实践"和"马达思班"的设计策略是基于都市立场的。

对于"都市实践"(Urbanus，刘晓都、孟岩、朱锫、王辉）和"马达思班"(MADA s.p.a.m，马清运、卜冰等）来说，在国内建筑教育阶段接受的多是现代主义的理性城市规划理论和 1960 年代的一些城市理论。后者包括林奇 (K. Lynch) 的《城市意象》、罗西 (A. Rossi) 的《城市建筑》、亚历山大 (C. Alexander) 的《模式语言》等——或从视觉心理角度重建城市的形象性，或用类型学方法返回一种人人可以理解的典型形式，或通过对人的行为模式的调查建立模式系统以创造良好的建筑——通过"完美设计"弥补现代主义理性规划的不足，但仍然相信城市的形态可以通过设计被确定[32]。

10 11 12
13 14 15
16 17 18
19 20

图 10-12. 深圳地王城市公园
图 13. 深圳公共艺术广场
图 14. 金宝街公寓
图 15-16. 宁波中心商业广场日景与夜景对比
图 17. 宁波中心商业广场局部
图 18. 宁波中心商业广场的立面拼贴
图 19-20. 鄞州区中心区方案

海外教育改变了他们对城市的立场并直接影响其设计策略。朱锫认为对他影响最深的是亚力山大的一次演讲[33]。1980 年代初，亚力山大曾在墨西哥小城 Tiguana 运用模式语言设计了一些低造价的、有院落的，居住者参与建造的住宅群，1990 年代初回访时发现，这些住宅根本已找不到原来设计的痕迹。亚历山大坦承设计的失败，让朱锫意识到普通人而不是建筑师，才是城市“设计”的主体。孟岩和刘晓都在迈阿密大学时，受到了老师克莱恩 (Ann Cline) 的影响。克莱恩当时正在为《自己的小屋——建筑圈以外的生活》(A Hut of One's Own: Life Outside the Circle of Architecture, 1998 年) 书稿作准备。克莱恩没有从抽象的理念出发，而是从微观的角度、从自己的生活和城市的事件切入城市[34]。在这个意义上，城市是谜的积累而非可确定的整体。

“都市实践”事务所的英文名 Urbanus 为拉丁文的“城市”，即已表明其实践基于城市的策略。在这个意义上，建筑、景观、城市设计在本质上都是城市设计。最重要的，城市设计不是赋予城市某种空间形态，而是使城市或城市片断具有活力，这体现在以下几个方面：第一，观察城市里平民的生活，因为城市的主体是平民。孟岩认为，城市应该“藏污纳垢”——容纳多种真实的生活，这就需要以非建筑师的眼光来领会平时熟视无睹的事情。深圳地王城市公园 (1999 年) 没有仅仅为城市提供可视的绿色景观，而是为市民的进入和各种活动提供可能，建成后甚至成为无家可归者和民工的一块栖息地。在水印森林住宅区 (北京，2001 年) 里漫步的概念是通过研究商贩如何进入步行道、儿童如何玩耍甚至宠物如何交流等获得。第二，对都市人工地形的再造和重塑，成为诱发各种活动产生的装置 (Device)。城市的一切构筑如建筑、道路、天桥、地面、地下通道等都被认为是城市的地形，类似于自然地貌。地王城市公园局部反复折起的地表诱发了孩子们的各种游戏，比如玩滑板。深圳公共艺术广场 (2002 年) 对城市中心地表隆起、折叠、包裹并形成建筑的界面，尤其是广场东南向北倾斜的大斜坡更能激发各种活动。第三，重视建筑对城市的界面。在北京金宝街外销公寓（2001 年）里，为避免过分强调户型和居住区内部环境，都市实践采用了建筑与红线的零距离以及建筑与城市地面的亲密关系，其目的在于积极介入外部的城市。

马清运在宾夕法尼亚大学时，曾跟随库哈斯早期合伙人沃尔 (Alex Wall) 做了大量城市设计的国际竞赛，比如威尼斯汽车站改造、波兰市中心设计等。1995 年，他参与了库哈斯的哈佛设计学院的都市研究计划，在 1996 年进行的将珠江三角洲研究结集出版的《大跃进》(Great Leap Forward, 2001）里担任了评论员。马清运认为，库哈斯在两个方面影响了他：第一，城市是设计策略的源泉；第二，建筑师对城市的态度是一种“回应”(reaction)，库哈斯认为，在后现代时期，知识分子已不可能先知先觉并抑制问题的发生，而应是对现实的回应；第三，每个项目设计前应先做研究，所有问题必须重新定义、重新判断以最终获得一个建设性的提案[35]。

库哈斯激赏亚洲城市的城市化现象，因为对于他们那一代来说，欧洲早已完成了激动人心的城市化进程。但马清运认为应对此保持清醒，因为中国的城市化没有城市性。城市性 (Urbanity) 对马清运来说，意味着同时获得效率和城市生活方式的多元化。

在实践中，马清运重视项目设计前期的研究。如在宁波中心商业广场 (2001~2002 年) 里，他们研究了传统的小型商业行为模式后发现，将平面进深最小化可以维护其多样性 (即差别)，因而没有在这个近 20 万 m^2 的大型商业中心采用典型美国式商业模式，即楼层面积最大化。马清运也重视城市的效率，主要表现在城市的密度和资源的最大利用上。在宁波高等教育园区规划 (2001~2002 年) 中，8 个学院被分成 8 个条状用地，每条用地采取最窄的面宽和最大的长度，形成“最大化贴面[36]”，使土地、基础设施、资金以及师资效率最大化。在鄞州区中心区方案里，马达思班仅用投标书中 1/5 的用地来规划有密度的城镇中心，而标书要求的城市密度恐怕相当于华盛顿哥伦比亚特区的密度。马清运极其重视建筑面对城市的形象和传达的信息。上一节我们分析了他的“非建构”策略，并不是说他不重视立面的表达，只是说他没有以传统的方式处理这一问题。他的方法实际上是“拼贴”(patchwork)，如果对比宁波中心商业广场乐购超市的夜景和白天的不同形象，就会发现广告作为系统之一被精心地组织在立面中，日夜不停地对城市散播着信息。在设计方法上，马达思班无疑采用了库哈斯式的图表法 (diagram)[37]。

如果说都市实践以微观的、碎片化的体验切入当代中国城市，马达思班则以宏观的策略回应城市化中的都市性问题。他们都没有强调都市的确定形态，趋向于把城市看成是一种未完成的完成 (incomplete completeness)。

5. 建筑的地域性[38]

建筑理论家仲尼斯 (A.Tzonis) 和夫人 1980 年即提出“批判的地域主义”(Critical Regionalism)[39]，以针对传统地域主义 (他们称为 Romantic Regionalism)、旅游地域主义和政治地域主义的设计策略——采用基于“熟悉化”(familiarization) 的传统建筑形式使人们产生一种似乎身临本民族、本地区共同历史的幻觉。批判的地域主义则采取“陌生化”(defamiliarization) 的策略——从新的角度重新阐释传统建筑，使人产生异化之感。1982 年以来，弗兰姆普顿发展了“批判的地域主义”，在“批判的地域主义：现代建筑与文化特性”（1985年）里归纳了它的7个特点[40]。总的来说，“批判的地域主义”是在抵抗现代建筑文化全球泛滥的同时，对地域建筑文化自身的再创造。建筑的地域性相对于“批判的地域主义”是一个更为广泛的概念，它随着文明的产生就已产生。建筑的地域性在本质上“具有一种杂交性。它包括了传统与现代的杂交、本土文化和外来文化的杂交、精英文化和大众文化的杂交等[41]”。尤为重要的是，建筑的地域性重视那些正在形成“传统”的，当下正在大量建造的“平民建筑”和“普通建筑”。

刘家琨的设计策略是基于建筑的地域，表现在如下几个方面：1.边缘的实践；2.精英文化与民间文化、大众文化的混合；3.对建造策略、建造工艺和技术手段中民间智慧的尊重；4.对传统乡土建筑原型的借鉴和抽象；5.对当下正在大量建造的“平民建筑”和“普通建筑”的关注；6.对场所——形式的重视；7.材料的当地性、当代性和大众性；8.对建构的关注等。

边缘的实践，主要指相对当代国际建筑文化，刘家琨采取了一种边缘的“后锋”姿态——小心翼翼地吸收全球性的技术，极少套用时髦的理论和手法，只有这样才能耐心地培育起一种基于经济落后但文化深厚的地区的建筑。刘家琨的建筑体现了精英文化与民间文化、大众文化的混合，正是这种“杂交性”保证了建筑地域性的发展潜力。作为小说家和建筑师的刘家琨，同时处于建筑和艺术的精英文化圈，然而也力图把民间文化和大众文化融入建筑。比如在鹿野苑石刻博物馆（2002年，成都）附近观察到农民用塑料膜包树的“大地艺术”等，激发他以“组合墙[42]”解决浇筑清水混凝土的困难；“红色年代”（2001年，成都）中为模特晚间走步设置的天桥，暴露和揭示了公众对性的潜在欲望，外墙百叶的红色选自崔健的CD封套，都明显是对大众文化的包容。刘家琨建筑的地域性也表现在对建造策略、建造工艺和技术手段中民间智慧的尊重上，他常以“水龙头态度[43]”来指建造策略中的民间智慧，但又认为不能直接使用和模仿，“怎么样最简单地做成，这就是原则，无束缚的原则。我实际上是想得到这种思维的状态[44]”。对传统乡土建筑原型的借鉴也是刘家琨建筑地域性的一面，比如罗中立住宅（1994年）的原型部分地取自于成都平原边缘的灰窑，何多苓工作室（1997年）的原型取自藏羌的碉楼。刘家琨建筑的地域性也表现在对当下正在大量建造的“平民建筑”和“普通建筑”的关注上。建筑师在设计艺术家工作室时采用砖混主题，是因为当地大量的农民住宅采用了砖混结构。刘家琨建筑的地域性也表现在对场所—形式的重视上，这体现在犀苑休闲营地（1996年）对场地的塑造以及主体性空间如何通过建筑秩序的建立和人的感知而确立。刘家琨建筑的地域性也表现在材料的当地性、当代性和大众性上。比如罗中立工作室中的卵石取自住宅后的小溪，成都艺术中心（1996~1998年）

21 22
23

图 21-22. 二分宅（王晖摄）
图 23. 鹿野苑石刻博物馆

外墙上的真石漆是1990年代流行的廉价的外墙材料，但建筑师要求工人作“手扫纹”，则对这一材料赋予了个人特色。

刘家琨建筑的地域性经历了逐渐成熟的过程。犀苑休闲营地比较直接地学习了巴拉干(L.Barragan)的手法，但在何多苓工作室等作品里，他开始找到自己个人的、本土的语言。2002年春，王方戟曾造访刘家琨，并提了一个问题：你怎么看待墨西哥建筑师利戈瑞塔(R. Legorreta)和其师巴拉干建筑的相似？王方戟其实暗指了刘家理的犀苑休闲营地与巴拉干建筑的形似。因为利戈瑞塔相比巴拉干，其大多数建筑多少有些手法化，当然其大型的城市建筑也体现出不同于巴拉干的独特创造力。刘家琨的答案非常绝妙：“与其说利戈瑞塔的建筑和巴拉干的相似，不如说西扎的建筑与巴拉干的建筑更为相似，因为他们在对资源利用的态度上是完全一致的[45]”。建筑师的回答表明，他已超越了学习的阶段，并领会了建筑地域性的实质。

6. 观念的建筑(Concept Architecture)

相对于具体实践的建筑和指向实践但未建成的建筑(unbuilt)而言，观念建筑(Concept Architecture)无疑游离于建筑实践和理论话语的中心，在建筑的边缘或非建筑领域里进行。李巨川和王家浩的实验性探索都指向了观念建筑。

1994年，李巨川开始了他的观念性建筑的研究。“与一块砖头共同生活一星期”（行为，武汉，1994年）是一个开端，在7天里，他携带一块红砖进行各种日常活动，意在日常生活中获得建筑性体验。“在武汉画一条30分钟长的直线”(行为/录像，武汉，1998年)是一个非常重要的作品，李巨川将一台小型摄像机固定在胸前，镜头朝地，按直线穿过了一个热闹的街区。这个行为直接针对了两个重要问题：“一是以几何学作基础的西方建筑学传统对时间经验和身体经验的排斥；二是当今各种政治、经济权力通过城市规划技术来实现的对个人日常生活的控制[46]”。在行走中，空间被时间化，几何学为身体经验所替代，城市规划的操作被日常生活的游戏所戏仿。“北京城墙2000”(与菲菲和莎莎环游北京二环路，行为/录像，北京)是一个以行为/录像形式完成的“梁思成纪念馆”，李巨川以加入到此时的城市生活的行为方式重写了消失的城墙。

1997年，王家浩和艺术家倪卫华组成“线性城市”小组。在1997年2月的“新亚洲、新城市、新艺术——中韩当代艺术展”（上海）和1999年2月的“IN/FROM CHINA——

24 25 26
27 28

图 24. 与一块砖头共同生活一星期
图 25. 在武汉画一条 30 分钟长的直线
图 26-27. 北京城墙 2000
图 28. 线性城市研究

中国艺术家/德国建筑师交流展”（柏林）里，他们把将展出所在地的城市地图分割成均等的20个方格，并制成投票箱。观众将门票投入自己居住所在地相对应的地图投票箱中。“线性城市”小组发表展出期间的完整的统计结果。这个展览作为一种对城市概念的新的组织模式，强调了城市的文本化和数据化生存的特征。通过各种因素分类的数据即时排序形成的统计集成，即“文本/数据化的虚拟城市”，取代以建筑形态和地域划分边界为特征的传统的物理性的城市概念。

观念建筑总是在建筑边缘和建筑本体之外，抽空传统建筑学的基石、颠覆其中心话语。正因为这种彻底的颠覆性和否定性，自身总是更多地表现为一种立场和姿态，随机应变地选择实验素材，保持自身和传统建筑学的距离，所以其作品的形式常常是反“建筑物中心主义”的，无论李巨川的身体性、时间性，还是“线性城市”小组的城市的非物理性，都直指建筑和城市的核心概念，提供了一种反思的视角。

7. 结语

建筑的“实验性”有如下特征：对抗性、革新性、边缘性、开放性。也就是说，它的本质在于永远向建筑的主流学术意识形态挑战，与主流设计实践相对抗；它反对已经被接受的、成为习惯的建筑价值观，而表现为一种革命和创新的精神，一旦“实验性”建筑的形式、思想被广泛接受，其阶段性使命即告完成，必须重新上路；它远离建筑的正统和中心话语，并把自身置于社会和文化的边缘；它没有既定的规则和方法，表现出一种不断创造、不断自我消解的倾向。

当前的中国实验性建筑的主流实践，是缺失了本质性内容的现代主义以及商业主义和各种西方建筑新思潮的混合。它所针对的学术意识形态以中国式布扎体系和平面立体构成教育内容的混合为内核。由于中国建筑发展的特殊性（与现代主义隔绝了30年），从西方建筑语境来看，当前中国实验性建筑的大多数“实验性”是相当传统、“后锋”的，实际上，我们也不可能脱离西方建筑语境来谈中国建筑的“实验性”。如果中国当代实验性建筑在发展中弥补了现代主义的本质性内容，当它目前针对的主流学术意识形态瓦解后，“实验性”建筑必须重新针对已被接受的建筑价值观，以确立批判性的实践策略。

（感谢李翔宁、柳亦春在论文写作中提供的帮助，也要感谢诸位建筑师热心提供资料）

注释

① 可参见 Demetri Porphyrios 的 *Notes on a Methodology*, AD, 1981, 6/7。

② 王群先生曾系统研究西方建筑先锋理论。他在南京大学建筑研究所开设的“当代建筑理论”课程中的第二讲塔夫里与现代建筑的理论与历史；第五讲，曲米的先锋理论；第六、七讲，库哈斯与当代城市的解读都涉及了西方建筑先锋理论。

③ 可参见赵毅衡《卡里奈斯库 < 现代性的五个面孔 >》P103、《今日先锋》，生活 · 读书 · 新知二联书店，1994 年 5 月，也可参见伯格 (Peter Burger) 、坡乔利 (Renato Poggioli) 各自的先锋理论。

④ 早在 1947 年梁思成先生从美国回来，就曾在清华大学建筑工程学系 (后改为营建系，建筑系) 一年级的“预级图案”课程里安排了平面构图、立体构图等现代建筑教育的基础内容。1950 年代初却受到批判而被取消 ,1980 年代后它们在各建筑院校里先后设立。

⑤ 参见彭怒“中国建筑师的分代问题再议”，“中国特色的建筑理论框架研究”第二次年会会议论文，杭州，2002 年 5 月。

⑥ 可参见饶小军，“实验与对话——记 5 · 18 中国青年建筑师、艺术家学术研讨会”，P80，《建筑师》，Vol.72，.1996/10。

⑦ 可参见王明贤，“空间历史的片断——中国青年建筑师实验性作品展始末”，P1-8，《今日先锋》天津社会科学出版社，Vol.8,2000

⑧ 中国中青年建筑师学术论坛 · 2000 成都会议资料，P1。

⑨ 可参见如穆勒（K. A. Muller）、波提社 (K. Botticher) 和散帕尔 (G. Semper) 对建构的研究。

⑩ 可参见 Eduard Sekler.*Structure Construction& Tectonics*, P89-95,S,Structure in art and in Science. Brazil, New York,1965;Eduard Sekler, *The Stoclet House by Josef Hoffman*, P228-244；D,Fraser, H, Hibberd. M. LeVine. *Essays in the History of Architecture Presented to Rudolf Wittkower*, Phaidon, London,1967。

⑪ 转引自 K.Frampton, Intruction of Reading Materials on *Study in Tectonic Culture*, P 1-2, Columbia University Graduate School of Architecture. Planning and Preservation. Fall 2000

⑫ 可参见 Eduard Sekler, *Structure, Construction &Tectonics*, P89. Structure in Art and in Science,, Brazil, New York 1965, Reading Materials on “Study in Tectonic Culture”.

⑬ 可参见 K. Frampton, *Introduction of Reading Materials on Study in Tectonic Culture*.P2, Columbia University Graduate School of Architecture, Planning and Preservation, Fall 2000

⑭ 同上，P2。

⑮ 同上，P1。

⑯ 可参见《建筑师》Vol. 84,1998 年 10 月。

⑰ 可参见《A+D 建筑与设计》2001 年 1、2 期。

⑱ 张永和肯定了其建造所对应的英文为“construction”，见彭怒“张永和访谈录音整理”，2000/4/11, 北大镜春园。

⑲ 可参见张永和“平常建筑”P28《建筑师》, Vol, 84,1998 年 10 月。

⑳ 同上 ,P32。

㉑ 可参见张永和，“对建筑教育三个问题的思考”，《时代建筑》，2001 年增刊。

㉒ 同上，P40

㉓ 2002 年 8 月 25 日下午，笔者在上海安福路的“土木回家”展研讨会中，向张永和求证了这个问题。

㉔ 可参见张雷，“基本建筑”，第二届上海国际建筑展暨青年建筑师论坛上的讲稿，2001/1/5，转引自 Far2000 论坛 / 建筑设计。

㉕ 同上。

㉖ 可参见张雷，“基本空间的组织”，《时代建筑》，2002/5 期，2002 年 9 月。

㉗ 可参见丁沃沃，“传统与现代对话”，P28，《建筑学报》，1998/6。

㉘ 彭怒、柳亦春等，张毓峰访谈录音，浙江大学建筑系，2002 年 1 月。

㉙ 可参见 Eduard Sekler, *The Stoclet House by Josef Hoffman*, P231，Essays in the History of Architecture Presented to Rudolf Wittkower, Phaidon, London, eading Materials on "Study in Tectonic Culture"

㉚ 可参见彭怒、支文军、马清运访谈，中信泰富广场 Wagas 咖啡馆，2002/7/7。

㉛ 可参见 Urbanus，"都市实践"，《时代建筑》，2002/5 期，2002 年 9 月

㉜ 这些理论对他们的影响可见于朱锫的《阿尔多 · 罗西城市建筑理论研究及我的实践》(清华大学硕士论文，1991)，马清运的"克 · 亚历山大近著《住宅生产》"（世界建筑，1987/3）等。

㉝ 当时，朱锫在美国加州伯克利大学攻读城市设计硕士。

㉞ 可参见彭怒， Urbanus 访谈，深圳茂源大厦，2002/6/19。

㉟ 可参见彭怒、支文军、马清运访谈，中信泰富广场 Wagas 咖啡馆，2002/7/7。

㊱ 可参见马清运、卜冰，"浙江宁波高等教育园区——一中都市文化的速成".P26.《时代建筑》，2002/2 期，2002 年 3 月。

㊲ 可参见《时代建筑》，2002/5 期，2002 年 9 月。

㊳ 此节缩引自彭怒，"本质上不仅仅是建筑——刘家琨建筑创作分析 1994-2001"中第四节"实践的策略：建筑的地域性与社会性"。

㊴ A. Tzonis, L Lefaivre, Grid and pathway, 1980. A. Tzonis, L Lefaivre and A. Alofsin, "Die Frage des Regionalismus" in Fureine andere Aechitectur (M. Andriyzky, L. Burckhardt and Hoffman, eds, Frankfurt, 1981)

㊵ 1. 批判的地域主义是一种边缘性的实践；2. 批判的地域主义是边界清晰的建筑，"场所一形式"的产物。3. 批判的地域主义赞成把建筑的实现看作建构现象；4. 批判的地域主义对光等场所特有的要素的重视；5. 批判的地域主义强调触觉与视觉同等重要；6. 批判的地域主义努力培育一种当代的、面向场所的文化，而不是把自己隔绝起来；7. 批判的地域主义努力在文化的间隙中成长兴盛。参见 K. Frampton, *Critical Regionalism: Modern Architecture and Cultural Identity*, P327, *Modern Architecture: a Critical History*, Thames and Hudson, the Third Edition, 1997

㊶ 可参见单军，"建筑与城市的地区性——一种人居环境理念的地区建筑学研究"， P289，清华大学博士论文，2001。

㊷ 为了让毫无经验的农民现浇清水混凝土，刘家琨采用了双层墙体，里层先砌 120mm 厚的页岩砖，外层后浇 120mm 厚的混凝土。先砌组合墙内侧的砖墙，农民可以砌得很直，以此砖墙为内模后，在其外侧浇混凝土就易于保证垂直度。

㊸ 在城郊某住宅里，建筑师先注意到一个水管做得有些特别的扶手，顺着楼梯上去，扶手结束处突然出现了一个水龙头而且正在出水。

㊹ 可参见彭怒，刘家琨建筑师访谈录音整理， 2000/10/16，成都市家琨建筑设计事务所。

㊺ 转述自建筑师与笔者、汪建伟先生等 2002 年 7 月"在上海新天地的一次聚谈"。

㊻ 可参见李巨川，"关于我的工作"。

参考文献：

[1] 相关建筑师访谈， 1999-2002.

[2] K. Frampton (Editor). *Reading Materials on "Study in Tectonic Culture"*, Columbia University Graduate School of Architecture Planning and Preservation, Fall 2000.

[3] K, Frampton, *Studies in Tectonic Culture: the Poetic of Construction in Nineteenth and Twentieth Century Architecture*, The MIT Press,1995.

[4] 《时代建筑》杂志 .

作者简介： 彭怒，同济大学建筑与城市规划学院教授
支文军，同济大学建筑与城市规划学院教授
原载于：《时代建筑》2002 年第 5 期

表皮：私人身体的公共边界

唐克扬

2004年的上半年，冯路为《建筑师》杂志做一期“表皮建筑”的专辑。约稿时，众作者曾经为两个关键词“surface”、“skin”的译法作过专门的探究。我个人倾向于将surface译为“表皮”——更确切地说，“表一面”（sur-face），字面意义如此一目了然；倒是通常被“硬译”成“表皮”的“skin”却是个纯然生理学的名词，“皮肤”的字面上并没有强调“表”的方位含义。

这种咬文嚼字并非基于字源学家的考据偏好，而是一种思想方法上的有意识的选择。这样一来，却更能反映出围绕着surface和skin而展开的西方建筑理论中不同类比的渊源和特征，或者说，能够反映出这两个英文理论术语的语源意义和（社会性的）“身体”实际构成之间的对照关系。[①]比起在建筑再现的问题上一味纠结形象—形式的做法[②]，在当代建筑学中引入“身体”是无比切题的，因为形象—形式的自我指涉容易形成逻辑循环，基于身体的表述却有了“输入”—“输出”，也即空间经验和建筑表达的转换关系，而且这种源自下意识的“输入”还十分强劲。

可是这样一来，也就出现了不可回避的问题——对于围绕着表皮或皮肤的西方建筑理论在中国的接受程度。我首先感到好奇的是，如果表皮或皮肤所代表的“身体建筑学”[③]所涉及的，必不可免地是一个社会学意义上的身体（body），我们是否可以绕过文化和社会组织（social embodiment）的分析，而停留在“纯粹建筑”（借用建筑网站ABBS的热门栏目名）的领域内，而抽象或技术性地谈论这两个词的含义呢？如果中国建筑传统对于“身体”的理解本基于一个独特而自为的社会现实，[④]那么什么又是当代中国建筑师借鉴西方表皮或皮肤理论的基础呢？

1. 安妮·弗兰克之家和刘伶的天地

两个在概念层面上成为建筑现象的例子可以更好地陈述我的问题。

第一个例子是安妮·弗兰克之家。1942年，已经占领阿姆斯特丹的盖世太保勒令犹太人奥托·弗兰克一家离开，弗兰克先生决定和他的一家人（后来又有另一家人加入）藏匿在运河街（Prinsengracht Street）他公司后院的“配楼”中。从外表上看，“主楼”已经人去楼空，谁也想不到，后院和“主楼”通过狭窄过道相连的“配楼”里居然还藏着8个活人。1944年8月，由于一个不知名的告密者的出卖，这个看不见的藏匿所被德国警察秘密查抄，安妮和她的一家人被遣送到不同的集中营先后死去，仅有她的父亲幸存了下来。

很大程度上，这所“没有建筑师的建筑”的独特之处，在于这“世界中的世界”是一个逃逸性的，外在“表皮”暖昧不清的空间，这种情形并不是因为建筑物理边界的缺席，而是因为暴力与死亡的恐惧造成的心理压力，使得西方社会中的公众领域和私人身体之间的通常关系变了形。私人身体——这里的私人身体不完全是生理意义上的，而是构成公共和私人领域边界的最小社会单元——不再向外部世界开放，它唯一的选择是将公众领域从自己的意识中排除出去。但这种排除又是令人极度不适的，因为向外交流的渴望依然存在——全家人日夜惊恐不安地倾听着抽水马桶的声音是否会引起邻居的怀疑——因为他们无法确认外在世界和他们的避难所之间的物理厚度，生怕藏匿所里的声音讯息泄露了出去；另一方面，那种缫绁生涯里的对于交流的渴望和由于恐惧外部世界而造成的自我封闭又是相互冲突的。归根结底，社会性的身体依赖社会交流活动确立起它和外在世界的边界，这种边界的确立，本质上是一种有意识的和有明确的文化旨归的社会性感知，既确保自身独立，又鼓励向外交流。当这种交流活动的正常进行受到干扰时，生理性的身体甚至也会出现心理性的不适，就像《安妮日记》所描述的那样[⑤]。

与之相应的中国例子是“竹林七贤”之一的刘伶，当刘伶裸裎于自宅内，时人颇以为怪，而他的解释是他本是“以天地为栋宇，屋室为裈衣”，而提问题的人却遭他反诘“诸君何为入我裈中？”[⑥]

这不是简单的文化相对主义的“辞令”，它反映了两种文化对于社会性身体与建筑的关系的不同“再现”，在安妮之家的例子里，无论安妮一家是否真的忘却了那个世界外的世界，那道边界都不曾消失过，内和外，公共和私人领域的清晰区分和对立构成了建筑表皮类比身体表皮的社会学基础。而对于刘伶而言，建筑边界所代表的向外交流的可能并不重要，重要的是边界所界定和保障的特定社会空间内的主—仆关系，使得主人在他占有的空间中向内获得绝对的权力，可以令生理性的身体扩展到建筑的边界，也可以收缩到一沙一石[⑦]——换言之，这里并没有确定的“边界”。而在私人空间之外并不是公共领域，而是另一重同构的由主—仆关系主导的社会空间秩序，穿越这两重秩序之间的边界时最重要的事情并不是建筑空间性质的变化，而是母空间的权力客体变成了子空间的权力主体，每一层级的权力主体而不是客体才有能力获得对于空间的明晰的社会性感知。在这种内向性的社会感知中不存在公共领域和私人身体的鲜明区分和戏剧性的对峙，只是室内颠倒过来成了室外，而对于“大”（公共性）的寻求往往要在“小”（家庭或私人领域）的同构中完成。身体的领域由此是模糊的和不确定的，随时都可能由于社会权力关系的变更而改变，或换而言之，在这样的社会性身体中，重要的是一种确立界面的动态关系（interfacing），而不是作为界面（interface）的表皮自身。[⑧]

在概念层面上举出这两个例子并不是支持僵硬的“反映论”——“中西社会文化心理的差异在表皮理论中的反映”——的话题。我只是想指出，任何“纯粹建筑”的要素都不是不可拆解和卓然自立的，表面上“非建筑”的社会学机制有时候恰恰是建筑属性的一部分。[⑨]进一步地分析，我们看到对构成表皮和身体的关系的建筑解读中有两组重要的机制，其一是内和外的关系，其二是由确立界面（interfacing）而带来的深度，或由内外交流转换的动态机制，在对应的建筑社会学意义上，第一组关系可以看作是公共领域和私人领域的静态空间布局的问题，这一组关系更多的时候是二元的，基于传统表皮理论的一般语义上的；而第二组则牵涉到在全社会范围内，集体意义上的身体是如何结构性地、动态地和公共领域发生关系，这和社会性身体的一般性功能有关系，也是在近年理论家对表皮建筑的新发展以及对传统建筑扮演的颠覆性角色感兴趣的一个主要方面。

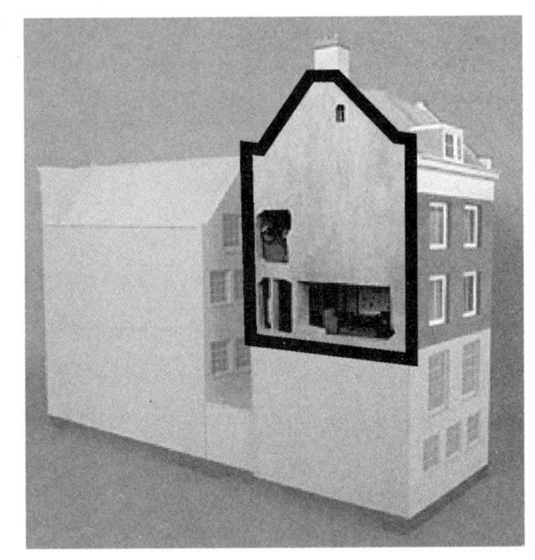

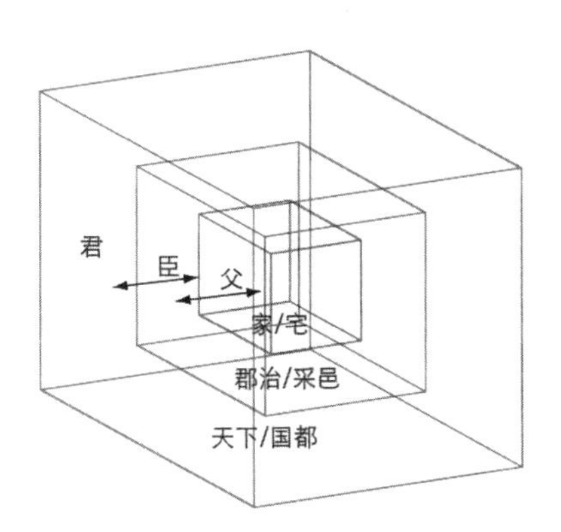

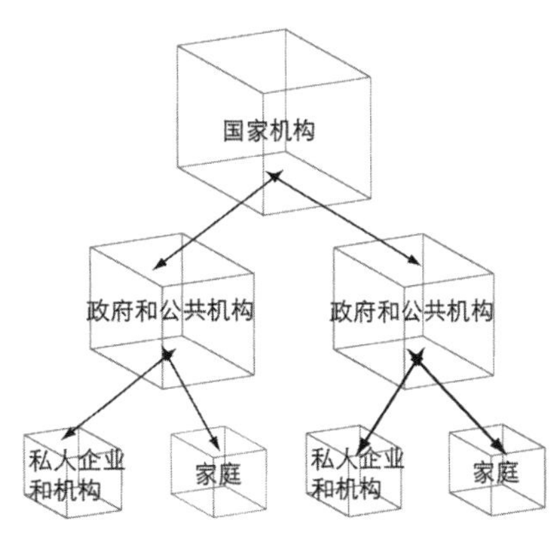

1 2
3

图 1-2. 安妮之家是纳粹大屠杀时期一个德国犹太商人弗兰克在阿姆斯特丹的藏匿所，最终由于告密，安妮之家被盖世太保发现，全家人在战争结束前死于集中营——它只是一幢普普通通的四层建筑的配楼 [annex]，通过一个经过伪装的旋转门与主楼相连，终日拉着严严实实的窗帘，因为少女安妮・弗兰克在藏匿期间写下的日记而知名

图 3. 刘伶故事的空间概念图示

2. 非常建筑表皮

回到具体的建筑问题上来，我想就这两组机制分析一下一位罕见的具有理论自觉的中国建筑师，也就是张永和 / 非常建筑的一些作品，尽管张永和并不曾个别地表现出对于“表皮”的兴趣，通过使得建筑单体和更大的环境或组织——大多数时候这种环境或“组织”在张永和的语汇中等同于“城市”——发生关系，张永和实质上发展出了一整套的“表皮”策略，比任何中国建筑师都典型。虽然这种“表皮”——准确说，应该是建筑和环境的“界面确立”（interfacing）——的思想已经和它在西方理论中的既有语义有一段距离，它却反映了建筑师在中国从业的社会情境中，建筑空间中私人领域和公共领域交流的可能性和局限性，从而揭示出表皮在中国建筑实践的上下文中可能的意义。

我所感兴趣的第一个问题是张永和对于“内”和“外”的看法。

张永和不止一次地说过他所理解的建筑“不是从外面看上去的那一种”[10]，并进一步将这种区分概括为空间、建造和形象 / 形式的区别，他对许多当代西方建筑师的好恶常常受制于这一套标准[11]。值得我们注意的是，第一，张永和认为建筑的根本任务是创造空间而不是形象，我们并不十分惊奇地看到，张永和在用“空间”置换“形象”的同时也用“个人”置换了“公共”，从“外”退守到“内”，远离“大”而亲近“小”。当早期张永和相信“小的项目可以很大程度上得到控制”而“体现建筑师个人趣味”时，他所欣赏和笃信的“非常建筑”理念带有一种私人化的色彩。这种色彩并不完全系之于项目的公共或私有性质，而是以保有私人化的建筑体验为理由，有意或无意地否定了调动公共参与，或说一种自发和全面的建筑内部交流的可能，从而将建筑内部彻底地转换成了一个紧密的被置于建筑师一个人的全能知觉支配下的空间；第二，张永和对“内”的喜好是建立在对“外”的舍弃之上的，当建筑的内部空间和隔断在建筑师心目中占据首要位置的时候，当私人经验可以自由地放大为公共使用时，一般意义上的建筑表皮就显得无足轻重，它的社会性就悄悄地被尺度转换中对于建造逻辑的关注所遮盖了。对于更愿意退守于内的建筑师而言，外表皮只是一个语焉不详的遮蔽，是精英建筑师不情愿地和社会发生一点关系的物理边界。在这个意义上，表皮自身的逻辑和建筑内部并没有特别紧密的关系，它和建筑外部的城市语境的联络也往往显得特别薄弱——当然，这并不全然是建筑师的问题，而很大程度上出于社会情境的局限。

对于张永和作品中大量出现的无上下文的室内设计（不考虑基地问题）和私人委托设

计（基地通常坐落在野外、水滨等环境中），上述的情况还不至于为单体建筑的设计理念带来太多的麻烦，我们不妨用这种观点来分析一下他的一个基地情况比较复杂的公共建筑设计，例如中科院晨兴数学中心。

在张永和回归中国情境的过程中，这个早期设计所面对的社会问题颇有象征意味。“足不出户的数学家”将一天中的全部活动，即住宿起居和研究工作放在同一幢建筑里的做法是不多见的，乍看上去，这样的设计要求和西方“住家艺术家”（artists in residence）的制度或许有某种渊源关系——但更重要的是，张永和对这种要求的建筑阐释暗合于中国大众对于数学家的漫画式图解：那就是为这些潜心学问，不谙世事的知识分子提供一个自给自足的“城中之城”的体验。然而，其一，尽管建筑的内部空间单元之间有着丰富的一对一的视觉和交通连接，但它却没有现代城市不可或缺的公共交流区域，以及一个共享的空间逻辑，数学家的大写的“城市经验”恐怕只整体上存在于建筑师的全能知觉中；其二，建筑师显然认为建筑的社会交流的功能已经在内部完成了，因此外表皮的设计只是解决实际问题的过程，它的“一分为三”，即固定玻璃窗用于“采光和景观”，不透明铝板用于通风，铝百叶用于放置空调机等等，似乎机巧，但却是整个设计中逻辑最松散的一部分，建筑师并没有解释为什么这座自足的、向内交流的微型城市还有向外开窗的必要，城外之城的都市“景观”对城中之城的都市“景观”又意味着什么，而采光口、铝百叶空调出口和自然通风口的并存也暗示着中国建筑的实际状况并不鼓励一个密实一致的表皮。[12]

导致有效或无效的公共空间的社会权力秩序，以及这种秩序和更高层级的社会秩序的接口问题，在大多数评论中都令人遗憾地缺席了。[13] 事实上，就晨兴数学中心所在的中关村地区的既有文脉而言，从大的方面而言，我们有必要研究单位“大院”的社区组织模式——这种模式导致数学中心这座微型城市实际上是在一座特殊的小“城市”之中，其时熙熙攘攘，交通严重堵塞的中关村大街所意味着的真正的城市生活密度，因此与这座建筑无关；从小的方面而言，此类型的为“高级”知识分子而特别准备的“象牙塔”式的建筑在科学院系统，乃至整个北方科研机构的固有的使用方式，也值得作历史和社会学的探究。一旦将个人空间的尺度扩展到公共领域，哪怕只是几个房间的小机构，和外界仅有几个“针灸”式的小接点，都不得不面对这样一个明显的事实，空间不是自为的，“内”“外”关系并不取决于静态的物理分隔，而更多地在于社会性的权力分配和动态的交流方式，这种交流不仅仅完成了使用者对于外部环境的感知，也确立和保障了他在空间秩序中的地位。

不难看到，张永和自己完全意识到这个问题，这牵涉到我感兴趣的第二个问题。那就是他近年来做得较多的“城市的工作”，试图通过动态的方法来确立建筑单体和环境的关系，从而把建筑外表皮的问题解决，或说有点不可思议地“化解”在建筑内部。

关于建筑表皮和其内部的关系，在当代西方建筑师中存在两种典型的态度，其一是文丘里式的，建筑表皮的与其内在空间之间是不同的逻辑，表皮强调形象和交流的功能可以脱离建筑内部而存在[14]，库哈斯对于超大结构 (mega-structure) 的表皮与其内部不相关的看法也可以归入此类 。[15] 还有一种则是“表皮建筑” [借用大卫 · 勒斯巴热（David Leatherbarrow) 的指代] 的逻辑，这种逻辑也强调建筑表皮的交流性功能，但是与文丘里不同，这种交流是基于一种“无深度的表皮”，援用德勒兹的概念，在“BwO”即无器官的社会身体中，形象并不是我们习惯称之为表面性的东西，因为这个没有深度的表皮下面其实什么都没有了，其结果必然是一种是“浅建筑”，就是表皮代替结构成了建筑的主导因素，私人领域和公共领域彼此交错渗透，形成无数可能的交流层面，这种动态的交流层面不仅仅是建筑自身形态构成的依据，它将建筑设计的流通 (circulation)、空间配置、结构逻辑、视觉关系等传统考量一网打尽。

3. 非常表皮策略

我们注意到，张永和以动态方法“化解”表皮问题的策略和这两者都不尽相同，很多时候，他始之于一种西方理论原型，终之于一种对于中国文化理想的无社会情境的援用：

其一是用“同构”或“可大可小”的思想来搁置边界问题。有人批评张永和是“以建筑的方法来处理城市问题”，但是与罗西的“一座建筑就是一座城市”，或是富勒的基于生物体宏观和微观机构同构的“薄面” (thin surface) 不同的是，张永和的“可大可小”不完全是基于建筑形态、社会组织或是生物机理层级之间的相似性，而是基于我们上面所讨论过的那种刘伶式的对于社会性身体的内向的分解能力。当建筑师在复杂的社会权力关系大框架中并无真正的改变能力的时候，他可以拆解和编排的并不是宏观的权力运作的空间，而是身体的每一部分和多种形态之间的关系。

“在他的装置中，作为体验主体的人体，并不是抽象的人体或带有社会性的人体，而是具体的、个体的甚至是生理意义上的身体，很多时候，人体是被‘分解’成局部的……对体验主体的分解同时也分解了空间。”[16]

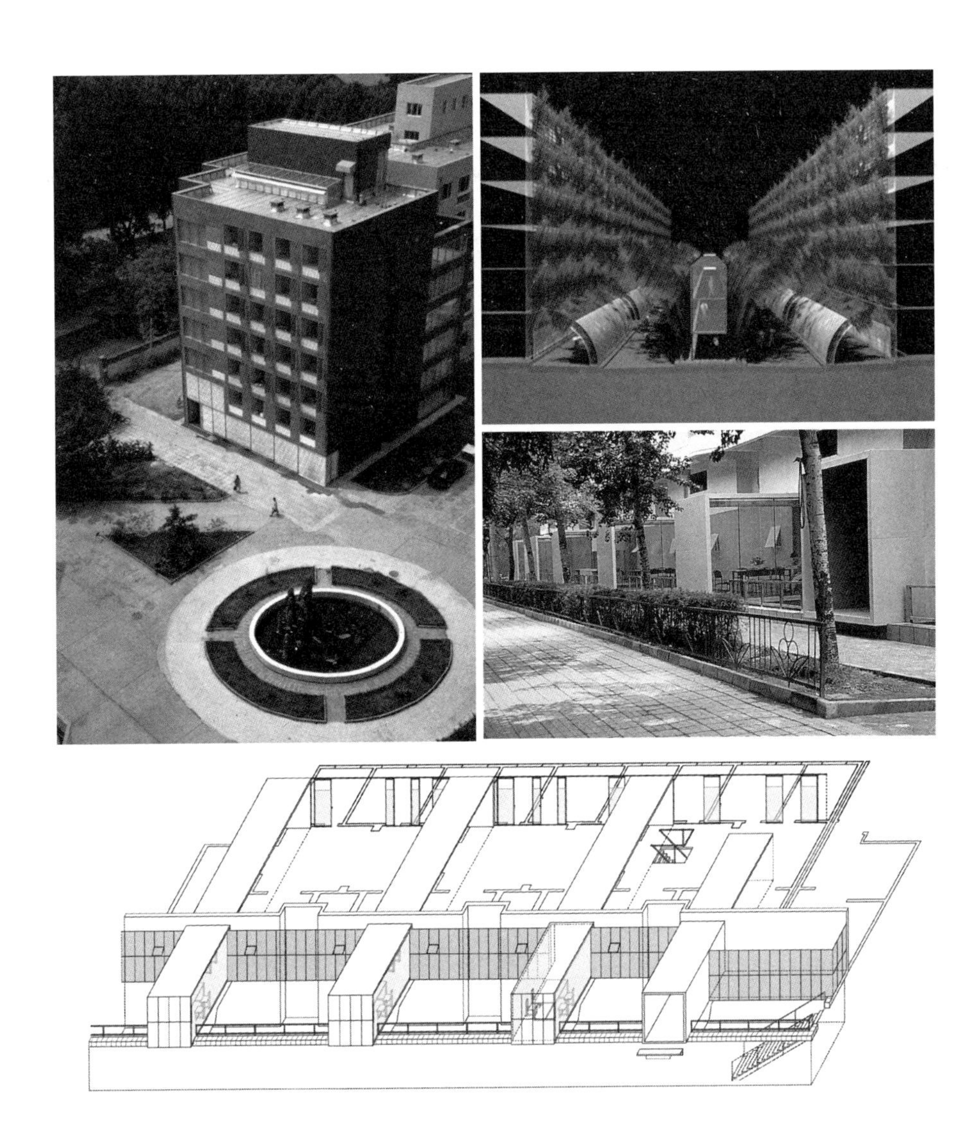

4 5
6
7

图 4. 中科院晨星数学中心
图 5. 竹化城市概念分析
图 6. 水晶石总部街景
图 7. 水晶石总部轴测图

严格地说来，被拆解出来的并不仅仅是“身体的局部或器官”，而是一个个“小我”，因为无论是“手、臂、指”（地上 1.0m ～ 2.0m[17]）、“头”（“头宅”）或是眼（“窗宅”）都不是简单的官能，而是独立的有体验能力的主体，因此，对这样的空间的体验并不是托马斯 · 霍贝斯（Thomas Hobbes）的“有机身体”（organic body）的部件在 Cyborg 时代的高科技集成，它们更多的是“我观我”，即身体的“向内拆解”，一种私人身体内的尺度变换游戏。对于我讨论的题目而言，有意义的是这种“同构”或“可大可小”的思想通过对传统资源的创造性利用，得到了一个“全能”的可以把不同尺度变换为相应机能的身体。通过“我观我”，通过把内外的物理边界转化为私人身体内部的动态机能，表皮即身体和公共领域的边界问题，并没有被彻底解决，而是被暂时搁置了。

我认为，在公共领域和私人领域的关系中，中间尺度的街道 / 广场等等是一个关键性的要素，而中国建筑传统中，讨论得最多的是宏观尺度的规划理论和微观结构的院落构成，缺席的恰恰是这个“街道”。在张永和的“城市针灸”和“院宅”理论之间，“城中之城”的建筑内部空间经营和作为真正的“城市工作”的总体规划之间，语焉不详的也恰恰是这个中间尺度。这种语焉不详的根本原因并不在于建筑师，而在于街道所承载的公共空间及其社会组织形式在中国城市中从来就没有高度发展过，自然也没有完备的研究和描述。“城市针灸”是把建筑单体和更大尺度的城市单元的接合部简化成了一个个没有空间特性的点，而内向性的“院宅”的最薄弱的地方恰恰是它着意回避的和外部城市的物理边界。[18]

其二是“可观”的理论使静态的内外关系转化为单向的“取景”或“成像”，张永和本人明确地反对“可画的建筑”，但他的被我概括为“可观”的理论，却暗合于当代西方理论中用“取景”（picturing）来代替“如画”（picturesque）的努力[19]。和晨兴数学中心的消极“景观”不同，他的柿子林别墅中的“拓扑景框”是一个动态的，把人在建筑中的运动本身作为成像过程的“取景”。这种“可观”的理念再一次指向传统中国建筑理论中的“借景”， 其关键之处并不在于“对景”而在于“拓扑”，在建筑设计无力改变外部景观的情况下，通过在建筑单体内对观看的主体的拆解与重新组合，创造出了足不出户便可以对外在景观进行内部编排的可能，这正是中国古典园林里“因借”的要义。

对于我们讨论的主题，我们再一次看到，这一因借过程并没有真正消解身体的社会性边界，“可观”强调的，依然是建筑内部对外部的单向观看而不是穿透身体表皮的双向交流，归根结底，由身体的向内拆解，这种观看是对外部世界在身体内部投影的摆布，是“我观我”。这一点在张永和的“影 / 室”中固然很清楚，在“街戏”这样诉诸露天的都市经验的装置中则更意味深长，路人透过小孔看到的不仅仅是城市，更主要的，是他们同时作为观者和被观者的表演，归根结底，是装置的发明者对于自己同时处于观看和被观看地位的想象。“我观我”的势在必然，是因为在高密度的城市中，观看并不是自由的，而是有着产权、商业利益和政治因素的掣肘，如果没有一个特定的社会机制鼓励观者/被观者的双向交流，“借景”最终只能是无人喝彩的独自表演。

张永和的水晶石公司总部一层改建最彻底地贯彻了他“建筑单体向城市空间发展”的主张，它的使用情况也因此变得更富有意味。原有建筑的板式立面被改造成了楔入街道空间的凹凸起伏的建筑表面，这似乎暗示着更多的公共领域和私人领域的接触面和交流机会，然而，正如上面所分析的那样，没有建立在撤除一切屏障基础上的公共可达性，没有街道经济所具有的商业动机，仅仅将会议室搬到临街并不能使得私人机构公共化，吸引路人对于建筑内部活动注意的也不见得是字面意义上的透明性[20]，而是一种奇观性的效果——这种奇观的更可能和更直接的影响也许是，会议室中的人由于意识到了路人观看的可能，可能会形成一种下意识的表演心态，从而使得这种观看成了不自觉的自我审视。

其三，在张永和“可观”和“同构”的修辞中，间或掺杂着“自然”的神话，或者说，建筑单体之外的那个问题重重的公共领域无法忽略时，张永和有意识地用“自然”来置换了它，或是用“自然化”（“竹化”）的方法予以包裹和柔和。以“竹海三城”为例具体地评论这种策略：在张永和定义的基本城市单元，即“院宅”或微型城市内，自然（竹林）成为缺席的公共生活的替代品，社会实践为内向的审美活动所替代，在这一切之外，自然（茫茫竹海）则成为未经描述的却是更现实的城市公共空间的填充物或替代品，再一次，当公共空间和私人领域的对立由自然观照的主体和观照对象之间的古典性的关系所替代，矛盾似乎消失了，表皮也变得无关紧要，因为这两者之间的审美契合已经在私人身体内部完成了。

这种思路在“两分宅”中不可避免地发展成了一种放之四海而皆准的自然和宅院混融的模式。自然在这种模式中成了“可观”的客体，一方面身体的向外观望变成了两翼之间的内向自我审视，一方面通过用自然包裹、屏蔽和搁置身体之外的空间，有意模糊尺度间的差异和边界的物理宽度，达到“同构”的可能。但在实际的城市情境而不是在理想的野外基地中，这种概念上普适的，以柔和自然对生硬城市空间分野的调和并不是充分自由的。例如，在张永和的重庆西南生物工程基地的设计中，即便有大江恰好邻近，即便行人确实可以自由地使用他留出的“穿透”，由大街横穿建筑经公共坡道下降到江边，这种“穿透”和建筑空间和公众之间的交流并没有必然关系，而“自然”也并没有和建筑发生必然的联系，原因就在于这三组平行的空间——街道 / 商业机构 / 自然——之间并没有任何真正的社会性“穿透”，为物理和建筑性的“穿透”提供动机。[21]

4. 表皮建筑的中国身体

值得说明的是，以上有关表皮理论在中国接受的社会情境的讨论之所以选择张永和，并不是因为张永和可以被看作“表皮建筑”在中国的最有力的鼓吹者，也不是因为张永和的作品可以涵盖所有和表皮理论相关的社会情境，而是相对来说，张永和及其非常建筑可能是近年来最具备理论自觉的中国建筑实践，围绕着他们的作品，有我们所能看到的关于建筑师如何介入公众领域的最直率的尝试，以及沟通中西建筑理论实践的最大努力。因此，以上的分析并不是针对某个建筑师个人的批评，而是对构成当代中国建筑创作的一般社会和文化语境的检讨。

对于表皮问题的中国接受，固然有许多理论本身的逻辑可以探讨，公共空间和私人领域的边界却是一个最突出的问题。究其根本原因，恐怕还是在于当今中国的复杂社会情境，虽然以一院一家同构千城万户的规划理念的社会基础已经不复存在，那种真正具有结合公共空间和建筑内部的社会条件却远未形成——尤其是由于政治条件、人口压力和安全原因，在中国几乎不存在真正意义上的“公共建筑”或公共建筑空间，这种空间强调的不仅仅是公共可达性，更主要的是大众参与社会生活的公共精神[22]，在这种情况下，张永和这样的“非常”中国建筑师面临的两难是，一方面普遍的个人主义倾向令他们由意识形态后退到对于“纯粹”的建筑语言的研究，并由于这种中立的态度成为中国建筑师圈内唯一坚持文化理想的群体，另一方面，在面对“宅院”之外的、他们所不熟悉的市井生活时，社会问题的复杂性又使得他们多少有些力不从心。由于中国建筑实践操作的“国情”，以张永和为代表的中国“非常建筑”的探索，对于建筑空间向城市公共生活的过渡并无太多干预的可能。诸如水晶石公司建筑表皮那样的实验，最终只是在形式上完成了对建筑内部空间逻辑的外部注释，却不能通过真正的公共参与和内外交流，达到对建筑深度的向内消解和建筑单体的城市化。

我的讨论无意于由这样一种现实而苛求于“非常”建筑师们的探索努力。由于建筑意义上的公共领域在中国的出现充其量不过是一百年的事情，新的建筑类型和滞留的社会情境之间的巨大张力是完全可以理解的。我的讨论的主要意义在于，由于这种社会情境的改变比建筑革新要来的慢得多，中国式的“表皮建筑”一定比世界任何国家都存在着更多的社会性问题，而中国建筑师也最没有理由无视这些社会性的问题。但是或许出于对意识形态的厌烦，中国建筑师对于建筑理论的解读却很少顾及社会现实，他们的“城市”、“观看”、“空间”通常都是无文化色彩，无上下文和“纯粹建筑”的，对于表皮理论的理解可能也很难例外，这不能不说是一个令人遗憾和不安的现实。正如朱莉亚 · 克里斯蒂娃所说的那样，当代艺术形式的危机或许就是它在将不可见的社会结构可见化的过程中。扮演了一个过于消极的，有时甚至是自我欺骗的角色。如果我的讨论能对这种情形起到一点小小的改变作用，那它已经达到了自己的目的。

注释：

① 见 Peter Collins, *Changing ideas in Modern Architecture*, McGill-Queens University Press, 1998, pp. 149-159. 这种生物学渊源虽然由来已久，但只是在 1980 年代以后，“身体”成为西方政治和消费文化的一个主导性议题，而生物和医疗技术的发展使得 virtual reality 和 cyborg 等等在工业和军事上的应用日趋成熟后，这种渊源才超越了隐喻的层面，成为可以操作的技术现实，参见 ③。

② 往往存在于“纯粹建筑”中的逻辑循环在于用没有澄清的前提互相证明，例如，“空间是抽象的，不依赖于功能的”，其中空间、抽象和功能这三个概念都有待澄清，而且它们是异质不成序列的概念，在各自没有撇清之前，实际无法互相证明，比如什么是“具象”的空间对应何种“抽象”的空间？

③ 一般语义上的“表皮”或“皮肤”在英文建筑文献中的出现由来已久，（如 *Architecture Reader* 这样的入门书在谈到密斯对西格拉姆大厦的包裹时用 skin 指称它的玻璃幕墙），这和 1990 年代以来的对于表皮理论的格外关注虽然关系极大，但却不宜混同，我在本文中的第一部分涉及的“表皮”侧重于由“表皮”和“皮肤”的一般语义所传达的当代西方建筑的社会情境，在第二部分中，我谈到的“ 表皮”侧重于近年来为西方建筑师所瞩目的表皮理论，严格说来那只是关于表皮的，在特定的上下文中提出的有其边界的建筑理论，这种理论主张对于表皮在当代建筑学中所能起到的作用寄寓了极大的热忱，例如 Tzonis 和 LeFaivre 称之为“皮肤热衷”（skin rigorism）的理论。我认为，1990 年代“皮肤热衷”的出现有其历史和社会情境，这种理论主张和表皮的传统意涵的距离本身就已经隐含着这种情境的影响。参见 ①。

④ 这里，“中国建筑传统”和对应的“身体”，相对于中性的、无上下文的“建筑”和“身体”是具体的指称，但这并不意味着可以无边界并不加区分地看待“中国建筑传统”之中的共性，某种文化表述的共性总是来自相应实践的共性，如果其中一种是经验的，那么另一种总是实证的。

⑤ 安妮之家是一个西方建筑中不多见的内倾性（Introspective）——而不单纯是内向（inward）——的空间，这个空间没有室外、只有室内，对于外在世界的全部社会意义，他们不得不向内寻求。在长达三年的藏匿时间里，

这种一家人同处斗室中严重的非正常状况（尤其对西方人而言）显然带来了问题。最新出版的《安妮日记》披露了处于青春期的安妮因此而来的苦恼，她“渴望着找一个男孩子接吻”，哪怕他就是彼得，那个她从前并不喜欢的一起藏匿的另一家的孩子，因为她别无选择。本质上，那个室外的丧失不仅仅是自由的丧失，而是文明人身体中的社会功能的错乱与丧失。参见 H. A. Enzer and S. Solotaroff-Enzer edited, *Anne Frank: reflections on her life and legacy*, University of Illinois Press, 2000。

⑥ 《世说新语 · 任诞》:“刘伶恒纵酒放达，或脱衣裸形在屋中，人见讥之。伶曰：' 我以天地为栋宇，屋室为裈衣。诸君何为入我裈中？' ”。

⑦ “以天地为屋宇”“以屋宇为衣服”，以及“以衣裳为天地”（“黄帝尧舜垂衣裳而天下治”）“以衣裳为（社会性的）皮肤”（“衣裳隐形以自障蔽”），这些似乎自相矛盾的命题所反映的不是观念的冲突，而是身体基于不同尺度的社会情境中不同权力主体的隐喻。关于衣服和皮肤的讨论，参见 Angela Zito, *Silk and Skin: Significant Boundaries*, A. Zito and T.E. Barlow, Body, Subject and Power in China, University of Chicago Press, 1994. 文章可参见 Robert Harris,*Clothes Make the Man: Dress, Modernity, Masculinity in Early Modern China*、关于表皮和身体的“向内拆解”的关系，可参见 Isabelle Duchesne, *The Body Under Body, the Face Behind the Face:Corporeal Disjunctions in Chinese Theater*. 两者均见于 1998 年在芝加哥大学召开的学术研讨会 *Body and Face in Chinese Visual Culture* 论文集，本文最初发表时该书尚未公开印行。

⑧ "interfacing" 的提法见于 Nikolaus Kuhnert 和 Angelika Schnell 对于 fold 的讨论，见 *Arch plus*, April 1996, n.131, p.12-18,74-81。

⑨ 本文的社会学视角并不排斥“纯粹建筑”的思考方式，但是，针对特定的问题，特定学科的方法将有助于抓住那些关键的问题，例如 Avrum Stroll 认为，两类事物不具备表面的显著特性，光影、雷电这样非物体的事物，以云、树和人为各自代表的非固状物、线形物和活物。他的讨论显然有其特定的讨论边界，如果说亨利 · 莫尔的雕塑由体积的运动而展现其表面的重要，树木由于在尖端展开的分裂生长的方式导致了“表面”不如“网络”更能涵盖其生命活动的规律，像人这样的活物的“表面”的复杂性则首先是因为社会规范有时可以逆转个体行为的纯粹生物性。

⑩ 张永和用苏州园林为例说明他的内向型建筑理念的中国渊源。

⑪ 比如弗兰克 · 盖里。见方振宁与张永和的访谈。

⑫ 正如勒斯巴热的讨论所暗示的那样，高能耗的工业建筑是现代表皮建筑的重要源头之一，依赖于人工通风的封闭式建筑施工和维护也是表皮的概念赖以生成的一个技术前提。建筑理念的贯彻在中国同样受到工业产业发展状况的掣肘。

⑬ 很多时候，建筑的使用状况，比如像康明斯公司负责人重新颠倒“颠倒办公室”的做法，如果并不能被看作是判断建筑设计成功与否的惟一标准，至少是检验现实社会秩序中人们对建筑空间的理解的难得资料，值得注意和记录。

⑭ 关于这种态度和“身体”的关系，萨拉 · 罗丝勒谈到男同性恋者对于装扮他们的皮肤的看法，并将其比附于建筑师对于建筑皮肤的理解。这篇文章总体的言下之意是，化妆，正如一切着装一样，都是一种人为的形象性的东西 (image)，和内里的血肉，骨骼，脏器等等都没有什么必然的联系。男同性恋者施以脂粉，着女儿装，是一种形象和实在之间的游戏，“看起来像什么”与“实际上是什么”之间有一种奇怪的张力，或说让人不安和焦虑的东西。见 *Sarah Kroszler, Drag Queen, Architects and the Skin*, in The Fifth Column, v.10-n.2/3, 1998, pp.52-57。

⑮ Rem Koolhaas, *Conversation with Students*, New York: Princeton Architectural Press, 1996.

⑯ 张路峰，“非常体验”，《建筑师》非常建筑专辑，2004 年四月号，总 108 期，44 页，45 页。

⑰ Zhang Yung-ho, *Time City p.s. Thin City*, in 32, v.1, p.11.

⑱ 以唐代长安为例对中国规划史的讨论中，人们发现，街道实际上是中国城市建设中最薄弱的环节，作为里坊分隔的“大街”并不承载公共生活，它的非人尺度更多地只适用于小城市之间的军事性分隔。而里坊内部的大量“坊曲”很可能只是自发建设后形成的“零余空间”。这种情形也反映在胡同的历史形成上并延续至今。

⑲ James Corner, *Eidetic Operations and New Landscapes*, 见 James Corner ed., Recovering Landscape: essays in contemporary landscape architecture, New York, Princeton Architectural Press, c1999.

⑳ 其实在这种情形下，文丘里的“装饰性的遮蔽”（decorative sheds），比如一层不透明的巨幅广告遮盖，可能比透明隔断更坦率有效地构成公众和商业机构之间的实际交流。

㉑ 朱涛，“八步走向非常建筑”，《建筑师》非常建筑专辑，2004年四月号，32～43页。

㉒ 这里所使用的“建筑意义上的公共领域”所指的不仅仅是为公众所使用的空间，而是培育现代西方意义上的“公共精神”的空间，有广泛的公共资助和参与，由此民国初年的北京中央公园被看作是中国近代公共空间建设的开始，而中国古代的那些公共使用的著名空间的公共性，例如唐代曲江，则仍有待讨论。

作者简介：唐克扬，南方科技大学教授

原载于：《建筑师》2004年第8期

作为研究的设计教学及其对中国建筑教育发展的意义

顾大庆

1. 大学固有观念中对研究和教学的不同功能的界定

把设计教学作为学术研究，这似乎是一个伪命题。这主要出自于我们对现代大学的研究和教学两大基本功能的认识，即通过学术研究来发展知识和推进学科的发展，通过教学来传授知识。把设计教学也当作为一种学术活动，就混淆了研究和教学的本质区别。现代大学之固有观念有几个源泉。欧洲的古典大学把大学作为纯粹的教学机构，其中尤以英国为典型。大学作为学术研究机构的概念开始于19世纪末的德国，大学的功能重在发展知识，这个德国模式最终影响到世界各地。而美国的大学体制一方面兼容德国和英国的模式，另一方面又有所超越，强调研究为社会服务，学术与市场结合。[①]如此，在研究和教学之间逐渐形成了重研究轻教学的固有观念。

但是，情况也不是一成不变的。现在已经被国际上普遍接受的卡内基模式（Ernest Boyer, 1990年）把学术活动分为相互关联又各自独立的四种，即发现、运用、综合和教学。所谓的“发现”最接近于传统概念的“研究”，重在发现新知识；“运用”是指把知识和方法推广运用的工作，设计实践应该属于这一类；“综合”则是指将已知的知识和方法加以综合整理，从而建立知识体系的工作，如编著教科书这类的工作；其关键点是“教学”，即教师在课堂上授课的活动也作为学术活动的一种。[②]在本质上，卡内基模式仍然把发现（传统意义上的研究）和教学作为两种不同的学术活动，前者的功能是发展知识，后者则是传授知识。卡内基模式的重要意义在于它把教学提升到与传统的学术研究同等的地位。它为大学的各种学术评估建立了一个更加合理的体系，并提供了一个理论依据。但是在发现、运用、综合和教学这样一个学术“链”中，人们还是把发现新知识、新方法的活动作为一切学术活动之首。

很明显，设计教学作为学术研究这个论题的前提是设计教学是不是也具有发现新知识和新方法的功能。

2. 剑桥大学建筑系险遭关闭以及 *arq* 关于建筑学研究的讨论：设计即研究？

现代研究型大学之重研究轻教学的倾向对建筑教育的冲击，最典型的莫过于英国剑桥大学建筑系在几年前的遭遇。英国受政府资助的大学普遍实行所谓的研究评估考核（RAE），每四年一次，根据学系的研究表现评分定级，进而影响到经费划拨。而研究表明的评定依据主要是论文发表的数量（后改为数篇最重要的论文，更强调质量）和合约研究经费的数量。名次排列以 1 为最低，5 为最高，5 * 为特高。剑桥建筑系在 1996 年的考核中得 5 分，意指个别领域居世界领先，其余领域国内领先。[③]即使如此，与剑桥大学其他学科普遍得 5 *的结果比起来，建筑系的国内领先地位在大学内反而成为最没有地位的少数。这样的情况在以后的几年并没有得到改进，建筑系的“不良”表现超越了剑桥大学当局能够忍耐的限度，终于在 2004 年底传出大学欲关闭建筑系的消息。大学的关闭决定其实是对建筑系的最后通牒，迫使建筑系做出实质性的改变。最终的结果是建筑系依然存在，作为改善研究表明的主要措施之一就是保留建筑学专业教育前三年的 Part I（相当于非专业本科学位），关闭 Part II（相当于专业硕士学位）。同时，建筑系明确以可持续性设计作为研究的主要方向，通过师资重组来充实研究队伍。查看有关教学资料，似乎设计教学全由不属于大学学术编制的专职设计教师担任，由此估计，这些设计教师是不纳入 RAE 考核的。[④]

剑桥大学建筑系的遭遇无疑是建筑教育的噩梦，这一个别事件其实反映了在当今研究型大学中建筑教育所面临的普遍问题。我们可以从这个案例的分析中得到很多的启示。其中最重要的一点，就是如果发展研究必须以放弃建筑教育的根本任务为代价，岂不是本末倒置？如果研究并不能推进建筑教育的发展，它对建筑学的意义有何在？进一步，什么才是建筑学的研究？

英国剑桥大学筹办的建筑学术刊物《建筑研究季刊（arq）》在1990年代中曾展开了一个关于“建筑学研究”的专题讨论，可以作为我们的一个借鉴。讨论的目的在于为英国的建筑教育在大学的研究评估体制方面的整体落后表现寻找出路。丁·豪克斯（Dean Hawkes，1995年）在“中心与边缘——关于建筑学研究的本质和实践的反思”一文中指出，英国在1960年代以“牛津会议”为转折点，开始确立建筑教育作为大学教育的一部分，并大力发展建筑学研究。作为这一转变的主要推动者的莱斯利·马丁（Leslie Martin）意识到建筑学欲在大学立足，必须要做研究，而研究的方式则来自于理科的学科模式。问题是在这一学术方针的指引下，教师对建筑学以外的学科所表现出的兴趣甚于建筑学学科本身，结果是建筑学研究的边缘化。作为对这段历史发展的回顾与反思，豪克斯认为这些研究偏离了建筑学的中心——建筑设计，并没有真正起到推动建筑学发展的作用。因此他提出将“批判性实践（Critical Practice）”作为建筑学研究的主要方式，即“大学的学者以一种必要的和合理的批判态度进行设计创作实践，并且其实践的客观性和方法性能够在一定程度上对教学起到促进作用。”[5]

豪克斯的观点在大卫·尤曼斯（David Yeomans，1995年）的“设计是否可以被认为是研究？”一文又得到进一步的发挥。尤曼斯指出，在RAE中表现突出的一些建筑院系，他们的成绩其实并非完全出自于建筑设计相关的研究，而是来自于建筑技术和环境技术的研究，其结果是造成了设计教师和研究人员之间的两极分化。为了应付研究评估的压力，有些学校不得不聘请兼职教师来上设计课，好让全职教师有时间去作研究，如此必然导致设计教学水平的下降。这些问题的一个症结就是没有能够区分建筑物研究（Building Research）和建筑学研究（Architectural Research）。“建筑学校所传授的是设计过程，因此，设计过程才应该是研究的主题。”[6]但是，尤曼斯也认为不是所有的设计实践活动都可以被视为学术研究，只有那些提出新问题，创造新形式，发展新方法的设计实践才可以被视为是具有学术价值的。

3. 关于建筑学研究的再思考：设计教学作为研究

设计实践作为学术研究的一个合理的替代方式反映了建筑学仍然是一个以设计实践为基础的学科的本质。但是在大家的注意力集中在设计实践上时，还是有人把思考的方向转向了设计教学本身，开始探讨设计教学作为研究的可能性。艾瑞克·派瑞（Eric Parry，1995年）在“设计思维——工作室作为建筑设计研究的实验室”一文中以AA（Architectural Association）的毕业设计教学作为案例，指出设计的新想法和新形式先在设计教学中进行实验，要到若干年后才影响到设计实践。在1978~1979年的毕业设计指导教师名单上有着库哈斯、哈迪德、屈米等如今已经脍炙人口的名字。这些年轻人当时还不为外界所熟悉，也并没有多少实践的机会，设计教学就成了他们发展探索性想法的理想实验室。[7]

大卫·鲍特（David Porter，1996年）的“黑板上遗存的草图——设计教学作为设计研究”一文则在柯布西耶的设计研究工作室（ASCORAL）和AA的毕业设计工作室之间作比较。前者是柯氏为自己设立的一个专注于设计研究的机构（同时还有一个专门负责实际项目的事务所），其目的在于探讨一些与手头的实际设计项目没有直接联系，但是对设计具有普遍意义的问题，这些研究后来被收集在他的两本《模数》中。鲍特还引用了派瑞关于AA毕业设计工作室的分析，并对这类研究性的设计工作室的特点作了归纳：一，超越单纯的解决个别设计问题；二，关注建筑设计的基本问题；三，发展出相应的设计方法；四，具有发表的成果。[8]用一句话来概括，这种研究性的设计教学其主要目的在于通过教学的手段来发展知识和方法。在这个过程中，教学和研究是紧密联系在一起的，教学既是手段（研究的手段），也是目的（学生的学习过程）。回到文章开头所提到的大学传统观念中教学和研究的分离问题，建筑设计教学中这种教学即研究的特点是发展符合建筑教育自身规律的研究方向的关键。这不仅超越了研究型大学教学和研究分离的固有观念，也超越了卡内基模式对学术性的四种方式的定义。

以AA的毕业设计工作室作为一个案例，说明在派瑞和鲍特的心目中，这类研究性的设计教学比较适合于建筑教育的某个特定的阶段，也即学生的设计能力相对来说比较成熟的阶段。如此，这个设计教学即研究的概念就太过狭窄了，这也是派瑞和鲍特的观点的局限性。如果我们把眼光放开来，设计即研究的概念其实贯穿于建筑设计教学的全过程。而在设计教学的不同阶段，研究的特点有所不同。我们不妨借用传统研究中的基础研究和运用研究的概念，把设计基础教学（这个基础教学的概念不限于设计入门教学，而是建筑教育的基础教育阶段）中的研究称为基础研究，把高年级或研究生的设计教学中的研究称为运用研究。笔者以为设计基础研究才是建筑设计教学中核心之核心。

4. 设计教学之基础研究和运用研究

毋庸置疑，设计教学之基础研究和运用研究的共同点在于它们的目的不是传授书本上现成的知识和方法，或者是单纯的设计技巧和方法的训练，而在于发展新的设计知识和设计方法。

设计运用研究所关注的是当前建筑设计实践中所面临的热点问题，比如城市化问题、绿色建筑问题、居住问题、旧城改造问题等。在设计教学中研究这些问题有着较之于实践事务所更为有利的条件。教学机构没有实践事务所那样的经济压力（这只是相对而言，教学机构面临的是不同的经济压力），在课题的设定上有很大的自由度。而且教师作为学者具有更广阔的视野，以教师的学术兴趣为中心，可以通过连续的教学研究达至积累知识和发展方法的目标。学生在参与这类研究性教学的过程中所学到的不仅仅是解决当前设计焦点问题的特定方法，而且学到了进行设计研究的工作方法。作为一个实践事务所，MVRDV 同时也参与设计教学活动，他们的教学观是对设计运用研究的最好注释："这些年来对于设计教学的态度有多种，其中之一就是强调研究而不是设计。比如说，FARMAX 这个课题就是研究极度高密度的问题。关注当前社会中的焦点问题并试图提供答案，如此我们便进入了研究领域，是为解决城市和建筑问题的特定方式。"[9] 我们可以看到这类研究性的设计教学正成为一种流行的趋势，不但在大学的环境中有研究型的设计教学，也有很多的设计事务所以研究的方式来运作，两者在本质上是相通的。这样的例子不仅在国外有，在国内也有。这些研究型的设计事务所其实就是一所所设计学校。

顾名思义，设计基础研究关注的是建筑设计的最基本的问题。在一般的大学学科中，这类基础知识和方法都是已经发展完善的知识体系，教学的任务就是传授既定的知识和方法。如果要研究，也只是以提高教学的效率为目的的教学法研究。为什么说在建筑设计教学中这类基础研究有所不同呢？

建筑设计教学的运作方式是设计教师通过辅导学生的设计，把自己的设计经验传授给学生。设计教师由于所受教育和个人设计偏好的不同而有意识或无意识地具有不同的设计态度和方法。一般的设计教学会在每个设计课题时重新调换设计教师，使得学生有机会接触不同的设计态度和方法。所以设计教学的本质是以设计教师个体为基础的经验传授。建筑学作为大学体系的一个科目虽然由来已久，但是它的教学方法还是传统的师徒制，与大学追求知识的基本精神不相符合。从这一点来说，本文所强调的设计教学基础研究，它的出发点就是要超越个别的经验和偏好，关注于设计的基本态度和方法。建筑设计的基本原则并不复杂，但是如何来运用这些基本原则，却有着不同的诠释，于是就存在不同的设计态度和方法。某个历史阶段或某个特定的建筑师群体分享共同的设计态度和方法，如何来总结和归纳这些设计态度和方法就是设计基础研究的任务。我们要特别注意设计教学研究与理论和历史研究的本质区别，设计教学研究并不以描述为目的，而是要将一种设计态度和方法通过设计课题的设置和教学传授给学生，它的最终成果是一个具有可操作性的、并且被证实行之有效的设计教学大纲。

设计教学研究的一个典型案例就是“德州骑警（Texas Rangers）”在1950年代关于现代主义建筑设计方法的教学实验。[10]当时，本哈德 · 赫斯里(Bernhard Hoesli)、科林 · 罗(Colin Rowe)和约翰 · 海杜克(John Hejduk)等的理想是发展一套足以与巴黎美院（Ecole des Beaux-Arts，布扎）的教育体系相匹敌的传授现代建筑设计的教育体系。作为刚刚跨出校门不久，没有多少实际设计经验但充满理想的年轻人，他们达到这个目标的方法不是像当时的大多数的学校那样追随某位建筑大师的风格，而是试图找出存在于这些现代主义建筑师的设计思想和作品背后的共同的东西，这就是空间，即流通空间的概念。罗的《论透明性：真实的和现象的》一文奠定了流通空间概念的理论基础，而海杜克和赫斯里则完成了将空间概念发展成为可传授的（Teachable）的设计方法的任务。特别是赫斯里后来在苏黎世联邦理工学院发展出的一套建筑设计入门训练的方法，将空间的教育具体化为一系列的基本练习。它既出自于对柯布、密斯和赖特等现代建筑大师的作品的分析研究，又超出了个别的人和作品的局限，是更高一个层次的空间设计的基本原则和方法(图1)。借用前述丁 · 豪克斯一文中对理论这个概念的描述，“就好比你不用去数每一个苹果的掉落。”[11]

一种设计方法的假说是否正确，需要通过教学实践来检验。其研究方法与大学其他学科的实验室方法很接近：提出假说，构思教学大纲，设计设计练习，组织设计教学，总结分析教学成果，修正教学大纲，如此循环往复，逐渐形成一套可描述、具有可操作性及可以通过学生的成果来验证的设计理论和方法体系。[12]学生在这个过程中既是实验的对象，也是教学的具体成果。一个设计教学一旦达到了这样一种状态，其影响就必然会超越个别学校和个人的局限，而具有广泛传播的可能性。这不正是任何一种学术研究的基本特征吗？

把设计教学作为一种建筑学研究的主要方式的概念，其实并不是什么新发明。我们可以从包豪斯的“工作坊”中找到其教育理念的根源。但是，真正以这种方式来从事建筑设计教学的则很少。究其原因，一方面与建筑学的经验性传统有关，另一方面它对设计教师的素养提出比具有实际的设计经验更高的要求，即要有从事建筑设计研究的能力。

5. 中国建筑设计教学的经验性传统及建筑设计教学研究的萌芽

这种从学术研究的角度来看待设计教学的态度对于长期浸淫在经验传统之中的我国建筑教育来说是非常陌生的。

“师徒制”是我们在讨论建筑设计教学方法时常用到的一个词。童寯指出“学徒制度，已公认为教建筑之最完善制度，盖良师益友之利，惟于此得完全发展。”[13]为什么在大学体制中的建筑学教育仍然要坚持师徒制？一个根本的原因是关于如何做设计的知识和方法说不清、道不明，只可意会，不可言传。学习的最佳途径唯有观察和模仿有经验的建筑师做设计的方法，靠自己的悟性来体会。师徒制的最大问题是教学的经验性、随意性和不确定性。教师在设计辅导时说什么、画什么，完全受当时面对的具体问题以及师生互动的影响。即使是在同一个教学小组内，各个学生得到的信息会有很大的差别。不少的回忆文章和著作中均非常津津乐道于杨廷宝如何在宾夕法尼亚大学学习时随鲍·克瑞（Paul Cret）身后，看老师如何帮每个学生改图的故事，可见杨先生深谙师徒制的真谛。在这里重提“师徒制”这个旧话题，就是要指出我国建筑教育（主要是设计教学）的经验性传统。经验性的设计教学只需要大师，不需要方法。“文革”前，教学改革的问题就已经被提到建筑系的议事日程上来。但是，这些教学研究本质上仍不脱离经验总结的范畴。

但是，冯纪忠先生1960年代在同济大学所做的一个关于空间设计的教学大纲（《空间原理》）[14]则是设计教学研究，特别是设计基础研究的一个范例（图2）。冯先生显然看到了经验式设计教学的局限性，指出“设计知识是通过设计课自发地、无计划地、碰运气地、偶然地教给学生。”“我们在找，在摸设计课程规律，但一般都通过设计过程来研究，这是一门极其特殊的科学。从个别中抽象出一般，如何掌握一般规律是主要任务，光靠学生‘悟’是不够的，教师要研究一般规律，……”他把建筑空间的组织作为设计的一般规律来研究，“设计是一个组织空间的问题，应有一定的层次、步骤、思考方法，同时也要考虑，综合运用各方面的知识。”[15]他还清楚意识到关于空间的研究有认识论的问题，也有方法论的问题。而《空间原理》就是一个方法论的成果。尽管这个教学大纲受当时特定的政治和学术氛围的限制，只是进行了个别的实验，引起各种争论，最终消灭于萌芽之中；尽管这个教学计划刻意回避了空间的形式问题，而只是建筑设计原理的一个方法论版，我们还是对冯先生在那个年代对建筑设计教学的独特思考肃然起敬。我们必须把《空间原理》与“德州骑警”关于现代建筑空间设计的教学体系放在一起来看才能了解其在设计教学研究方面的重要意义。两者几乎是在同一个时期，强调的也是同一个问题——建筑的空间共性，采用的是相同的研究思路——寻求设计的一般规律。在这里举冯纪忠《空间原理》这个例子，无非是想强调在我国建筑教育的经验性传统中，早已存在建筑设计教学学术研究的萌芽。

改革开放以来，特别是最近的十多年，设计教学研究在一个建筑系的学术活动中愈来愈占有重要的地位。不仅有专门的学术会议和专业期刊可以发表教学研究的成果，而且大学也有各种教学的评估和奖励。但是，我们对设计教学研究本身的认识还很不充分，特别是对设计教学研究作为建筑学研究的一个重要手段缺乏认识。

6. 超越“布扎”及建筑学基本问题研究的挑战

我国现代正规建筑教育的历史沿革可以划分为三个大的阶段。[16]第一个阶段从 1927 年在中央大学建立第一个建筑系开始，到 1952 年全国高等学校院系大调整结束。这个阶段的基本特点是第一代海外留学生把当时国际建筑教育的主流方式，源于法国巴黎的“布扎”体系移植进中国，从开始的个别散乱的教学实践逐渐发展成为一个全国统一的建筑教育体系。第二个阶段从 1950 年代初开始到 1980 年代初结束，“布扎”教学制度在取得决定性的统治地位后完成了一个以民族形式为主线，以渲染训练为具体表现的本土化的转换过程。“布扎”的形式主义主张与当时的意识形态达到高度的统一。1980 年代初至今可以算是一个后“布扎”的年代，一方面“布扎”的体系受到各种新思想的挑战，另一方面借助于“后现代主义”这面大旗，“布扎”的设计主张得以进行最后的抵抗。而在近十年才兴盛起来的对空间和建构的关注预示着“布扎”方法的终结。这一转变的最明显的标志是出现了一批突出空间和建构概念的建筑作品以及一批先锋建筑师。这些作品通过出版物影响到建筑系的学生作业，不少的先锋建筑师本身就横跨教学和实践两个领域，通过教学活动传播设

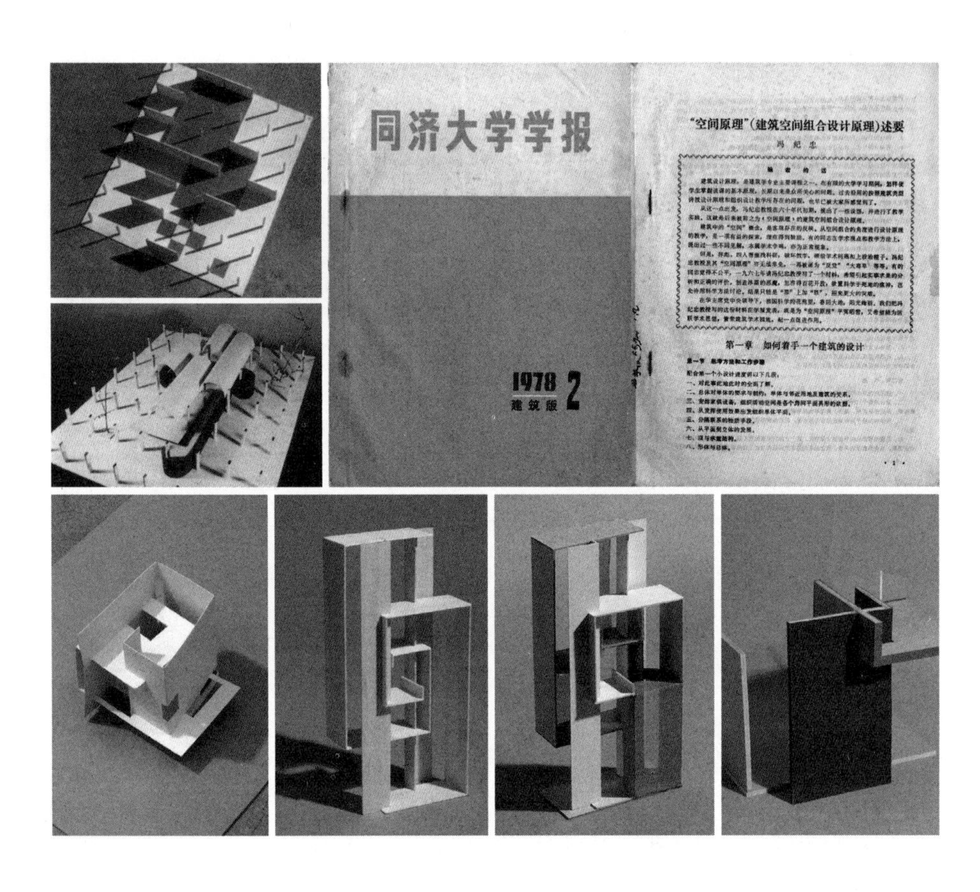

1 2
3

图 1. “德州骑警”的设计基础练习
图 2. 冯纪忠的《空间原理》
图 3. 中文大学建筑学系建构工作室的空间和建构练习

计的新概念和新方法。

不过，相对于设计实践中对设计新概念、新方法和新形式的积极探索，在大学内的设计教学在总体上显得滞后。设计教学大都还是采用“布扎”以建筑类型为主线的组织方法，注重建筑的功能平面的程式化设计，注重建筑的外观形象，注重建筑的图面表现。在“布扎”的教学中始终贯穿着对建筑外观形象的兴趣：西方古典、中国的民族形式、民居形式，甚至现代建筑也成了一种外观形象。应该说，在形式主义的范畴内，形式是可以理性评价和公开讨论的，是可以传授的。我们可以辩论一种形式或风格是不是合适，设计的是否正确，等等。但是，当我们开始有意识地抵抗形式主义的设计方法时，立刻就面临着一个新的更为棘手的问题：如果在教学中回避对外观形象的关注，那么又该讨论些什么问题呢？结果在教学中还可以讨论的就只有功能的合理性和规范的正确性这类似乎可以理性评价的问题了。每个从事设计教学的教师大概都或多或少有这样的困惑。当旧的设计概念和方法渐渐退去后，在设计教学中实际存在一个设计观念和方法的真空。我们需要确立设计教学的新立足点。

空间问题就是这样的一个足以和“布扎”的形式主义相对抗的教学新立足点。这里的“空间”是指以塑造空间为设计造型的主要关注点的设计方法。当冯纪忠构想他的《空间原理》时，他是刻意回避空间的形式问题的，而把教学的重点放在了空间的功能性方面，“这是当时时代背景下的直觉”[17]。作为对比，“德州骑警”们则把空间作为形式问题来研究，把当时对空间的理论关注转化为一套具有可操作性的设计方法，而成就了他们对建筑教育的独特贡献。建构问题是近几年才开始兴起的另一个足以和“布扎”的形式主义相对抗的教学新立足点。对建构的兴趣以肯尼斯 · 弗兰姆普顿（Kenneth Frampton）的巨著《建构文化研究（Studies in Tectonic Culture）》为主线，进而催生出一批理论研究成果。但是，一个理论必须要转化为可操作的方法才能真正推动设计实践，这个目标必须通过教学的环节才能实现（图 3）。

当然，建筑学的基本问题绝不止于空间和建构这两个问题，还有更多的问题需要研究。这里需要特别强调的是，这些问题的提出已经超出了传统的以传授现成的知识的“教学”和以提高教学效率为目的的“教学法”的概念，而是对建筑学的基本问题的研究。研究这些问题的基本手段不是别的，就是设计教学本身。我们通过设计教学的手段来研究和探索设计的新观念、新方法和新形式。反之，一种设计的新观念、新方法和新形式只有通过教学的环节才能传授给学生。

7. 建筑学的学术化和建筑教育的转型

我国的建筑教育素有设计为本的传统，即建筑系把设计教师从事设计实践作为教师个人的学术水平发展的一个重要的前提条件，一个学者（设计教师）的学术地位的高低取决于他的设计能力和成果。这样一个传统的极致就是大师崇拜。确实，中国建筑教育在1980年代前的历史基本上就是以梁思成、杨廷宝、童寯和刘敦桢为代表的一代大师的历史。

在1949年以前，设计实践多为私营，设计教师边教书边实践的情况应该非常普遍。像杨廷宝和童寯等在加入中央大学前已经是当时国内最优秀的建筑师，大学确实成为汇聚建筑设计人才的地方。新中国成立后师资队伍相对稳定，设计教师从毕业学生中选拔，设计实践也归入国家体系，大学的教师从事设计实践必须通过组织才能进行，这些因素促成了以建筑学系为单位，参与国家和地方的重点建筑工程的运作模式。不仅教师参与实践，还把这种模式运用在教学中。1950年代的大跃进时期，学术风气是批判理论脱离实际，“真刀真枪地搞实践似乎是唯一的方向。”[18]据钟训正回忆，那时南京工学院（现今的东南大学）的设计教学完全以设计院的方式来组织，以年级为基础成立了大、中、小设计院，各类设计项目由老教师挂帅，年轻教师和学生共同参与从方案竞赛到施工图绘制，再到施工场地指导的全过程。这尽管是建筑教育在特定环境下的一种极端的做法，非常的政治化，倒是秉存了“布杂”师徒制的传统，就是在今天也还有值得借鉴之处。大学教师参与设计实践，在计划经济的大环境下，往往能够拿到国家和地方的重点项目。大学教师没有产值任务，以设计质量为唯一的目标，因此完成的重点项目往往具有广泛的示范作用和学术影响。而且不少的实际工程项目能够结合教师的设计研究，将理论研究付诸实践。这样说来，应该算是一种“批判性的实践”。如今，设计实践环境已经市场化，大学虽不再可能靠行政手段来获取重点工程，机会毕竟多了，需要靠实力去竞争。但是大学教师的设计实践一旦纳入生产性的商业运作，要保持和发展批判性实践反而更加困难了。

近十年来，建筑学这个传统上以实践为基础的学科因为大学体制日益向研究型大学转变而变的愈来愈学术化。研究型大学的任务主要放在学术研究方面，以引领学科的发展为主要目标。就建筑学来说，科研项目的申请、参加学术会议、论文发表、博士学位日渐成为学术活动的中心。这些在根本上改变了建筑学传统的价值观，使得本质上以实践为基础的建筑学日益“学术化”。问题是学术化的结果是否如大学的管理者所预期的那样，推进了建筑学的发展，还是反而使得建筑学离它自身的目的愈来愈远。上文中提到的关于建筑学研究的讨论充分反映了来自建筑学内部对此的深切忧虑。

建筑学的学术活动的一个重要的特点在于它的学术类型和方法的多样性，建筑系是不同类型专业人才的聚合。归结起来有四种做学问的方式：即写作文化（建筑史和理论）、实验文化（建筑技术）、设计文化（设计实践）和教学文化（设计教学）。[19] 其中写作文化和实验文化因为与大学的基本价值体系相一致而容易得到认同，而设计研究和设计教学就面临很大的困难。就一个建筑学系而言，一个健康的学术环境应该是有利于各种不同类型的学术活动的进行。其中需要特别给予强调的是教学文化，即设计教学研究作为设计教师学术表达的主要方式的问题。因为它处于介于设计文化和写作文化的灰色地带。从事教学研究的设计教师既不是落脚在大学校园内的实践建筑师，也不是成日沉浸于理论思辨和辛勤笔耕的学者，他们的学术活动就在设计教学之中。本文的目的皆在于证明这样的学术活动对于无论是一个设计教师还是一个建筑系的学术发展都是至关重要的。而在设计的运用研究和基础研究之间，基础研究又是重中之重，往往决定了一个建筑系的学术地位。

总之，在当今的大学体制中的建筑教育所面对的绝对不是要不要研究的问题，而是做什么研究和如何做的问题。不搞研究，建筑教育没有希望；不搞设计教学研究，建筑教育同样没有希望。前者失去的是建筑学在大学体制中的生存权，而后者失去的则是建筑学的根本。

注释:

① 金耀基，大学之理念 [M]．牛津大学出版社，2000：1-23.

② Ernest Boyer, *Scholarship Reconsidered—Priorities of the Professoriate* [M]. The Carnegie Foundation for the Advancement of Teaching, 1990: 15 – 25.

③ Peter Carolin, *Research Assessed* [J]. (Architectural Research Quarterly), Vol 2, Spring 1997: 6-11.

④ 有关剑桥大学建筑系的这场风波可以参照剑桥大学的官方网址：http://www.admin.cam.ac.uk/news/press/。2004 年 11 月 1 日发布大学董事会的关闭决定，12 月 8 日发布校长声明，2005 年 1 月 12 日发布最终的决定。现时建筑系的教师配置及教学大纲可参见建筑系的网页：http://www.arct.cam.ac.uk/。虽然没有确证该系设计教师不纳入 RAE 评估，但将专任教学的教师排除在学术编制（教授系列）之外是不少大学的通行做法。把设计教师作为一个整体排除在学术编制之外，说明了大学对设计教学和设计教师的一个基本态度，就不是基于个别教师的能力考量了。

⑤ Dean Hawkes, *The Centre and the Periphery: Some Reflections on the Nature and Conduct of Architectural Research* [J]. *arq.* Vol. 1, Autumn, 1995: 8-11. 译文可见：《建筑师》，119：5 – 7，夏兵编译。

⑥ David Yeomans, *Can Design be Called Research?*[J]. *arq.* Vol. 1, Autumn, 1995: 12-15.

⑦ Eric Parry, *Design Thinking: the Studio as a Laboratory of Architectural Design Research* [J].

arq. Vol. 1, Winter, 1995: 16-21.

⑧ David Porter, *The Last Drawing on the Famous Blackboard—Relating Studio Teaching to Design Research* [J]. *arq* Vol. 1, Summer, 1996: 10-15.

⑨ Luis Moreno Mansilla+Emillio Tunon. *The Space of Optimism* [J]. *Elcroquis*, 86: 20.

⑩ 顾大庆 . 图房、工作坊和设计实验室——设计工作室制度以及设计教学法的沿革 [J]. 建筑师，2001, 98 (4): 20-36。

⑪ Dean Hawkes 在文中引用的是 P. B. Medawa 对一门成熟的学科的描述。

⑫ 顾大庆 . 建筑设计教学的学术性及其评价问题 [J]. 建筑师，1999, 90 (10): 77-83.

⑬ 童寯 . 建筑教育 [M]，童寯文集（第一卷），北京：中国建筑工业出版社，2000. 112-117. 该文写于 1944 年。

⑭ 冯纪忠 . 空间原理（建筑空间组合原理）述要 [J]. 同济大学学报，1978 (2): 1-9. 后收录于《建筑弦柱——冯纪忠论稿》，上海科学技术出版社，2003。

⑮ 冯纪忠 . 谈谈建筑设计原理课问题 [M]. 建筑弦柱——冯纪忠论稿，上海：上海科学技术出版社，2003: 12 － 17. 该文为 1963 年会议发言的纪录。

⑯ 顾大庆 . 中国的“布扎”建筑教育之历史沿革——移植、本土化和抵抗 [J]. 建筑师，2007, 126 (4).

⑰ 冯纪忠 . 建筑人生 [M]. 上海：上海科学技术出版社 . 2003：58.

⑱ 钟训正 . 忆往思今——记南京长江大桥桥头堡设计始末 [A]. 东南大学建筑系成立七十周年纪念专集 [C]. 北京：中国建筑工业出版社，1997.10. 177 － 178. 又见同书朱敬业，教学与生产相结合，184-184.

⑲ 顾大庆 . 建筑设计教师的学术素质及其发展策略 [J]. 建筑学报 . 2001.2: 27-30. 建筑学内学术研究的一个特点就是它包含了不同的学术方式，笔者将其分为四种文化，即与历史和理论研究相关的写作文化、与建筑科学技术相关的实验文化、与设计实践相关的设计文化以及与教学研究相关的教学文化。笔者进一步指出，设计教学研究不应该走写作文化的道路，而应该借鉴实验文化的工作方法。

作者简介：顾大庆，香港中文大学建筑学系副教授

原载于：《时代建筑》2007 年第 3 期

建筑批评的心智
——中国与世界

金秋野

新中国成立60年来，在建筑学这个小小的知识环境中，有一股批评的力量。不管它是来自官方还是民间，都会借助建筑媒体或学术论坛，直率或委婉地发表着自己对建筑世界的看法。随着时间的流逝，那些观点和主张，嘈嘈切切，大都淹没在社会巨变的洪流中。严格地说，它们或许不能全部归入建筑批评文章之列，或许我们也无从确切地知道，具备了怎么样的价值关怀、思想深度和审美趣味的文章，才能算作“真正的”建筑批评。是，有声音的地方总有立场。决定讲话的效率和它最终现实影响力的，是发言者本人的心智状态。

一个历史时期的心智状态，由整个社会心理和知识容量所决定。从“经史子集”到“古今中西”，百余年间，中国知识人经历了知识结构上的现代蜕变，[①]作为中国新知识人一分子的建筑师们，其观念和命运跟国运密不可分。[②]可以说，建筑脱离手工授受的匠人传统成为专门的学科，知识人进入建筑领域，将被证明是中国建筑文化的一个重大转折。关于建筑、城市、景观（或更广义的生存环境）的革故鼎新、新的知识体系的建立、新的批评风气的形成，甚至“中国式”的生存远景的想象，都跟建筑智识化的过程同步。在不同历史时期的建筑月旦之间，给我们留下深刻印象的，是一点点睁大的眼睛、一步步开放的心智，是不同时期不同的格局、气象和境界。

随着建设量和建筑知识的持续增长，人们讨论建筑、规划和环境问题所采用的词汇和关注的角度也一直在发生变化。需要追问的是，我们的建筑话语从哪里来？我们关注的范畴由谁决定？我们评论建筑和环境问题的心智结构，是如何形成的呢？为了回答这些问题，本文主要以《建筑学报》等专业媒体中发表的文章为研究对象，通过不同历史时期曾引起普遍关注的四个话题，在时间的纵深上讨论中国建筑批评心智的发展历程。

1. 1954～1961年："主义"与"民族"之辨

在1954年元月的发刊词中，《建筑学报》明确了自身的历史使命（为国家总路线服务、为建设社会主义工业化城市和建筑服务）和学术目标（民族形式、社会主义内容）。发刊词中强调，"批判地介绍祖国建筑遗产及其优良传统"，是学报的重要任务。本着上述精神，学报第1期就先后刊登了介绍苏俄城市建设经验的文章，和梁思成撰写的《中国建筑的特征》。在本期末尾，张镈撰文介绍自己设计的北京西郊某招待所。

批评和讨论随即展开。1955年第3期，学报刊登了范荣康、刘敦桢的文章，对"中国建筑的特征"一文的观点以及西郊招待所的民族形式展开强烈批评。这一年的主题为反对铺张浪费，一切"追求美观、形式主义乃至复古主义倾向"都遭到严厉批判。[③] 梁思成的主张被认为是"以民族形式社会主义内容的建筑为幌子，实际上鼓吹以法式做法为出发点的形式主义复古主义建筑"；而现代主义和国际式，则被视为"欧美资产阶级最腐朽堕落的世界主义建筑的抽象构图"。[④]接下来的两年中，民族形式遭到持续围剿。

在这一时期，建筑批评类文章往往冠以"几点批判"、"几点意见"或"与……商榷"字样，建筑问题的讨论具有强烈的政治意味。一些基本但要紧的问题，例如形式与阶级的关系、传统建筑的艺术价值、技术表现与艺术性的关联，都在"民族形式"的话题之下，围绕建国初期百废待兴的现实，展开旷日持久的讨论。[⑤]对外面的世界到底是接受还是排斥，让建筑工作者难以取舍，因此，《我们要现代建筑》一文，也在一定范围内引起争论。[⑥]同时，周卜颐在1957年下半年发表了两篇介绍格罗皮乌斯的文章《华 · 格罗毕斯》，第一次以基本正面的态度推广一位在"对立世界"中享有盛誉的建筑人物。这个连载于1957年的8月号结束，9月风气急转直下，反右斗争开始呈现出一片刀光剑影。此时的批评文章，就与学术、甚至与建筑关联甚微了。舆论开始一边倒地倾向于苏俄经验，而理论性商榷和对建筑本体问题的探讨，在1958年大跃进后基本噤声，几乎所有的批评文章都政治挂帅。同时，随着国民经济的复苏和工业发展，大量的项目介绍开始占据学报的版面。人们不再提出自己的观点，也不再对别人的设计发表看法。

整个1960年代前期，建筑学界风气开始呈现出明显的重理工轻人文倾向，关于建筑的美学、哲学和史学讨论都淹没在滔滔的技术文章中。中国的国家建设从一穷二白开始，大多数建筑工作者都是从零起步，对自己和世界都谈不上了解。改革开放之前这30年，建筑知识界对外部世界总体上是隔膜、排斥和自我封闭的。哪怕是单纯跟随时代发展的技术主张，也要拿出苏联或社会主义阵营其他国家的实例来佐证。1950年代是新中国建筑批评心智的孕育期，新中国成立初期特殊的社会现实，令建筑讨论的中心话题从“民族形式”很快转移到“社会主义建设”。结果，关于建筑本体和美学风格的讨论随着政治运动的深入很快销声匿迹。这一时期的理论话语主要沿袭自新中国成立前的建筑理论和苏俄的建筑理论，建筑讨论形成了一个“经典范畴”，其中的关键词如“形式”、“功能”、“美观”、“节约”，可以上溯到维特鲁威时期的建筑观念，而对经济节约的提倡、对建筑诗性的排斥和对外观象征意义的高度重视，直到今天还影响着社会舆论对建筑的品评。

对那一代建筑人来说，政治正确是学术讨论的前提。可是政治正确并不能保证学术正确，其内涵也在不断发生变化。封闭和自足的价值观得到提倡，如今则反其道而行之，任何追随西方最新理论主张的姿态都可能被视为“开放创新”而得到褒扬，哪座建筑、哪个建筑师受到西方世界关注，就会在国内声名鹊起。尽管如此，信息容量决定心智水平，对那个时期的建筑人来说，这个世界上正在发生什么，其实是不想知道、不敢知道，也无从知道的事情。有人说，“1970年代以前的‘民族形式、社会主义内容’曾剑拔弩张，实际上也不过是政治帽子互相扣的游戏”，[⑦]这并不是历史的实情；事实上，在国家结构发生重大变革、一切都不可预知的情况下，中国建筑知识人在信息受限、实践机会贫乏、活动空间紧张的条件下，尽自己最大努力去思考、对话与探索，这种责任心和勇气，即便在今天也是很难重现的。但它极大地受制于一个时代，从而与身外的世界彼此暌违。

2. 1980～2009：关于“香山饭店”持久讨论——“传统形式现代化”是否可能？

1980年第1期，学报刊登了钟训正、奚树祥的文章《建筑创作中的“百花齐放、百家争鸣”》，[⑧]沉寂了20年的建筑思想，又有了破土而出的机会。人们几乎一起把眼睛投向外部世界。其实从前一年开始，几乎每期学报都用一定篇幅介绍曾一度被意识形态屏蔽的外界建筑作品，[9]此时，作品背后的思想开始引起人们极大的兴趣。[10]可是百废待兴之际，如何继承建筑传统的宏大命题，又一次摆上台面。怎样在学习的过程中吸取精华，避免全盘西化？对于这个问题，不管是跻身现代建筑巅峰的贝聿铭，还是突然被抛进汪洋世界的新一代中国建筑人，都无法视而不见。

传统形式的现代化是否可能？贝聿铭用香山饭店给人们提出了问题。贝聿铭本人是现代主义的嫡系传人，在他身上，很难看到对现代主义建筑的美学体系、精神气质和伦理功用的批评立场，狮子林中的童年回忆、格罗皮乌斯的言传身授和社会主义祖国的召唤，成为贝聿铭一个人拉接着的三个世界。香山饭店于1980年开始设计，1982年落成。时至今日，关于这个建筑的讨论一直没有断绝。它成功了吗？它失败了吗？

这场讨论始于1980年4月彭培根的一篇《从贝聿铭的北京“香山饭店”设计谈现代中国建筑之路》。[11]文章开宗明义，指出“国内建筑风格的形成进而向国际建筑界进军是我们这一代的共同的责任”；同时他也认为，现代科技、传统文化和居住问题得到解决，才可以创造出与西方抗衡的“新中国人民的建筑”。一种新的、属于“当代中国”的新“风格”的从无到有，成为一代建筑人心目中的甜蜜许诺。岂料文化融合是个痛苦不堪的过程。20年之后，热切的期待转化为强烈的失落，同样是这位作者，在西方建筑师大举侵入中国之际，在各种场合对“建筑殖民”的前景发出痛心疾首的呐喊。而这种局面，恰恰就是20年开放纲领之下，建筑界同整个中国社会普遍价值取向的必然结果。[12]然而对建筑知识界而言，世纪初的局面是“道术已为天下裂”，很少有人会对现实一味排斥，或对未来怀有不切实际的期待了。

从1980~1983年，在《建筑学报》上发表的以“香山饭店”为题的相关文章共计12篇。[13]传统庭院和中国符号的运用引起人们极大的兴趣。由内向外看的建筑师群体，从“民族化”的旧话题出发，谨慎发表自己对这座昂贵建筑物的评价。香山饭店已经成为事实，从情感上来说，人们却无法说服自己去放心拥抱这样一个未来。含蓄的批评，听起来似乎与文化大局无涉，比如人们普遍怀疑设计手法是否真的值得借鉴[14]；大量的资金投入是否符合改革开放之初的经济现实[15]；选址是否得宜（这一点遭到最多批评）[16]等等。怀着普遍的不解和矜持，人们第一次从经济、效率、节能等无可辩驳的“经典范畴”对香山饭店展开了无情的批评（这种批评的角度和模式，日后将反复重现于针对来自体制之外的设计讨论中）。有人说，这座建筑“无补于香山，有损于香山”、“只是一种方法，不是一个方向”，[17]有人甚至从个人口味出发，对设计中的某些细节表达了生硬的排斥情绪。尽管不乏同情和赞美，但正面的评价大多类似

图 1. 香山饭店

对贝聿铭本人的方案阐释的重复。眼界决定了评价的范畴，而概念的贫乏，限制了讨论的深度。

似乎对于中国建筑界来说，贝聿铭是最接近“我们”的一个“外人”，然而外人毕竟是外人。我们可以绕过直接对话，通过自力更生、刻苦学习获得一种思想吗？从人们对这最初的文化交流所表现出来的排斥来看，似乎对此普遍持有乐观的期待。30 年过去了，当真正的“外人”以更加不友好的姿态强势侵入我们贫弱的建筑思维之时，圆桌边上的学者专家，并没有给出一个能代表我们自己心智水平的解决方案。面对那么多无力的呐喊和无奈的退缩，人们重新想起了贝聿铭和他的香山饭店。毋庸置疑，那些引起争议的外来建筑师，其实都在努力实践着自己的理想。可是只有贝聿铭的理想才跟我们自己的如此贴近，因此哪怕你对香山饭店有如此众多的责难，却不能不认真思考它所提出的问题——而它本来就不是一个答案。

2007 年前后，随着贝氏的苏州博物馆落成，人们又一次开启了中国形式与西方现代如何结合的话题。只是此次，批评的心智已经大为不同于 20 多年前的讨论。韩国建筑师崔富得在一篇文章中说:“当大部分中国建筑师还在探索以外部形态为主传统现代化方法的时候，贝聿铭提出了空间为主传统现代化转换的视觉”。[18] 贝聿铭是极少数在 30 年的时间里，“始终要表达中国精神信念的建筑师”，[19] 在就这一点达成肯定的共识之后，人们开始从价值体系、设计手法、细节处理、艺术含量、完成程度和社会功效等诸方面全面评价这座建筑的得与失。关于香山饭店的讨论，第一次脱离了经济性、适用性或历史文化保护的经典范畴，转为对“传统形式现代化”这一命题的直接批评，贝氏所心仪的传统、为了追求这一传统的现代表达所采用的手法工具、其流于浅表的古典精神的空间转译，都被一一指出。在一篇深入讨论香山饭店所预示的“传统形式现代化”理想及其挫折的文章中，[20] 作者董豫赣似乎在不断揭示贝聿铭的事与愿违和无能为力，然而在这样冷静无情的分析之中，却包含着 1980 年代初那场讨论所不具备的同情心。如果说香山饭店是一次失败的尝试，1980 年代以来，哪座中国建筑算是成功了呢？恐怕眼下没人能够给出答案。

其实，贝聿铭所提出的问题可以理解为：中国建筑知识人将以何种姿态来开启一种新传统的开创事业？在香山饭店落成之际，这个问题也许仍显模糊，如今却格外清晰。只是那时候，我们寄希望于融入，希望外部世界的接纳和认可。如今，在西方世界的生存理想面临全面危机之际，一条中国道路的探索，也许就不仅仅是建筑美学方面的问题，或者说，它仍然从形式开始，到形式终止，但其寓意深远，已经跟我们独特的生存理想关联到一起。是否可以在西方现代语境之外，寻找一种更加合理、更具吸引力的替代模式？建筑心智的转移，已经让那个“传统风格现代化”的命题让位于一个全新的命题了。

3. 1986～2001年：关于“建筑批评”本身——观念、词语和范畴

不管在哪个时代，留在人们心中最深处，促使人们做出选择的，最终还是“此地当下”的现实。这现实，不仅包含着主观的洞察，也意味着客观条件的平衡。说到底，知识不仅是内外兼修的结果，同时也是一个选择。1980年代初期开风气之先的，就是大量国外经典建筑学术书刊的译介和作品赏析。西方现代建筑的实践和理论体系经过百年发展，到中国建筑人心智初开的1980年代，已经是郁郁乎文哉，矗立在人们面前，像一座丰碑。“建筑批评”的园地，正是在这种全面学习借鉴的风气之下开辟出来的。

1986年4月，《建筑学报》刊登了邹德侬的文章《建筑理论、评论与创作》，第一次明确提倡建筑评论:“……就当前而言,开展健康的建筑评论,要比孤立地研究理论重要得多,也切实可行得多……建筑的理论和流派是评论出来的，评论是新建筑的接生婆”。[21]仿佛一夜之间，人们忽然意识到这件事情不仅必要，而且有效，而眼下面临的主要问题，就是同一篇文章中所列举的：“当前我们的建筑评论相当薄弱，与繁荣创作的要求相去甚远……建筑评论在本行业内的薄弱、在姊妹艺术之间的隔膜、在社会报刊上的误会等诸多现象，急需建筑工作者亲自动手改善。”同年，各专业媒体刊出了多篇针对具体建筑作品的评论文章，[22]同时也对评论本身进行了深入的探讨。[23]这个时候，到底采用“建筑评论”还是“建筑批评”的提法，已经成为一个问题。潜移默化之间，人们似乎普遍倾向于选用更趋中性的“评论”一词，这不仅反映了业界对十年之前的大动荡心有余悸，也很恰当地勾勒出当时人们的批评心智，仍然将批评看成是一种切磋探讨，而不是一种反思性的知识建构。《建筑学报》1987年第11期，发表了张学栋的文章《对建筑评论的反省》，指出大众的评论、建筑师的评论和评论家的评论之间的区别，鼓励评论的专业化，主张在高等院校开设建筑评论课。事实上，早在1982年，这门课程就已经走进清华大学和同济大学的讲堂。1989年8月，《建筑学报》发表了罗小未的《建筑评论》一文，今天看来，这是关于这一话题的第一次全面、系统、深入的学理化讨论。[24]该文追溯了“评论”的英文词源，从一般意义上讨论了开展建筑评论可能的渠道、评价的标准及评论的模式。文中大量列举国外建筑评论的实例，使用了很多国外社会批评和文艺批评的概念，如“公众参与”、“道德批评”、“心理批评”、“原型批评”等，针对种种可能的批评角度和目标进行了较为详尽的列举，并且第一次认真分析了建筑评论的文体特征。这是建筑评论理论化的第一次尝试。

然而纵观此后二十年的评论实践，这个理论化的过程未免来得太早了。国内的生产建

设高潮繁荣了设计市场，评论水平却没有相应的提升，甚至于，设计领域的反智和功利倾向，让刚刚开始出现的评论热情又一次误入歧途。[25]跟其他领域一样，市场的发育速度远远超过知识的积累速度。评论理论化的结果，造成了一个奇怪的现象：建筑界对“建筑评论”理论本身的热情，似乎超过了从事评论的热情。大量关于什么是评论、什么要评论、如何开展评论的文章纷至沓来，让评论本身的欠缺显得更加刺目；而评论的欠缺，反过来又让市场的繁荣显得格外畸形。

在国内一片建设高潮中，《建筑学报》开设了“建筑论坛”专栏，编委会在1990年代的十年间，每年择地召开例会的同时，对当地的建筑与城市建设展开评论活动，然后在学报上刊登评论纪要，试图带动国内建筑评论的开展。在学报的带动之下，国内其他建筑媒体也开设了类似的专栏，给建筑评论以专门的空间。然而，由于种种原因，此时的建筑评论却呈现出两个相互矛盾的特征。一是设计说明和创作体会非常繁荣，评论文章却依然贫瘠，并且仍然使用非理论化的词汇如“感人”、“高雅”、“推陈出新”等。二是在谈论评论理论的文章中，词语和范畴都大大扩充了，并且大量推广西方建筑理论和评论的观念、词语和范畴。各种学科及主义纷纷涌现，[26]在为人们提供新的批评角度的同时，很少有人意识到，这种主动理论化和“拿来主义”的方式反而加速了评论中真情实感的流失。这使我们认识到，建筑评论缺乏深度，确与评论语言中理论化和专业化的程度较低有关，但在真正吃透外部思想之前直接加以套用，等于透过别人的眼睛去观察自己的世界，给本不强健的感受力套上了双重枷锁。

这种“拿来主义”的建筑批评理论化主张，到2001年促成了一部《建筑批评学》的诞生。[27]这本书全面系统地介绍了西方建筑评论及其理论，以及建筑评论与文艺批评之间的联系。全书注释共242条，其中178条为西文文献或翻译文献，其余中文文献绝大多数也都是讨论西方思想的“原创著作”，中国古典文献为4条，这种知识结构的比例分配有其象征意义。同时，正如笔者在另一篇文章中所总结的：“批评是一种思维的习惯、一种存在的方式，它并不非要借助专门的文体……批评以知识生产为目的”。[28]事实上，在任何领域，评论都应极力避免方法论化而沦为八股，更不大可能因其普遍的适用性和永恒价值而成为一个理论。

纵观1980年代~1990年代，中国建筑理论和评论的观点、词语和范畴都得到了充分的拓展，是建筑批评心智走向开放的20年。从理论和评论类文章的注解中，我们可以看到大量西方文献的引用，中国建筑工业出版社的《大师系列》成为几代人的案头读物，而1980年代中由汪坦教授主持的《建筑理论译丛》，时至今日仍然是本领略西方建筑思想的启蒙书。

媒体中介绍国外建筑的篇幅很多，这些出版物推动了思考的同时，也圈定了讨论的话语和范畴。可以说，在这 20 年间，中国建筑人对国外作品和思想的重视远远超过本国。暂时无法看清，这段时间的“补课”给中国建筑知识界带来的到底是融入世界的自信还是更加强烈的自卑。也许对这个历史时期而言，尽可能开放心智，广泛引进吸收外来文化，是建筑学界最要紧的事情。可是对外开放往往意味着对内封闭：高校中，中国建筑史论受到冷落；在具有历史象征意义的奥运场馆设计过程中，我们缺乏足以表现文化自信力的设计语言；面对令人迷惑的建筑现象，我们又缺乏足以清晰描述的理论语言。自身语言的匮乏让中国建筑界在世界面前黯然伤神。

4. 1996 ～ 2009 年：“新传统”和“中国模式”——开始全面反思

2000 年以来，建筑媒体所刊载的评论文章，在观点、词语和范畴方面发生了很大的变化，建筑批评的心智出现分歧。随着视野的扩张和海外学人的更多介入，有一部分评论文章已经很难分辨到底是翻译文章还是原创作品。尽管没有明确的界定，人们还是能清楚感觉到“新”与“旧”的隔阂。在国内，主张全面革新建筑思维方式的新生代在海归建筑师的实践中寻找精神支持，一些建筑作品、书刊和言论，已经体现出极大的“新经典”批评价值，它的批评对象，就是业界自甘平庸的批评心智、体制化的建筑生产模式以及“经典”的建筑理论范畴，如关于“形式”、“经济性”、“适用性”的无休止的讨论。

于是，“经典”范畴从锐意求新的建筑媒体中大幅退却，却在方案讨论会等场合继续存在。市场和学术界的建筑话语呈现出一定程度上的分歧，“洋务派”和“海归派”小心地回避传统语言。

与此同时，境外建筑师在国内获得了大量工程实践机会，对于保守人士来说，原来似有若无的观念挑战很快发展为贴身肉搏，为此，他们以“经典”范畴和民族主义为武器发出猛烈反击，并取得了一定成效（如“鸟巢”的瘦身）。然而外国建筑师的成功反过来验证了中国建筑师群体性的语言贫乏，不管是保守还是激进、相互认同多少，只要是在同一个西方文化的逼视之下，就都不能不承认这一冷酷的事实。

与新中国初期不同，对这一代建筑师和建筑学人来说，经济、政策的束缚已不再是问题。改革开放所提供的巨大市场，使中国建筑师获得令人羡慕的机会；建筑作为一种文本，它的隐喻功能深藏不露，不大会像文学或电影那样触碰意识形态防线。这个时候，建筑师群体缺乏抱负的涣散状态似已成为众矢之的，然而有责任心的建筑师们却无奈地表示，努力让业主变得更有趣味，比说服他们改变信仰都难。在市场和知识环境的双重幻灭之中，一些理论讨论明显带有防御的倾向，如重返“建筑本身”的努力、批判地域主义、关于建构的持续热情、带有怀旧色彩的乡村实验等。抵抗并不意味着懦弱，权宜也并不见得是自我逃避，人们也许只是在等待机会。[29]

到了勇敢面对问题的时候了。对于中国建筑界而言，美学和伦理，民族与世界，不仅仅是个选择题，它一直都是人们内心里最深的痛楚。60 年来，人们在努力寻找的，不正是一种属于自己的建筑语言吗？它必须简洁有力，合乎源远流长的中国精神。表面上看，这是个形式语言的寻找过程，事实上，美的形式就是道德本身，就是孔夫子的礼和乐；寻找属于自己的语言的过程，就是重建自信的过程，就是重建中国式的生存理念和环境秩序的过程，是用建筑语言阐释几千年来中国知识人心目中的“理想家园”的过程。今天，我们还在用“空间”、“体量”、“美学”、“伦理”这些外来词汇来描述我们的建筑现象，明天也许我们就会拥有属于自己的词汇和范畴，更加丰富、更加自觉、也更加切题。

表面上看，中国建筑界理论关怀的局面似乎缩小了。关于什么是形式美、什么是空间之类的宏观抽象讨论已经非常少见；从中国视野，或者稍为拓展的东亚视野出发看待建筑现象的建筑师，[30]已经大有人在。通过与历史切割，我们现在荣登全球性通用话语平台，也可以很清高，对“现象学、数字化”等“标新立异”的言论一概不予理睬，转而倾心于我们自己的问题。可是到底什么是“中国精神”，它如何影响知识人的环境观念、如何物质化为有形的空间，我们如何努力让它具备精深的内涵，同时出之以跨文化、跨知识水平的普遍形式，却是一个更加艰难的问题。[31]挫折感袭来的时候，也许人们会怀疑自己：我们真的获得与世界平等对话的心智了吗？[32]

在锐意求新的建筑学人中间，由于知识背景和理论抱负不同，有些主张取之于外，倾向于国际参与和对话；有些则更注重内力的修炼、力求独辟蹊径，重返古典。[33]二者都较前人更加了解世界建筑知识的全局，怀有更深切的现实感。同时，建筑领域之外，有一批游走于建筑界、出版界和艺术界边缘的人士借媒体、展览和国际活动涉足建筑领域，客观上加强了建筑界同外部知识界的信息交流。[34]如史建和王明贤对中国实验建筑的大力提倡，欧宁、方振宁等人在建筑展览和批评方面的实践等。批评和反思、全球化背景下的自我意识，成为新一代建筑知识人的思维主线。2007 年，朱剑飞在一篇文章中提到，正是由于中国建筑整体脉络的割裂造成国内建筑心智的片面化和彼此对立。[35]在新的历史视野中，人们也开始认真关注第一批实验建筑师在中国建筑语言探索过程中的积极意义，[36]并指出他们在承担“中国性”探索任务中遭遇的两难。[37]一些建筑师意识到，假如不能重返历史、从精神上回归中国，无论吸收多么丰富的外来营养，都不能对中国的“现代”有所助益。“新传统”或“中国模式”的确立，离不开中国传统知识人精神的涅槃。

似乎只有在一种全球的眼光之下，才有可能真正关注自身。建筑评论方面，古今中西的取舍已经成为不可回避的话题。朱剑飞谈到了一个同样在不断变化着的西方，指出在1990年代以后，中国和西方呈现出不同的发展趋势：“在西方，后批评的实用主义正在超越批评主义传统；而在实用主义当道的当代中国，批评主义却开始兴起”。[38]应当说，大趋势的确如此，可是稍加思考，就会明白两个世界中的“主义”实际上并不是在同一个心智水平上运行。因此，作者所主张的批评观念的交换和流动，至少在今天还不能说是“双向”的。可是我们的心智水平至少足以支撑这样的疑问：我们是否一定要从库哈斯们的视角来实现自我认知呢？同空中楼阁般的外部理论进行煞有介事的切磋，到底是否有益于我们的批评心智呢？[39]关于中西交流的讨论尽管从关注自身开始，却留下了一个更大的疑问：采用了如此众多的西式词汇和观点，令探讨本身充满了西方理论的内容和旨趣，我们看世界，难道是以西方为中心吗？无论是库哈斯还是福山，外部世界在不断以各种方式解释中国的现实，这是他们的传统。现在是我们开始顺着他们的思维，在帮忙解释。这算是交流吗？我们会因此而更了解自己吗？

有人也许会觉得在一片“中国模式”的呐喊当中，中国当代建筑批评心智正在走向务虚。回顾历史，我们发现一切伟大的事业都建立在梦想的基础上。其中所包含的超越精神，恰好可以唤起人们对身边世界的深切不满，以及不断改造现实的动力。空想意味着对长远价值的关心和人文精神的回归，非如此不足以在历史和未来之间架设桥梁。

《建筑学报》自1954年创刊以来，带动全国建筑媒体，为建筑方案的研讨、建筑观念的推介提供了舞台，在建筑实践与知识生产之间建立了直接的关联。在翻检一篇篇文字的过程中，哪怕我们不一定赞同其观点，却必须认出其间投注的巨大热情和诚意，也有义务将这份热情和诚意传递下去。跟其他领域一样，原生的思想是建筑学的灵魂，思想的介入，能给行业实践带来质的飞跃，而建筑评论是知识主体将人文关怀、理性思辨与历史感注入现实的唯一途径。60年来，我们的建筑心智通过中国—西方—中国这样一个过程循环上升，不仅更加了解外部世界，也更加了解自己。可以说，这60年的建筑评论，尽管步履蹒跚，却是中国建筑人利用建筑这个文化载体，尝试接过中国知识人的有为传统，力求肩负起文化责任和社会责任、通过自己的主动思考，接近中国问题的又一次努力。然而，我们也可以从中看见感受力和同情心的疏失，实用主义、工具理性和“识时务”的倾向，和对长远价值的忽视。我们都知道这是过程中的应有之义。谨以此文，向其中的每一位参与者表达诚挚的敬意。

在我看来，建筑批评无非是建筑人对于建筑这个宏观领域中具体问题的良知展现和肺腑之言，它可以出之于理性，也必须出之于感情，因此，当你用心聆听、仔细辨别，就能从一大堆专业概念和政治呼吁中读到那些最深的关怀，它是一代又一代的建筑人对我们无法切断的文化血缘和爱之深、责之切的现实境况的最真切表达。没有批评就没有方向，唯有健全的心智，方能作出有价值的批评。批评水平的提高，反映出的是国内建筑实践水平和知识界心智水平的双重提升。60 年来，中国建筑知识界一直在政策和市场的夹缝中调整应对外部世界的姿态，这一过程仍然任重道远。由几代人逐渐积累而塑造的中国建筑批评心智，也从争论民族形式的有无走向中国式的生存哲学的探索，有望在未来中国智慧的复苏、中国模式的确立过程中扮演重要的角色。此时此刻，真正意义上的知识人必须积极投入，才能促成中国建筑批评走向知识生产，直接作用于新的建筑伦理的构建和属于自己的形式语言的生成。我们不一定能成功，但是我们一定要做，证明这一代建筑人是有价值的，证明道理不都是别人的道理，我们只需翻译一下即可；也要证明这个世界不只是别人的世界。

2009 年 9 月 11 日

注释:

① 此处借用余英时的说法。参见余英时．士与中国文化．上海：世纪出版集团 2003。作者在书中强调，虽然古典知识人传统在现代结构中消失了，“士”的精神传统仍然以种种方式，或深或浅缠绕在现代中国知识人身上。对中国建筑人来说，如何从精神层面追溯古典知识人“以天下兴亡为己任”的社会责任感，和在传统生活方式中精确表达出来的敏锐艺术感受力，也许是创新之始。

② 赖德霖．重构建筑学与国家的关系：中国建筑现代转型问题再思．建筑师 .2008（04）。文中，作者对近现代中国建筑活动和国家政权之间的关系作了详尽的梳理。

③ 参见汪季琦．我在领导设计工作中的错误．建筑学报．1955（1）。

④ 参见刘敦桢．批判梁思成先生的唯心主义建筑思想．建筑学报．1955（1）．此篇，以及本期陈干、高汉的《论梁思成关于祖国建筑的基本认识》、第 2 期牛明的《梁思成先生是如何歪曲建筑艺术和民族形式的》、王鹰的《关于形式主义和复古主义的建筑思想的检查》、刘恢先的《形式主义、复古主义给我们的毒害》、第 3 期卢绳的《对于形式主义复古主义建筑理论的几点批评》，关于“民族形式”的讨论，措辞越来越激烈，人们群起捍卫“实

用、经济，在可能条件下照顾美观”这一最新原则。

⑤ 翟立林．论建筑艺术与美及民族形式．建筑学报．1955（1）。这篇文章刊登后，同年第 3 期发表了阎家瑞的《对翟立林同志“论建筑艺术的特征”的几点意见》、周祥元的《论建筑艺术的内容——与翟立林同志商榷》、葛钦的《关于建筑艺术内容问题的讨论》；1956 年第 2 期发表了袁祖德的《关于建筑的内容的商榷》，第 3 期发表了陈志华、英若聪的《评翟立林“论建筑艺术与美及民族形式”》；1957 年第 1 期，翟立林发表了《再论建筑艺术与美与民族形式——对于陈志华、英若聪两位先生的评论文章的商榷意见》（连载两期），而袁祖德发表了“在论‘建筑艺术与美及民族形式’讨论中和陈、英两先生的不同意见”。

⑥ 蒋维泓、金志强．我们要现代建筑．建筑学报．1956（06）．该文从共产主义阵营的建筑实践出发，提出与世界进步一道更新建筑技术和观念的主张。同年第 9 期，学报刊登了王德千等的文章《对“我们要现代建筑”一文的意见》。1957 年第 4 期上，又刊登了朱育琳的文章《对“对“我们要现代建筑”一文意见”的意见》，等等。

⑦ 参见贺承军．建筑批评谁说？怎么说？读书．1998（02）

⑧ 参见钟训正、奚树祥．建筑创作中的“百花齐放、百家争鸣”．建筑学报．1980（01）．学报上第一次提到“百家争鸣”，还是在 1961 年 9 月。

⑨ 如学报 1979 年第 2 期对美、德等国博物馆的介绍、第 3 期对墨西哥会议中心的介绍、第 4 期对雅马萨奇创作的介绍、第 6 期对瑞士整体建设状况的介绍，到了 1980 年，这类文章已经不胜枚举。

⑩ 早期的探索，例如，侯幼彬．建筑 - 空间与实体的对立统一——建筑矛盾初探．建筑学报，1979（03）；冯中平．环境、空间与建筑风格的新探求．建筑学报 .1979（04）；杨芸．由西方现代建筑新思潮引起的联想．建筑学报 .1980（01）；王世仁．民族形式再认识．建筑学报，1980（03）。人们几乎是以宗教般的热情呼吁思想解放。例如，杨焕章．思想不放的原因何在？建筑学报，1980（02）；龚德顺．打破精神枷锁，提高设计水平．建筑学报，1979（06）。

⑪ 参见彭培根．从贝聿铭的北京‘香山饭店’设计谈现代中国建筑之路．建筑学报，1980（04）。

⑫ 参见彭培根．我们为什么这样强烈反对法国建筑师设计的国家大剧院方案．建筑学报，2000（11）。

⑬ 30 年来，建筑学界直接或间接涉及这一话题的文章，竟有 1579 篇。数据来源：中国知网总库全文检索。

⑭ 参见朱自煊．对香山饭店设计的两点看法．建筑学报 .1983（03）。

⑮ 同上。

⑯ 参见顾孟潮．北京香山饭店建筑设计座谈会．建筑学报 .1983（03）。

⑰ 参见荒漠．香山饭店的得失．建筑学报 .1983（04）。

⑱ 参见崔富得．《中国现代建筑批评》序．华中建筑 .2005（05）。

⑲ 参见董豫赣．预言与寓言．时代建筑 .2007（05）。

⑳ 同上。

㉑ 参见邹德侬．建筑理论、评论和创作．建筑学报，1986（4）

㉒ 如顾孟潮．关于北京琉璃厂文化街的建筑评论 (发言摘要)．建筑学报 .1986（04）；顾孟潮．关于长城饭店的建筑评论和保护北京古城风貌座谈会 (发言摘要)．建筑学报 .1986（07）。

㉓ 1989 年，《新建筑》和《时代建筑》刊登了三篇关于建筑评论的文章，分别讨论了评论中的公众意识、基本规则和歧义现象。

㉔ 参见罗小未，张晨．建筑评论．建筑学报 .1989（08）。

㉕ 朱涛．建筑批评的贫瘠．重庆建筑 .2005（07）：“循环论证、同义重复是当代中国建筑批评界在评价建筑师实践时所表现出来的普遍症候——也就是说，批评家的工作仅仅在于重复建筑师的言说……今日中国建筑的实验性实践所面临的最大阻力，并不是人们所惯于想象得那样——源自于官方意识形态的压力和商业主义的冲击……中国实验性建筑实践在基本的评判尺度和根本意识形态立

场都尚未建立的前提下，无论是在官方学院、主流媒体还是在建筑市场中都已经取得了‘早熟性’的成功。”

㉖ 例如，朱大明．接受美学在建筑评论中的地位．时代建筑 .1991（01）；张学栋．建筑评论本体论的“一元二维三体”模型．华中建筑，1991（03）；程晓喜．建筑评论的传播观．华中建筑，2007（02）；郑时龄．建筑批评与艺术批评的同一性和差异性．建筑师，2006（03）；等等。

㉗ 参见郑时龄 .2001．建筑批评学．北京：中国建筑工业出版社。

㉘ 参见金秋野．建筑批评有什么用．建筑学报 .2009（05）。

㉙ 参见李翔宁．关于中国建筑的对话．时代建筑，2006（05）：“中国当代的建筑师们认识到中国的现状与局限，发展出一套‘权宜’的建筑策略，这种实践的智慧不是对现实的妥协，而是在建筑的终极目标与现实状态间的巧妙平衡，是对自身力量和局限的正确评价。对话的真正困难在于如何让西方人理解中国的境况，从而从中国的实际出发认识和评价中国建筑。”另，可参见李翔宁．权宜建筑——青年建筑师与中国策略．时代建筑 .2005（06）。

㉚ 近年来，中国台湾、中国香港、日本、韩国和东南亚建筑界之间的交流日益广泛，尤其是中国台湾建筑的现代进程，因为与中国大陆建筑界面对的文化抉择一般无二，所以显得更加重要。《时代建筑》2008 年专门推出专辑，讨论中国台湾建筑的地域特征与国际化问题。

㉛ 例如，董豫赣的“稀释中式”（时代建筑，200603）就涉及中国文化对建筑实践指导的有效性问题。此后他又发表了多篇文章，在学理上深入研究中国古典精神的空间转译。在此期间，作者的视野并没有抛开西方现代建筑语言的精髓，并把它当成一个要素、一个事实来加以考虑。

㉜ 参见周诗岩．向空气中讲空气．时代建筑 .2006（05）：“事实上，精英建筑师们的话语环境足够优越了，以至于他们不必要像库哈斯一样经历严肃系统的观念思考和批评性的观念碰撞，就作为观念输出者，在中西方建筑信息传播中，被放在和库哈斯一样的角色位置上进行比较分析，而扮演的角色与担当的责任之间的对位考核一直以来被搁置着。”

㉝ 例如，面对一个西方世界，张永和跟马清运的建筑对策较为“超脱”，王澍和董豫赣则更加“矜持”。但这只是策略上的差异，并不意味着前者对中国问题有忽视的倾向。都市实践的三位建筑师就曾以《用“当代性”来思考和建造“中国式”》（时代建筑，200603）为题讨论脱离城市化进程空谈中国属性的文化抗拒姿态。关于这个问题，吴志宏在“现代建筑‘中国性’探索的四种范式”一文（华中建筑，200810）中有更加深入的探讨。

㉞ 如史建和王明贤对中国实验建筑的大力提倡，欧宁、方振宁等人在建筑展览和批评方面的实践等。

㉟ 参见朱剑飞．关于“20 片高地”，中国大陆现代建筑系谱研究（1910s-2010s）．时代建筑，2007（05）。“如最近关于当代中国建筑的讨论就基本上没有历史的眼光，而近年来关于中国现代建筑史的大型论述又无视 1996 年以后出现的新一代建筑师在形式上的突破，如果说前一种姿态在无意中拒绝了历史的负担和沉重的国家意识形态的话，那么后一种态度则反映了学术研究自身的历史独特，不自觉接受了国家和民族的宏大话语，而无视民间和个体空间的出现及新一代非官方建筑师在语言上的突破。"

㊱ 参见朱剑飞．现代化：在历史大关系中寻找张永和及其非常建筑．建筑师，2004（04）。

㊲ 参见朱涛．八步走向非常建筑．建筑师，2004（04）：“内向空间”不能界定中国古典建筑传统的丰富性，无论是官式建筑还是民间建筑……真正优秀的空间设计可以超越泛文化意义的阐释；在过强的打造文化身份的冲动驱使下，过于人工化的对“中国空间”的理论构筑法反而可能会钳制建筑是对空间理解、操作敏感性；而对于没有创意的空间设计，其文化阐释无论听起来多么理性或玄妙，都不过是一种修辞性的说法。

㊳ 参见朱剑飞．批评的演化：中国与西方的交流．时代建筑，2006（05）。

㊴ 参见朱涛．近期西方“批评”之争与当代中国建筑状况——“批评的演化：中国与西方的交流”引发的思考。

作者简介：金秋野
原载于：《尺规理想国》，江苏人民出版社

24 个关键词
图绘当代中国青年建筑师的境遇、话语与实践策略

李翔宁 倪旻卿

2010 年 3 月在北京举行的马达思班、家琨建筑和都市实践的十年作品联展和学术研讨会，是近年来中国当代建筑的一个标志性事件。这三家事务所的足迹涵盖了上海、成都、深圳、北京和西安，正好是东西南北中的五座核心城市，而他们各自的十年，共同见证了中国城市和建筑建造高歌猛进的十年，也是中国当代建筑实践呈现急速差异化和多极化的十年。如果说他们代表了中国建筑师的中生代力量，那么，现在我们把目光投向更年轻一些、三四十岁，甚至三十岁以下的建筑师群体，他们的实践所面临的限制与挑战，他们的境遇、话语和实践策略又呈现出怎样的面貌？

张永和在他为 *AREA* 杂志中国专辑写的文章 *Learning from Uncertainty* 中引用了崔健声嘶力竭吼出的“不是我不明白，这世界变化快”作为当代中国政治、社会和文化急速变迁的表征。[①]而建筑师更像是在社会的河流中奋力挥臂向前的泳者，总试图把握住河水急速翻滚涌动的脉络，并将其固化为可知可感的实体，建筑和城市正是这河流冲刷所留下的固态的河床。正如恩里克 · 米拉莱斯（Enric Miralles）在巴塞罗那郊外设计的伊古拉达墓地（Cemetery of Igualada），空间沿一个坡道不断下沉，地面混凝土与钢板嵌入地表以下，好像一条河流奔腾而下，裹挟着无穷的可能性和纷繁复杂的信息，却在一瞬间凝结，如同冬

季结冰的河流，布满了散乱错落的漂浮物。如果我们想以一种高速摄影的方式呈现不断流变的当代中国建筑的一个瞬间切片，我们得到的必然是一张错综复杂、颇有意味之网，包含了彼此关联、牵制、平行、均衡、对抗甚至抵消的诸多要素。但或许这样的复杂网络比那种经过清晰梳理，条分缕析的线性结构更符合当代中国的真实样貌。

为了配合2011年开工建设的上海当代建筑文化中心（博物馆）的开幕，我们发起了一个关于中国当代建筑关键词的计划，向中国及国际的学者、建筑师、策展人征集关于中国当代建筑的关键词，并通过出版物和展览的形式将这些关键词呈现出来。这里，我们试图通过24个关键词，展现青年建筑师的整体面貌。这里的24个关键词，分属于“现象与诉求”(Phenomena & Appeals)、“操作框架”(Operational Frameworks)、“话语工具”(Theoretical References)和“实践策略”（Practical Strategies）四个类别。它们共同图绘了当代中国青年建筑师的工作环境、限定条件、思想方法和应对策略。

1. 现象与诉求

如果我们试图以几个关键词描绘当代中国建筑师所面临的建成环境和社会现实，那么，大、纪念性、新奇、快速、廉价、异托邦，这组关键词既是中国当下政府官员、决策者、开发商和私人业主的共同诉求，也是基于这种诉求所达成的建成环境的现状。无论这些词汇背后隐含的语义是褒是贬，不可否认的是，这些现象构成了建筑师工作的环境文脉和参照，这就是建筑设计作品所处的真实环境，而建筑师的工作也会自觉不自觉地被要求满足这样的诉求。 与此同时，这些关键词也构成了世界对于中国建造模式的集体认同和想象的框架。中国的当代建筑给世界的印象是具体的、散落的优秀个案的搜集和整体品质低下的并置。而这组关键词所代表的特征，或多或少正是造成中国当代大规模建造的整体品质低下的原因。

1.1 大（bigness）

在1995年库哈斯出版的*S, M, L, XL*一书中，首次将“大”作为当代建筑和城市的一个特殊属性提了出来。他同时指出，大并不只是尺度上的简单堆积和复制，而是随着尺寸的增加会发生属性特征的质变。他认为“大”使建筑的传统概念如组合、尺度、比例、细部变得毫无意义。仅从尺度上说，“大”建筑已进入了另一个非常领域，已超越了好和坏，

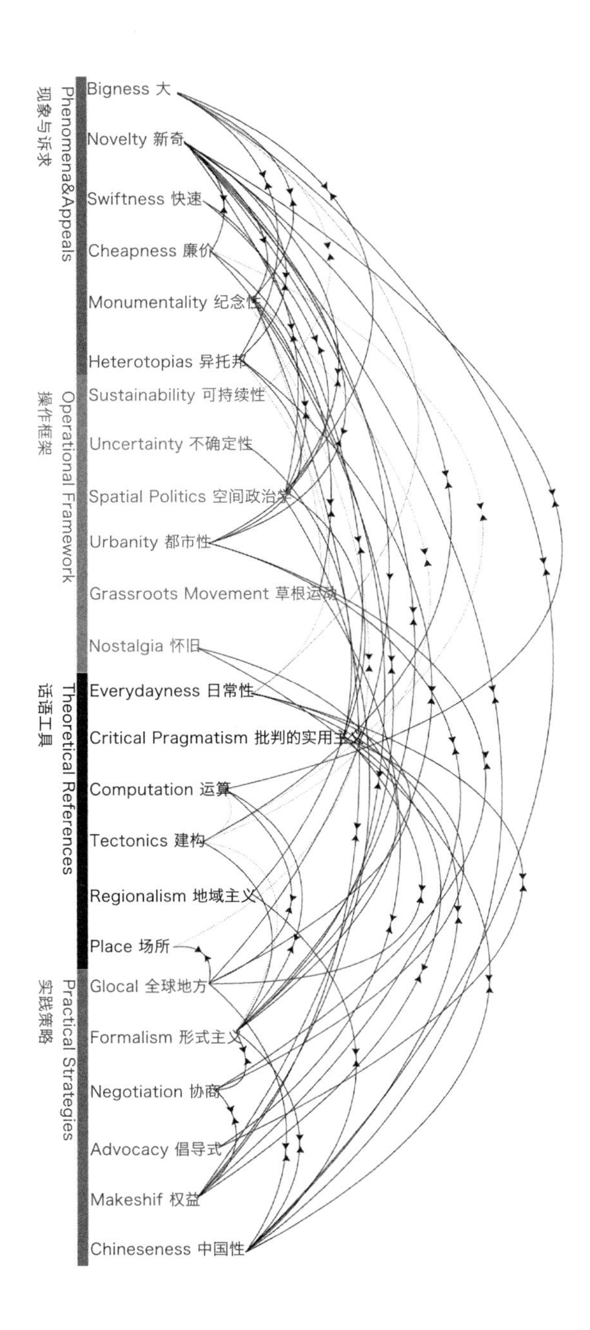

图 1. 24 个关键词关系图解

它们产生的冲击是和它们的质量无关的。他提出的这个概念似乎是为中国度身定做的，因为全世界没有比中国更应该关注“大”在建筑学和城市研究中的运用的了。不管你喜欢与否，“大”都是当代中国都市现象的最重要的尺度特征。

1.2 纪念性（monumentality）

对纪念性的追求或许源自于宗教式的崇拜，或者和“崇高”（sublime）的概念密不可分，它也是为像柯布西耶和库哈斯这样对建筑充满狂热激情的设计师所钟爱的。历史学家威廉 · 柯蒂斯（William J.R. Curtis）认为尽管现代社会急剧改变了人们的生活方式，然而建筑的纪念性依然是表达价值的一个重要手段。[②]当代中国建筑对于纪念性的追求有许多方面，比如大型公共建筑中“纪念性”被推向了极端，也深刻地影响着从规划到城市设计的建造实践。

1.3 新奇（novelty）

当代中国社会对于“创新”价值的过度推崇，助长了对于建筑新颖造型的追求。当代消费文化的症候使得建筑形象必须有足够的视觉冲击力，从而导致了建筑形式的极端异化。

1.4 快速（swiftness）和廉价（cheapness）

当代中国建筑的快速和低成本建造，已经成为中国建造的特征。这里，“廉价”或许并不仅仅意味着低成本的建造，同时暗指建造品质的低廉。然而，快速和“廉价”或者粗糙的品质，一方面作为既成现实的存在状态，另一方面也是建筑师必须积极面对并发掘出新的当代建筑可能性的源泉。正是因为可以快速低价地建造，中国建造正日益走出国门，参与到国际灾后重建这类需要快速低成本建造经验的领域以及基础设施建造的国际竞争中去。我们是否可以重新审视快速和廉价的积极意义，并创造出具有当代中国特征的建筑美学？

1.5 异托邦（heterotopias）

福柯（Michel Foucault）用这个词来形容在一个单独的真实位置或场所同时并立安排几个似乎并不相容的空间或场所。在许多文化中都有这样虚拟语境的场所或者说非场所。当代中国城市中充满了这样的场所——同时包含着自相矛盾或自相冲突的几个不同空间，成了异文化的飞地。

2. 操作框架

建筑总是在专业的自主性和对资本、政治的依赖两者之间徘徊并挣扎前行。当代中国建筑总是无法脱离一个社会经济和政治文化的框架而具有纯粹的自主性，这也正是当代西方的学者们在进行批判/后批判的论争时所面临的二元论困境。然而中国的语境，在当代国际经济和政治急速变迁的全球背景中，又凸显其复杂性。因此中国当代青年建筑师的实践，受制于经济、政治和文化的问题，或许可以大致归结为不确定性、空间政治、可持续性、都市性、草根运动和怀旧等几个方面。虽然无法穷举制约建筑实践的所有制度性要素，但或多或少可以和这组关键词产生关联。

2.1 不确定性（uncertainty）

不确定似乎是一个充满哲学意味的命题。然而在当代中国，它却始终以一种戏谑的方式和建筑师们周旋：从功能、所有权、决策人到具体实施的各个方面如资金、工期等琐碎复杂的细节，不确定性给建筑师们带来了太多的制约，却也成了建筑师应对实践对策的最好的借口。事实上正如库哈斯所指出的，“大”也注定会导致更多的不确定性，然而对于可变动性、普适，或者至少是预留发展和变化余地的建筑策略，在面对不确定性时被最大限度地激发了出来。

2.2 空间政治（spatial politics）

历史学家常常感叹：民主和强权政治或许各有利弊。而中国当代社会政治的走向对于建筑的影响却是显而易见的。按照列斐伏尔（Henri Lefebvre）的理论，空间的生产是意识形态固化和体现的过程。建筑和城市，完全可以从政治经济学的角度被阐释，将其视作对其身后的政治和经济权力的物化体现。如果能够有正确的引导，政治对于建筑和城市规划也可以产生非常正面的影响。当代中国建筑的“青浦—嘉定”现象就是一个极好的例子。

2.3 可持续性（sustainability）

虽然近几年来可持续性观念被广泛接受，生态技术在建筑中普及运用，但或多或少仅停留在似是而非的层面上。在“可持续”这柄大伞之下究竟包含哪些内容，在中国可持续发展的理念又有着怎样的表现形式，在可持续的框架下如何容纳不同的、甚至是相互冲突的价值判断？这些都是当代中国谈到可持续概念时有待梳理的脉络。日益严格的强制性生态节能评估，的确对于建筑师的实践产生着潜移默化的引导作用，虽然没有统一明确的生态建筑标准，而节能的效果也还无法被准确实测从而真实反映其生态效能。

2.4 都市性（urbanity）

都市性是一个和现代性密切相关的概念。当代中国城乡差异的特殊条件使得当代中国的大部分建筑实践，是和都市环境的品质与特性不可分割的。这也是当代文学和电影常常涉及的主题。建筑首先必须在它所处的都市环境中被构想和建造，没有都市问题的存在，也就没有当代中国建筑诸如“大”、“纪念性”这样的命题。

2.5 草根运动（grassroots movement）

草根代表社会底层民众的力量。虽然中国长期以来缺乏健全的市民社会，但日益增强的民众主体意识，仍然可以被视作激发一种自下而上的都市进程的开端。而在当代科学技术突飞猛进并得以日益推广的背景下，市民意识的不断增强为推动文化的大众化、平民化、草根化，提供了极大的可行性。

2.6 怀旧（nostalgia）

在当代中国，怀旧作为一种文化现象，渗透在文学、艺术、电影等诸多领域，并与我们这个视觉时代的怀旧消费结合在一起。在建筑和城市的领域则表现为对携带历史文化信息的建成环境的重新评价，以及追寻一种已经或正在消失的历史情境。过度怀旧也会导致一种热衷于人工再造或虚拟历史情景的危险，并扼杀当代建筑思维的创新能力。

3. 话语工具

如果说当代中国的建筑实践已经引起了世界的关注并常常和西方国家的当代建筑实践同台展示，中国的建筑师们也在镁光灯的闪烁中成为国际建筑杂志的主角，那么中国的建筑理论则是“一片贫瘠”（朱涛语）。中国当代建筑的理论话语，要么是西方的记者（journalists）和研究者发表的、常常是隔靴搔痒的建筑批评，要么是沉迷于追随西方的热门建筑理论和话语，真正缺乏的是既了解西方建筑理论的思想方法，又谙熟当代中国的政治经济文化语境的有针对性的批评话语。如果分析一下当代中国青年建筑师们的话语体系，就会发现无法回避的是当下，或曾经在某个时间段内极大地影响了中国建筑师思维方式和话语系统的一些理论工具。但可悲的现实是，这些工具无一例外地来自西方。

3.1 建构（tectonics）

随着几年前弗兰姆普顿（Kenneth Frampton）的《建构文化研究》（Studies in Tectonic Culture）被翻译和推介到中国，当代中国掀起了一股建构研究的热潮，不止于理论的探讨，明星建筑师的作品也被放在建构的理论框架中加以检验，似乎不符合建构标准的建筑就不是好的建筑。关于建构引发的讨论也被引入传统中国建筑的营造，却忽略了这是一个纯粹西方的概念，缺乏适应中国语境的当代转化。

3.2 地域主义（regionalism）

当年由芒福德（Lewis Mumford）、仲尼斯（Alexander Tzonis）和弗兰姆普顿这些理论家所倡导的地域主义以及对其进行修正的批判的地域主义，在几十年里是对现代主义进行反思的重要理论工具，也成了如阿卡汉建筑奖这样的国际大奖的评审标准之一。今天，正如柯尔孔所指出的，地域主义常常和国家主义 / 民族主义这样的政治概念相勾连，在当代全球化语境下，地域主义已经成为创造新奇形式的工具。[③]而当代中国对于地域主义的运用也常常离不开一种中国建筑的意象，或者说和“中国性”（Chineseness）这个概念紧密相连。

3.3 批判的实用主义（critical pragmatism）

当今世界两种重要的思想文化运动——“新实用主义”（New Pragmatism）和“新儒学”（New Confucianism），是在美国和亚洲出现并兴盛的。批判实用主义则是与之相关的哲学思想，尽管批判理论貌似总是对实用主义的抵抗。批判的实用主义似乎为我们在抵抗和顺从之间指明了一条中间道路。当代西方建筑理论界的批判—后批判之争中或许有许多思想的火花来自批判的实用主义。当代中国社会的发展轨迹似乎和这个概念有着某种暗合。

3.4 日常性（everydayness）

列斐伏尔和德塞都的著作为中国建筑和城市理论界打开了对于日常性认识的大门，虽然这个日常性早就充斥着我们生活的每个角落。对于日常生活的关注，在中国建筑理论界又和现象学的视角联系在一起，为青年建筑师们提供了一种反对纪念性和宏大叙事的思想武器。当然在中国当代建筑的实践中，真正能够抵抗“大”的诱惑而从事日常性发掘工作的建筑师永远不会成为主流，但是中国建筑专业的学生们在进行国际联合设计时又时常求助于日常性城市（everyday urbanism）的思想方法。

3.5 场所（place）

自从舒尔茨（Christian Norberg-Schulz）的《场所精神：迈向建筑现象学》（Genius Loci：Towards A Phenomenology of Architecture）一书被介绍到中国，建筑现象学的思想方法以各种各样的面貌在中国建筑理论界涌现。其核心的理念，就是那个说不清道不明的“场所”，希腊语“Genius Loci”已经被等同于中国语境中任何一个空间或者地方，并且建筑师的设计说明中最常提到的设计目标就是“场所”和“场所感”的营造。但场所又与人性化空间的空泛概念混为一谈。然而不可否认，“场所”的确是相当长的一段时期内最有影响力的关键词。

3.6 运算（computation）

事实上尝试着用“computation”这个词来概括相关的理论和方向，是冒着以偏概全的极大风险的，在设计方法和计算机技术不断更新的今天，参数化（parametric）、动态或称互动（kinetic）建筑、算法（algorithm）、涌现（emergence）、无法翻译的“blob”，乃至更多不断涌现的新词汇，代表着越来越多的和计算机技术有关的实践方向，当代中国二三十岁的这一批青年建筑师们迅速地拥抱了这类数字化的设计方法，创造着前所未有的新形式，并尝试着从哲学和世界观的角度来理解运算技术对人类未来的引领作用。与此同时，这类建筑创造的拒绝深度的平滑表面，正好形成了一种对建构的理论化抵抗。

4. 实践策略

面对上述的现状与诉求、操作框架以及话语工具的影响，当代中国青年建筑师将发展出怎样的实践策略？他们如何在全球 / 地方、批判 / 合作、传统 / 革新、精英 / 民粹这些对立的关系中确立自己的立场，既能够实现建筑建成的理想，又保持审慎的距离和一定的批判性？我们通过协商、倡导式、权宜、形式主义、全球地方和中国性这样一组关键词来进行分类考量。

4.1 协商（negotiation）

当代中国建筑的前行，实施上总是在与甲方、政府官员和社会的各种力量之间的讨价还价中达成的。这种协商的机制，既是对建筑师的一种束缚和限制，同时又是对建筑自主性与建筑师服务性角色的重新审视。当代的青年建筑师们或多或少地掌握了这种策略，并尽量使之为自己的设计目标服务。当然，上海的青年建筑师侯梁或许是一个特例，他始终保持着拒绝协商的姿态捍卫自己的设计理想，始终保持着一种不断参加各类竞赛的纸上建筑师特色，以自己的实践为抵抗的姿态添加了注脚。而深圳建筑师冯果川则选择一种以自己的写作和理论研究来表达批判性的立场，通过对空间政治学的分析来理解中国的城市化现象，分析这一过程中社会关系如何通过空间进行再生产，身体如何被空间塑造，并以此为基准展开批判性的设计工作。比如在深圳水晶岛竞赛方案中，他尝试改变中国城市中心的超尺度纪念性政治空间，试图使其平民化和世俗化。

4.2 倡导式（advocacy）

与当代中国草根文化的兴起相伴随的，是对于公众参与在建筑和城市规划领域作用的全新认识。倡导式这个词首先来自美国的规划领域，这里泛指一种反精英的文化姿态，和对公民地位的认同。由于近年来的几次自然灾害的发生，在全民自发救灾的过程中，公众参与和社会伦理方面的价值反而被凸现。建筑师和艺术家们参与的震后重建等众多公益性质的设计和建造活动，提醒着当代的青年建筑师群体关注民生和社会公平、公正的议题。两届中国建筑传媒奖，更是将主题和评判标准定为“公民建筑”，反映出虽然晚于台湾和香港，今天中国大陆在建筑的社会层面投以越来越多的关注，甚至在许多青年建筑师的实践中被体现出来。今年参选的青年建筑师和作品中许多都和这种建筑态度相关，比如朱竞翔的震区环保耐用学校建筑新芽小学等。

4.3 权宜（makeshift）

中国文化的“中庸之道”，为我们提供了一种“权宜”的发展思路，这不是对社会现实做道德或者法律的考量与评判，而是对中国当下现实的接受与承认。正在走向成熟的中国青年建筑师熟悉西方建筑的特点和潮流，同时又能够深刻地理解中国的现状与局限，从而发展出一套“权宜”的建筑策略。“权宜建筑”不是对现实的妥协，而是一种机智的策略，是在建筑的终极目标与现实状态间的巧妙平衡；“权宜建筑”不是对西方建筑评判标准的生搬硬套，而是对自身力量和局限的正确评价；“权宜建筑”是充分重视力所能及的“低技”策略和能够实现的可操作性策略。

4.4 形式主义（formalism）

形式主义事实上是建筑学学科内核的重要组成部分。对于形式的关注是建筑师的集体无意识，甚至无论建筑师如何标榜自己脱离了单纯的形式趣味，他的血管中始终流着形式的血液。并且，当代中国的建筑执业环境使得我们绝大多数的竞赛和投标的评判是基于一种形式主义的考量。当代的某些建筑流向，或许可以视作在另一个时代层面上的形式主义的涌动，比如盖里的建筑和更具当代意味的参数化设计，无论通过何种途径，其最终解决的仍然是形式的命题。当然，没有一种形式不是和其他一些方面，比如全球—地方的动态关系相关联的。近年来走这个路线的建筑师也是最热衷于国际的交流和合作的，在这个方向上中国的当代建筑实践或许是和世界接轨最为紧密的。该领域活跃的青年建筑师如高岩、施国平等也具有多年的国际学习和工作的背景。

4.5 全球地方性（glocal）和中国性（Chineseness）

当代中国的青年建筑师许多具有国际学习的背景，这种来自国际经验和视野的敏感使他们更主动地思考建筑实践的立场以及在全球化—地方性的二元对立中应选择的位置，以及如何以当代方式来诠释中国性的问题。上海的建筑师刘宇扬的作品就总是呈现出对这一问题的思考。他在中国南方为一个玩具工厂设计的厂房和办公楼（图 2、图 3），顺应了广东作为全球化生产链条重要一环的社会现实以及其廉价的材料和施工，以一种现代主义的理性形式，应对当地的具体条件，又或许也是一种协商和权宜的产物，却相当好地呈现了他在建筑师的设计理想和当下复杂的社会现实之间达成的平衡。在北京中央美院任教的范凌是非常年轻的建筑师代表，他的作品一直致力于中国命题与西方思想方法的碰撞，并以一种跨越建筑 / 艺术的方式呈现出来。他的景观 / 装置作品“坐享悬绿”（图 4、图 5）将不规则曲面的形态和中国传统文化中与环境、生态的关系叠合在一起，同时探讨了广场的

2 3
4 5
6 7 8

图 2-3. 刘宇扬设计的玩具工厂
图 4-5. “坐享悬绿”景观 / 装置
图 6-7. “实水中的虚石”装置
图 8. “倒置的喜马拉雅”装置

空间政治学命题；而他参加光州设计艺术双年展的作品“实水中的虚石”（图 6、图 7）则呈现了更具中国意味的体裁，如水 / 石、虚 / 实、运动 / 停留等。

5. 结语

最后，需要补充对这 24 个关键词关系图解（图 1）的几点说明。

首先是不同关键词之间的关联。

我们注意到，关键词之间存在着错综复杂的关联。其中，实线的箭头表示相关，比如中国性和怀旧、形式主义和新奇等；虚线表示的是彼此相悖的关系，比如日常性和纪念性就是相互排斥的价值。当然更复杂的关系是既相关联又相排斥的，比如形式主义和地域主义，地域主义的出发点是打破国际式的风格和形式，但是反过来地域主义自身又会演化成一种形式的标签。

其次是建筑师的实践和关键词之间的关联。

建筑师和关键词不是一一对应的关系，而是多重对应的关系，每个建筑师的实践可能反映多个关键词的影响。比如青年建筑师袁烽的作品“倒置的喜马拉雅”，采用参数化的设计方法，表达了对于生态和可持续问题的关注（图 8），同时他的 AU 空间的外表皮以及福建某剧场的设计方案（图 9、图 10），采用参数化设计的方法，却运用了带有传统手工色彩的建造材料和土楼的原型，又诠释了和传统的关系，从而与中国性产生关联并具有一些怀旧的意味，而他的整体实践策略，则呈现为一种批判的实用主义。直向建筑的广安门生态技术展廊（图 11、图 12），则将一个国际化的长盒子形体和生态展示技术，尤其是和一个具有语义学含义的绿色植物覆盖的墙体结合起来。这个作品既可以从可持续性的角度解读，当然也可以放置在快速建造和都市性的框架下进行解读。北京建筑师韩涛的中国油画院艺术家新工作室项目所具有的强烈视觉冲击力使你完全可以从形式主义的角度加以解读（图 13、图 14），然而如果你听过建筑师讲述在整个项目中与作为业主的艺术家沟通、协商和作品最终成形的故事，就完全可以体会在当代中国贯彻一个项目需要的沟通的能力与智慧。

最后，想通过这 24 个关键词的关系图解，展现当代青年建筑师们面临着纷繁复杂的思潮和趋势的影响，从而拥有和比他们年长 10~20 岁的建筑师们不同的环境。当年最早涌现

9	10	11
12	13	14
15	16	17

图 9. AU 空间外表皮
图 10. 福建某剧场方案
图 11-12. 广安门生态技术展廊
图 13-14. 中国油画院艺术家新工作室
图 15-17. 傅筱建筑设计作品

的明星建筑师如张永和、王澍等，他们早期的作品更多是以观念和叙事打动人，而由于受到20世纪八九十年代经济和技术的时代局限，而没有很高的完成度。但他们是当时独树一帜的英雄，是尚在建筑院校读书的学子们的偶像。而今天的青年建筑师所处的外部环境得到了极大的改善，甚至年轻人都可以建成大尺度的作品并达到很高的完成度，比如本年度中国建筑传媒奖优秀建筑师奖的获奖人傅筱（图15~图17）。然而他们同时面临的挑战是在有着急速变迁的社会政治环境以及铺天盖地的建筑资讯的当代，如何甄别和保持自己独特的立场，并能够在一定程度上保持作品和实践策略的延续性，这或许是他们这一代人面临的主要挑战。

[本文为上海市教委创新基金社科类重点课题《当代中国建筑批评与策展的互动机制研究》（项目编号10ZS29）、国家自然科学基金项目《我国建筑博物馆创制、博览模式及信息保存与再现技术研究》（项目批准号：51078266）的部分工作]

注释：

① Yung Ho Chang. *Learning from Uncertainty. AREA:* 9.

② 参见William J.R.Curtis 2003年10月13日在剑桥大学的演讲“Modern Architecture and Monumentality”。

③ Alan Colquhoun. *The Concept of Regionalism*. in Gülsüm Baydar Nalbantoglu and Wong Chong Thai(eds.). Postcolonial Space(s). New York:Princeton Architectural Press,1997.

作者简介：李翔宁，同济大学建筑与城市规划学院副院长，教授，博导

倪旻卿，英国中央圣马丁艺术与设计学院空间叙事专业硕士研究生

原载于：《时代建筑》2011年第2期

数字新锐
正在涌现的中国新一代建筑师

徐卫国

“当杰克把一粒种子种到地里时，一棵美丽的蔓藤葡出现了，慢慢地它变为一棵成熟的巨大的葡萄树。”约翰·霍兰（John Holland）在《涌现：从混沌到有序》一书的开篇就这样写道[1]。复杂的葡萄树是由简单的种子发展而来的，这是因为种子的基因使植物的生化作用按某种规则一步步展开，从而决定了植物有机体成长发育成复杂的葡萄树，从种子到葡萄树的过程是一种“涌现”现象。“涌现”指组成复杂整体的个体遵守简单的相同规则，并相互作用，结果形成复杂的集群有序行为；不仅葡萄树的生成过程是一种涌现现象，鸟群、蚁群、神经系统、免疫系统、互联网，甚至是人类社会的经济，都有这种相似的涌现现象。今天，中国建筑界也正在发生着这样一种涌现现象，这就是某些媒体所谓的“新锐建筑师”的涌现。这些新锐建筑师的作品展现出一种前所未有的图景和朝气，尽管这些作品在某种程度上与美国及欧洲1990年代末出现的先锋建筑师的作品有点相似，但是它们显然不是来自欧美建筑师的作品，而是掌握了与西方建筑师一样的技术工具——计算机数字设计技术的中国建筑师。他们用数字技术创造了建筑新景象。数字技术就像葡萄树的种子基因一样，使新一代中国建筑师遵守相同的规则，催生着中国建筑的未来。这一次，中国建筑师与西方建筑师站在同一起跑线上，并表现出足够的自信和实力，正试图跑到领

1 2
3 4 5
6

图 1. 北京凤凰国际媒体中心，UFO（邵伟平、刘宇光、李干）
图 2. 邯郸规划展览馆，XWG(徐卫国、徐丰、黄蔚欣)
图 3. 天津于家堡工程指挥中心，HHD-FUN（王振飞、王鹿鸣）
图 4. 等高线墙，竖梁社（宋刚、钟冠球、肖明慧）
图 5. J-office 的“绸墙”（袁烽）
图 6. 英国利物浦莫西观光塔设计竞赛，纯粹建筑（施国平）

先位置。有趣的是，这些建筑师所用的设计方法是软件生成法，它来自生物生成建模技术，而生物建模的重要理论正是涌现理论。因此，新一代建筑师正是以涌现理论带来自身的涌现。

越来越多的建筑师及其作品正在参与到这一涌现中，并不断发生相互之间的链接反应，将形成一场蓬勃的建筑运动。UFO（邵韦平、刘宇光、李干）设计的凤凰北京国际媒体中心（图1）运用软件参数化技术进行几何逻辑系统控制来生成及建构不规则建筑形体，探索出参数化技术条件下系统的施工图设计及输出方法；XWG（徐卫国、徐丰、黄尉欣）设计的邯郸规划展览馆（图2）用最小表面公式在 Mathematica 软件平台上生成建筑形体，并与结构及材料专业合作，试图用纤维增强复合材料分块加工构件，并连接成整体来建造复杂形体；HHD-FUN（王振飞、王鹿鸣）设计的天津于家堡工程指挥中心（图3）通过脚本程序及参数化控制将建筑内部使用要求、立面采光率信息以及观景效果等因素综合作用，生成了从开放到相对封闭的连续变化的景窗立面，并尝试用程序自动生成施工图纸；竖梁社（宋刚、钟冠球、肖明慧）热衷于运用数字技术及数控设备进行非线性形体实物加工研究及建造实验，他们设计建造的“等高线墙”（图4）是在软件中提取了荷兰建筑师阿尔多 · 范 · 艾克（Aldo Van Eyck）设计中的抽象几何形式，并转化成一系列的等高线，然后用数控铣床加工木材建造出来，这一实验探讨了数字生成及数控加工中数字美学的表现；同济大学袁烽在“j-office”的“绸墙”（图5）设计中，借助软件参数化技术控制曲线线型，从而确定空心混凝土砌块砖的连续变化的定位，建造完成的墙体呈现出如同织物般柔软、褶皱的效果，在这里，数字技术使得砌墙这一建筑的基本操作变成充满诗意的建构行为；纯粹建筑（Pure）的施国平在英国利物浦莫西（mersey）观光塔（图6）设计竞赛中，运用数字技术模拟莫西河（Mersey River）的潮汐规律，设计出一个以观光塔为主体、多条路径和自然风景板块相互交织的地景公园；此外，水晶石设计中心（张晓奕、朱元华、孙屹）、西安替木（井敏飞、叶飞、庞崁、王东等）、XD（徐东昕）等不断涌现的年轻建筑师事务所对新兴的数字技术充满热情，并且正用它来实现各自的建筑理想（图7~ 图9）[2]。

另外，作为这一数字设计现象的重要组成部分，建筑院校内教师指导学生所做的设计探索，在设计方法、思想理论、生形逻辑、软件工具、实物建构等方面也对这一设计发展起到推动作用，并同时为这一涌现的不断持续积蓄力量。继清华大学建筑学院 2004 年设立非线性建筑设计课程之后，近年来又有同济大学、湖南大学、西安建筑科技大学、华南理工大学、华中科技大学、哈尔滨建筑大学等建筑院校或建筑系设立这类设计课程或设计专题。建筑教育正在为满足建筑实践的要求而调整教育方向（图10~ 图15）[3]。这种像根茎植物

7 8 9
10 11 12
13 14 15

图 7. 2010 世博会河南馆，水晶石设计中心（张晓奕、朱元化、孙屹）
图 8. 中大国际新天地酒店，西安替木（井敏飞、叶飞、庞嵚、王东等）
图 9. 广西特色酒店，XD(徐东昕)
图 10. 清华大学学生作业，傅隽声、贺鼎（指导教师：徐卫国、徐丰、黄蔚欣）
图 11. 华南理工大学学生作业，伍亮、林鑫成、杨逸敏等（指导教师：宋刚、钟冠球）
图 12. 中央美院学生作业，温颖华（指导教师：周宇舫、范凌、刘文豹）
图 13. 华中科技大学学生作业，潘浩
图 14. 湖南大学学生作业，胡哲雄、李俊斌、罗宇等（指导老师：胡骉、宋明星）
图 15. 西安建筑科技大学学生作业，何敏聪（指导老师：井敏飞、叶飞）

一样正蔓延生长在中国建筑界的现象，随着数字技术工具的深入开发、大学教育的系统发展以及年轻一代建筑师满怀豪情及理想的积极开拓，必将展现崭新的未来中国建筑世界。

1. 非线性建筑世界观

这些数字新锐建筑师们与传统建筑师的根本区别在于建筑设计世界观的不同。他们把建筑物、建筑周边的自然及人文环境以及使用建筑的人三位一体地作为整体来设计，并以动态及变化的观点看待环境及人的活动，试图把建筑塑造成为符合环境影响及人的行为要求的物质实体。上述王振飞的于家堡项目正是回应自然界光线的变化以及内部使用对采光不同的要求塑造了建筑立面[4]；XWG 的北京奥运村玲珑塔室内顶棚使用镜面不锈钢、亚克力透光体及亚克力灯具三种材料，反射、透射、照射环境光色，创造了室内与室外、人工与自然交织、融合的空间[5]；水晶石张晓奕设计的世博会河南馆表现了人们列队游行的动态场面[6]。

这些都体现出一种“非线性”的建筑设计世界观。“非线性”即不是“线性”的；所谓“线性”，是指两个变量之间可用直角坐标中一段直线表示的一种关系。在科学发展早期，人们首先以线性关系来近似地认识自然事物，牛顿现代科学一直在线性范围内发展求解，并成为经典。但不幸的是，“大自然无情地是非线性的”，线性关系其实只是对少数简单非线性自然现象的一种理论近似，非线性才是自然界的真实特征。各个学科领域对非线性问题的研究统称为非线性科学，它研究自然界动态、自由、不规则、自组织、远离平衡状态的现象，“尽管科学家们对非线性理论还未达成一致的看法，但是，非线性科学所揭示出的关于宇宙的事实让人类认识到宇宙其实要比牛顿、达尔文及其他人设想的更具活力、更自由、更开放、更具自组织性”[7]。非线性建筑观念则是以非线性科学的态度和方法处理建筑设计问题，因而，数字新锐建筑师们其实是站在科学的前沿，以更科学、更具逻辑理性的态度和方法进行今天的建筑设计。

2. 参数化设计及软件生成方法

数字新锐建筑师们得益于计算机软件技术在设计上的运用，他们采用全新的建筑设计方法，即参数化设计及软件生成方法。参数化设计其实就是参变量化设计，也就是把建筑设计参变量化，即建筑设计是受参变量控制的，每个参变量控制或表明设计结果的某种重要性质，改变参变量的值会改变设计结果。在这里，他们把影响设计的主要因素看成参变量，也就是把设计要求看成参数，并找到某种规则或关系，把某些设计要求结合在一起；随着设计要求的变化，设计结果也呈现出多种结果，由于最终的建筑建造只要求一个设计结果，因而设计过程又是一个求最大值、最优值、最适当的值的过程。

在参数化设计过程中，最重要的技术环节在于如何把设计要求通过规则或关系转化成形态、以此形态作为设计结果，这一技术环节就是软件生成法。软件生成主要取决于算法及程序，算法是一系列按顺序组织在一起的逻辑判断和操作，即指令，它们共同完成某个特定的任务；用计算机语言把算法表现在计算机上就形成程序，算法加程序就是软件。因而软件生成就是在计算机上的算法生成，新锐建筑师们其实是通过某种算法(即规则或关系)用计算机语言生成建筑形体。尽管他们有时用已有软件的菜单直接找形，或用脚本语言找形（如 MAYA 的 MEL 语言），有时用某些图形化的程序编辑器找形（如 grasshoper），有时又通过编程描述规则找形，但这些方式背后都是计算机语言化的算法在起作用。算法明确表现了建筑师选取建筑形态的原因，因而，建筑设计的过程更合理、更科学。

3. 数字建构

传统的建构理论（Tectonics）曾在 20 世纪和 21 世纪之交的几年中作为武器帮助中国青年建筑师冲破西方建筑文化及中国传统建筑文化的双重束缚，使建筑设计从作为意识形态的工具还原到作为解决基本建造问题的过程，从而真正具有纯粹的职业性特征[8]。建构意指建筑的建造应该表现结构、材料及其构造关系，建造的最终形式要充分地表现结构及构造逻辑。但是，按照传统建构理论，无论西方建筑师还是中国青年建筑师，他们只能在人类已掌握的结构体系以及材料构造技术条件下表现最终形式，他们必须屈从于结构及材料、被动地表现形式，因而，尽管最终形式具有自然美的特征，但最终形式是有限的、简单的、刻板的。

然而，数字新锐建筑师们运用数字技术使传统建构理论的精神得到最大程度的表现。上述邵韦平的凤凰媒体中心外表皮优美的线型正是结构构件，结构之间的采光玻璃幕由渐变的窗户构造而成，外表形式与结构及构造是合二为一的；宋刚的“等高线墙”的曲面形式明显、清晰地展示着构成它的水平的木构件，形式与构造密不可分。不仅于此，其他人的作品也一样，最终形式表现了结构关系及构造连接，并且形式生动、复杂，具有创造性。这是因为数字建构给他们带来了可以表现建构精神的无限潜力。数字建构包含在计算机内通过算法生成形体以及依靠数控设备加工构件，事实上，计算机生形的时候已经具有建构逻辑。当把这一建构逻辑作为实际建造的结构系统，并且实际构件的分块加工也遵循计算机建构逻辑，那么，最终形式必然能反映自身的结构及构造逻辑，从而更高程度地实现传统建构的理想。

事实上，数字新锐建筑师们创造出一门新的建构理论，可以称其为数字建构。数字建构具有如下特点：(1) 建筑形体最大限度地表现了自身结构逻辑及材料构造逻辑；(2) 以生成形体的内部逻辑系统作为结构及构造的基础逻辑；(3) 设计与加工依靠软件技术及数控设备。

4. 第三种建筑文化态度

由数字技术作为种子基因造就的上述设计世界观、设计方法、设计理论，决定了正在涌现的新一代中国数字新锐建筑师具有第三种建筑文化态度。首先，他们不会用西方的建筑思想及方法来对待中国的建筑问题，现代主义、后现代主义、解构主义、建构理论等思想观念几十年来一直搅动中国建筑界，给中国建筑带来活力生机的同时也带来误导及紊乱；同样，他们也不会用中国传统的建筑思想及方法来对待今天的中国建筑问题，民族形式、现代乡土设计乃至片面的环境论等妨碍中国建筑朝着健康的方向发展。新一代数字建筑师立足于用数字工具科学地分析研究环境、人及建筑的互动关系，从而为使用者设计最适合的建筑。因而他们所具有的第三种建筑文化态度是一种人本主义的设计观念，它触及建筑的本质问题，考虑到人与环境的持续友好相处，体现了人类自由、民主、和谐发展的要求。这种新的文化态度决定了数字新一代不同于西方建筑师，不同于中国传统建筑师，他们的作品在解决中国具体问题所具有的创新性将被历史认可。

（本文受国家自然科学基金资助，项目批准号 51078218）

参考文献:

[1] (美)约翰 · 霍兰 . 涌现：从混沌到有序 [M]. 陈禹，等，译 . 上海：上海科学技术出版社，2001.

[2] (英)尼尔 · 林奇，徐卫国，编 . 数字现实——青年建筑师作品 [M]. 北京：中国建筑工业出版社，2010.

[3] (英)尼尔 · 林奇，徐卫国，编 . 数字现实——学生建筑设计作品 [M]. 北京：中国建筑工业出版社，2010.

[4] 王鹿鸣，王振飞 . 参数化设计——一种设计方法论 [J]. 城市建筑，2010（6）：40-43.

[5] 徐卫国 . 建筑新语言——参数化设计相关的材料使用 [J]. 城市环境设计，2010（7）：174-177.

[6] 张晓奕，孙屹 . "会说话"的展览建筑——谈河南馆一体化展示设计 [J]. 城市空间设计，2010（3）：38-39.

[7] Guest- edited by Charles Jencks. New Science= New Architecture? Architectural Design Profile (129), 1997.

[8] 徐卫国 . 正在融入世界建筑潮流的中国建筑 [J]. 建筑学报，2007（1）：89-91.

作者简介： 徐卫国，清华大学建筑学院教授，建筑设计研究所所长，XWG 建筑工作室主持建筑师

原载于：《时代建筑》2011 年第 2 期

“建构”的许诺与虚设
——论当代中国建筑学发展中的“建构”观念

朱涛

“建构学”(Tectonics)正在成为中国青年建筑师日益关注的问题。[①]

在长期受官方意识形态控制，但近二十年来又迅速被商业主义所主宰的建筑文化状况中，当代中国青年建筑师对“建构”话题的热衷，体现了他们对创建建筑本体文化的渴望。作为一个理解现代建筑文化的概念框架，它有望成为一个契机，汇同建筑师们逐渐苏醒的空间意识和对建筑形式语言的自觉把握，帮助中国建筑师突破现实文化僵局、开始创建真正现代意义上的建筑文化——这恐怕是引进的“建构学”观念对中国当代建筑文化的最大许诺。

然而，“建构”不是一种纯客观的存在，也没有预设的本质。在理性界定的建构学的基础中、边界上甚至概念框架内部，总是出现各种不可预测的界面和紊乱的能量——因为“建构学”不仅关注建筑物，也关注如何建造建筑物，关注在背后支撑建筑师进行建造活动的各种建筑观念。每一次欲将“建构学”通过理性还原以达到一种客观实在的努力，都反过来揭示出“建构学”还是一种话语、一种知识状况。如果无视“建构学”动态、复杂的机制，“建构学”在中国作为一个文化救赎的策略，其许诺可能得不到兑现。对“建构学”机械的肢解和无节制的泛化，会使“建构”观念降格为一种美学教条、一个学院内的谈资、一场只开花不结果的虚设的概念游戏。

1. “建构”传统与我们

毋庸置疑，我们拥有丰厚的“建构”文化传统。它既存在于纵向的、历时数千年中国建筑结构、构造体系的发展和形制演变中，也体现在横向的从官方到民间的不同建筑形制和建造文化的共时存在中。自1920年代起，梁思成及中国营造学社的一代先驱开辟了对中国建构文化传统的研究工作。这种工作几经中断，在今天又得到了某种程度的延续。但遗憾的是，对中国“建构”传统的基础研究工作——本来可说是中国建筑历史、理论研究中最具中坚实力的部分——却从来未能催发出具有现代意义的建构文化。

自1949年新中国成立到1980年代改革开放，粗略地概括起来，中国建筑学界一直被两种设计观念交替主宰着：以国家意识形态和民族主义为主导的“文化象征主义”和以平均主义经济准则为主导的“经济理性主义”。所谓“文化象征主义”是指在新的国家政权亟须要某种有识别性的建筑文化表现时，欧洲布扎建筑体系的设计准则被中国建筑师借用过来，混合了某些中国传统建筑符号，在建筑平面、立面上通过隐喻、象征等图像学的构图手法来完成对国家意识形态、民族文化传统和革命精神等的文化表现。“文化象征主义”多表现在一些具有重大政治意义的标志性建筑上，如1950年代初全国各地探索“民族形式”的一些大型建筑物、1959年首都“国庆十大建筑”和“文革”期间全国各地所修的“万岁馆”等。上述建筑，并不是完全没有建构的突破，实际上当时一些宏大项目中对结构体系和构造形式的探索，其想象力和大胆探索程度可能远超过今天中国建筑师的实践，只是这些建筑中的建构特征多被起文化象征作用的装饰物遮盖，而很少得到完整、独立的表现；在另一方面，“经济理性主义”建筑是指以精简、节约和平均分配等经济准则为主导，以重复性生产为基础的建筑产品。“经济理性主义”的设计观念主要体现在那些作为社会基础设施意义上的大规模工业生产和民用生活的建筑，如新中国成立后的大规模城乡规划、公共住宅、工业建筑等。在这一类建筑中，文化象征意义显然让位于更为紧迫的经济现实，因而极少有繁复的装饰，往往相对清晰地显示出它们自身的结构和构造特征。甚具深意的是，在极端苛刻的经济原则限制下，一些极为激进的建构实验曾经涌现出来：如1950年代中期曾出现过全国上下以竹材代替木材和钢材的“建构”实验运动，另外还有本文随后会提及的1960年代早期的大规模的夯土实验等。[②]

自1949年到1979年的三十年中，在极端的政治、经济形势下，中国建筑实践产生过非常丰富和极端的内容。然而遗憾的是，在今天，当“建构”这个术语被进口到中国，承担起文化救赎的使命时，尚不见任何有针对性的研究能深入地回顾在我们的近期历史中，我们的先辈在不同的意识形态中，在相似的技术条件下，在完全没有“建构”这个理论话语的情况下，沿着“建构”的道路曾经走出了多远。这种研究的匮乏，使得今天的很多关于建构的讨论和实验，不得不建立在完全忽略对我们自身的建构传统（尤其是近期传统）的前提下，而单纯从西方横向引进建构话语。由于缺乏与自身切实的语境关系对照，我们很难分辨今天建筑师所喊出的话语是否只是我们历史的回声。是否因为这回声延迟了太久，或者因为我们有意无意地忽略了声音的来源，以至于这些回声现在听起来像原初的声音一样新鲜？

1980 年代开启了一个建筑的意识形态、风格学和商品经济大折中的时代。经济的开放和工程建造量的空前增多，并没有使设计观念发生根本改变而是走向平庸的折中。我们可以看到：一方面“文化象征主义”在大量官方标志性建筑物中继续盛行（如北京西客站、中华世纪坛等）；另一方面在更多的项目中，在市场经济取代意识形态成为社会主导力量时，“文化象征主义”和“经济理性主义”这两种曾经分离的设计观念已被市场的“看不见的手”强有力地扭合起来。以中国的住宅开发为例：一方面“经济理性主义”较关心平面，因为它一如既往地热衷于建筑形制均质化和建立在重复性为基础的批量化生产——这就是为什么无论地域气候、文化差异有多大，全国上下实际在共同套用有限的几套住宅标准层平面；另一方面，“经济理性主义”关心市场动向，关心为市场及时提供最富感召力（“卖点”）的建筑风格，而具体制造风格的任务便摊派给“文化象征主义”。“文化象征主义”关注立面，正如新中国成立初民族主义和国家意识形态需要一种文化表现时，“文化象征主义”曾制造出“民族形式”，而当今天城市中新兴的中产阶级迫切需要另一种文化表现时，“文化象征主义”便拼贴出立面的“欧陆风情”。在今天的市场经济时代，建筑的“文化象征主义”和“经济理性主义”结合起来，可被称为建筑“风格的经济学”。

建筑“风格的经济学”的基本原则是：建筑物是一个巨大的商品，“经济理性主义”通过市场时尚来确定建筑形制，“文化象征主义”则负责商品外包装，为建筑确立某种特定的外在装饰风格以象征某种特定的文化身份。根据市场订单的需求不同，风格的表现可能是多样的：或者“民族形式”，或者“欧陆风情”，甚至“现代主义风格”等等，由此建筑的表现已完全被缩减为外在风格的表现——这便是我们当前主导性的建筑文化状况。

2. “建构”的还原

到底什么是建筑学不可缩减的内核，这是近年来在中国逐渐兴起的“实验建筑学”欲对抗商业主义所必须回答的问题；换句话说，究竟建筑学拥有多少其他学科所不能代替的自足性，从而凭借这种自足性能更有力、更独特地参与到整个社会政治、经济、文化、技术的现代化日程中？

在维特鲁威的三要素中，“坚固”(firmitas) 和“适用”(uticitas) 长期以来成为建筑师不可缩减的设计原则，而“美观”(venustas) 则似乎被理解为建立在前两者原则基础上的一个不确定的价值判断。

近似于此，中国建筑界长期坚持“适用、经济、在可能的条件下注意美观”的方针，“美观”在其中多被理解为受意识形态影响的“文化象征主义”的附加表现，因而成为一种仅“在可能的条件下注意”的建筑状况。

做到“坚固”、“适用”和“经济”似乎已经成为不言自明的存在，而好像可以独立于历史文化的不确定性。今天西方正统建构理论总体仍在遵循这样的途径。不难理解，今天很多中国建筑师和理论家也同样渴望将建筑学通过缩减和还原的工作，清除意识形态的重负和审美意识的不确定性，从而获得一种“本质性”的内核，或者说将建筑学放置在一个看似坚实的基础上，以获得这个学科初步的自足性。

在《向工业建筑学习》一文中，张永和与张路峰表达了这样一种文化策略：

在中国，工业建筑没有受到过多审美及意识形态的干扰，也许比民用建筑更接近建筑的本质。

……清除了意义的干扰，建筑就是建筑本身，是自主的存在，不是表意的工具或说明他者的第二性存在。

如果能确认房屋是建筑的基础，便可以建立一个建筑学：

自下而上：房屋 > 建筑

一个建筑范畴之内生成的建筑学……

相对于另一个建立在思想上的建筑学

自上而下：理论 > 建筑 [3]

但是我认为实际的文化状况要远比线性的概念推导复杂得多。即使公认“房屋是建筑的基础”，那么什么是“房屋的基础”呢？是“思想”还是“建造”？进一步追问，我们便会面临一个“鸡生蛋、蛋生鸡”的问题：是“建造”的行为发展了关于“建造”的“思想”，还是关于“建造”的“思想”促成了“建造”的行为？

我们对于现实的感知与我们所采用的理解现实的概念模型之间的因果互动关系，显然是一个历久弥新的哲学命题。在这里避开繁复缜密的哲学争论，一些简单的语源学分析相信会有助于理解“建筑”基本含义中的概念/实在之间的复杂性。英文“建筑学”(architecture)起源于两个希腊词根：archè 和 technè 。其中 archè（基础的、首要的、原初的）指代建筑学所秉承的某些根本性和指导性的“原则”—— 不管这些原则是宗教性的、伦理性的、技术性的还是审美性的；[4]而 technè（技术、方法、工艺等）所指代的是建筑要实现 archè 中的原则所采用的物质手段。或者换句话说，在建筑学中，一切客观、具体的建筑手段、条件或状况 (technè)，实际上都为某种概念性的、抽象的“原则”(archè) 所控制和体现。同样，“建构”tectonic 一词也不能被缩减为纯客观的建筑实在，其古希腊词根 tekton 同时拥有着“技术工艺”与“诗性实践”的双重含义。[5]

从古至今，匠师、建筑师对建筑空间、材料、结构与建造的理解和运用从来都不会达到一种纯客观的状态，而对所有这些建筑现象的理论阐释则更会被概念/实在的复杂关系所包围。实际上，这种复杂性已经成为当代中国实验建筑学对“建构学”进行缩减和还原工作所遇到的首要的理论性难题。例如：在《向工业建筑学习》中，张永和与张路峰将“自下而上的建筑”称为“基本建筑”，并总结了“基本建筑”所包括的三个基本关系：“房屋与基地、人与空间、建造与形式”；近似于此，在《基本建筑》一文中，张雷将“空间、建造、环境”定义为“基本建筑”的“问题的核心”。然而在我看来，更“根本”的问题似乎在于：所有这些“基本”、“核心”的问题实际上在今天都无法被还原到一个纯粹、客观、坚实、自明的基础上。“房屋、基地、人、空间、建造、形式、环境”等概念，无一不被历史、文化、审美、意识形态等各种话语的“意义”所深深浸染。（比如“基地”一词，既被指代为“客观物质存在”的“建筑物所处的基地”，又同时渗透着特定时代、特定文化中建筑师对基地的“基地性”的理解。）实际上，对每一个“基本”问题的探讨，未必会把我们真正引向建筑学的基础，倒很有可能使我们永久地悬浮在无尽的文化阐释、再阐释的半空中，因为那些“基本问题”很可能是贯穿所有文化层面的无所不包的“所有问题”，而它们之所以看似“基本”，可能恰恰是归因于某种特定文化阐释所制造出来的语言幻象。

本文的宗旨之一便是通过分析证明，那种被认为排除了意义干扰的“纯建筑学”提案实际上是建立在对某一种特定意义系统的预设基础上的，而更为重要的是这些预设的价值体系在今天的文化状况中已不再是自足的，它们不应该逃避理论思辨的严格审查。如果不深入地讨论这些预设价值的意义和局限以及它们在建构实验者的思考和实践中所展露出中的复杂性和矛盾性，我们很难想象一个建立在虚设价值平台、完全回避思想检验的“建构学”能够有效地支撑当代中国建筑师的实践多久。

“建构学”不是“建筑物”实在本身，甚至也不单是一门关于“建筑物”的学科。被称为“建造诗学”的“建构学”还是一种知识状况，一种关于建造的话语。在当代中国足够多的令人信服的“建构”的作品尚未出现之前，建筑师已经开始通过写作、集会和探索教育改革积极创建了大量的关于“建构”的知识分子话语。这从一开始便界定了中国当代的建构文化并不是走向土著部落的纯自发性的“没有建筑师的建构文化”，也不是单纯以实际建构行为和建成的作品展开的客观事件，而更多地从建构观念、建构话语或者说是对建构意义的学术谈论开始的“知识行为”。

如果进一步分析今天中国实验性建筑师所秉承的建构观念和少数实现的作品，我们同样会发现“建构”远不是处在一种超然客观和“基本”的状态。当代中国实验性建筑实践，与其说主要是从建筑师个人的建筑理念出发，结合当代中国特定的技术、文化语境“自下而上”地展开的设计探索，不如说是更多地通过横向移植西方历史中的建筑观念，来表达一种对中国当代商业文化的反抗。具体而言，当代中国实验性建筑横向引进并坚持的有限的几个设计原则，“基本”上是对现代主义的形式语言、空间意识和建构观念的沿袭。而这些教义何尝不被特定的意识形态、文化意义所深深浸透，在此笔者仅针对此三个“基本”系统各举一个相关例子说明：

1）形式语言——几何学：

首先，建筑的形式系统所依赖的几何学一直被建筑师认为是一种客观确定的科学而排除了审美及意识形态的干扰，但这种认识在科学界、哲学界经过上一个世纪的广泛讨论已得到了彻底纠正。大多职业数学家都同意对某个数学概念的价值判断不存在一个绝对客观的“真理”标准，实际上也包含了相当的“审美”的判断，并且“直觉”对数学家的研究及其对数学的理解也起着相当关键的作用。[⑥] 一些数学家甚至提议几何学应被归类在人文学或艺术领域中，因为它主要受审美意识指导。[⑦]建筑史家罗宾 · 埃文斯则更直截了当地说，建筑学是由另一门视觉艺术——几何学所派生出来的艺术。[⑧]

其次，不同的几何学观念显然会导致人们对形式的不同理解。一直主导近现代建筑师理解和设计建筑空间形式的投影几何学是以欧几里得几何学和笛卡尔坐标体系为基础的，而当代许多工业设计和动画制作领域的形式探索则建立在微积分和拓扑几何学的基础上。在稍后的分析中，我们会看到欧几里得的平面几何学与柏拉图的超验形式观念不无偶然地结合起来，成为长期以来建筑师理解和操作建筑形式的主导性概念框架。具有讽刺意味的是，该概念框架曾被各历史时期中极不相同的意识形态所共同利用，各不相同的文化观念和审美意识都积淀其中。从启蒙运动的理性主义、各种极权政治的新古典主义到现代主义的纯粹主义、立体主义直到今天，建筑师们都广泛认为欧几里得/柏拉图几何体表现了“理想空间”的“本质性”的秩序——尽管在数学领域中，自17、18世纪现代数学开始萌生并迅猛发展到今天，欧几里得几何学早已成为完全封闭、停滞不前的知识体系，而欧几里得/柏拉图的理想主义形式观念早已被众多其他的现代形式观念所突破。因而与其说今天仍在建筑学中通行的古老的几何学形式体系和观念是一种“自下而上”的探索自然界和空间艺术的经验总结，倒不如说它是一种久已定型、代代相因的文化习性和审美定式，经由社会各种途经“自上而下”地主宰着建筑师们对建筑形式的理解和创作。

2）空间意识——坐标体系：

同欧几里得/柏拉图的理想主义形式观相平行，笛卡尔的空间坐标体系形成了近现代建筑空间观念的认知基础：将动态环境中的物体缩减为不受外界因素影响的中性、均质、抽象的元素，将物体的运动（时间矢量）排除在空间量度以外，将地面抽象为一个绝对的水平面，将物体所受的重力理解为一种绝对垂直向下的“死”荷载，将其实际所承受的非线性的受力和不均匀变形因素都排除在均质、固定的坐标体系之外。这样一种极度简化的、静态的空间模型在物理学中自17、18世纪莱布尼兹和牛顿各自发明了微积分，以及前者发明了矢量概念、后者发现了万有引力定律之后便不断被众多新型空间模型所代替（其中爱因斯坦的相对论从根本上推翻了经典的时间—空间均质恒定的模型。）如果将今天仍主宰着建筑师的空间意识的笛卡尔坐标体系与其他众多不同的空间认知体系并置在一起便很清楚：现代建筑所秉承的空间观念绝不是排除了“审美”、“意识形态”和“意义”干扰的关于空间的“本质性”认识，而仅是众多各自受其特定文化观念影响、制约的概念模型中的一种，并且是一种在当代更广泛的科学、文化、技术语境中已显得相当陈腐的概念模型。

3）建构观念——视觉美学：

“对建筑结构的忠实体现和对建造逻辑的清晰表达”似乎是当代中国建构学的毫无二致的审美原则，然而通过后面的分析我们会发现：当很多建筑师仍受困于传统建构美学的预设价值体系中时，今天的建造文化却已经自下而上地呈现出各种异质性。在当代建造技术和建材工业的发展已经摆脱传统工艺单一、整合的文化传统而日益走向文化价值片断化的语境中，“忠实”和“清晰”这些价值判断本身都已变得语义暧昧不清了。

事实上，类似的分析可以被运用到任何关于建筑学的“基本”的命题上。总之，当代中国建筑师对“建构学”的还原远没有达到一种真正的现象学的还原深度——如果那样也许反而会推动建筑师们立足于今天更广泛的文化、语境，既对我们的建筑传统、也对同样已成为经典的现代主义建筑学所赖以存在的知识体系进行深刻的反思和质疑，并系统性地更新建筑学的价值系统。显然，很少有建筑师关心真正的革命，中国实验建筑师在还原到某个中间层次的价值信条和知识状况中得到了满足。面临商业主义主宰的文化状况，当代中国实验建筑师所采纳的实际策略是：假定现代主义建筑的价值信条和知识状况对中国建筑学已经足够有用，然后设它为“默认值”，在“默认”好的概念框架中，利用有限的技术手段、自我约束的形式语言和空间观念来集中力量,在中国构筑一种一方面似乎很“基本”、但另一方面又可以说是极其抽象或主观的建筑文化。

然而在我看来，在建构被作为一种反抗商业文化霸权的策略时，中国建筑师的一些建构实验的真正意义，恰恰不是体现在如何完美地遵守那些价值的“默认值”上，而是体现在建筑师的实践所迸发出的活力与其所默认的建构话语体系之间的深刻矛盾中—— 一种行动与行动原则之间的不协调性中。因为即使是在被极其缩减处理的“建构”的概念框架内部仍会溢出各种不可预测的界面，如自然、历史和个人想象力等等，从而为建筑师的实践赋予一定的活力。而对这些矛盾性和不协调性的详细分析则可能得出两种截然不同的结论：一种结论是回归性的，它最终会证明所有的矛盾性和不协调性恰恰体现了发展中的建构学的强大的包容性和必要性，而矛盾性和不协调性也正是建构学的广泛许诺的一部分；另一种结论是颠覆性的，它最终会揭示出建筑师目前所采纳的建构观念实际上是一套死掉的价值系统，它完全建立在与当代文化状况无关的一套虚设的概念基础上，它无法帮助建筑师进行有效的思考和实践，反而成为建筑创作的观念桎梏，那么随之而来的疑问便是为什么仍要坚持它？

3. “建构”的分离

今天，在中国的文化现实中，如果要谈论“建构学”所追求的本真性和整合性，我们首先必须面对它内在的分离和缺失。

3.1 “建构”本体论与表现论的分离

正统建构学反对装饰的中心论点是建筑的“建造”赋予建筑学以自足性，使之与绘画或舞台布景等图像艺术有根本的不同。建构是“本体性的”(ontological)，而绘画或舞台布景则是“表现性的”(或译作“再现性的”)(representational)。[9]然而建构文化远不是取消装饰那么简单，针对中国的特定文化状况，我们必须追问的是：建构价值体系本身是否也存在着本体论与表现论的分离？

换句话说，“建筑本身是建构的”与“建筑表达了建构的意义”和“建筑看起来是建构的”之间是一致的吗？

事实证明：建构行为、建构表现以及对建构意义的阐释话语之间的关系很少是平衡的。如果对这个问题没有批判性意识，完全将“建构”的许诺下注在一种不自觉的实践状态中，对建构的追求完全可能滑向它的反面。

3.1.1 建筑师对建构意义的过度表现和过度阐释常远远压倒对建构实际作用的探求

3.1.1.1 “建构”的土坯砖

据我所知，中国现代建筑史中最激进的一次“建构”实验——并在该实验中直接暴露出“建构”文化本体论与表现论的分离问题的——是1960年代“干打垒”运动：

“干打垒”是中国东北地区农村的一种用土夯打而成的简易住宅。1960年大庆油田建设的初期，油田职工缺乏住房，他们学习当地农民用“干打垒”的方法建房，使几万职工在草原上立足……1964年，油田的建筑设计人员，把民间“干打垒”的方法加以改进，并利用当地材料油渣、苇草以及黄土等，做成为一种新的“干打垒”建筑。当时正值经济困难时期，采取这些措施，不失为合理而令人感动的事迹。[10]

然而，在随后的“‘干打垒’精神的演绎”中，我们看到，“干打垒”作为一种特定的“基本”建构手段，其外在表现性的意义(政治意义)被无限扩大，成为一种“无所不包的革命精神”一种“革命”年代的“高尚”的伦理学、奢侈的“节约风格”和“酷”的美学时尚：

会议（1959 年上海“住宅标准及建筑艺术座谈会”）认为，大庆“干打垒”精神，就是继承和发扬延安的革命传统……

会议之后，各地在贯彻“干打垒”精神方面，做出了一些努力，如在第二汽车厂的建设中，现场命令一定采用“干打垒”；有红砖的地方也不许用，竟在锻锤轰击的锻造车间采用“干打垒”，以致在投产后不得不重新再建。四川资阳 431 厂采用的机制土坯砖，由于不能粘合而加入多种有粘结性能的材料，其造价超过了当地红砖将近一倍。当时的激进言论曾经要求北京也应该搞“干打垒”。由于思想的偏差，实际上成了推行土坯和简易材料的运动。“干打垒”精神难以贯彻，“干打垒”是在“抓革命”的混乱中力图“促生产”的努力。[11]

在今天的文化语境中，这仍不是一个过时的政治笑料，因为在中国建筑界中，对建构话语的广泛讨论和实际建构实验作品的稀少已形成一个巨大反差；这反差实际上说明，建筑界对建构意义的追求或诠释的热望远远超前于真正建构活动的展开。而今天的市场政治则随时准备着结合狂热的媒体炒作，将建筑师哪怕一点点粗浅的尝试都无限夸大，泛化为一种“精神”、制造出一种风格运动。

3.1.2 建筑师常不惜采取反建构的手段以使得建筑看起来“建构”

3.1.2.1 “建构”的黏土砖

笔者仍清晰记得第一次阅读路易斯 · 康与黏土砖的“对话”所感受到的精神震撼。砖砌体作为传统的承重构件所体现出的坚实厚重感、砖中凝结的黏土所提示的建筑材料与土地的血亲关系、砖的模数与砌砖匠手掌尺度的亲和、砖在被逐块砌筑时所体现的建筑建造过程的仪式化等等，所有这些技术—伦理—心理学—美学上的特质都使黏土砖闪烁一种先验的“建构”的魅力，一种古典意义上建构文化的本真性和整合性：它既是真实地起建构作用的，又是真实地表现建构的，并且的确拥有丰富的表现力。

然而事实是：近 20 年来，尽管在中国仍有少量真正利用砖承重的建筑项目，但令建筑师沮丧的是建筑工业绝少提供真正具有“建构表现力”的黏土砖——粗陋的工艺只能制造出视觉上不堪入目的黏土砖，即使其结构强度不成问题。由此，即使在粘土砖起实际承重作用的项目中，建筑的内、外墙面也不得不长期被磁砖、马赛克或粉刷层覆盖。在另一方面，绝大多数建筑实际采用的是混凝土框架结构（或少部分为钢框架），黏土砖即使被运用也仅起非承重性的填充墙的作用。在这种情况下，黏土砖的建构学的“本体”中心实际上已被彻底抽空：无论是从结构合理性、物理性能还是从保护黏土资源的生态学意义上，很多新

型填充墙砌块都要比黏土砖优越得多。(这实际上也是为什么不久前中国官方通过行政指令全面禁止生产和使用黏土砖的原因)

然而，在黏土砖的建构学的“本体”中心已被彻底抽空后，黏土砖的建构的“表现性”仍控制着某些建筑师的想象力：瓷砖、马赛克或粉刷层的视觉上的“浅薄感”实际上在某种程度上“忠实”和“清晰”地揭示了其自身所起的面层装饰性的功能。然而这并没有推动很多建筑师开放思想，积极地探索面层建造的更多的潜力和反传统的建构表现力，而是刺激着某些建筑师转而追求一些表皮质感无限接近黏土砖，因而“看起来”似乎更接近传统“黏土砖建构”效果的面砖装饰材料。按照这个逻辑推下去便是：越虚假的装饰材料——越像承重黏土砖、越不像装饰材料的装饰材料反而越“忠实”表达了“建构”文化，因而越受建筑师的青睐。这个悖谬的推导实际上支撑着相当一批建筑师的创作，使他们仅仅满足于通过模拟黏土砖表面的现象学特征，在视觉表象上渲染出一种对传统建构文化的“表现性”的氛围，而实际上既根本背离了黏土砖的“本体性”建构文化，也压制了对更具当代性建构文化潜力的探索。

19 世纪德国学者散普尔 (Gottfried Semper) 曾将建筑建造体系区分为两大类：1．框架的建构学，不同长度的构件接合起来围绕出空间域；2．受压体量的固体砌筑术：通过对承重构件单元重复砌筑而形成体量和空间。第一种，最常见的材料为木头和类似质感的竹子、藤条、编篮技艺等；第二种，最常用的是砖，或者近似的受压材料如石头、夯土以及后来的混凝土等。在建构的表现上，前者倾向于向空中延展和体量的非物质化，而后者则倾向于地面，将自身厚重的体量深深地埋入大地。

如果以散普尔的观点来看待今天“黏土砖 / 面砖”问题，我们会发现一些当代建构文化中根本性的价值分离：一方面，轻盈、空透的框架充当真正的结构体系，而另一方面框架填充墙体系却依然因循着古典“固体砌筑术”的传统美学——即使建筑师用的是轻型砌块外饰轻薄面砖，也要尽一切可能使建筑外墙“显得”稳定、厚重，看起来如同古典承重墙一样。

在迅速消失的传统建构技艺、产品和文化价值日趋片断化的建材工业之间，建筑师究竟是以一种批判性的态度深入建构文化的分离中，展开更为主动的探索，还是不惜压制所有的文化冲突，以一种折中的态度，向传统的美学做表面化的回归？从这种牵涉到建构学不同文化策略的意义来看，“黏土砖 / 面砖”问题不仅仅是一个纯美学趣味和风格的问题。

事实上，今天的中国建构文化基本处在一种真空状态，优良的传统建造技艺消失殆尽，高质量的现代建筑工业标准尚未定型，中国建筑师根本没有预设的“建构”的原则可以遵循。

在这样一种语境中，路易斯 · 康关于黏土砖的自问自答可以获得一种反本质主义的全新读法：砖自身根本没有完全超越时代和建筑师主体之外独立的“秩序”或“本质”。在康询问砖想“要什么”之前，康一定清楚如果没有建造者创造性的“意志”的介入，黏土永远不会情愿经受高温焙烧，定型为坚实的砖块，而只会维持其散乱的颗粒形式。实际上，从康的腹语游戏中，我们今天读出的不再是他对砖的“本质”所下的终极结论，而更多的是和今天中国建筑师相类似的困惑，那种在建构本体还原与建构表现冲动之间的困惑和挣扎：

康：“你想要什么？”

康心目中的传统建构的砖：“我要拱。”

置身建构技术、文化变迁中的康：“拱太贵，我可以在洞口上为你加一根混凝土过梁…”

只不过，如果对话发生在今天，会稍有一点变动：

康：“你想要什么？”

康心目中的传统建构的砖：“我要砖墙。”

置身建构技术、文化变迁中的康：“砖墙太贵，我可以用轻型砌块砌墙，再在其表面贴一层面砖……”

3.1.2.2“建构”的面砖

张永和的重庆西南生物工程产业化中间试验基地可能是中国当代建筑中唯一主动检视“面砖”的建构性表现的建筑。第一眼看建筑的立面：该建筑像一幢清一色灰砖砌筑的房子（实际上该建筑为一栋多层框架结构，外墙采用了轻型混凝土砌块填充并由装饰性的小混凝土砌块作外贴面）。整个外墙面仍被“固体砌筑术”的美学所控制：墙面上挖出的一系列孔洞反衬出整个墙面的实体感，各层洞口位置的上下精确对位以及底层局部的细密的柱廊使人们在视觉上获得一种“实墙”荷载自上而下连续传递的错觉（实际上按框架结构的构造，外墙的荷载是由各层混凝土梁出挑角钢过梁分段承担的）；外墙与基地地面的周边交接处有一圈类似柱础般的放脚，更会加强观者对整片实墙厚重、稳定地“坐落”在基地上的视觉印象（实际上整片实墙都可以轻易“飞”离地面，因为是非承重墙）。整个外墙都有意地无意给人一种承重墙的视觉感受。唯一的转机是透过“实墙”上的各孔洞，人们会从侧面发现由混凝土砌块砌筑的“实墙”的厚度仅有约 100mm，其余侧墙面便是白色或灰色粉刷层，这直接揭示了小混凝土砌块所起的装饰表皮的作用。（图 1、图 2）

对仿黏土砖面砖通行的做法是将面砖满铺建筑外表面以使建筑物呈现为一个类似黏土

1 2
3 4

图 1. 重庆西南生物工程产业化中间试验基地，2001，张永和 / 非常建筑工作室
图 2. 重庆西南生物工程产业化中间试验基地外墙墙身剖面大样图
图 3. 成都鹿野苑石刻博物馆，2001，刘家琨
图 4. 成都鹿野苑石刻博物馆外墙墙身构造示意图

砖砌筑的实体，而这实际上在视觉上掩盖了建筑的逐层拼装的建造程序和面砖所真正起的装饰面层的作用。而张永和的做法是首先利用混凝土装饰砌块砌筑出建筑物的坚实的体量感，然后又在“实墙”的内侧面主动、清晰地揭示出混凝土砌块实际所起的装饰面层作用，从而将今天关于“黏土砖 / 面砖”的悖谬文化转化为一种略含反讽的面层建构表现游戏。

3.1.2.3 “建构”的混凝土

当“建构的黏土砖”实际上已在当代建材工业的驱使下完全转化为“建构的面砖”时，西方建材市场中的那一类外表酷似混凝土，但实际上仅起装饰作用的仿混凝土外墙挂板仍暂时尚未传入中国，但“清水混凝土”的建构的本体作用与表现意义已经在中国实验建筑师手中产生分离。

在刘家琨的鹿野苑石刻博物馆中，“为了使建筑整体像一块‘冷峻的巨石’，建筑外部整体拟采用清水混凝土”。在他眼中，“在流行给建筑涂脂抹粉的年代，清水混凝土的使用已不仅仅是建筑方法问题，而且是美学取向和精神品质的问题。”[12]

在这里，显然混凝土的建构的表现性成为建筑师的首要追求，而如果要达到传统的“建构”文化境界，则必须有相应的混凝土的本体的建构方式相配合。设想如果有类似安藤忠雄所拥有的经济、工艺条件，刘家琨会毫不犹豫地采用整体现浇混凝土墙的方式，使整栋建筑无论在结构作用上还是在视觉表现上都呈现为一个“独石结构”(monolithic structure)，从而达到传统建构文化的本真性和整合性。然而有趣的是，由于特殊的原因，本体性的建构方法再次不得不与建筑师的建构表现意图拉开距离：“由于清水混凝土这原本成熟的技术，在中国是人们不习惯的新工艺，因此采用了‘框架结构、清水混凝土与页岩砖组合墙’这一特殊的混成工艺……”。[13]具体做法是钢筋混凝土框架作为结构骨架，页岩砖墙作外部填充墙，然后在整个建筑外表皮再浇灌一个混凝土薄层，将混凝土框架和页岩砖填充墙包裹起来。整栋建筑外部呈现为一个没有拼装缝隙的“独石”体量，而实际建造却采用的是内层砌筑、外层浇灌的综合拼装工艺。换句话说，混凝土外皮 (除了起部分热工作用) 成为一层表现混凝土现象学特征的装饰性外皮，却完全遮盖了在墙身剖面上实际发生的更复杂、或许更具表现力的建构程序。(图 3、图 4) 如果“固体砌筑术”的传统美学和混凝土的传统现象学特征没有在建筑师的意识中起压倒性作用的话，建筑师也许会更主动地探索和揭示这种独特建造工序的不同寻常的表现潜力，然而遗憾的是，在由于当地工艺条件限制而“被迫”挑战了正统的建构观念和程序，使之出现本体和表现意义的分离之后，似乎建筑师又反过来试图掩盖这种分离，再次以一种折中的方式回归到对正统的“建构文化”的美学表现上——不管这种回归是否仅是通过一种视觉表象，不管实际上这种表象又是怎样地与建构学的其他固有价值相矛盾。

可以说，当代中国倡导“建构”文化的建筑作品大多都在建构本体（建构的实际作用）和建构表现（对建构的视觉表达）两种价值体系间摇摆，却又没有对这种摇摆有一种清醒认识，更未能在各种价值分离之间获得一种批判性的意识。而在另一方面，在这种状况下，即使通行的以本真性和整合性为基础的传统“建构”价值原则——“对建筑结构的‘忠实’体现和对建造逻辑的‘清晰’表达”——也完全成了一句空话。

深究起来，上述现象也同样暴露出正统建构学话语自身的问题。这个问题可以继续由对混凝土的讨论引出。实际上，恰恰是为实验建筑师所普遍喜爱的、起本体“建构”功能——结构作用的现浇钢筋混凝土，在某个层面上最深刻地暴露建构学价值中本体论与表现论之间的分离问题。19 世纪出现的铸铁，先是作为砖石结构的结构补充部分，然后发展成为混凝土内部的预应力钢筋，使从前一度可以清晰分类的建构体系变得复杂化。水泥、石子及添加剂在水的作用下发生非线性化学反应，共同凝结成主要承受压力的混凝土，彻底掩盖了内部主要承受拉力的捆扎钢筋。最终钢筋混凝土内部实际发生作用的复杂结构机制，在外部形式上仅仅缩减性地呈现为一种整合、均质的材料——在某种尺度上，钢筋混凝土既不会“忠实”地体现结构作用、也不可能“清晰”地表达建造逻辑。

然而，具有讽刺意味的是，不正是这种在某种尺度上的建构学意义的重大“缺陷”，构成了钢筋混凝土在另一种尺度上建构“表现”的“优势”吗？1. 因为它整合、均质因而显得“具象”——建筑师得以忽略所有内部复杂的建构事实，仅将它表面的某些现象学特征（质感、色彩、硬度等）认定为该材料的“建构”表现力的全部内容；2. 因为它整合、均质因而又“显得”抽象——有利于建筑师进行现代主义的抽象几何形态操作。

至此，我们可以总结出当代中国实验建筑对建构探索的两个基本观念落脚点：1. 具象的材料现象学特征；2. 抽象的几何学形态。而这两个基本观念所推动的，似乎更多的是建筑师对传统建构“文化意义”上的象征性的视觉表现，而较少对当代建构实际作用的本体性的探索。第一种观念相信通过对一些材料的传统现象学特征的表现可以有效地表达出一种传统建构文化氛围。但是通过上述讨论，我们可以看到，在当代建筑材料工业已抽空了传统材料建构的“本体”内涵时，建筑师对传统材料的现象学特征的美学留恋实际上会阻碍建筑师对当代建构的表现力的积极探索；第二种观念则相信某种特定的几何形态先验地被赋予了建构学的价值，比如相信视觉上简单明了的几何秩序便代表着建筑的“本质的”

或“基本的”建造逻辑等美学观念。而后一种观念也同样是建立在一整套虚设的文化概念基础上，也同样存在着内在的本体论与表现论的分离。

3.1.2.4“建构”的形态

一种特定的建筑形态，不仅要起本体的建构的作用，还要在表现上显得很“建构”（正如维特鲁威要求一栋建筑不仅要在结构上很“坚固”，还要在形式上“看起来”“显得”很“坚固”）。而究竟怎样的建筑形态才算“显得”很“建构”呢，这显然不仅与建筑物实际的建构作用有关——因为如前所述，在某些状况下，一些材料或结构（如前述钢筋混凝土）的内部复杂建构机制根本就是“非表现性的”，而在另一些场合，同样的建构原理又可以被赋予多种不同的建构表现形式（如同一个框架结构中柱子的断面形式可以是多种多样的）——事实上，建筑师对建筑形态“建构”与否的判断，当然还与建筑师针对一项具体设计的概念有关，也与建筑师的对建筑形式的审美意识密不可分。针对一项具体设计，建筑师的概念可能会各不相同，但建筑师的形式审美意识却经常是集体性的，因为后者实际上是建立在一整套带普遍性的文化观念基础上的。

现代建筑中很多被当代建筑师想当然认为是“建构”的形态，实际上是与本体建构原理相矛盾的。如在柏林国家画廊的顶棚中，密斯采用了钢合金成分各不相同、但尺寸完全一致的钢梁，一方面“本体性”地解决屋面因大跨度及双向悬挑而产生的不均匀的挠曲变形问题，而一方面却在视觉表象上“表现”出一种均质的结构美学和标准化生产、拼装的建造工艺的“假象”；再如安藤忠雄的六甲住宅二期工程中，所有梁、柱均采用了相同的断面尺寸 520mm×520mm。如果说在其他一些小型项目中，安藤尚可采用混凝土梁、柱、墙断面尺寸完全相同的做法以达到建筑内外空间、形式的均质化效果，那么针对六甲住宅二期这样的规模，其框架中如此大量的混凝土墙体（实际上是不承重的混凝土填充墙）显然无论从结构还是经济的合理性上都不可能完全采用 520mm 的厚度以同时平梁柱的内外表皮。安藤的实际做法是利用屋面降板和正立面窗间墙退后的方式在建筑屋顶和正立面暴露出均质的混凝土框架，而在建筑的侧立面和背立面则将大量 250mm 厚的混凝土外墙体平梁、柱外皮，以使建筑侧面和背后获得一种梁、柱、墙均质合一的视觉效果。总之，类似这样的形态操作，与其说是出于对建构实际作用的“本体性”的真实展现，不如说更多的是基于建筑师对某个概念性的抽象几何形态的追求。[14]

问题在于，某些现代主义的形式观念，仅仅是某一特定时期的文化产物，绝不应成为永恒、终极的审美原则。从理论上讲，今天中国建筑师对建构文化的构筑，不仅应包括立足于现代主义观念体系内的对建构行为和建构表现的探讨，还应包括凭借一些更富当代性的文化观念和技术手段来探讨新型建构机制和美学表现的突破现代主义体系的尝试。然而如前所述，中国当代实验建筑师实际上仅仅采纳了前一种文化策略。在当代中国实验建筑学话语中，多是对现代主义形式语言的毫无保留的拥抱，而极少对其背后隐含的文化价值的深入的认识和批判性的分析。作为建构文化的初创阶段，这样一种自我限定的文化策略也许是必要的，然而与之而来的问题在于：在一些建筑师那里，现代主义的某些抽象形式构成技法，既不是被理解为某一特定时期的文化产物，也不是被当作某种特定的（有局限性的）设计策略和工具，而是在文化意义上被无限地泛化和升华，成为空间和建构文化体系中先验性的、终极的价值信条和极具排他性的审美教条，这实际上已构成了中国建筑师展开真正建构探索的巨大观念障碍。

比如，今天中国建筑界关于建构的话语还未充分展开便已经被一整套虚设的形式审美的陈词滥调笼罩了：除了前述的黏土砖、混凝土等几种材料组成了在中国探讨建构表现的不可或缺的材料库外，均质的坐标网格与方形的梁柱框架经常被直接与“理性主义建构”划为等号；纯粹几何形，尤其是直线和方形会被众多建筑师直接心理投射为：“理性”、“清晰”、“纯粹”、“建构”等价值判断；一个正方形在均质的平面坐标网格中略为偏转一个角度便能获得“动态感”；一些稍稍复杂一点的形状，比如几个不同的纯粹几何形的组合或一道连续的曲线，往往被看作是“非理性”的表达；再复杂一些的几何形，即使仍是由同样的几何语言——几何概念构筑而成，却很容易被称为表现主义，甚至被贬为“非建构”或“形式主义”……

这些对建筑形式的先验性的审美判断对建筑师的意识渗透和控制得如此之深，几乎已成为建筑师的职业本能。但实际上，它们根本不是对建构文化的主动探索的结果，而是一整套建立在陈旧文化观念基础上的预设的价值前提。为什么如此众多的建筑师会不加思索、毫无保留地接受这些先验的价值判断，并将其内化为一种顽固的、独断的、具有强烈排他性的审美趣味，似乎有些不可思议，而实际上支撑这些审美判断的文化观念的形成确实是源远流长、错综复杂的。概括说来，这些审美判断是由某些理想主义、本质主义的形式观念折射而成。而追根究底，西方的理想主义、本质主义的形式观念的思想源泉之一是两种西方古典知识体系的混合产物：欧几里得几何学和柏拉图形式论。当古希腊诡辩论者说形式的“美”只能由强权者的政治权力和需要来界定，柏拉图则认为欧几里得的几何学中体现的基本形式美是超验的，独立于世俗世界、人的头脑、经验和语言之外。欧几里得的几何学与柏拉图的理想主义结合起来（其后又与笛卡尔空间坐标体系结合起来）的形式观念认为，纯粹的几何形状或形体（如方形、圆形、立方体、三角锥、圆柱体等）体现着超越尘世的"理想秩序"。然而，极具讽刺意义的是，起初与柏拉图的理想主义紧密相连，成为反抗"审美"政治化的欧几里得的几何学，因其易于运用、易于辨识的特点，在建筑学中尤其是近现代建筑史中，反而成为最易被各种意识形态、政治权力滥用，被用以表现各种不同的"理想空间"的"本质性"和"权威性"的工具，从启蒙运动的理性主义、各种极权政治的新古典主义直到现代主义的纯粹主义、立体主义抽象美学等等。上述当代中国建筑师所坚持的形式审美判断，不管其渊源多么复杂难辨，都可以说仍是一种类似的将超验形而上学观念通过纯粹几何学进行世俗表现的"文化象征主义"传统的无意识的延续。

自 19 世纪早期西方思想界展开对形而上学的批判以来，西方文化、科学、技术中很多领域在突破理想主义、本质主义观念后都获得了长足的进展。在现代几何学中，欧几里得几何学早已不是人类理解形式的主导性知识体系，它即使仍未被废弃，也不过被当作一个特例，正如直线在某些几何模型中被当作曲线的特例一样。而柏拉图形式观中对纯粹几何形体的理想主义文化观念，早已被其他众多现代科学、文化观念所扬弃。例如在拓扑学中，纯粹几何形体和非纯粹几何形体之间是没有本质构造区别的，它们彼此都可通过特定的变形操作互相转换；在形态发生学理论中，我们甚至可以得到与柏拉图形式观完全相对的价值判断：非纯粹几何形态可被理解为由初始的纯粹几何形态在与周边环境因素和事物运动的互动关系中产生变形而成，因此非纯粹几何形态中既包括了初始纯粹几何形态的形式构成信息，也记录了由纯粹几何形态向非纯粹几何形态变形的形态发展过程信息，还同时反映了该形态所处的外界环境因素中的某些信息;而纯粹几何形态则是被假想处在完全封闭、自足的抽象环境中的"惰性"几何构成。它们不具备对外界环境因素和事物运动的敏感性和互动关系，因而能始终维持其均质的形式构成关系，不发生任何变形。因此，纯粹几何形态非但不是体现了"最高空间秩序"的几何形态，反而是空间中信息含量最低、构造秩序层次最低的几何形态特例。更进一步，在近代生物形态学中，生物学家们已经不再将非纯粹几何形态归结为某个先验、抽象、理想化的纯粹几何形态的衍生物，而是直接深入到各种非纯粹几何形态之间对形式之间的转化机制加以考察。例如苏格兰动物学家达西 · 汤姆森 (D' Arch Thompson) 将均质、恒定的笛卡尔坐标网改造为一种动态的、可拓扑变形的量度系统，以考察同属一个物种的生命形态在不同的生存环境中，在与不同的环境因素（即文脉）的互动关系中（如物种自身重量、运动速度和环境温度、压力、阻力等之间的关系）

所产生的不同的变形。在这里，均质的坐标网仅仅作为一个初始的、相对的、参照性的量度标准，而绝不赋予那个被均质坐标网所覆盖的生命形态以任何超验的、理想的，或比其他"变形"后的生命形态更优越的文化价值，当然，那些关于纯粹几何形态的理想主义文化观念在这样的形式系统中也就变得没有关联、毫无意义。

需要强调的是，这里绝不是说欧几里得几何学和笛卡尔坐标网在当代建筑设计中已经没有运用价值，而是指出那些寄托在欧几里得几何学和笛卡尔坐标体系上的，或者说从这个空间、形式认知体系中升华出来的理想主义形式观念以及一整套相关的理论话语和审美意识在当代文化语境中已经变得陈腐透顶。而也正是从这个意义上来说，张永和与张路峰对"清除意义的干扰"的提议实际上显示出某种程度上的批判性的动机，尽管如前所述，笔者对其还原性的建筑学的提案能否真正成立有所质疑。

总之，当代建筑师关于形式审美的陈词滥调，与其说是体现了他们对人类空间基本建构形式的本质认识，不如说是建筑学相比其他当代人文、科学、技术等学科发展严重滞后的一个突出文化表现。当然建筑学有其自身学科的自足性，显然也受制于一定的经济、技术条件，但所有这些因素，今天都已根本不再构成建筑师非要坚持其陈旧文化观念的充足理由。笔者并不否认某些建筑师有可能避开对这一问题的探讨，在默认既有的空间、形式认知系统的前提下，在建筑学的其他层面上得以展开某些创造性的工作。然而，当代中国发展中的"建构学"，还亟须一些关于直接针对形式、空间认知系统的"突破性"的理论分析和建构实验。可以肯定的是，如果中国当代"建构学"的基础完全固守在一整套先验的、虚设的、毫无当代性的文化观念上，其众多的文化承诺将不可能得到兑现。

3.2 "建构"文化的特定性和普遍性的分离

"建构"文化的特定性和普遍性的分离至少表现在两个方面：

第一，上述关于"建构形态"的讨论，实际上涉及了建筑在特定地点的建构技术、材料特点与普遍意义上的建筑空间类型学、建筑形式基础知识体系和关于建筑形式的文化观念之间的分离；

第二，更早前论述关于干打垒、黏土砖/面砖、混凝土的建构之争实际上揭示了"建构"文化的另一个层次的特定性和普遍性的分离：其中特定性是指与地方性相连的异质性的建构文化，如某些地方性的建造技术、工艺和材料运用与空间、形式的组合方式等；普遍性指与全球化经济进程相连的日趋均质性的建构文化，如日趋全球化的建筑产业、标准化的建造技术和材料运用等。本文接下来进一步讨论第 2 个问题，因为该问题与近年来中国建筑界频繁议论的“全球化”与“本土化”问题密切相关。

回溯历史，建构文化的特定性与普遍性的冲突可以说自 18 世纪欧洲工业革命始便已经在西方社会展开。它的直接表现是现代建筑工业中两种劳工的分化：手工匠人与技术工人。而在 20 世纪西方社会，这两种建构文化冲突达到了高峰：现代建筑制造业几乎完全抛弃了手工技艺——砖瓦匠、石匠、泥匠的构造文化而转向工业化的大生产。

对建筑文化在技术社会中日益趋同的抵抗，实际上成为当代西方建构文化研究兴起的主因，也是中国当代实验性建筑实践的深层政治、文化动机。这便不难理解，为什么肯尼斯 · 弗兰姆普顿在 1980 年代所提出的“批判性地域主义”(Critical Regionalism) 在中国建筑理论界——尽管从来没有被深入研讨过——却仍然产生如此广泛、几乎是毫无保留但又非常肤浅的响应。中国建筑界对弗兰姆普顿的推崇显然更多起因于“地域主义”所暗示的泛文化和政治的意义，而很少源自其对建筑学本体研究的价值。然而仔细分析起来，无论是弗兰姆普顿 1980 年代提出的“批判性地域主义”，还是 1990 年代进行的“建构文化”研究，与其说是对某些特定地方性文化复兴的倡议，倒不如说是置身全球化的洪流中，对普遍意义上的建筑学艺术水准的呼唤。这一点可以从经常被他引用作为“批判性地域主义”代表人物马里奥 · 博塔、安藤忠雄、约恩 · 伍重以及“建构文化”的代表人物密斯、路易斯 · 康等人的作品中看出：与其说他们的建筑探索展示了很多他们各自不同的地域文化特点，倒不如说更抽象地展现出一些含普遍性的建筑艺术质量水准，如对工艺、细部、材料的设计和建造的高质量的追求等作为“抵抗建筑学”(Resistant Architecture) 的品质。

然而所有这些“建构文化”的品质是否在 21 世纪初的今天仍然具有文化相关性，这已经成为一个问题。与 1980 年代尚存的文化怀旧气氛相比，近十几年来全球化进程的戏剧性的加速发展，使我们更加明晰地看到跨国金融和建筑制造工业的大规模扩张以及大众通讯媒体的均质化力量的扩散已经留下很少的地方“建构”遗产可以恢复。如果说传统的建构美学将本真性和整合性置于文化价值的中心，那么分离和缺失实际上已构成了今天建构文化的基础。

而在另一方面，借助于全球资本主义的长足发展，新兴电子技术、材料科学和生物工程技术正在将人类文化迅速整合并推入到另一个全新的发展范式中。可以预见，伴随着中国大尺度、低造价和高速度的开发运动，以电子技术为统领的新型建材制造、建筑预制和装配技术对传统建构文化的冲击将会以呈指数增长的强度波及中国，从而为中国刚刚展开的对建构基本文化的探讨平添众多复杂性。

所有这些全球化的、全方位的文化、技术的冲击是建立在农耕文明或工业化初期文明上的建筑工艺传统所根本无力应对的。而在这种紧迫的文化现实中，当代中国的实验性建筑师似乎仍秉持着一种类古典主义的文化理想—— 即力图在建构文化的普遍性和特定性的文化冲突之间努力调停，幻想在当代的文化语境中，达至现代主义设计文化与中国本土传统文化的高度整合，从而在当代世界建筑发展中获得一种独特的文化身份——其艰难程度是可想而知的：

在现浇混凝土的技术和工艺已经成熟并被普遍推广的条件下，张永和与王澍力图从生态、伦理、美学、建构等多重意义上为几近失传的民间夯土工艺请愿；在张永和的“竹化城市”乌托邦中，单纯的“竹子”承担了地方自然生态、传统工艺、人文情怀等多重文化使命，蔓延在某个正在走向现代化小城的每一个角落，成为该城市的“基础设施”；刘家琨逐渐地、不无痛苦地识破了一个文化现实：他所面对的是一个早已丧失传统精良工艺、又远未进入高标准工业生产的青黄不接的民间施工工业，由此，他所谓的“低技策略”，实际上促使他以一种几乎是孤注一掷的姿态地将简易粗陋的民间施工技术进行审美化地升华；王澍反复对“房子”而不是“建筑”、“业余建筑”而不是对“专业建筑”的强调，实际上并不是对学院设计文化的抵触——因为无论从作品还是体制上看，他本身就是其中重要的一员——他的宣言仅仅表达了对一个正在消失的充满特定性的建构传统的眷恋和对正在到来的均质化的建造文明的恐惧……

不管怎样，正如全球化进程的不可逆转，“建构”文化的众多内在分离，已绝不可能再获得古典意义上的救赎和整合。如果说正是建构的众多内在分离，而不是虚设的建构学的教条赋予了中国当代建筑学一定的潜力，那么既不是对均质化建筑文化的毫无批判性的拥抱，也不是对某个封闭的、超验的建构传统的回归，而是深入到当代建构文化的分离中，在各种分离之间探索，获得一种批判性的张力，才会使得一种深具当代性的建筑学的自足性成为可能。

综上所述，中国当代实验建筑学对“建构学”的初步探索，正逢一个新旧时代的转折点。它可能会成为中国建筑师迎接一个新时代建筑学的契机——如果它能将自身的立足点从古典主义和现代主义的价值系统中果断、有力地转移到当代文化的语境中；否则，它将仅能代表一个特定的短暂时期的建筑现象，它会因其内在观念的封闭和外在作品在文化意义上的偏狭、琐碎，而不会对后来的建筑学产生持久的影响。

2002年6月1日至7月2日，于纽约

注释:

① 在目前中国深入地讨论“建构学”似乎面临着三个巨大难题：一、围绕“建构”观念，在当代中国尚没有足够多的令人信服的建筑师的作品可供深入分析和讨论；二、西方建筑学界关于“建构文化”的丰富的理论文献还没有被系统地引进；三、以“建构”为概念框架，近年来对中国远、近期建筑传统的考察工作成效甚微。在这样一种基础极端薄弱的状况下，就笔者看来，近年来少有的有深度的关于“建构”的文章包括：张永和，平常建筑［J］，建筑师，Vol. 84，1998，10；张永和、张路峰，向工业建筑学习［J］，世界建筑，2000，7；王群，解读弗兰普顿的《建构文化研究》系列之一、二［J］，A+D 建筑与设计，2001，1、2；王群，空间、构造、表皮与极少主义［J］，建筑师，Vol. 84，1998，10；刘家琨，叙事话语与低技策略［J］，建筑师，Vol. 24。

② 参见邹德侬，中国现代建筑史［M］，天津：天津科学技术出版社，2001: 205 − 08, 296 − 99。

③ 张永和、张路峰，向工业建筑学习［J］，世界建筑，2000, 07: 22。

④ 在“向工业建筑学习”一文中，张永和与张路峰将英语 architect 中的 archi 解释为“主、大”，将建筑师 architect 单纯解释为“领头工匠”或“主持技工”，有意无意地忽视了 archi 中所指代的抽象的“指导原则”的含义。

⑤ 对“tectonic”的更详尽的语源学分析，请参见王骏阳的“解读弗兰普顿的《建构文化研究》系列之一”［J］，A+D 建筑与设计，2001, 1。

⑥ Jacques Hadamard, *The Psychology of Invention in the Mathematical Field*［M］, Princeton: Princeton Unveristy Press, 1949.

⑦ G.H. Hardy, *A Mathematician' s Apology*［M］, Cambridge: Cambridge University Press, 1967.

⑧ Robin Evans, *The Projective Cast, Architecture and Its Three Geometries*［M］, Cambridge: the MIT Press, 1995.

⑨ 参见 Kenneth Frampton, *Rappel a L'ordre, the Case for the Tectonic*［J］, *Architectural Design 60*. No. 3-4, 1990: 19-25

⑩ 邹德侬，中国现代建筑史［M］，天津科学技术出版社，2001: 296-97。

⑪ 同上，297-99。

⑫ 刘家琨，鹿野苑石刻博物馆［J］，世界建筑，2001, 10, 91-92。

⑬ 同上。

⑭ 张永和曾经注意到安藤建筑中形态逻辑与结构逻辑的矛盾性，如相同截面的混凝土梁柱、甚至墙厚度与柱子宽度一致等反结构原理的现象。由此，张永和借用“形态学”来协调这种表现的矛盾：“安藤的形态思考是在相对抽象的点、线、面关系的层面上，与他追求的空间质量有直接的关系。形态与结构的关系是复杂的，或者说形态的思维方式恰恰在于平衡建筑与结构，也在于衔接建筑与材料。形态学是建筑概念与物质世界的一个桥梁。”参见张永和，平常建筑［J］，建筑师，Vol. 84，1998 年第 10 期。

作者简介：朱涛，香港大学建筑系任助理教授

原载于：《中国建筑 60 年（1949-2009）历史理论研究》（北京：中国建筑工业出版社，2009），266-284

《建构文化研究》译后记（节选）

王骏阳

1.“建构”与“批判建筑学”

在《为建筑学思考一个新议题——1965-1995年间的建筑理论文集》（Theorizing a New Agenda for Architecture: An Anthology of Architectural Theory 1965-1995）中，该书的主编凯特·奈斯比特（Kate Nesbit）曾经区分了建筑理论的几种类型。根据这一区分，建筑理论或者是规范性的（prescriptive），或者是排除性的（proscriptive），或者是肯定性的（affirmative），或者是批判性的（critical），但是它们都不同那种所谓的“描述性理论”（descriptive theories）。顾名思义，“规范性理论为特定问题提供新的或者说旧话重提的解决方案；其功能是为建筑实践建立新的规范。”与之不同，排除性理论“阐述的是那些设计中应该避免的标准”。奈斯比特没有对“肯定性理论”作进一步说明，但是也许不难理解，就像“规范性理论”与“排除性理论”构成一个二元对立的范畴一样，它与“批判性理论”属于另一个二元对立的范畴。关于“批判性理论”，奈斯比特这样写道：“比规范性和排斥性写作更为广泛，批判性理论审视建筑世界与其服务的社会之间的关系。通常，这种争辩性的写作都会表达一种政治或伦理诉求并致力于变革。在许多可能的诉求中，批判性理论的意识形态基础可以是马克思主义或女权主义。批判性理论的一个典型案例是建筑师及理论家肯尼斯 · 弗兰姆普敦的批判地域主义，它倡导通过独特的材料和地方性来抵抗视觉环境的同质化。批判性理论是思辨式的、质疑式的，有时也是乌托邦式的。”[1]

尽管奈斯比特对“批判地域主义”的诠释看起来相当肤浅，我们仍然有理由运用上述理论类型的框架对《建构文化研究》的理论意义进行一定的讨论。毫无疑问，《建构文化研究》不属于“描述性理论”，它既不“中性”也不“客观”。相反，它倡导“建构”，批评“反建构”。就此而言，它既是“规范性的”，也是“排除性”的。但是，如果说“规范性理论”需要“为特定问题提供新的或者说旧话重提的解决方案”的话，那么这似乎并非《建构文化研究》能够做的，因为正如本文前述已经表明的，在“建构”与“非建构”的问题上，《建构文化研究》只是提出了问题，或者说揭示了建筑学的本体诉求与诗意表现之间的矛盾，却不能为解决这一矛盾提供任何一劳永逸的答案。就此而言，《建构文化研究》的意义与其说是“规范性”的和“排除性”的，不如说是“肯定性”的和“批判性的”更为恰当，即它在肯定“建构”的同时，也对当代建筑实践的发展进行批判性的审视。与“批判地域主义”一样，它是弗兰姆普敦倡导的“批判建筑学”的组成部分。

乍看起来，奈斯比特总结的“规范性”理论与“排除性”理论和“肯定性”理论与“批判性”理论这两个二元对立之间似乎没有差别，都是褒贬有别，在一些问题上主张某种立场，而在另外一些问题上持反对态度。但是，在笔者看来，它们的差异其实更为重要，否则我们只需要两种理论类型的划分而非四种。简言之，它们的区别在于“主流”与“非主流”。“规范”代表着主流，它是权力的化身。事实上，有能力制定“规范”者已经是大权在握。无论是话语权还是执行权，有了这种权力，它将某些实践类型排除在“规范”或“解决方案”之外便理所当然。相比之下，“批判性理论”并没有制定“规范”的权力。面对“规范”制定者的强势，它所代表的毋宁说是一种非主流的力量，其地位是微弱的，甚至是不堪一击的。至多，在思想自由和言论自由的前提下，它能够形成对主流的一种挑战，一种主流之外的可能性。它的价值不在于形成“规范”或者提供“答案”，而在于质疑，在于思考，在于价值重估。它的主张肯定不是主流，甚至难以实现，却可以在一定程度上使社会避免被一种思想观点或一种价值取向一统天下。在笔者看来，这也是它应该存在的理由。

可以说，《建构文化研究》就是这样一种“批判性理论”。最初，正如弗兰姆普敦曾经坦言的，它是针对“眼下那种将建筑简化为布景术（scenography）的趋势以及文丘里式的‘装饰蔽体’（decorated shed）理论在全球尘嚣甚上的现象”而提出来的。[2] 在弗兰姆普敦看来，随着“后现代主义”在全球的胜利，以文丘里倡导的“装饰蔽体”为代表的“布景术”在当代建筑中如此严重，以至在《现代建筑——一部批判的历史》第三版中，他将第一版中曾经在英国《建筑设计》杂志为该书出版的名为《现代建筑与批判的现在》（Modern Architecture and Critical Present）的专集上特别登载、并被一些建筑史学家称之为最能代表该书批判思想精髓[3]的一章的大标题由“场所、生产与建筑”（Place, Production and Architecture）改为“场所、生产与布景”（Place, Production and Scenography）。作为一种批判，弗兰姆普敦主张，建筑的本质特征是建构的而非布景术的。

但是，“布景术”趋势在当今建筑中的表现并不仅限于文丘里式的“装饰蔽体”。事实上，在文丘里式的具象历史主义建筑语言似乎大势已去的今天，另一种“装饰的蔽体”已经悄然兴起，并大有取而代之、成为当今建筑学新主流之势，这就是以“新前卫主义”[New Avant-gardism，查尔斯 · 詹克斯 (Charles Jencks) 语] 面貌出现的各种建筑“奇观”。以1980年代末的“解构主义”人物弗兰克 · 盖里（Frank Gehry）为例，无论他设计的毕尔巴鄂古根海姆美术馆还是洛杉矶迪士尼音乐厅，都在某种意义上将建筑学推向了一种更为深重的布景术境地。在那里，“形象”（image）具有至高无上的重要性，而且在这种形象塑造中，结构除了作为造型的手段之外没有更多的建筑学意义。换言之，与后现代历史主义相比，这类建筑不仅更符合商业主义和消费文化的需求，而且在对布景术的依赖方面也完全可以说是有过之而无不及，尽管它们“先锋”、“前卫”和充满幻想的“奇观”形式在今天似乎更具魅力。

与弗兰姆普敦在许多场合的言论不同，《建构文化研究》并没有对盖里的建筑提出明确的批评。但是，它显然已经意识到问题的存在。因此，该书的后记不仅将法国思想家居伊 · 德波尔（Guy Debord）《关于景象社会的评论》（Commentaires sur la soci é t é du spectacle）中的引言作为该章的开篇铭文[4]，而且也特别指出建筑学在这一围绕商品形象而组织起来的媒体和景象社会中所面临的困境。一方面，弗兰姆普敦以欧盟国家为例，指出速成化和批量式建筑教育大大削弱了建构的观念，而晚期现代社会文化产业的推波助澜又加剧了建筑的图像化发展趋势；另一方面，建筑在机械化和电气化方面的日趋完善不仅将人们对建筑问题的认识从传统的结构单一的建筑体量中解放出来，而且也大大改变了建筑设计的性质，使建筑师的工作更趋向于设计一个外壳，然后在外壳中填充各种内容，最后将结构、设备、电气和管线工程师的工作通通遮盖起来。其结果就是，正如弗兰姆普敦援引安德鲁 · 维尔努（Andrew Vernooy）的话来说的，“在当今的建筑实践中，我们已经很难看到现代主义英雄时期那种从结构体系出发进行形式创造的优秀作品了…… 对于大多数建筑来说，外表皮已经不再需要表现结构的清晰性。”[4] 与此同时，商业主义和消费社会又要求更具吸引眼球的建筑形象，于是“表皮”就越发成为一个致力于视觉盛宴和奇观效果的建筑范畴，获得了某种意义上的“自主性”和至关重要性。

或许，这就是“表皮建筑学”日趋成为一种建筑主流的社会和文化语境。在弗兰姆普敦看来，伴随着建筑的“表皮化”和“奇观化”发展，“建筑师面临的是一种价值危机，它与森佩尔（Gottfried Semper）在 1851 年就已经感受到的价值危机有许多相似之处。当时，随着铸造术、模具术、冲压术和电镀术等技术的发展，机械化生产和不同材料之间的相互置换所引发的文化衰落，曾经令森佩尔那一代知识分子忧心忡忡。此后一个半世纪以来，森佩尔担忧的文化衰落正在愈演愈烈，而且已经向‘景象社会’的经济层面蔓延。”[4]

按照主流文化和“规范性理论”的逻辑，这一发展属于历史的“必然”，任何试图改变其轨迹的努力无异于螳臂当车和不自量力。但是“批判性理论”偏偏要不可为而为之，向“主流”挑战，寻求“主流”之外的其他可能，即使这样的可能只是非主流或者旁枝末节而已。弗兰姆普敦清楚地意识到这一意义上的“批判建筑学”应该具备的性质，谓之“抵抗建筑学”（the architecture of resistance）或者“后卫建筑学”（the architecture of arrière-garde）[5]。另一方面，弗兰姆普敦显然也对这一意义上的“批判建筑学”可能面临的宿命心知肚明。他将自己在 1999 年北京建协大会上一个本应代表“主流”的主题演讲命名为“千年七题——一个不合时宜的宣言”(Seven Points for the Millennium: an Untimely Manifesto)[6] 就已经清楚地表明了这一点。就“建构文化研究”对于当代的意义而言，弗兰姆普敦的态度也是“抵抗性”的和“后卫性”的。他写道：“无论处在怎样一种边缘的状态，建构文化依然执着地固守着自己的阵地。它努力超越视觉主义，寻求来自身体的其他感知力量，与史无前例的全球商业化进程和资本主义的无限扩张进行抗争。”[4]

需要指出，尽管弗兰姆普敦意义上的“批判建筑学”与 19 世纪的“哥特复兴”（the Gothic Revival）在对待时代潮流的立场上看似不无相似之处，但是二者之间的差异却不容忽视。如果说以普金（Augustus Welby Pugin）为代表的哥特复兴主义者不仅视中世纪社会和基督教伦理为一切社会的楷模和道德规范的话，那么弗兰姆普敦意义上的“批判建筑学”则显然与之相去甚远。另一方面，如果说哥特复兴主义者曾经以一种极度怀旧和伤感的态度对待技术发展的话，那么弗兰姆普敦意义上的“批判建筑学”则对技术发展予以足够的重视。它要求的是对“工具理性主义”(instrumental rationalism) 和“唯技术论”(technocracy)

保持警惕。

说到底，作为“建造的诗学”，“建构”与技术密不可分，技术的发展（特别是结构技术和建造技术的发展）是“建构文化”发展的基本前提之一。但是，正如本文之前已经说过的，“20世纪的建构不能仅仅关注结构形式”的论断又为“建构”赋予了更多人文和精神的期许。因此，在《建构文化研究》的最后，弗兰姆普敦援引勒·柯布西耶将建筑师比拟于走钢丝的杂技演员的说法，并就此写道：“归根结底，杂技演员难道不是我们共同命运的写照吗？换言之，作为一个整体，我们人类难道不是正走在一个技术的钢丝上面，一旦失足，便如坠万丈深渊一样无可挽回吗？好在我们还有建构文化可以作为最后的精神支柱。建构文化就是建造的诗学。其他一切，包括人们津津乐道的空间创造，都只是生活世界的一部分。在生活世界中，空间既属于社会也属于我们自身。”[4]

2. 哈图尼安论“建构”与我们的时代

作为一位关注“建构”问题的学者，戈沃克·哈图尼安（Gevork Hartoonian）曾有两部“建构”研究的文集问世，一部是《建造的本体论——关于现代建筑理论中的技术虚无主义》（Ontology of Construction: On Nihilism of Technology in Theories of Modern Architecture），另一部是《物体的危机——戏剧性的建筑学》（Crisis of the Object: The Architecture of Theatricality）。两部文集都由弗兰姆普敦作序，其与弗兰姆普敦思想的联系可见一斑。在《建造的本体论》一书的“致谢”中，哈图尼安这样表述他与弗兰姆普敦思想的渊源：“我要特别感谢肯尼斯·弗兰姆普敦，从他那里我学习到了建造诗学的思想，尽管我比任何时候都更加认识到，与他能够和已经为建筑学所做的一些相比，自己的差距有多么巨大。我还要感谢他的友谊以及那些使我获益匪浅的思想交流的时刻。”[7]确实，纵观两部文集，人们不难看出它们处处流露出的是与弗兰姆普敦思想的亲缘关系，特别是对“建构”和“建造诗学”的关注、深厚的历史理论意识、对森佩尔建筑理论的重新诠释、对建筑学的人文关怀等等。但是，哈图尼安的“建构”研究还是在有意无意之中显示了与弗兰姆普敦的不同之处。在笔者看来，一个最主要的区别就在于作者对待我们时代的态度。在这一点上，如果说弗兰姆普敦的“建构文化研究”的基本立场是“批判性”的、“抵抗性”的和“后卫性”的话，那么哈图尼安的“建构”研究已经为一定程度上的策略调整留下了空间。早在《建造的本体论》中，哈图尼安就开始对现代性条件下的“建构学”进行反思，指出它与古典“技艺”（techne）的本质差异，即文化和价值的“世俗化”（secularization）导致的古典“建构”思想中的形而上意义的消失。事实上，该书副标题所谓的“现代建筑理论中的技术虚无主义”并不是指对技术的否定或者忽视，而是现代建筑理论对技术观念的世俗化。在这里，“‘虚无’一词意味着文化生产的方方面面所体现出来的文明与神圣世界（the realm of the sacred）的距离。它是‘一切坚固的东西都烟消云散’（all that is solid melts into air）的去神圣化（desecration）的历史过程。”哈图尼安指出，马克思的这一著名论断固然不乏否定的含义，但也并非全盘否定，而是在一定程度上肯定了“在我们这个物质世界中得到集体表达的感知和想象”。[7] 在哈图尼安那里，现代化的另一个特征是瓦尔特 · 本雅明（Walter Benjamin）所称的“机械复制的时代”（the age of mechanical reproduction）。这样的时代特点不仅使包括建筑技艺在内的传统的手手相传和口口相传变得不可能，而且也使一切可能存在的传统只能支离破碎地寄身于孤立的经验之中。如同本雅明一样，哈图尼安也认为，这终将导致作为传统作品之魂的“灵韵”（aura）的丧失殆尽。[7] 同样，哈图尼安引入本雅明的“蒙太奇”（montage）概念，将其视为现代性条件下的一种“建构”策略。他写道：“蒙太奇的观念与建造的艺术有许多相似之处；但是蒙太奇也与文化生产的世俗化不无关系……蒙太奇使有机的建造概念中的自然内容，或者用本雅明的话来说，技艺（techne）和建构（the tectonic）中的灵韵化为乌有。就此而言，蒙太奇与缝合（sewing）的相似指出就在于它们都是对片段进行整合，而将接缝（the seam）变成一种装饰…… 并且根据当代的感知和技术经验重塑建造的艺术。”[7] 尽管哈图尼安的这部文集最终并没有为“蒙太奇建构”提供任何更为具体的注解或者更具操作性的案例说明，但是一种肯定而非否定、顺应而非抵抗的基本立场已经相当明显。 弗兰姆普敦敏锐地觉察到哈图尼安的这一思想倾向。在笔者看来，这也就是弗兰姆普敦在为该书撰写的序言中出人意料地大谈意大利建筑师卡罗 · 斯卡帕（Carlo Scarpa）的原因，虽然斯卡帕并不属于哈图尼安这部文集的研究主题。在其出版之时，《建构文化研究》还没有面世。我们知道，在后面这部著作中，弗兰姆普敦是将斯卡帕作为20世纪建构文化发展的重要组成部分来进行陈述的。但是在弗兰姆普敦那里，斯卡帕的意义并不仅仅在于其建筑对“节点”的格外重视，也不在于这些建筑近乎字面意义上的对碎片的“缝合”，而更在于它们在一个“去神圣化”的世界，或者用德国现代社会学家马克思 · 韦伯（Max Weber）的话来说，在一个消除世界的神性和超自然意义、并以追求效率的工具理性主义取而代之的“世界失魅”（the disenchantment of the world）的现代化进程中，通过一种维柯式的“反现代性”和“神秘思维”为世界重新返魅的努力。人们很难忘记弗兰姆普敦在该章结尾部分对斯卡帕及其建筑意味深长的总结：“光阴荏苒，逝者如斯，面对大千世界的变幻莫测，斯卡帕以其特有的若即若离的态度开辟了一条隐秘的微观建构学之路。就此而言，我们或许可以用‘失魅中的返魅’（an enchanted disenchantment）来形容斯卡帕的建筑。”[4]

弗兰姆普敦的斯卡帕研究并非一定是针对哈图尼安的，但是已经能够在相当程度上说明二者的“建构”研究对待时代发展的不同态度。这种不同也体现在哈图尼安的另一部“建构”研究文集《物体的危机——戏剧性的建筑学》之中。不同于《建造的本体论》对现代性的世俗化和机械化生产的理解以及将蒙太奇作为一种与之对应的现代主义策略的认识不同，后面这部文集虽然直接借用了超现实主义者安德烈 · 布莱东（André Breton）1932 年的文章《物体的危机》（Crisis of the Object）的标题，但是它已经将关注点转向更为当代的问题。哈图尼安写道：“计算机技术的普及将建筑师们的关注点从最终产品的建构转向它的表皮…… 一种在体形上类似于本雅明所谓的‘千变万化的幻景’（phantasmagoria）的审美形式，或者卡尔 · 马克思谓之的商品拜物教美学（the aesthetic of commodity fetishism）已经成为今天的显著特点。最近，讨论的热点又变成‘数字建构’（digital tectonics），它将结构与饰面的对话简化为表皮效果。这些理论发展共同主线不再是建造文化这个建筑学科史的主题，今天的建筑物彰显的是一些哲学概念与计算机生成形式的联姻。”[8]

可以说，哈图尼安关注的这个问题与《建构文化研究》最后论述的“景象社会”及其建筑的“表皮化”和“奇观化”趋势本质上是一致的，不同的是哈图尼安更强调了计算机和数字化设计在这一发展过程中的至关重要的作用。但是，与弗兰姆普敦的“批判性”、“抵抗性”和“后卫性”立场相比，再次值得强调的不同之处也许还在于哈图尼安在面对上述这种发展时所采取的策略，它可以从该书的唯一一段开章铭文中管窥一斑。这段铭文引自 20 世纪德国神学家和哲学家罗曼诺 · 瓜蒂尼（Romano Guardini）：

“我们属于未来。我们必须将我们自己置身其中，每个人都根据自己的状况去做。我们不应该将我们自己与新事物对立起来，并恪守一个美丽的世界，这个世界注定会消失。我们也不应该想入非非，试图构筑一个声称可以在残酷的变化之中幸免于难的新世界。我们必须勾画当代。但是只有当我们对之说是，我们才能够做到这一点；不过在我们充满矛盾的心中，我们必须始终意识到蕴含在这一切之中的破坏性和非人性。我们的时代已经来到我们面前，它是一块让我们站立的土壤，一个我们必须把握的任务。”[8]

根据弗里茨·纽迈耶（Fritz Neumeyer）的研究，瓜蒂尼的思想不仅对1920年代的密斯从继承辛克尔（Karl Friedrich Schinkel）和贝尔拉赫的“建构”传统向接受并加入先锋美学和工业美学的转变产生过关键性的影响，并直接或间接地奠定了密斯1928年的著名演讲“建筑作品的先决条件”（The Preconditions of Architectural Works）中的基本立场，而且在后来密斯向“建构”传统的回归中一直发挥着作用。[9] 这是一个有趣的历史典故，它展现的瓜蒂尼/密斯式的、在时代变迁和价值根基的两难境地中选择积极地直面现实、但又努力避免随波逐流的历史姿态似乎又在哈图尼安那里得到了再现。同样有趣的是，哈图尼安是在森佩尔那里，或者更准确地说是在对森佩尔思想的重新诠释中获得了他所需要的理论支点。这一支点就是森佩尔的“戏剧性”（theatricality）思想。

一定程度上，哈图尼安对森佩尔的认同正是由于后者面对现实的策略。在哈图尼安看来，面对时代的危机，森佩尔不仅忧心忡忡，而且渴望浴火重生。他引用森佩尔在《风格论》前言中的一段话：“这些艺术堕落的现象以及神秘的、在其破坏性过程中浴火重生（phoenix-like birth）的新艺术生命对我们都意义非凡，因为我们或许也正处在类似的危机之中……”[10] 另一方面，“景象社会”对视觉冲击力和形式震撼力的追求又使森佩尔的“戏剧性”观念获得了某种当代有效性。哈图尼安这样说明他在《物体的危机——建筑的戏剧性》中的研究目的：“本书的主要理论目标之一就是表明，19世纪的戏剧性梦想其实是新前卫建筑的核心，从而对当代建筑状况提出不同的诠释。本书的目的不是在森佩尔理论的基础上讨论当代建筑；毋宁说，森佩尔之所以在过去的数十年中成为人们谈论的主题，是因为他的戏剧性概念与渗透在晚期资本主义社会中的景象性(the spectacle)之间的历史巧合。”[10]

“建筑与戏剧性”曾经是马尔格雷夫（Harry Francis Mallgrave）的森佩尔传记《戈特弗里德·森佩尔——19世纪的建筑师》（Gottfried Semper: Architect of the Nineteenth Century）的前言（Prologue）中论述的主题。按照马尔格雷夫的观点，“戏剧性”代表了森佩尔“饰面理论”的终极意义，因为无论是森佩尔赋予纪念性建筑的崇高地位，还是他那句“狂欢节烛光的烟雾才是真正的艺术氛围”的著名论断，都是在戏剧效果的高潮中达到极致的。它是一种视觉景象，一种足以令观者振奋甚至升华的戏剧效果。它可以通过空间手段（spatial device）表现出来，也可以通过布景手段（scenographic device）表现出来。[11] 后面这一点再次令人想起森佩尔《风格论》中的案例，在那里，“剧场高度特征化的形式源自演出舞台，而演出舞台由带有丰富装饰和饰面的木板组成。”[12] 但是，马尔格雷夫认为，这些都不是森佩尔的“戏剧性”概念最为重要的部分，因为这种将“戏剧性”与剧场在字面上联系在一起的理解早在森佩尔之前就已经出现，它可以追溯到巴洛克时代甚至文艺复兴时代。相比之下，“森佩尔戏剧性概念的真正不同之处在于他试图为它赋予更深的理论的意义…… 在于他对建筑的基本认识，即建筑必须呼唤更高层次的人类法则（the higher law of humanity），必须指向一种民族意识（something to be directed toward the national consciousness of a people）。”正是在这一点上，森佩尔曾经深深影响了音乐家瓦格纳（Richard Wagner），甚至瓦格纳那个著名的“综合艺术”（Gesamtkunstwerk）都在很大程度上得益于森佩尔，尽管这一点很少得到承认。[11]

哈图尼安的森佩尔研究在很大程度上得益于马尔格雷夫，而且他也曾多次提及森佩尔、瓦格纳、尼采的三角关系，[10] 但是他对森佩尔“戏剧性”的讨论却没有完全遵循马尔格雷夫的思路，而是立足于“技术—象征”的层面，并且为了防止这一层面的讨论轻易滑向随心所欲的境地，他还将“戏剧性”与“戏剧化”（theatricalization）进行了区别。哈图尼安首先指出，“森佩尔对戏剧性的讨论正是其建构话语的重点：如何使建造诗学展现为更大的文化环境的一部分，而建筑学又需要恰当地使用时代提供的技术手段和美学领域中发展的概念。”[10] 换言之，“建构”不是孤立的，它是整个文化环境的组成部分。就我们这个时代而言，它是景象社会和商品文化的一部分，它被要求“新”、“酷”、“与众不同”、具有“视觉冲击力”，以便吸引人们的眼球，也可以在需要的时候更好地成为商品。当然，从更为积极的方面说，它也为人们的生活增添了新的内容，提供了新的体验和刺激，为平凡的日常生活赋予了某种“纪念性”和“戏剧性”。

但是，哈图尼安同时强调指出，如果我们在这样的过程中“忽视了卡尔 · 波提舍（Karl Boetticher）提出的在建构形式中象征性饰面（symbolic dressing）需要与结构功能（structural function）同时并置的要求的话，那么在森佩尔的陈述中蕴含的戏剧性就很容易转化为戏剧化。”在哈图尼安看来，“森佩尔和波提舍都强调，结构体系与饰面唤起的情感预期之间应该有某种对话关系”[10]，由此产生的“戏剧性”与新前卫建筑的“戏剧化”倾向不能混淆在一起。简言之，前者是“建构”的戏剧性表达，而后者则将建筑戏剧化变成造型艺术、概念艺术、象征符号等，而且越夸张越好。

哈图尼安通过对埃森曼（Peter Eisenman）设计的俄亥俄州立大学维克斯纳视觉艺术中心和美术系图书馆（Wexner Center for the Visual Arts and Fine Arts Library）与斯卡帕和西扎（Alvaro Siza）建筑的比较进一步说明了这种区别。前者将一个具象的废墟般的塔和一个抽象的网格结构并置在一起，分别代表古典主义、现代主义以及它们在当代的死亡命运。这是一个充满理念的作品：历史踪迹、建筑编程（program）、古典正面性、笛卡尔主义、皮拉内西、废墟美学、碎片化、解构、人文主义、形式自主、地形、轴线交叉等等，其大胆夸张的形式组合令人想起达达主义和超现实主义等历史先锋派的“震惊”（shock）技巧。此外，“这种旨在将建筑戏剧化的策略也渗透在内部空间之中。毗邻入口，在通往维克斯纳中心主要展览区域的楼梯上方，一根柱子悬挂在半空中。为了使这个戏剧场景更加戏剧化，这根悬挂的柱子的底部还刻意比想象中的由其他梁柱形成的交汇点低了几英尺。”[10] 在这里，建筑俨然变成了一个巨大的概念艺术作品，它惊世骇俗，理念应有尽有，唯独没有“建构”的考虑。当然，在埃森曼的建筑中谈论“建构”实在是牛头不对马嘴，因为这样的传统建筑学观念本来就是其越界的前卫姿态旨在消解的对象。

同样在建筑元素的组合上处心积虑，斯卡帕的建筑可谓是“建构”的戏剧性表达的范例。在《建构文化研究》中，弗兰姆普敦曾经用“节点崇拜”（the adoration of the joint）来概括斯卡帕的建筑，而哈图尼安则进一步强调了斯卡帕建筑通过材料和形式的戏剧性修辞对19世纪结构理性主义观念的调整。“比如，在奥利维蒂专卖店（Olivetti Shop）中，柱与梁或者墙与吊顶的连接被处理成非连接（disjoint）。它赋予这些建筑元素一种自我表达的机会，摆脱了重力或功能的制约。”[10] 这还没有说该建筑中那部在元素组合和连接方式上都极富戏剧性的楼梯。此外，与作为商店的奥利维蒂专卖店不同，斯卡帕设计的布里翁家族墓园（Brion Cemetery）中的建构的戏剧性表达则呈现出不同的意义。哈图尼安写道：“如果说奥利维蒂专卖店的戏剧氛围是服务于商品的消费世界的话，那么布里翁墓园的断柱则令人想起死亡和毁灭的永恒。在此，戏剧性表达的是……钢的材料性与其建构修辞的否定之间的对话：钢柱首先被切断，然后又一丝不苟地连接起来，最后固定在池塘中，暗示第二次切断，如同人们可以从该柱在水中的倒影所察觉的那样。”[10] 可以说，无论奥利维蒂专卖店的楼梯，还是布里翁墓园建筑，这两个案例俨然就是斯卡帕版本的维克斯纳中心，它们有许多相似之处，但差异也是巨大的，一个是艺术家的，另一个是建筑师的；一个是形式的戏剧化，另一个是“建构”的戏剧性表达。

如果要说“建构”的戏剧化表达，西扎设计的西班牙圣地亚哥 · 德 · 孔波斯特拉当代艺术美术馆（Museum of Contemporary Art in Santiago de Compostela）也是一个值得一提的精彩案例。特别是它的入口处理，“为了使结构的连接关系更具戏剧性，位于入口坡道和楼梯上部的建筑被从基座部分切割开来，然后再通过两个短小的钢柱与基座连接在一起。”[10] 在这里，钢柱上面的那根裸露的钢梁也不无“建构”的意义，而且同样值得一提的是，两个钢柱并没有被置于钢梁中间部位，而是偏向它的一端，由此形成的颇具动感诙谐和近乎失衡的戏剧性效果一目了然。

也许，在一个景象社会日趋奇观化的时代，斯卡帕和西扎的建构表达尽管不无“戏剧性”，但终究不过是一些“雕虫小技”而不足挂齿。于是，盖里的毕尔巴鄂古根海姆美术馆和洛杉矶迪士尼音乐厅这样“一猛到底”的建筑也就应运而生了。然而，虽然看起来气度不凡，这两个建筑的操作技巧说起来倒也简单。从毕尔巴鄂古根海姆博物馆的施工照片看，它无非就是用钢结构搭一个架子，形成造型，然后在上面蒙上一层作为“表皮”的钛锌板。在这里，正如哈图尼安指出的，“它的钢结构框架基本上只是为预先设想的外壳提供一个支撑机制而已”，而且其全包裹的造型原则也“没有为其背后的钢结构框架留下任何痕迹。”[10]就此而言，它与“自由女神像”的做法并无二致。事实上，我们完全可以用“自由女神像建筑学”来概括这种建筑的本质。

如果从“表皮建筑学”的角度看，盖里这样的做法也许无可厚非，而且如果再把森佩尔的“饰面理论”拿来运用一番，那么就更有了理论依据。难道不是吗？森佩尔的“饰面理论”已经被译为“穿衣服理论”了[13]，那么像盖里那样为建筑穿上一层闪闪发亮的金属外衣有什么不可以呢？在笔者看来，哈图尼安的研究对当代建构学的理论贡献有两个：一个是它主张将“戏剧性”与“戏剧化”进行区分；另一个则是它提出了“着装”（dressing）和“乔装”（dressed-up）这两个不同概念。在哈图尼安看来，森佩尔的饰面理论或者说“着装”理论（theory of dressing）的基本关注点是外在饰面材料的艺术构成与承重元素的关系，它与乔装的差异“可以通过能够显示身体形状的衣服与狂欢节服饰的反差来进行讨论。在后一种情况下，身体的乔装具有戏剧效果，但完全不考虑舒适度。”[10]在另一处，哈图尼安用维也纳分离派画家古斯塔夫 · 克里姆特（Gustav Klimt）的画作《吻》（The Kiss）中的人物来说明乔装，在那里，人物的身体性完全消失在包裹的衣服后面。相比之下，正是因为看到波提切利（Sandro Botticelli）的《维纳斯的诞生》中维纳斯随风飘扬的缕缕卷发和韦兹拉修道院（Vēzelay Abbe）门楣中央的基督雕像从肩部一直披挂到前伸的膝盖上的扇形皱褶，才促使伍重在巴黎歌剧院的设计中坚持将承重部分和饰面部分都显示出来。[10]

可以说，毕尔巴鄂古根海姆博物馆是“乔装”的典型，而悉尼歌剧院则是“着装”的范例。前者是建筑的“戏剧化”，而后者则是建构的“戏剧性”表达。两者都是“景象社会”及其文化的产物。就此而言，悉尼歌剧院的划时代意义并不在于它有着世界上最长的室外台阶（国人津津乐道的“吉尼斯世界纪录”？），也不在于它是最早使用计算机进行结构分析的大型项目之一[14]，而在于它开启了一个用匹兹堡大学当代艺术历史和理论教授特里·史密斯（Terry Smith）称之为的“视觉盛宴建筑学”（spectacle architecture）的时代。无论从最初澳大利亚新南威尔士政府的设计招标文件的要求之一——该建筑应该具有“一个从所有方向和距离，甚至从空中都可以有非凡体验的外部的轮廓”[15]，还是它“成为世界文化遗产”之后带来的旅游效应（相对这一效应的经济收益，当初久拖不决的工期和一再追加的造价已经不算什么，这是我们这个商品经济时代的每一个人都已经精通的投资——收益经济学），一切都说明了这种“视觉盛宴建筑学”的性质，它“将形象功能（image function）置于其他一切目的之上，它的主要服务对象是全球化的文化产业（cultural industry）。”[38]在这一点上，悉尼歌剧院并未能“免俗”，它与毕尔巴鄂古根海姆博物馆乃是“一丘之貉”。事实上，在毕尔巴鄂古根海姆博物馆设计之初，古根海姆的主任托马斯·克伦斯（Thomas Krens）就要求盖里“想一想悉尼歌剧院、蓬皮杜艺术中心——一个能够成为地标的建筑（a building that was capable of carrying the identity of the place）。”[15]对于这样的要求，中国建筑师们现在已经是再熟悉不过了吧！“视觉盛宴建筑学”过于注重建筑形象的奇特，旨在以此吸引人们的眼球，让人“哇！”一下，这是否意味着建筑学的一种灾难？它与“文化产业”的结合是否导致了“商品拜物教”的产生而应该受到抵制？《哈佛大学设计杂志读本》(Harvard Design Magazine Reader) 有一期是专门讨论这个问题的，其观点可以分为两大阵营。包括弗兰姆普敦在内的学者主张抵抗，而另一些学者则将“抵抗”视为幼稚、幻想或者道德主义的。在后者看来，“商业文化真是如此一无是处吗？它的许多乐趣是无害的。”对之，该读本的主编威廉·桑德斯（William Sanders）总结道：“可以设想，本书的读者面临的首要问题正在于，当代建筑的商业化和视觉盛宴化究竟是何等无害或者有害的（just how harmless or harmful contemporary commodification and spectacle are）。”[16]

这个问题与本文并非完全没有关系，但却不是本文的有限篇幅能够进行讨论的。就哈图尼安对森佩尔的“戏剧性”观念的诠释以及对“着装”和“乔装”之间的区别进行的“建构学”讨论来说，笔者更愿意将它们视为在当代条件下对建筑学提出的一种更高要求。它承认建筑具有大众交流功能，而这种交流常常并不需要转达多少建筑学专业的信息，反而是不需要专业知识就能理解的象征含义（国家的、民族的、意识形态的）、形象比拟（鸟巢、海贝、莲花、东方之冠）、形式特点（酷、庄重、大气）更为重要。与此同时，它又不能沉湎在这样的“大众趣味”之中而沾沾自喜，它还需要满足专业的要求和价值标准。对于前者，有一个森佩尔所谓的“现实的面具”（masking of reality）已经足矣，而只有对于后者而言，森佩尔那句“如果被掩盖在面具之下的事物就是虚假的或者面具本身就是拙劣的，那么面具也无济于事”的论断才真正具有意义。

同样的道理也适用于“表皮建筑学”。是的，本文对“表皮建筑学”提出了质疑，但是笔者却无意否认“表皮”对于当代建筑学的意义。笔者一贯认为，只有将“表皮”问题与结构、空间等建筑学的基本问题联系在一起[17]，才能使我们避免陷入应该用“表皮建筑学”来弥补“建构学”的不足、还是用“建构学”来克服“表皮建筑学”之偏颇的理论怪圈。其实,这不仅仅是一个理论问题,三者的综合也是一个具有更好品质的建筑作品的前提之一。或许，这正是在参观了东京表参道上那些时髦的当代建筑作品之后，很多建筑师同行都会觉得，看来看去，还是赫尔佐格与德梅隆设计的普拉达专卖店更胜一筹的原因。相比之下，比较典型的反差是妹岛和世的迪奥专卖店虽然有一层“酷酷”的表皮可以吸引人们的眼球，但在结构和空间方面则没有多少建树，而伊东丰雄的托兹（Tod's）专卖店尽管将结构与表皮合二为一，却还是缺少空间上的动人之处。这三个建筑都为商业的目的服务，也都或多或少地被“奇观化”和“视觉盛宴化”，但是它们的建筑品质却不一样，而这样的品质则是一个专业问题，“建构”理论或许有助于我们辨别其中的差异。有道是：外行看热闹，内行看门道。“建构”就是建筑学的基本“门道”之一。

3.“建构”与我们

在当代中国这样一个以并不崇尚批判性甚至压制批判性的社会，在当代中国这样一个强调“文化产业”更甚于文化本身的国度，奢谈弗兰姆普敦“批判建筑学”意义上的“建构”主张可能确实有些“不合时宜”了。或许，我们至多只能采取哈图尼安的策略，即首先接受现实，然后再力求把事情尽可能做得更好。但即便这样，中国当代建筑的“建构”之路也面临着巨大的困难。

毋庸置疑，我们曾经拥有丰厚的“建构”文化传统。“它既存在于纵向的、历史数千年中国建筑结构、构造体系的发展和形制演变中，也体现在横向的从官方到民间的不同建筑形制和建造文化的共时存在中。自 1920 年代起，梁思成及中国营造学社的一代先驱开辟了对中国建构文化传统的研究工作。这种工作几经中断，在今天又得到了某种程度的延续。

但遗憾的是，对中国‘建构’传统的基础研究工作——本来可说是中国建筑历史、理论研究中最具有坚实力的部分——却从来未能催发出具有现代意义的建构文化。”[18]

之所以出现这样的情况，原因当然是多种多样的。学者们已经指出，梁思成一代先师虽然对中国“建构”文化传统进行了开创性的研究，也取得了颇为丰硕的成果，但是“政治上的民族主义”与“学术上的古典主义”相结合[19]，不仅使这一原本充满希望的基础性研究的价值取向过于偏重被视为能够作为所谓“中国建筑”之代表的官式建筑体系，进而忽视了同样作为中国传统建筑重要组成部分的丰富多彩的民间建筑及其“建构”传统，而且也导致了一再大行其道的“中国固有式”建筑实践：国难当头、与抵抗外国列强时有之，新中国成立、欲振兴国家精神时有之，改革开放、欲走向“中华民族伟大复兴”时有之……无疑，根据建筑之外的力量就可以为一种“样式”（现在我们多称之为“风格”）赋予的象征意义是具有号召力的，尤其在建筑需要服务于重大的国家和民族事务的时候更是如此。需要看到，这种情况并非中国特有，即使在辛克尔那个时代，通过古典风格和哥特风格同时提升普鲁士国家精神的民族意识也是一项重要的建筑任务·[20] 区别在于，辛克尔时代方兴未艾的“建构”讨论对以“风格”主导的建筑观念形成制衡，从而发扬光大了德国已有的“建造艺术”（Baukunst）观念，这一点在辛克尔身上就已经表现得十分突出。而在中国，近代中国建筑学势不可挡的“样式”建筑观却一直独占鳌头，它与特定历史条件下的政治文化需求一拍即合，彻底淹没了其他（如岭南的夏昌世、沪上的冯纪忠等）虽然在理论上不是十分明确但一定程度上已经略有雏形的更为“建构”的建筑学观念。

事实上，即便在没有“民族主义”情结困扰的情况下，“样式”建筑观也一直是国人理解建筑的基础——除了“中国固有式”，还有“西式”、“欧式”、“国际式”、“摩登式”等等，不一而足；而近年来上海实施的“一城九镇”计划更使“样式”建筑观在城市尺度上登峰造极。另一方面，“建构”话语的缺失也使中国的建筑学科本身陷入“样式”建筑观的长期统治之下。在长期作为全国教材的陈志华先生的《外国建筑史（19 世纪末叶之前）》中，现代“建构文化”发展中的重要人物如拉布鲁斯特（Henri Labrouste）、维奥莱 · 勒 · 迪克（Violler-le-Duc）、波提舍、森佩尔一直都是陌生的名字。另一方面，现代建筑史的教学也常常过于关注形式（如果不说“风格”的话）。有多少老师在讲解密斯设计的巴塞罗那馆的时候会讲解它的结构形式与建筑形式的关系，或者告诉学生它的结构是怎样的？《外国近现代建筑史》将流水别墅与巴塞罗那馆相提并论[21]，看到的显然只是形式（或者说样式）的相似，而缺失的正是对建筑形式和结构形式关系的认识。

还有学者将近现代中国建筑学中的“样式”建筑观归咎于“美术建筑”（Architecture as a Fine Art）逐步取代最早在中国出现的“工学建筑”（Architecture as a Science）而成为建筑学主导观念的历史过程。“将建筑理解为美术之一种是民国时期建筑学科再编的一个重要变革”，而“‘中国固有式’就可以说是美术建筑的一种”。[22] 笔者认为，这样的观点是有一定道理的。但是，仅仅将蔡元培先生等新文化先驱提倡“以美育代宗教”的思想运动视为这一转变的唯一原因却不够充分。事实上，即使在中国建筑学由“工学建筑”向“美术建筑”转变之时，“建筑是科学技术与艺术的结合”仍然是正统的经典理论之一。问题在于，正如东南大学李海清在他的博士论文中一针见血地指出的：“近代中国建筑师们大谈‘建筑是科学技术与艺术的结合’的同时，却又‘重艺轻技’。对此，以往我们只注意中国传统文化中‘重道轻器’思想的贻害，而忽视了现实生活中行业竞争所产生的直接影响：中国建筑师几个方面的竞争对手中最强劲的莫过于土木工程师。相对于大多受教于西方学院派建筑教育体系的建筑师而言，土木工程师最薄弱处自然是‘艺术’…… 因此，虽然建筑师表面上高喊‘建筑是科学技术与艺术的结合’，但为了在行业竞争中与兼营建筑设计业务的土木工程师一拼高下，占有更多市场份额，就必然以己之长，攻彼之短，研究、解决建筑设计问题往往偏重于艺术层面。由此看来，经典理论的宣扬与传播并未能改变‘重艺轻技’几乎是近代中国建筑师的宿命这一事实。”[23]

这样的“市场需求”也在一定程度上影响了建筑教育的课程设置。近代中国不仅从日本引进了“建筑学”概念，而且也参考日本建立了自己最初的建筑学教育体系。[24] 但是此后，中日两国的建筑学教育体制便渐行渐远。时至今日，日本实行的是“大建筑学”基础教育体制，只是在三年级结束的时候学生才开始选择建筑、结构、设备等不同的专业方向，并从四年级开始进入不同方向的老师的工作室继续学习。这同时为今后从事建筑设计的学生增强综合结构、设备等技术领域的能力以及为其他专业的学生更好地理解建筑设计创造了条件。相比之下，我们的建筑学教育从一开始就与“工学”区分开来，建筑学招生至今仍然实行的“美术加试”更使建筑学蒙上了一层“艺术”色彩。其结果就是，建筑学教育很少真正对结构和建造感兴趣，而“结构专业”又对建筑设计所知甚少。这自然增加了两个专业沟通和合作的困难程度。

因此，在今天建筑设计院中出现建筑与结构各自为政的情况就不奇怪了。再加上生产型设计进度的压力，结构专业往往首先为建筑师设置一个“无法逾越”的限定，然后在此基础上完成自己的结构计算，而建筑师们能做的常常则是利用框架结构提供的“自由立面”

可能玩一些表皮的游戏和造型而已。不可否认，这样的“表皮建筑学”仍然在一定程度上保留了对材料的兴趣和热爱，近年来与“表皮热”相随在一起而兴起的“材料热”就很能说明这一点。不过很显然，所谓“材料热”更为热衷的是材料的表面属性而非结构属性，或者用更为理论性的术语来说是材料的“第二属性”而非“第一属性”。[25] 对于完成商业项目或者设计生产来说，这样的操作应该是没有多大问题的，但是要真正提高中国建筑的世界地位，我们显然还有很远的路要走。

可以说，在近现代中国建筑学的发展历史上，“建构”的话语从未能够成为建筑学的组成部分。在笔者看来，正是由于“建构”话语或者说“建构”意识的缺失，才使得当代中国建筑设计可以从“鸟巢”（北京奥运主体育场）迅速滑向“合肥鸟巢”（合肥美术馆）的具象塑造。关于“鸟巢”，弗兰姆普敦曾经从“建构”的角度将它与库哈斯设计的央视大楼放在一起进行了批评。他指出：

“在这两个案例中，我们看到的都是一种奇观性建筑（spectacular works），从建构诚实性和工程逻辑性的角度看，它们都乖张到了极端；前者在概念上夸大其词，杂耍炫技，而后者则‘过度结构化’，以至于无法辨认何处是承重结构的结束，何处是无谓装饰(gratuitous decoration）的开始。尽管这两个建筑都树立了令人难忘的形象，但是人们仍然有理由认为，创造一个引人注目的形象并不必然需要在材料使用上如此肆无忌惮和丧失理性。在这两个案例中，我们看到的是一种极端美学主义，其目的只有一个，就是创造一种惊人的奇观效果。”[26]

无疑，这样的批评再次将我们带回到本文前面已经有所讨论的弗兰姆普敦“批判建筑学”与当代建筑商品化和视觉盛宴化发展的关系问题。但是，即使在一个不那么“批判建筑学”的层面，我们也不难看出，一旦缺失了“建构”的意识，像“合肥鸟巢”这样的建筑将会陷入何等荒谬的境地。

在《建构文化研究》的中文版序言中，弗兰姆普敦还特别提到伍重（Jorn Utzon）和斯卡帕的“建构性”建筑实践与中国文化的关系。其中，弗兰姆普敦对伍重的评述以及他对中国传统“建构文化”的理解应该特别值得我们注意：

“对于想从中国传统中探索新路的当代中国建筑师而言，伍重或许是一个具有引领意义的范例，因为他整个职业生涯都在追求一种混合文化，一种既从非欧建筑文化又从西方建筑技艺中吸取灵感的文化……

要从传统中提炼对当代中国建筑进程具有意义的元素，我们首先就应该承认，在中国历史的大部分时期，建筑根本就没有像绘画和书法那样被视为一种艺术，因此也就不在学者和史学家的兴趣之列。在那样的时代，建造艺术仅仅属于那些恪守本行当技艺的无名匠师的职责。国家关心的是，匠人们的产品必须符合一定的规范，以便维持与建筑花费相匹配的象征地位，而这恰恰是《营造法式》确立的标准和方法在宋代的作用。不管该书的某些部分显得多么神秘莫测，它有两个方面的内容是不容置疑的：首先，古代中国建筑是工匠们在约定俗成的集体基础之上发展起来的一种高度精妙的艺术形式；其次，建造中采用的木构模数随具体建筑的尺度和社会地位的不同而呈现断面尺寸的变化。《营造法式》还强烈地表明，建筑师——不仅是中国建筑师，而且也是广泛意义上的建筑师——应该为自己的实践寻求伦理和文化的基础；他们首先必须意识到，与绘画、音乐、文学和电影不同，建筑学不是一种个人表现的艺术形式；其次，建造艺术与生活世界紧密联系在一起，既是一种物质性体现（material embodiment），又是一种再现性表现（representational expression）。”[26]

因此，“建构”话语的必要性既不是因为它是“世界潮流”，也不是因为它是“最新趋势”，而是因为它原本就是中国建筑文化的一部分以及它对当代中国建筑实践的现实意义。当然，强调“建构”的必要性也不意味着“建构”成为建筑学的全部。事实上，建筑学从来都不只有“建构”一个内容，建筑设计通常也不只是从“建构”的思考开始，形式、意义、想象、欲望、文化、历史、功能、地形、城市、甚至再现性表现都可以成为设计的起点和激发设计的灵感之源。而“建构”只是使这一切能够有一个更为坚实的属于建筑自己的基础。这一点已经无需多说。与此同时，除了“建构”的话语本身，倒是当代中国建筑面临的另外一些问题更加不容忽视。比如，我们的设计院制度和执业建筑师及结构师制度只有助于生产型的大型企业，而不鼓励创作型的个体事务所；我们的审图制度几乎可以扼杀一切原创性的结构和建筑设计，甚至到了只要审图中心的软件无法验算的设计就格杀勿论的地步；我们大一统的设计规范和发展模式，我们社会的长官意志和建筑文化素质，我们建筑师权益的缺乏保障，我们粗放的建筑施工水平…… 这一切都严重制约着具有现代“建构”意义的中国建筑学的发展。没错，我们可以从“建构”的角度分析上海世博会中国馆具有民族意义的建筑形式和结构意象与其实际的结构形式之间的迥异，也可以从“建构”的角度讨论怎样才能在新的历史条件下更好地继承和发展中国建筑文化，但这种分析和讨论却是政府官员和公众不感兴趣的（至少现阶段是这样）。他们要的只是一个能够代表中国文化的形象和符号而已。事实上，“中国馆作为具有特殊意义的事件性建筑，其最终决定权并非掌握在建筑师的手中，而是由经济、政治等多种因素所控制，从而导致中国馆背负过于沉重的意识形态包袱，而在利用新材料和新技术来激发新空间的设计创意、在建造方面寻求新的突破等方面，则显得劲力不足。”[27] 毋庸讳言，在当代中国建筑实践中，上海世博会中国馆遭遇的这些情况并非个案，而是一个相当普遍的现象。就此而言，“建构”又不仅仅是一个建筑学的“门道”，而是一个社会问题，一个制度问题。

注释和参考文献：

[1] Kate Nesbit, *"Introduction", Theorizing a New Agenda for Architecture. An Anthology of Architectural Theory 1965-1995*[M]. New York: Princeton Architectural Press, 1996: 17-18.

[2] Frampton K. Rappel àl' ordre, *the case for the tectonic*[M] // Kate Nesbit. *Theorizing a New Agenda for Architecture. An Anthology of Architectural Theory 1965-1995*. New York: Princeton Architectural Press, 1996: 518.

[3] Demetri Porphyrios. *The Thicket is no Sacred Grove*[J]. *Modern Architecture and the Critical Present, Architectural Design*, 1982.

[4] 肯尼斯 · 弗兰姆普敦 . 建构文化研究—论 19 世纪和 20 世纪建筑中的建造诗学 [M]. 王骏阳译 . 北京：中国建筑工业出版社，2007.

[5] Kenneth Frampton. *Towards a Critical Regionalism: Six Points for an Architecture of Resistance*[M]// Hal Foster. *The Anti-Aesthetic: Essays on Postmodern Culture*. Port Townsend , Washington: Bay Press, 1983: 16-30.

[6] 中文译文见肯尼斯 · 弗兰姆普敦 . 千年七题：一个不适时的宣言——国际建协第 20 届大会主旨报告 [J]. 建筑学报，1999（8）. 值得注意的是，译文只包括了引言和一至六题，第七题“理性与权力”（Rationality and Power）被删去了。

[7] Gevork Hartoonian. *Ontology of Construction: On Nihilism of Technology in Theories of Modern Architecture*[M]. Cambridge: Cambridge University Press, 1994.

[8] Gevork Hartoonian. *Crisis of the Object: The Architecture of Theatricality*[M]. London and New York: Routledge, 2006.

[9] Fritz Neumeyer. *The Artless Word: Mies van der Rohe on the Building Art*[M]. Cambridge, Mass. and London: The MIT Press, 1991: 196-236.

[10] Gevork Hartoonian. *Crisis of the Object: The Architecture of Theatricality*[M]. London and New York: Routledge, 2006.

[11] Harry Francis Mallgrave. Gottfried Semper, *Architect of the Nineteenth Century*[M]. New Haven: Yale University Press, 1996: 8.

[12] 戈特弗里德 · 森佩尔 . 各民族的面饰风格在文化史进程中是怎样自成一家和转化演变的 [J]. 王丹丹，孙陈译 . 时代建筑，2010(2): 133.

[13] 戈特弗里德 · 森佩尔 . 建筑四要素 [M]. 罗德胤，赵雯雯，包志禹译 . 北京：中国建筑工业出版社，2010.

[14] Peter Murray. *The Saga of Sydney Opera House*[M]. London and New York: Spon Press, 2004: 30.

[15] Terry Smith. *Spectacle Architecture Before and After the Aftermath: Situating the Sydney Experience*[M]// Anthony Vidler. *Architecture between Spectacle and Use*, Sterling and Francine Clark Art Institute, Williamstown, Massachusetts, distributed by Yale University Press, 2008.

[16] William S. Sanders. *Commodification and Spectacle in Architecture*[J], *A Harvard Design Magazine Reader,* Minneapolis and London:University of Minnesota Press , 2005, VIII.

[17] 关于对这个问题的讨论，参见笔者拙文：空间、构造、表皮与极少主义—关于赫尔佐格和德梅隆建筑艺术的几点思考 [J]. 建筑师，1998, 84(10): 38-56.

[18] 朱涛 ."建构"的许诺与虚设：论当代中国建筑学发展中的一个观念 [M]// 朱剑飞 . 中国建筑 69 年（1949-2009）：历史理论研究 . 北京：中国建筑工业出版社，2009: 266.

[19] 赵辰 . 民族主义与古典主义——梁思成建筑理论体系的矛盾性与悲剧性 [M]// 赵辰 ."立面"的误会——建筑、理论、历史 . 三联书店，2007.

[20] 参见弗兰姆普敦《建构文化研究》，第二章"建构的兴起：1750-1870 年间德国启蒙运动时期的核心形式和艺术形式"。也可参见 Heinrich Hubsch. *In What Style Should We Build? The German Debate on Architectural Style (Texts & Documents)*[M]. Getty Research Institute, 1996; Mitchell Schwarzer. *German Architectural Theory and the Search for Modern Identity*[M]. Cambridge University Press, 1995.

[21] 罗小未 . 外国近现代建筑史第 2 版 .[M]. 北京：中国建筑工业出版社，2003: 88.

[22] 徐苏斌 . 近代中国建筑学的诞生 [M]. 天津：天津大学出版社，2010: 166, 224.

[23] 李海清 . 中国建筑现代转型 [M]. 南京：东南大学出版社，2003: 305.

[24] 徐苏斌 . 近代中国建筑学的诞生 [M]. 天津 天津大学出版社, 2010: 第三章"近代中国'建筑学'学科的诞生——清末建筑学的导入".

[25] 史永高 . 材料呈现——19 和 20 世纪西方建筑中材料的建造—空间双重性研究 [M]. 南京：东南大学出版社，2008: 30-31.

[26] 肯尼斯 · 弗兰姆普敦 . 建构文化研究——论 19 世纪和 20 世纪建筑中的建造诗学 [M]. 第 2 版 . 王骏阳译 . 北京：中国建筑工业出版社，2009，中文版序言 .

[27] 邓小骅 . 设计与现实：2010 年上海世博会中国馆蜕变之路 [J]. 时代建筑，2010(3): 79.

作者简介：王骏阳，同济大学建筑与城市规划学院教授

原载于：《时代建筑》2011 年第 6 期

从风土观看地方传统在城乡改造中的延承
——风土建筑谱系研究纲领

常青

1. 引子

风土建筑是一个地方过往的空间记忆，含有这个地方建筑演进的文化“基因”。在我国城乡改造建设及转型发展的浪潮中，探索地域风土特征保持、演进的途径，属于当代建筑学的学科前沿，也应是践行未来建筑本土化的重要基础。对地方建筑而言，创造源于地方遗产，倡导创造的多样性和保护遗产的多样性应该是等价的，这是在二者间建立内在关联性的前提。然而城镇化的摧枯拉朽，正使代表着城乡传统风貌多样性的各地域风土建筑快速消亡，其中仅有极小一部分因“历史文化名镇、名村”或地方风貌区的“历史建筑”名分而会得到保留。笔者主张，要抢救这些风土建筑遗产，先要关照整体，见木见林，像物种研究那样厘清其在各地域的分布、类型和谱系，唯此方能把握保护与传承的研究方向和工作重心。

2. 风土建筑的中外语境

风土是一个地方环境气候和风俗民情的总称。“风土”一词最早出现在东周《国语·周语上》中，一般以三国时期东吴的韦昭注为释义参考，其称“风土，以音律省土风，风气和则土气养也”，意思是说，从音律中可以了解到一方土地、民风的文化气息，风气和谐则表明土地宜居。确实，音律和支配着民生的度量衡，特别是营造尺的来源都有密切的内在联系[1]。今日看来，“风”指风习、风俗、风气，“土”指水土、土地、地方，与之相关联的就是一方水土养育一方人。同理，一方风土衍生一方建筑，并且作为生活空间，一方建筑必在一方风土中占有很大比重。这些风土建筑在历代风土记及相关历史地理类著作中均有大量记述。在中国历史的演进中，甚至可以说，一切特定史地背景下的文化本体均来自其特殊的风土源头。以《诗经》为例，开篇的“国风”，就是表达周代十五国各自地方风气及其韵味的民间诗歌，与京畿地方士大夫的“雅”和王室祭祀的“颂”一起，反映了当时三个社会阶层的诗歌形态及其地域差异。没有“风”兴在先，也就没有“雅”、“颂”盛其后。同理，“风土建筑”即风俗性和地方性的建筑，没有民间风土建筑亘古流长的源头，也就没有官式的文人士大夫“风雅建筑”及“皇家建筑”的成型与进化。于今看来，所谓“传统建筑”，即地域“风土建筑”与更为等级化和秩序化的“官式建筑”之和。值得一提的是，“风土”及其相类似的“乡土”二词仅一字之差，却范畴不同。“乡土”意即“乡村聚落”，与邑居的城市聚落相对应，在农耕时代二者在民间建筑层面上似乎难分彼此，但“乡”出自农耕聚居单位，而“风”却侧重城乡聚落的文化气息，故“风土”较之“乡土”含义更广。比如北京的胡同、上海的弄堂属于风土而不宜称作“乡土”。

风土建筑既然属于特定的地方，就必然地与自然和人为双重因素造就的大地环境特征关联在一起，可用时下国际建筑界关注的“topography”一词说明之。在中文语境中与此相对应的词可有多个，从物质形态看是“地形”或“地貌”；从文化形态看就是“地脉”，是人赋予地貌的文化隐喻及其共时性呈现；而加入时间迁延的因素又可看作“地志”，是地貌人为改变的记录及其历时性呈现。所以风土建筑首先是融入“地脉”或“地志”中的建筑[2]。同时，风土建筑又显露着一个地方的风俗，这便与房屋营造与使用中的文化寓意相关联，并在匠作的工巧、仪式和使用的习惯、仪轨中表现出来，所以风土建筑又是浸润在地方风俗中的建筑。从这个意义上，观察和理解风土建筑，确实应具备人类学和文化地理学的视野[3]。

在西方语境中，“vernacular architecture”（直译为“地方建筑”或“方言建筑”），基本可对应于中文的“风土建筑”或“乡土建筑”。为了寻求民族国家的建筑语言，英国学界 18 世纪就热衷于抱此动机研究本土建筑。英语中“乡间”，即“country”一词，本来就同地方的郡市及绅士阶层相关，与中央的首都及王室相对应。二者在历史上反复的博弈，遂也使这个词衍生出与现代“民族国家”相似的词义，这意味着“国家”不单单以首都和王室为象征，同时也包含了体现各地风土特征的社会共同体的存在。因此，英伦地方的哥特风土传统，被理所当然地置于欧洲大陆传来的罗马风之上。以莫里斯（William Morris，1834~1896 年）的“红屋”为代表，19 世纪英国工艺美术运动的初衷之一，依然是以在新建筑中保留哥特风土特征，来抗衡现代机器文明对地方风土传统的消蚀。这一注重地域风土价值的精神一直延续到今日，并被越洋带到了北美。赖特（Frank Lloyd Wright，1867~1959 年）草原别墅的深远影响力，以及美国人喜欢融入郊野景观的居住习惯，可以说皆源自于这种崇尚地方风土的悠远传统。与英国一样，美国现代的风土建筑研究同样包括了乡村、城郊甚至城市里的居住建筑类型。然而在后工业时代，研究风土建筑的现代价值究竟还有多大意义呢？对此，回顾赖特的一句话依然意味深长：“风土的建筑应需而生，因地而建，那里的人们最清楚如何以‘此地人’的感受获得宜居”[4]。这就道出了风土建筑的本质及其之于人类家园的价值根源——对所居地方的归属感和宜居感。这种赋予居者的感受不但存在于风土建筑的过去，而且也被寄托于其未来。

1964 年，美国学者鲁道夫斯基（Bernard Rudofsky，1905~1988 年）以亚、非地区风土聚落的考察为基础，在纽约现代艺术博物馆的一个同名展览之后，结集出版了《没有建筑师的建筑》（Architecture without Architects）一书，对西方主流建筑学涉猎很少的世界各地原始性的风土建筑作了有趣的图说，他称之为“非正宗(non-pedigree)建筑”。自此，“vernacular”原本的词意“方言的”、“风土的”、“本地的”，便与有关“非正宗建筑”的其他词汇关联成了一类，如 indigenous（本土的）、primitive（原生的）、abnormal（土著的）、folk（民间的）、popular（平民的）、rural（乡间的）、ethnic（民族的）、racial（种族的）等等。直到 1960 年代之前，所有冠之以这些形容词的风土建筑都被排除在“正宗”建筑学的学术殿堂之外。不言而喻，这些风土建筑一般都具有前工业的时代特征，由没有受过正规设计训练的工匠以地方的材料和工艺建造，即所谓“bricolage”，相当于“就地取材”、“因材施用”，属自主、自为的建筑。美国学者拉卜普特（Amos Rapoport，1929-），在 1969 年出版的《宅形与文化》（House Form and Culture）一书中，以更多的案例分析，将鲁道夫斯基的考察发展成了一种风土建筑学说，他甚至把现代城市中大量以非正规方式建造的房屋亦称作“风土建筑”[5]。另一位美国学者劳伊德 · 康（Lloyd Kahn，1935-），在 1973 年编纂了一部名为《掩体》（Shelter）的图集，其中收录了上千张世界各地民间以手工方式建造的简易风土建筑的图片，包括茅屋、帐幕、穹窿、毡包、洞穴、仓房等。这些传统的民间建造一般都很原始，但也有其现代版，如劳伊德 · 康 30 年后出了《掩体》的续集《家作 - 手工掩体》一书，不久又陆续出了《太平洋之滨的建造者》、《微型家园：简易掩体》等图说著作，对现代社会于工业体系之外的民间新风土建筑，作了别出心裁的分类整理和展现[6]。1989 年，出于对原始性风土聚落的关注，耶鲁大学著名教授文森特 · 斯卡里（Vincent Scully，1920-）编著了《普埃布罗族：山脉、村庄、舞蹈》（Pueblo: Mountain, Village, Dance）一书，对美国西南部的这个印第安部落以石头和泥土建造的原始性集合住屋及其生活场景，作了生动的描述和分析[7]。英国建筑理论家兼乡村爵士乐作曲家鲍尔 · 奥利弗（Paul Oliver，1927-），集风土建筑研究大成，在 1997 年出版了覆盖全球的《世界风土建筑百科全书》（Encyclopedia of Vernacular Architecture of the World），他认为研究风土建筑不只是为了记录过往，对未来的文化和经济可持续发展也是不可或缺的。

在现代建筑运动高潮之后，风土建筑在 1960 年代备受关注，从一个侧面反映了现代建筑学对失去地方风土特征的忧思。这种忧思在诺伯格 · 舒尔茨（Christian Nor-berg Schulz，1926~2000 年）的“场所精神”（Genius Loci）理论建构中有集中反映①。而“Genius Loci”，与中文的“风土”词义显然属于同一范畴，即土地和文化的味道及其内在的精神。问题是这样的地方味道和精神怎样才能在现代社会保留和传承呢？一方面从社会进化论的角度看，前工业时代的风土建筑必将在工业时代和后工业时代颓萎和演化，这一趋势不可阻挡，作为遗产保存的，只可能是其中很小的部分。另一方面，从文明进化的“基因”传递看，风土建筑中那些缓变的（constant）、甚至永恒的与土地和文化的亲缘关系，绝不应当被非风土的工业文明彻底荡涤掉。这在很大程度上取决于人为环境塑造者们，特别是建筑师群体对此问题的认知和作为。

然而，大多数建筑师真正关注的并非保护地方遗产，传承其文化基因，而是展现自己超越地域限定的创意设计，这是建筑学参与人为环境创造的专业本质属性决定的。1981 年，美国学者楚尼斯（Alexander Tzonis，1937-）针对现代建筑的地域差异消失，提出了 Critical Regionalism 的概念，2003 年出版《批判性地域主义——全球化世界中的建筑及其特性》，认为现代建筑应当既抵制普世趋同，又区别于传统风土，以所谓“陌生化”（defamiliarization）② 反衬式手法，塑造新的地域特色建筑，这其实是一种将现代主义地方化的说法，与阿兰 · 柯尔孔（Alan Colquhoun,1921~2012 年）所提现代艺术的“晦涩性”（opacity）意思相近[8]。紧随其后，针对后现代古典主义脱离建筑本体的表象化，即以虚饰的建筑布景和画面效果掩盖诸如建筑的构法和触感（tectonic and tactile）等建筑本质特征的倾向，美国学者弗兰姆普敦（Kenneth Frampton，1930-）在 1983 年亦提出了“走向批判性地域主义”的命题，写作了《建构文化研究》一书，通过阿尔托（Alvar Aalto，1898-1976）、西扎（Alvazo Siza，1933-）和安藤忠雄（Todao Ando，1941-）等人作品中地域主义的解析，竭力主张建筑学应关照场所特征和地方文化的保存，以精心推敲的构法，将地貌和体触感（topography and corporeal metaphor）内化于建筑本体。对于注重于风土背景的建筑本土化设计而言，这无疑可看作是一种思考和实践的途径③。在另一篇题为“地域主义建筑十要点”的文章中，他提出了一种“抗拒”（resistance，即“反潮流”）的当代建筑理念，主张建筑学不应被追求流行时尚的风格俗套全然笼罩，而是要探求另一种表达场所特征，适应环境气候，把握地域构法的建筑文化。在此后的 20 余年中，西方对这一话语的讨论正在超越仅仅侧重于建筑形态探索的局限，比如美国的斯蒂文 . 莫尔（Steven A. Moore）近年来就提出了“再生的地域主义”（Regenerative Regionalism）概念，并将其特征归结为八个要点：营造独特的地方社会场景（social settings）；吸收地方的匠作传统；介入文化和技术整合的过程；增加风土知识和生态条件的作用；倡导普适的日常生活技术；使批判性实践常态化的技术干预；培养价值共识以提升地方凝聚力；通过公众参与程度和实践水平的不断提高，促进批判性场所的再生等[9]。这八点中明显表露出的核心意涵，提出了地域传统保持与再生的可持续发展思路，涉及了文化生态的进化方式和新旧技术的整合方向。这样的话语讨论，将批判性地域主义的外延大大拓展了，但这已远不是建筑学自身所能够担负的使命。

总括看来，鲁道夫斯基、拉卜普特、舒尔茨和奥利弗等人主要关注认识论，楚尼斯侧重方法论，弗兰姆普敦则更加强调本体论。由于建筑学首先是实践学科，离不开物质第一性原则，而抽象理论与设计实践之间确实存在着不小的鸿沟，因此作为地方风土特征现代演绎的“批判性地域主义”，依然给建筑本土化留下了诸多二律背反的命题：

A、小众的——大众的；

B、个案的——普适的；

C、陌生的——熟识的；

D、色感的——质感的；

E、权宜的——恒久的;

F、新陈代谢的——与古为新的。

这些竟成了当代建筑学的一些最具挑战性的命题。如何看待地方风土保持和演进的方向？这显然涉及了建筑师的价值判断和设计取向。笔者以为，要使当代建筑本土化适应“全球在地”（glocalization）的发展趋势，就得先向地方风土建筑遗产学习，解析其适应环境的构成方式、“低技术”中的建造智慧，以及具文化价值寓意的场景、仪式等。这就需要深入探究，中国地方传统建筑的本质，究竟是如何反映在对风土环境的因应特征上的，进而尝试保留住各个地方所特有的建筑文化“基因”，并将之融入新风土建筑特征的塑造之中。

3. 风土建筑的环境因应

对风土建筑特征及地理分布的研究至少已持续半个世纪以上，成果累累，不胜枚举。但这些研究多以行政区划，或以某个地区、某一民族为单位，在一定程度上存在着整体认知上的局限。譬如，我们至今尚不能相对确切地回答中国传统建筑究竟有多少个跨行政区的地域风土区系及其建筑谱系，各谱系之间是何关系，如何适应所处的自然与文化环境，保存与进化的方式和缘由等一类问题。借鉴自然地理、文化地理、人类学等学科的研究方法，则有可能跨越这一局限。特别是气候、地貌及民族、语言等要素与建筑因应特征及其风土区划的关系尤其值得关注。

以木构为主体的民间风土建筑，体现了中国传统建筑体系的地域属性：取材便利，易于拆装，运输方便，施工快捷，适应平原、山地、河谷等多种地理及气候条件，可以说首先是环境选择的产物，并在其中呈现着同中有异的各地域、各民族风习及其形式差异。

从中国自然地理的基本构成看，东北的大兴安岭朝着西南方向，经华北的太行山脉、川鄂之交的巫山，再到云贵高原的东界雪峰山，将中国疆域分为高海拔的西部和低海拔的东部两大部分，其中西部之西南以疆藏之间的昆仑山脉、甘青之间的祁连山脉和云贵高原西侧的横断山脉，共同簇拥着中国疆域内平均海拔最高的青藏高原。在中国古代有关国土的空间概念里，大致沿大兴安岭至横断山脉的连线所贯串的几条山脉体系，将中国疆域斜分为西北、东南两大自然 - 文化地理区域。

其一是“西北区域”，在半干旱、半湿润的交界线——400mm 等降水量线以北，以木材、生土和石材为主要建筑材料，主要包括：昆仑山南北侧和蒙古草原上游牧民族的帐幕、蒙古包；塔里木盆地周缘突厥语族 - 东伊朗语族的木构平顶阿以旺（中厅）住宅；青藏高原上以石砌厚墙做维护体，内以木构平顶密肋飞椽形成构架，并以“阿尕土”敷地墁顶的藏式碉房，以及青藏高原东部边缘的羌式碉房等。

其二是“东南区域”，亦可分为两大气候带。第一个气候带在 400mm 等降水量线以南和由秦岭、淮河划定的 800mm 等降水量线（南北气候分界线）以北之间，以黄土高原和平原上的阔叶落叶林木（夏绿树）、针叶林木以及土坯和砖为主要建造材料，包括：豫、晋、陕、甘窑洞，木构坡顶及包砖土坯（胡墼）墙房屋组成的晋系狭长四合院，京、冀、鲁、豫木构坡顶、平顶、屯顶等房屋构成的开阔四合院等。第二个气候带在 800mm 等降水量线的秦岭、淮河以南和 1 600mm 等降水量线以北，这里林木资源更为丰富，平原、丘陵地带遍布着阔叶常绿树，山区还大量生长着云杉、冷杉等针叶林，为自古就更加发达的南方木构坡顶建筑，提供了充裕的建造材料，形成了多样的建筑形式，包括：川、鄂、湘、赣、黔、桂、滇等地适应湿热环境，以穿斗体系、基部为干栏 - 吊脚楼为显著特征的建筑；以高耸的马头墙、墙厦、木雕、楼面地砖为特色的徽州建筑；以穿斗 - 抬梁混合式的多进厅堂和宅园为代表的江浙建筑；赣、徽、浙地区普遍存在的四水汇堂天井式合院建筑；以夯土厚围墙和内部木屋架构成的闽南以及赣东南、粤北地区的客家土楼、围屋；云南“一颗印”、“三坊一照壁”民居合院建筑；以及岭南热带地区以天井、冷巷、重瓦散热屋顶为特色的多进民居合院建筑等多种变化的地域风土形式，基本都是适应环境气候条件和居俗的结果。

环境选择对屋顶形态的影响尤为明显。如檐口的厚薄主要由苫背的厚薄及有无所定，北方坡屋顶苫背一般都较厚，也多用筒板瓦，主要出于保暖的需要，因而显得厚重；南方坡屋顶的苫背就变薄了，或者在椽子或望板上直接铺冷摊瓦或蝴蝶瓦，主要是为了透气散热的目的，因而感觉轻巧得多，这是南北坡顶建筑差异的重要因素。再如屋顶坡度变化与等降水量线之间虽存在着一定正比关系，平屋顶建筑大部分均分布于 400mm 等降水量线以北，但坡屋顶的坡度大小和分布，却反映了降水因素之外多种复杂的地理、气候和文化因素。如沿海台风的破坏力巨大，故在 1 600mm 等降水量线内，闽南建筑的坡顶反而极为平缓，一般只有 20°左右，以减小风压。为了保温，青藏高原上的藏族民居室内空间低矮，仅 2.2m ～ 2.4m 左右；而为了散热，岭南一带的民居室内空间高敞，可达 5m 左右。

按建筑人类学的观点，房屋形式是环境适应与选择的结果，但并不与地理气候因子一一对应，由于民系的迁徙，匠作传统的地域流动等原因，也使风土建筑的地域分布呈现南北特征的互动和混交，以至会出现与环境条件不相应的“反气候”或“反环境”现象。比如宋版《清明上河图》中汴梁子城外的建筑“悬山加披”形象（悬山两山出披檐），在今闽南一带的南方传统民居中依然形貌如故，从中依稀可见两宋以来甚或更早的移民文化反向流动痕迹。又比如内蒙古地区虽在400mm等降水量线以北，但却少用平顶，20°左右比较平缓的坡屋顶随处可见。再如京津及其周边地区的传统建筑，由于官式等级影响的辐射作用，坡度最为陡峻，一般可达35°～40°左右。以上都说明，风土建筑形式虽主要受制于环境选择，但文化选择会随着空间的流动掣肘于环境选择，这是一种不可忽视的文化选择现象。

4. 方言与风土建筑区系

虽然国内对风土建筑特征及其地理分布的研究至少已持续了半个世纪以上，取得了大量的研究成果，但这些研究多以行政区划分，或某个地区、某一民族为单位，在一定程度上存在着分类上的局限。若借鉴文化地理学、人类学等学科的研究方法，对气候、地貌及民族、语言等要素与建筑因应特征及其风土区系的关系多加关注，则有可能超越这一局限。

建筑界对传统民居的人文地理背景和建筑形态分布区系已有过探讨[10]，并有过以传统建筑结构类型为主线的地域区划专题研究[11]。从文化地理学和人类学的角度，还可尝试以方言和语族为参照，对各地风土建筑做出以“语缘”为纽带的区划，这样的研究思路，对于把握地域建筑的风土因应特征有着分类学上的意义，亦属于建筑本土化基础研究范畴。由于语言作为文化纽带的重要性仅次于血缘，而风土在语言学上的含义，即连接一个地方聚居群体的交流媒介——“语缘”，表现为语系-语族-语支。语族是语系次一级的划分单位，同一语族的不同民族可有各自的分支语言，也就是语支，汉语族则表现为“方言”。历史上汉语文字的强大文化传播功能及普遍实行的宗法制度，使各地域汉族有着高度的文化向心性，建筑也趋于同构，比如传统建筑中的合院和坡屋顶虽有地域风土差异，却都有着共同的原型。而许多民族原本没有自己的文字，其语言的文化传播功能就较弱，但同一语族的民族文化与建筑仍有很大的相似性。总体来说，历史上语族相近，说明文化交往频繁，语族的方言或语支接近，说明血缘和地缘都接近，就好比近亲。这就表现为“语缘”关系，既可代表文化身份，也可作为判断文化主体间亲疏关系的参照。因此语缘应该成为风土建筑谱系形成的一个重要依据。笔者据此提出一个基本假设，即语族 - 语支或方言相近的民族或民系，其建筑属于相同或相近的地域文化圈，是风土建筑区划的首要依据。传统的汉语族 - 方言和少数民族的语族 - 语支是在漫长的历史变迁中，由于地理阻隔及民族、民系迁徙所形成的。虽然建筑谱系和语言谱系是否完全对应确是个问题，但起码英文中的 vernacular 既是方言也是风土的意思，都指向某个特定地方的文化。而这两个中文词本来也是相关联的，二者间至少部分存在着同一性。所以两个族群、聚落在语言上若很接近，建筑上应该也存在着密切关系

譬如，长江就是这两大成因的首要文化地理根源，虽然中国南北气候的地理分界线是秦岭和淮河，但南北文化的地理分界线却是长江，因为北方官话以外的汉语方言区除了晋语，大都分布在长江以南的东南地域，而少数民族的汉藏语系三大语族也主要分布在长江以南的西南地域，与北方官话的西南分支区相互重叠。参考语言学家的分法，汉藏语系的汉语族可分为北方官话的东北、华北、西北、西南、江淮等 5 大方言区，以及南方非官话的徽、吴、湘、赣、客家、闽、粤 7 大方言区。以此为参照，分别可能做出相应的北方和南方汉族风土建筑区划，大致分为：北方的东北、冀胶、京畿、中原、晋、河西等六大区系和跨越南北的江淮和西南两大区系，南方的徽、吴、湘赣、闽粤等四大区系。又如中国的少数民族虽有 55 个，地理分布情况复杂，大致可分为大西南地区汉藏语系，包括由 17 个民族构成的藏缅语族、9 个民族构成的壮侗语族和 3 个民族构成的苗瑶语族，西北和东北阿尔泰语系，包括由 7 个民族构成的突厥语族、6 个民族构成的蒙古语族和 5 个民族构成的通古斯语族等。参照这些语族划分，也可尝试做出相应的少数民族风土建筑区划，似可分为藏缅、壮侗、苗瑶、蒙古、突厥、通古斯和印欧等七大语族建筑区系。在此基础上，还可尝试厘清汉族和少数民族风土建筑的谱系关系。

这样的风土建筑区划思路超越了以行政区划为依据的划分局限，如跨省域的晋语方言区和徽语方言区，分别可以对应两个在北方和南方影响甚广的跨省域风土建筑区域——晋系和徽系的建筑文化圈。但是由于风土建筑信史记载欠缺，经济技术条件均劣于官式建筑，民族和民系构成复杂，以及由文化迁延性造成的“反气候”、“反环境”现象等因素的制约，要在如此广袤的国土上对各地风土建筑的地域分布进行精准区划是极为困难的，因为风土建筑区划虽有民族、民系和方言、语族的内在依据，但存在着研究方法上的诸多问题，比如区划中心和边缘该如何确定就是一大难题。因而这种以语言为纽带的风土区划方法也有其自身局限，有时会因文化和地理条件的差异作用而不能自圆，如某些同一方言区或语

族区的风土建筑可能不尽相同，而某些不同方言区或语族区的风土建筑却可能相近。但在在多数情况下，以方言和语族为参照，确实会将风土建筑的一些典型特征在文化地理上识别出来并加以分类区划，如在汉族和汉藏语系藏缅、壮侗、苗瑶三个语族风土建筑交互重叠影响的西南地区，是穿斗式木结构—干栏基座体系最古老、分布最广的区域。

在风土建筑中，匠作技艺的存在和发展依附于匠帮谱系，这些谱系有的古今一脉相承，有的在演化中已脉络不清，但仍有一定的认知规律可循。一般而言，营造工艺发展的巅峰，总是出现在权力和资本集中的发达地区，以江南风土建筑的三个谱系最具代表性。即在赣、吴和徽三个方言区之间，分别以徽饶古道 - 大鄣山和新安江 - 兰江水系相连，似应存在着一个江南风土匠作谱系的“三角”关联域。自唐宋至明清，其所在地域分处江西道（路）和江东道（路），作为官式匠作的主要来源之一，以江西（江右）鄱阳湖流域的“建昌帮”和江东（江左）太湖流域的“香山帮”最具代表性。明中叶后发展起来的“徽帮”曾受二者的影响。其中，江右匠帮的一些特征更具显著的地域原生性，如建筑随多进院落的依次升高，后堂与前厅、厢房一高三低的“四水汇堂”，后厅檐口不遮前厅正脊并保有一线天的“过白”，抬梁 - 穿斗混合的木构架，木雕梁枋、柱底为莲花或平盘斗状的骑童柱，石基青砖清水墙（空斗，内填黏土），以及油灰地仗的官式做法等，与江左的“香山帮”和“徽帮”既有相似之处，又有谱系间的明显差异。在赣、吴和徽三个方言区之间，历史上似应存在着一个交互影响的江南风土谱系“三角”关联域。而在华南闽语、粤语、客家话及其三者间相互重叠的方言区，风土建筑匠作亦可分为闽南、广府、潮汕和客家等交互影响的几个谱系。

总之，如果按语系的方言和语族进行建筑的风土区划，就有可能抓住汉族和少数民族风土建筑文化圈的构成主脉及其谱系，从本质上把握建筑本土化的风土源泉。只有以这样的文化地理背景为依托，方能比较客观地理解以木构为主体的中国古代建筑体系，从风土建筑到官式建筑的源流变迁及其内在关联。

5. 风土建筑谱系的认知方法

笔者以为，今日的风土建筑遗产研究重点已不只是形式、风格，也不只是对其进行表象采风或做出分类实录，而是要在文化和技术两个层面，从风土营造的地理分布入手，对其在环境气候和文化风习的地域差异背景下所表现出的典型因应特征进行分类研究，包括堪地、选材、结构体、维护体、空间构成、群落布局等方面的地理与气候因应特征，以及包括匠系、仪式、场景、象征等方面的风习因应特征，并以此为基础按风土区划的谱系做出相应的图谱系列。因而该研究思路不但力图通过图谱抓住地域风土建筑遗产的表象和本体关系，而且有助于以辩证、开放和积极的态度和策略，选择其保存方式，探索其在当代建筑本土化演进中的借鉴和转化方法，使后者未来的地域建筑真正具有扎根本土的内在生命力（表1）。

这一研究思路可以概括为以下四个方面：

其一，不同于以往相关研究以行政区划或民族区域为单位的分类方式，而是适当参照方言、语族地理分布的风土建筑区划，以地理、气候和民俗、匠系异同为主要分类和样本采集依据；

其二，不同于以往侧重对建筑或聚落在点上或区域内的封闭式研究，而是侧重将典型地域传统建筑的风土特征，连贯成以地理气候和文化习俗为参照的主线脉络，并以图谱的

风土建筑遗产保护与再生研究框架　　表1

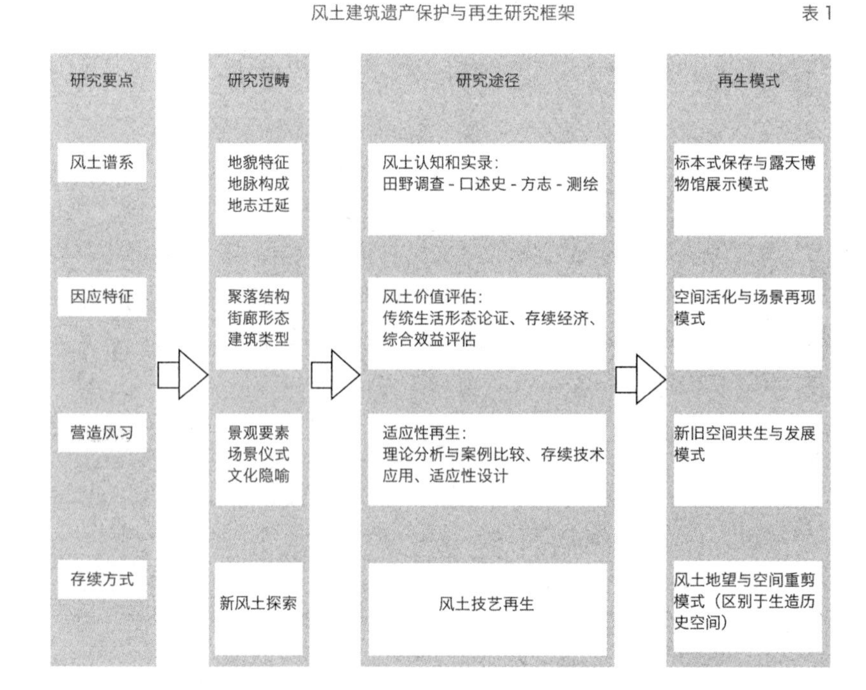

形式表达出来；

其三，不是整理封闭的各地域传统建筑系列大全，而是探寻一种特定地域开放的风土建筑特征谱系，这些特征显示了其在环境和文化变迁中的适应和选择方式，包括地理、气候和习俗综合左右下的“在地”形态和地方匠系中提取出的“低技术”策略；

其四，不局限于以往各地民居研究侧重对形式风格的采风描述，或对残存乡土环境气息的考察建档，提出一些被动式保护方式，而是在风土特征样本和图谱研究的提示下，更侧重于研判其作为风土遗产内核的保存与活化方式，即具历史环境再生意义的生态化演进方式，以及在当下建筑本土化中的借鉴和转化方法。

所要面对和尝试解决的问题亦可以归结为四个方面：第一，如何整合传统的和当代信息技术的调查分析方法，从地理气候和文化习俗两大方面入手，更加客观理性地找出我国地域传统建筑的谱系划分方法？第二，如何相对合理地确定样本采集和取舍的尺度标准，使提取出的典型风土特征能够充分体现地域传统建筑的环境适应方式？第三，如何选取恰当的图谱制作方法，使之直观表达风土特征中的适应策略及营造智慧？最后，如何以传统的风土建筑图谱和谱系为参照，探寻建筑本土化中的新风土建筑生成方式和地域性特质？尝试解答这四个问题，乃是风土建筑研究的主要目标。

6. 结语

一般认为，中国文明是人类文明诸形态中唯一连续进化的类型，直到20世纪中后叶之前，中国人的聚居地依然保留着农耕时代的基本格局和主要特征：无处不在的乡村聚落环绕着农耕时代的传统城市和少量半殖民时代的近代城市，以及新中国建立的初步工业化城市。因此，中国建筑的古今演化一直以延续传统建筑为主线。而传统中国即风土的中国，除了数量很有限的官式建筑等，中国传统建筑的绝大部分可以说都属于地域风土建筑。整体上看，中国风土建筑遗产所由生的宗法社会结构自“五四运动”以来已渐行崩解，而其空间结构的加速消亡则是近三十年来高速城市化的结果，于今在许多地方已是凋敝零夷，幸存什一。在规模空前的城乡改造之后，我们的社会系统还能有把握地留住多少那样的历史馈赠，又能自信于在新的建成环境中留下几多的未来遗产？含有几分的“本土性”？这分明也考验着一个地方的“软实力”和文化底气。这些发问的意义超越了风土建筑遗产的范畴，实已触及了当代建筑本土化的语境。而本文讨论的焦点，就是要探求把握地域风土建筑谱系的可能途径，这是一项长期艰巨的系统性研究工程，而研究对象——风土建筑遗产留给我们的“存真”时间已经无多了。

（本文为国家自然科学基金资助项目（51178312）研究报告，感谢城市笔记人刘东洋先生对本文原标题的修改建议）

注释：

① 参见常青《论建筑的象征主义》，节译自舒尔兹《西方建筑的意义》（Meaning in Western Architecture），载《时代建筑》1992年第3期第51-55页。

② “defamiliarization”是一个生僻的英语词汇，用来对应俄语中描述现代艺术追求的“生疏性”-“ostranenie”一词，意即“unfamiliar”。参见 Alexander Tzonis and Liane Lefaivre, Why Critical Regionalism Today? Kate Nesbitt, Theorizing A New Agenda for Architecture, Princeton Architectural Press，1996：483.

③ 这本书开篇便是以日本传统文化中的人类学、民俗学等案例分析展开讨论的，见弗兰姆普敦著，王骏阳译的《建构文化研究》（中国建筑工业出版社，2007）第10-17页。

参考文献：

[1] 常青．中国传统建筑再观——纪念梁思成先生诞辰110周年[J]．建筑师，2011(3)：69-81.

[2] 常青．略论传统聚落的风土保护与再生[J]．建筑师，2005(3)：88-89.

[3] 常青．建筑学的人类学视野[J]．建筑师，2008(6)：97-98.

[4] OLIVER PAUL.*Dwellings*[M]. London: Phaidon Press，2003：9.

[5] （美）阿莫斯．拉卜普特，宅形与文化[M]．常青，徐菁，李颖春，张昕等译．北京：中国建筑工业出版社，2007：8-22.

[6] LLOYD KAHN .*SHELTER*[M].Bolinas: Shelter Publication,Inc.,1973.

[7] VINCENT SCULLY. Pueblo：*Mountain, Village, Dance*[M].Chicago: University of Chicago Press，1989.

[8] ALAN COLQUHOUN. *Three Kinds of Historicism*[M]// Kate Nesbitt. *Theorizing A New Agenda for Architecture*. New York: Princeton Architectural Press, 1996：209.

[9] Vincent B. Canizaro. *Architectural Regionalism: Collected Writings on Place, Identity, Modernity, and Tradition*[M].Princeton Architectural Press,2007:441-42.

[10] 王文卿，陈烨．中国传统民居构筑形态的自然区划[J]．建筑学报，1992（4）：12-16；另见同作者：中国传统民居的人文背景区划探讨[J]．建筑学报，1994（7）：42-47；余英．中国东南系建筑区系类型研究[M]．中国建筑工业出版社，2001：18-22.

[11] 朱光亚．中国古代建筑区划与谱系研究初探，中国古代建筑区划与谱系研究初探，中国传统民居营造与技术，华南理工大学出版社，2002：5～9；另见同作者，中国古代木结构谱系再研究，第四届中国建筑史学国际研讨会论文集，同济大学，2007：385-390.

作者简介：常青，同济大学建筑与城市规划学院教授，院士

原载于：《时代建筑》2013年第3期

被公民的中国建筑与被传媒的中国建筑奖

周榕

1. 建筑输了，传媒赢了——大众媒体拷问下的建筑伦理学事件

全程模仿奥斯卡颁奖礼的第二届中国建筑传媒奖颁奖礼终于被一个好莱坞式的戏剧性情节推向了高潮：最佳建筑奖空缺。这意味着，在 2009 年和 2010 年整整两年间，两岸三地落成的海量建筑中，竟没有一个能被评委会认可为“公民建筑”的典范，从这个意义上说，中国建筑集体失败了。

然而，从传播的角度观察，最佳建筑奖的空缺却令媒体成为最大的受益者，它成功地将原本枯燥的建筑解读转化为一次生动的社会事件，而捕捉事件、放大事件、甚至营造事件则是大众媒体的必杀技。本来，在大众传媒主宰的媒体时代，建筑师明星化、建筑事件化就是大势所趋，而建筑传媒奖的设计更是从根本上保证了媒体铁定成为最后的赢家：选出最佳建筑，自然可以顺理成章地推出一位平民化、亲民化的建筑英雄或建筑明星；选不出最佳建筑，就立刻成为一个颇具新闻点的爆冷事件。相较于明星，媒体更偏爱事件，因为明星不一定会依从媒体的意图表演，但事件却无论如何都能被媒体爆炒成抓紧眼球的戏剧。从中国建筑传媒奖设置的初衷来看，以“南方都市报系”为首的大众媒体更需要一次

事件，而非一位明星来强化其“公民建筑”的社会愿景。

本届杰出成就奖得主汉宝德先生在获奖感言中纠缠了一下到底应该是传媒奖还是建筑奖的用语区别，听来颇感深意，因为“传媒建筑奖”意味着是建筑唱主角，而“建筑传媒奖”则隐含着传媒为主的意思。其实，以“走向公民建筑”为旨归的“中国建筑传媒奖”，本就是借建筑之酒杯，浇传媒胸中之块垒。大众媒体尽管不大“读得懂剖面图”（朱涛语），但却可以凭借强大的传播平台和娴熟的操作技巧，在短时间内整合庞大的社会资源并攫取社会集体注意力，令类似“公民建筑” 这样的概念广植人心。这种能力，是整个中国建筑界和所有建筑专业媒体加在一起也望尘莫及的。而“公民建筑”，这个颇富政治挑逗性的擦边球概念如何严格定义与详细解读，则并非大众传媒关注的重点，它们更感兴趣的，是“公民建筑”所映射出的中国建筑、中国城市乃至中国社会所深陷的伦理学困境，这个伦理学困境实质上构成了中国超量超速城市化的社会语境，但这个基本语境却在三十年来的中国当代建筑实践中被彻底忽略了。

“公民建筑”，本应是大众传媒对中国建筑界所进行的一次伦理学拷问，可惜的是这次拷问由于制度设计的缺陷而最终走了过场。中国建筑传媒奖最大的制度设计缺陷，是未能分清大众媒体与建筑专业媒体的本质区别，前者更关注建筑的社会伦理价值，后者更关注建筑的专业学术价值，两个媒体平台各自秉持的价值观虽不算泾渭分明，但侧重点明显不同。遗憾的是，囿于传统的专业门户之见，评奖委员会成员中竟没有丝毫大众媒体的踪影，初审评委会基本由国内各大建筑专业媒体主编和建筑评论家组成，而终审评委会则全部是专业建筑师与大学教授，这样的制度设计令“传媒奖”显得名不符实，其评审结果也很难体现出大众传媒的集体价值取向。无怪乎入围名单甫一宣布，就立刻有读者拨打南都热线质询为何风靡全国横扫网络的“蛋形蜗居”不能入围了。准确说来，“被传媒建筑奖”，应该是本次中国建筑传媒奖的真实写照。

由清一色的建筑专业人士组成的中国建筑传媒奖评委会，竟然让最佳建筑奖付之阙如，反映出中国建筑界面对“公民建筑”伦理拷问时的惭愧和困窘。对于他们来说，过于艺术的“蛋形蜗居”不够实用，过于实用的“胶囊公寓”又不够艺术，既实用又艺术的入围方案又不够“公民”，这种困境恐怕是此前所有的建筑专业奖项评选中不曾出现过的。根据列斐伏尔的“空间生产”理论，人类社会的空间是社会生产的结果，空间关系是社会关系的反映，空间结构必须与社会结构相匹配。那么，“公民建筑”必然是“公民社会”的产物而非导引。中国建筑传媒奖的尴尬在于：在没有“公民社会”基因的大环境下试图评选出“公民建筑”，其结果，除了让中国建筑“被公民”之外别无他途。

2. 听不见红歌的鸟巢与无人溜冰的国家大剧院——谁阉割了公民建筑？

公民，意味着权利与义务。公民以下的各色“民”等，义务渐多，权利渐少，甚至只有义务而几乎没有权利。公民建筑，从本质上分析就是“权利建筑”，其底限，是宪法所赋予公民的各项权利不至于遭到空间剥夺，而更高的要求，则是公民的空间权利得到自由表达与高质量实现。以这样的定义衡量，普遍而言，中国当代建筑还远未能达到最低端的“公民建筑”标准。

没有公民社会的保障，公民建筑不仅难以出现，即使侥幸出世也注定无法存活。赫尔佐格和德梅隆在设计鸟巢前来北京考察，被天坛东门内游廊里成百上千自发聚拢在一起的北京市民合唱红歌的景象深深打动。这个动人的场景后来引发了他们设计围绕鸟巢的底层外部空廊的灵感，他们希望这座全体纳税人投资的建筑在没有比赛的时候仍然可以容纳大量的人群休憩、游乐、合唱红歌……而现实的鸟巢环廊依旧，但却没有人购买50元的门票去里面唱歌。

保罗·安德鲁创作国家大剧院时，曾诗意地幻想冬季的水池可以让孩子们在上面滑冰，而那些冰刀划出的优美弧线则成为地下透明通廊顶部不断变幻的抽象图案。而最后实施的水池，为了防止上人，干脆设计了一套“中央液态冷热源环境系统控制”的水循环系统，确保其冬天永不结冰。那些在天空中自由滑行的孩子，就只能被永久埋葬在建筑师的梦想之中了。

百多年来，中国人经历过封建语境下的“臣民社会”、战乱语境下的“难民社会”、政治语境下的“蚁民社会”、市场语境下的“P民社会”，却唯独没有进入过“公民社会”。因此，中国人不仅对公民建筑失去了想象力，还对公民建筑产生了世代遗传的“免疫力”，他们对公民建筑可以带来的幸福无动于衷，却对公民建筑对既有秩序的可能破坏深怀恐惧。当唱歌的老者和溜冰的孩子被用种种空间手段隔离在国家建筑之外时，“公民建筑”就被无痛无痕地阉割为“P民建筑”。对此，P民们自觉地深表认同，不以为异。

在基本人权都遭到蔑视和践踏的P民社会中，一切披上“公民”外衣的建筑都必定是“伪公民建筑”，那些所谓的“民生关怀”和“人文关注”，要么是嗟来的恩赐，要么是P民相互取暖的温热和小心翼翼地求取，绝非堂堂正正的权利享受。希冀借助“公民建筑”这一团虚假的烛火，寻找到通向公民社会的秘径，中国知识精英“很傻很天真”的本来面目于此可窥一斑。

3. 不作恶，不帮凶——重建底线的中国当代建筑伦理学

古典建筑学求美，现代建筑学求真，但任何建筑学都不讲善恶，建筑伦理在建筑价值序列中永远居于最末端。中国建筑师所信奉的建筑伦理，首先是职业伦理，其次才是社会伦理，当两者发生冲突时，甲方的利益总是会天然居于大众利益之上，中国建筑师总是可以利用自己的种种专业技能，帮助雇主从原本属于社会大众的空间利益中攫取到超额的一份，从而在分肥游戏中沾一点荤腥。

在一个社会利益冲突激化到血淋淋的时代，一切不问社会伦理的建筑学都是不道德的，从这个意义上说，在超速城市化进程中卖力出演的绝大多数中国当代建筑师都沾染了“原罪”，他们是权力和资本进行大规模社会掠夺的职业帮凶，建筑之功越大，往往社会之过也就越深。

尽管，“公民建筑”的评选在今日之中国还是缘木求鱼，但至少这样的活动或许有助于中国建筑界进行有关建筑伦理的些微反省。在“遵命建筑”和“歌德建筑”仍然流行的年代，要求中国建筑师为争取社会利益进行坚决抗争显然是一种奢望。然而，中国建筑师至少可以选择一种“软性抵抗”，也就是坚守不（主动）作恶、不（积极）帮凶的建筑伦理底线。如果说，“多一些道德，少一些美学”对建筑师来说是不公平交易的话，那么，“少一份作恶，多一份救赎”就是这个时代的“LESS IS MORE”。

作者简介：周榕，清华大学建筑学院副教授

原载于：《走向公民建筑》2012 年 1 月第一版（原载《Domus 国际中文版》2011 年 1/2 月刊）

"中国建筑传媒奖"之我见以及对《被公民的中国建筑与被传媒的中国建筑奖》一文的几点回应

王骏阳

由《南方都市报》、《南都周刊》、《风尚周报》等大众媒体发起并组织的"中国建筑传媒奖"已经举办两届。自2008年开始以来，这项活动得到了国内主要建筑媒体的积极响应和参与，成为中国建筑界一个不大不小的事件。说它不大，是因为尽管有国内主要建筑媒体（特别是其主编们）的鼎力相助，但是真正对之着力进行报道的还是它的主办媒体，其影响力自然有限；说它不小，是因为至少就第二届的提名名单而言，其阵容已不可小视，给奖项组织者和评选者的压力剧增，评奖结果自然也会引来种种争议。但是，如果我们希望把这个奖项继续搞下去，而且搞得更好，成为推动中国建筑和社会发展的积极力量，批评和争议就是必需的。对于这个奖项的意义何在，具体的奖项应该如何设立，评选应该如何进行，其标准应该如何建立，当然，更重要的是，何谓"公民建筑"，"中国建筑传媒奖"能在中国公民社会的建设中发挥怎样的作用，这些问题都应该得到广泛的讨论。作为两届"中国建筑传媒奖"的终评会成员，我愿意借《Domus国际中文版》一方空间谈谈自己在一些基本问题上的看法，同时对清华大学周榕老师的《被公民的中国建筑与被传媒的中国建筑奖》（以下称《被》文）做几点回应。

1. 对第二届“最佳建筑奖”空缺的说明

本届“中国建筑传媒奖”之后，争议最多的也许是“最佳建筑奖”的空缺——至少笔者了解的情况如此。大凡评奖，出现奖项空缺并非什么空前绝后、足以令人大惊小怪的事情。它无非说明，评委根据他们理解的奖项标准和把握的尺度做出的某种抉择，可能过严，就像评奖有时可能会过松一样；可能不当，就像获奖名单本身也会引发争议一样。争议不可避免，众口难调的情况总会出现。但是，《被》文的质疑非同一般，它以“最佳建筑奖”空缺为由，进而对整个“中国建筑传媒奖”发难。因此，在我们对“中国建筑传媒奖”进行任何可能的讨论以及对《被》文进行任何可能的回应之前，有必要对本届“最佳建筑奖”空缺这一结果的产生过程做一个基本说明。

本届“最佳建筑奖”的入围作品有四个：中国台湾宜兰津梅栈道、中国香港钻石山火葬场、天津西青区张家窝镇小学、西安大唐西市博物馆，它们由提名和初评委员会经过数轮投票根据末位淘汰制产生。这个结果可能很好，也有可能不那么好，比如完全有可能在过程中淘汰了更好的作品。据本届提名和初评委员会主席赵辰老师事后介绍，尽管包括他本人在内的部分提名和初评委员会成员对这个结果并不十分满意，但是根据评奖章程，任何逆向操作（比如对已经淘汰的作品重新投票）都是不允许的。换言之，这一制度的设计是为了排除人为操纵的可能，但也完全有可能导致一种无法预料和不尽如人意的结果（事实上，笔者也认为如果有其他作品入围会更好），但这也是它为恪守投票章程而付出的代价，就像某种程度的“低效”是民主程序为防止专权（这种专权有时看起来会很“高效”）应该付出的代价一样。当然，如同民主制度本身也应该改进，人们也可以思考“中国建筑奖传媒奖”的章程是否有改进的可能，比如是否可以允许提名和初评委员会对淘汰作品重新投票而又避免腐败和暗箱操作的可能，不过这些都是“中国建筑传媒奖”今后在评奖制度的设置上应该考虑的问题。

按照组委会的设想，终评会应该在四个作品中评出“最佳建筑奖”的获得者。作为终评会成员之一，笔者本人根据评审材料做出的最初判断是比较倾向于中国台湾宜兰津梅栈道或天津西青区张家窝镇小学的。但是，有一个问题还不得不说：“中国建筑传媒奖”对“最佳建筑奖”和“居住建筑奖特别奖”设立了实地考察制度。因此，本届终评会将“最佳建筑奖”的评审放到最后，就是希望评委不仅对入围作品的评审材料进行消化和理解，而且有足够时间听取实地考察评委的考察意见，并在此基础上进行充分的讨论。值得强调的是，正是实地考察表明，尽管中国台湾宜兰津梅栈道、中国香港钻石山火葬场、天津西青区张家窝镇小学、西安大唐西市博物馆等四个入围作品都在各自不同的方面做出了可贵的努力和尝试，取得了值得肯定的成就，但也存在着种种较为严重的不足，难以达到“最佳建筑奖”获奖作品应该达到的标准。这直接导致了七位评委中有五人放弃投票。鉴于弃权评委过半，根据“中国建筑传媒奖”的评奖章程，本届“最佳建筑奖”最终空缺。

让我们看一看终评会对四个入围作品的主要意见（需要指出，以下意见是笔者个人的整理，而非终评会的正式陈述。事实上，这样的陈述在两届“中国建筑传媒奖”中都不存在，这也是今后需要改进的地方）：

1.1 中国台湾宜兰津梅栈道

该作品利用原有的机动车行桥梁，以巧妙而简单的构造，营造出步行栈道的空间，体现出建筑师因地制宜的设计理念，其结构和材料处理以及形式感方面也有诸多可称道之处。但是，该建筑在实际使用中出现不少问题，遭到使用者的抱怨甚至强烈不满，这也是该建筑建筑师之前完成的部分作品的共性之一。

1.2 中国香港钻石山火葬场

新的钻石山火葬场提供了一个平静、祥和及庄严的环境和空间氛围，完成度也较高。但是评委会认为，该建筑在设计理念和空间创造方面还是过于平淡，未能在火葬场这类极具精神性和对生死意义进行终极思考的建筑设计上形成突破和新的探索。

1.3 天津西青区张家窝镇小学

该建筑在设计理念和体量关系上有许多值得肯定的地方，表现了建筑师对儿童教育的思考和关切，也具备较高的完成度。遗憾的是，作为“最佳建筑奖”的入围作品，评委会认为它在室外活动空间、食堂的空间处理、教工用房的使用功能与造型处理的关系等方面还存在诸多不足，甚至因局部结构的缺陷影响了走廊的通行高度。

1.4 西安大唐西市博物馆

在一片“新唐风”建筑群中，该建筑个性突出却不失与环境的对话与协调，设计师将古城的里坊空间布局特点贯彻于博物馆空间的设计之中。可惜的是，由于种种原因，该建筑在实施中遭遇困难，最终结果不尽如人意，中大厅空间的处理也比较令人失望，大厅玻璃顶的做法在保温隔热和日照光线与展示空间的关系方面亦遭到众多评委的质疑。

值得再次强调，评委们在评奖过程中关注到的上述问题在评审材料中常常难以体现，而只有在实地考察时才能有所感受，甚至强烈地感受。这也再一次说明实地考察应该是建筑评奖中十分重要的一环，而“中国建筑传媒奖”是目前国内众多建筑奖中唯一实行评委实地考察制度的奖项。在笔者看来，这也是“中国建筑传媒奖”另一个值得肯定的方面。

颁奖仪式上，主持人宣读了笔者与本届提名和初评委员会主席赵辰老师代表终评会起草的“最佳建筑奖”空缺说明：“‘最佳建筑奖’是‘中国建筑传媒奖’中最为重要、代表大奖核心价值观的奖项。它既要体现公民建筑的理念，最大程度彰显公众利益，还要在建筑的设计理念、完成度、使用感受等多方面表现出较高的水准。因而经过评委会充分讨论、慎重权衡，听取了考察评委的实地考察报告后，决定让本届的‘最佳建筑奖’空缺，虽然十分遗憾，却是为了努力维护大奖的高水准和严肃性，并衷心期待下届‘中国建筑传媒奖’能有更高水准的、更为令人信服的‘最佳建筑奖’入围作品出现。”

换言之，本届“最佳建筑奖”的空缺有评奖制度上的原因，也有评委“求全责备”的原因，但“宁缺毋滥”、维护“最佳建筑奖”应该具备的高标准是多数评委在投票时的基本立场。笔者衷心希望，这一基本立场能够让‘中国建筑传媒奖’在今后的发展中避免重蹈国内各类奖项滥、乱、烂，而陷入信任危机的覆辙。

需要看到，尽管“最佳建筑奖”空缺，本届“中国建筑传媒奖”从成功和不成功的方面都进一步明确了自己的主题和奖项性质。它表明，本届“中国建筑传媒奖”终评会愿意从社会意义（用《被》文的术语来说就“伦理价值”）和建筑品质（亦即《被》文所谓的“学术价值”）两个方面同时评判建筑的优劣。当然，如果一定要在二者之间做出某种偏重，那么它也认识到，对于“走向公民建筑”的宗旨而言，“社会意义”无疑具有不可取代的优先地位。正如本届终评会成员夏铸九老师的实地考察报告中指出的，如果建筑师的空间形式追求需要以牺牲实际使用或公共利益为代价，那么其作品或许可以获得建筑创意奖，却不是公民建筑奖应该期待的。夏铸九老师的报告还指出，“在中国台湾和中国香港，市民社会已经浮现，正有待进一步生长，中国大陆，市民社会刚刚浮现。而建筑，作为营造劳动的社会与历史分工，不只是在基地上放置一个容器而已。使用者与地方居民有发言和参与的权利，这是一种公共领域，一种公共空间的再现，它可以改变封闭的建筑论述和建筑师的惯行，有助于公民建筑的形成，它就是公民社会。”应该说，这正是本届终评会在“最佳建筑奖”的评审以及“居住建筑特别奖”、“青年建筑师奖”、“组委会特别奖”等其他奖项的评审中努力贯彻的标准。

2. “被公民”与“被传媒”—— 两个值得剖析的“被”字句时代的新说辞

不知从什么时候开始，中国社会似乎进入了“被”字句时代：“被代表”、“被和谐”、“被增长”、“被动车”、“被高速”、“被自愿”、“被通过”、“被小康”、“被开心”、“被寂寞”、甚至“被自杀”……真可谓应有尽有，百试不爽。有理由认为，“被”字句时代折射的问题其实早已有之，即长期以来中国民众在影响和决定社会进程以及与己相关的日常生活方面的权利缺失。但是，“被”字句的出现和广泛流传却是近几年的事。应该说，它是中国社会进步的一种表现，因为虽然“被迫无奈”仍是“被”字句之所以能够借助互联网如此流行的社会根源，但是“被”字句得到如此广泛认可和运用本身就是“被”者自主性增强的表现，是某种意义上的公民意识的觉醒，因而也是值得肯定的。

然而，如同一切互联网流行语一样，人们在对“被”字句活学活用甚至滥用之时，也会使一个原本不无意义的表达方式转化为某种人云亦云、盲目跟风的行为模式，自以为与时俱进、玩文弄潮，实则花拳绣腿，是思想贫瘠的牺牲品。

《被》文以“被公民的中国建筑与被传媒的中国建筑奖”为题，其基本立论有二：“被公民”与“被传媒”。单以这一点来看，《被》文不可不谓打上了强烈的《被》字句时代的烙印。那么，在《被》文中，这两个基本立论究竟是怎样以《被》字句来讨论“中国建筑传媒奖”的问题的呢？

先说“被传媒”。一个由媒体举办的奖项被这个媒体以某种方式热烈报道，这原本符合事情的逻辑，也无可厚非。但是，读罢《被》文，笔者一个无法回避的感觉是，它似乎要以第二届“最佳建筑奖”空缺为由，将其说成是主办媒体为谋取自身的最大利益刻意策划的一次“被传媒”事件——“全程模仿奥斯卡颁奖礼的第二届中国建筑传媒奖颁奖礼终于被一个好莱坞式的戏剧性情节推向了高潮：最佳建筑奖空缺。这意味着，在2009年和2010年整整两年间两岸三地落成的海量建筑中，竟没有一个能被评委会认可为‘公民建筑’的典范，从这个意义上说，中国建筑集体失败了。”乍看起来，这是对颁奖仪式过分“奥斯卡化”的指责，或是对“最佳建筑奖”空缺而令“中国建筑集体失败”的不满。然而，《被》文很快显示，它的真正论点在于，无论有无“最佳建筑奖”产生，“中国建筑传媒奖”其实都注定是一出“被传媒”的闹剧——“选出最佳建筑，自然可以顺理成章地推出一位平民化、亲民化的建筑英雄或建筑明星；选不出最佳建筑，就立刻成为一个颇具新闻点的爆冷事件。”因此，《被》文的结论只能是一个——“建筑输了，传媒赢了。”

笔者希望，本文前述对本届“最佳建筑奖”空缺的说明已经能够澄清，人为制造“被传媒”爆冷事件的可能和意愿都不存在——当然，面对“最佳建筑奖”空缺这样一个意想不到的结果，主办媒体将它说成“爆冷”则是另一回事。笔者也希望，这个说明能够澄清，本届“中国建筑传媒奖”对建筑伦理问题给予了特别的关注——只是，这种关注与《被》文崇尚的“不作恶”、“不帮凶”的所谓伦理“底线”迥然不同（这个问题本文后面还将讨论）。笔者更希望，这个说明还能够澄清，在本届“中国建筑传媒奖”中，建筑没有输，因为它在关注建筑的“伦理价值”的同时，也对建筑自身的品质（亦即《被》文所谓的“学术价值”）予以了充分的重视——相比之下，倒是《被》文断言“在超速城市化进程中卖力出演的绝大多数中国当代建筑师都沾染了‘原罪’”，着实为当代中国建筑蒙上了一层彻头彻尾的“集体失败”的色彩。

至于《被》文的“被传媒”造“星”说，笔者相信，过去的两届“中国建筑传媒奖”已经表明，获得其中任何奖项都无益于获奖者成为《被》文意指的那种“明星”。要么他或她已经是某种意义上的“明星”建筑师（如获得第一届“青年建筑师奖”的“标准营造”），要么他或她该干什么还是干什么（如获得第二届“居住建筑特别奖”的何勍、曲雷）。或许，“被传媒”造“星”说透露的不是别的，正是《被》文自已已经习以为常的“明星”式思维罢了。

有趣的是，尽管《被》文伊始就提出“被传媒的建筑奖”的立论，但是它似乎并没有完全站在“被传媒”的对立面；相反，在对“建筑输了，传媒赢了”的“被传媒”现象一番责难之后，《被》文又将矛头对准“中国建筑传媒奖”评委会中太多专业人士、太少大众传媒的人员构成。或许，把这个问题作为“被传媒”的一个方面进行讨论并不合适，因为按照《被》文的“被”字句逻辑，这个奖项应该不是“被传媒”而是“被专业”了，但是无论如何，在《被》文看来，“‘公民建筑’，本应是大众传媒对中国建筑界所进行的一次伦理学拷问”，可惜由于专业传媒的过分介入和过多专人人士的评委会构成以及过于专业的评判标准而“最终走过了场”。《被》文认为，大众传媒与建筑专业传媒的本质区别就在于“前者更关注建筑的社会伦理价值，后者更关注建筑的专业学术价值，两个媒体平台各自秉持的价值观虽不算泾渭分明，但侧重点明显不同。”

应该说，上述区分基本正确。问题在于，在批评发达的国家，即便大众传媒的建筑批评常常也需由这些传媒自身具有一定专业素养、甚至很高专业素养的评论家来完成。相比之下，这样的评论家在目前中国的大众媒体内基本不存在，这大概就是作为大众媒体的“中国建筑传媒奖”主办方愿意与专业媒体合作、并希望终审评委基本由专业人士组成的原因吧。

事实上，无论提名还是初评和终评，“中国建筑传媒奖”都是一个由大众传媒搭台、专业人士唱戏的奖项，但是与其他专业奖项不同，它提出了一个特别的主题——“走向公民建筑”，其特别之处就在于，它着重“那些关心民生，如居住、社区、环境、公共空间等问题，在设计中体现公共利益、倾听人文关怀、并积极为现时代状况探索高质量文化表现的建筑作品”（引自“中国建筑传媒奖”《宣言》）。对于历来较少关注此类问题的中国专业建筑传媒和建筑学专业来说，这样的主题不仅十分需要，而且正如本文前述希望表明的，也在一个大体上由专业人士构成的评奖过程得到基本贯彻。

这一点已经无需赘述，可能的分歧应该在于，《被》文似乎认为，一个与建筑相关的大众传媒奖项只进行（或基本只进行）伦理学判断而无需（或基本无需）顾及建筑本身的品质，只要拉高调门轰轰烈烈一番即可；而在笔者以及本届终评会成员看来，只要是建筑奖项，无论是大众传媒的还是专业传媒的，在伦理问题和建筑自身的品质之间做出权衡和判断就无可回避。一个令人信服的“最佳建筑奖”难道不需要经过这样的权衡和判断就可以产生吗？获得第一届“中国建筑传媒奖”之“最佳建筑奖”的毛寺生态实验小学已经很好地说明这一点。

相较于“被传媒”说，《被》文的“被公民”说也许更符合“被”字句时代的逻辑，在立论上也更为简单。在它看来，中国仍与公民社会相去甚远，而在这样的情况下提出“公民建筑”无异于“缘木求鱼”，使建筑“被公民”。在此，笔者无意对这样的观点是否可以在《被》文援引的列斐伏尔的“空间生产”理论中找到支持展开论证，也无意重复《被》文在这个问题上看似锋芒犀利实则粗糙混乱的论断。在有限的篇幅空间之内，本文只想提醒读者注意，“中国建筑传媒奖”的主题是“走向公民建筑”。宛如柯布西耶的《走向新建筑》（更准确地说应该是《走向一种建筑》），它表达的是一种愿望，一种应该为之努力的目标。毋庸讳言，中国社会的确还与“公民社会”相去甚远，但这并不表示我们不应该或者不能够通过自己的努力去推动公民社会的建设——如果我们认为公民社会是一个值得争取的目标的话，而“中国建筑传媒奖”就不可不谓其主办方和参与者为建设中国公民社会而做出的一种努力。也许，这样的努力诚如《被》文所言“很傻很天真”，但是笔者相信，相较于《被》文最终只能求助于“不作恶、不帮凶”的所谓伦理“底线”，这是一种更为积极和建设性的态度。

应该看到，对于“中国建筑传媒奖”而言，《被》文的“被公民”说也并非全无道理。“中国建筑传媒奖”以“走向公民建筑”为宗旨，却只有专业人士参加提名和评审，不仅如《被》

文批评的那样大众媒体参与甚少，而且完全听不到公众的声音。诚然，“中国建筑传媒奖”的章程中已经赋予网上投票一定的地位（即网上得票最多者可以在终评中得一票），但是至少从已经举办的两届来看，网上投票这多为建筑专业的学生或者与某个入围者相关的专业人士，而非专业圈之外的社会民众。诚然，“走向公民建筑”的奖项未必只有社会公众的直接投票才能产生，但是完全没有社会公众参与的“走向公民建筑”奖项必然会削弱了它的社会意义和影响力。在此，笔者建议下一届“中国建筑传媒奖”至少可以增设一个奖项，这个奖项完全由大众传媒（至少是作为主办方的三个大众传媒）提名，由社会公众（至少是作为主办方的三个大众传媒可以企及的读者群中）投票产生，同时在终评会中恢复（之所以说恢复，是因为第一届曾有凤凰卫视节目主持人梁文道和《南方都市报》总编曹轲作为大众媒体的代表，前者由于遭受“政治封杀”而缺席本届终评会，后者则是主动退出）甚至扩大大众媒体的评委成员构成，而且即便这样，终评会成员也不应一成不变，用崔愷评委的话来说，终评会不应成为一个实行永久制的“元老院”。

3. 当代中国建筑需要超越“不作恶”、“不帮凶”的伦理“底线”

可以说，用力过猛而在言论上有失公允，这是《被》文的基本特征。尽管如此，《被》文还是有保留地表达了对“中国建筑传媒奖”的肯定——“尽管，‘公民建筑’的评选在今日之中国还是缘木求鱼，但至少这样的活动或许有助于中国建筑界进行有关建筑伦理的些微反省。”毋庸置疑，左右这一肯定的是《被》文对建筑伦理问题的诉求，而“被”文本身也在对当代中国建筑的伦理学呼吁中结束。就此而言，《被》文的积极意义不容忽视。但是，《被》文希望重建的“不作恶”、“不帮凶”的所谓建筑伦理学“底线”果真应该是当代中国建筑努力的方向吗？

鉴于本文的基本主题是“中国建筑传媒奖”，笔者仍然希望围绕主题展开对上述这个问题的讨论。本届终评会结束后，终评会成员与提名和初评委员会成员以及主办媒体的代表举行了闭门会议，对“中国建筑传媒奖”举办以来的问题进行了广泛的讨论，其中论点最为集中的是如何避免“中国建筑传媒奖”成为服务社会“弱势群体”的低造价建筑、慈善基金建筑、公益建筑的专有奖项，而把大多数中国职业建筑师的工作以及决定中国城市和社会面貌的商业性和大型公共建筑项目排除在外。从已经举办的两届来看，这样的可能性确实存在。在第一届“中国建筑传媒奖”的颁奖仪式上，“杰出成就奖”的获得者冯纪忠先生曾经就“公民建筑”说了自己的看法：“所有的建筑都是公民建筑”。笔者认为，这是一个朴素的观点，也是一个需要对其寓意进一步定义的观点。从理论上讲，社会的每一个成员都是该社会的公民，但中国的社会现实告诉我们，并非每个社会成员都在权利和义务两个方面已经是够格的公民，因此需要建设公民社会。同样，并非所有建筑都是“公民建筑”。在“中国建筑传媒奖”的语境之中，它需要符合《宣言》提出的基本宗旨并有所成就，而“中国建筑传媒奖”应该授予的，如果再次引述《宣言》的话，则是“那些关心民生，如居住、社区、环境、公共空间（注意：该范畴是上述闭门会后新增加的——笔者按）等问题，在设计中体现公共利益、倾听人文关怀、并积极为现时代状况探索高质量文化表现的建筑作品”。必须承认，相对这些基本宗旨而言，低造价建筑、慈善基金建筑、公益建筑具有某种“与生俱来”的优势。但是，如果把“中国建筑传媒奖”的获奖作品局限于这几类建筑，便有可能使“走向公民建筑”之路越走越窄。

然而，不是所有建筑都是“公民建筑”，并不意味着只有少数建筑才能成为“公民建筑”。换言之，如果把冯纪忠先生的“所有建筑都是公民建筑”在字面上略加修改为“所有建筑都有可能成为公民建筑”，那么笔者是愿意接受这样的观点的：商业建筑同样可以在“走向公民建筑”之路上有所作为，而最能体现商业建筑之“公民建筑”特性的无疑在于它的公共空间。笔者认为，这就是“中国建筑传媒奖”在其《宣言》中增加“公共空间”这一范畴的意义所在。

但是，要使所有建筑都可能成为“公民建筑”，要使商业建筑也在“走向公民建筑”之路上有所作为，仅仅遵循《被》文所谓“不作恶、不帮凶”的伦理“底线”就远远不够。在笔者看来，这样的伦理“底线”与其说是我们时代的“LESS IS MORE”，不如说是我们时代的“LESS IS SORE”更为恰当。就《被》文中出现的两个“境外建筑师”的作品鸟巢和国家大剧院而言，笔者赞同它的观点：它们在城市意义上的公共空间是失败的（尽管它们都是公共建筑），因而不能成为“中国建筑传媒奖”应该肯定的“公民建筑”（事实上也没有）。相比之下，如果我们还将自己局限在“境外建筑师”在中国的作品范围内讨论问题，那么在笔者看来，霍尔设计的深圳万科中心就是一个相对较好、甚至好很多的建筑作品（参见笔者在《时代建筑》2010/4上有关该建筑的拙文），尽管它是一个商业性质的建筑。笔者希望并相信，会有更多类似深圳万科中心这样具有商业性质的，但在环境、公共空间、人文关怀以及现时代状况的高质量文化表现方面有探索、有成就的建筑作品能够成为“中国建筑传媒奖”之“最佳建筑奖”的有力竞争者。

笔者还认为，在“走向公民建筑”的道路上，仅靠建筑师的力量是远远不够的，它需要公众、甲方、政府等方面的共同努力。本届终评会的大多数评委都曾有这样的感觉：获得本届“居住建筑特别奖”的不应仅仅是授予天津中心生态城建设公寓和新疆喀什老城区阿霍街坊保护改造这两个项目的建筑师，而且应该是这两个项目的组织者和其他参与者。换言之，由于这两个项目都是政府为主导的项目，本届“居住建筑特别奖”同时也应该是一个“政府鼓励奖”，就像由“土楼公社”获得的第一届“居住建筑特别奖”同时应该是一个“甲方鼓励奖”一样，“中国建筑传媒奖”应该成为鼓励和促进各级政府和甲方在“走向公民建筑”上有所作为的一种力量。

《被》文说对了，在最后这一方面，大众传媒“可以凭借强大的传播平台和娴熟的操作技巧，在短时间内整合庞大的社会资源并攫取社会集体注意力，令类似‘公民建筑’这样的概念广植人心。这种能力，是整个中国建筑界和所有建筑专业媒体加在一起也望尘莫及的。”只是，在笔者看来，已有的两届“中国建筑传媒奖”还远没有做到这一点。

作者简介： 王骏阳，同济大学建筑与城规学院教授

原载于： 《走向公民建筑》2012 年 2 月第一版（原载《Domus 国际中文版》2011 年第 3 期）

第三章
实践与批评

第三种态度

张永和

建筑师面对市场经济，可能持有以下的三种态度之一：

第一种：无条件参与到生产与消费的机制中去；

第二种：批判并（尽可能）拒绝参与；

第三种：批判地参与，介于一、二两种态度之间。

第一种态度不质疑自由市场，经常夸张包括建筑学在内的学术与市场对立的可能性，怀疑、否定研究，最终怀疑、否定建筑学的意义，否定建筑。

第二种态度的持有者很可能具有中国传统文人精神和/或经典马克思主义意识形态。也有夸张学术与市场对立的可能性的倾向，但选择学术、选择研究，进而还可能选择形而上的非物质的建筑。在现实中，拒绝参与常转化为有限参与，强调所参与工程的少/小、缓慢、选择（业主、项目等）。

第三种态度不否定自由市场，认为学术与市场没有必然的矛盾，因此建筑师可能也必须在实践中坚持建筑学的思维方式，坚持研究。这也正是非常建筑的态度。

[最近注意到建筑师伯纳德·屈米 (Bernard Tschumi) 曾有过非常相近但更为清晰的论述以及类似的立场。在此向他致敬。]

1. 明确立场

态度 = 立场

立场主要分为政治、经济、社会、文化四个互相关联的方面：

1）**政治的立场：**

建立社会民主意识。

民主意识：独立思考，互相尊重。

社会 / 公共意识：个人作为社会这个集体中的一员，通过改善社会以改善个人境遇。认为强调竞争的负面作用是促成阶层的分化、社会的不稳定以及生活环境质量的下降。

2）**经济的立场：**

认识市场经济。

积极的一面：经济发展创造了建筑实践的机会；市场经济引发的社会及文化变迁，又进一步创造了参与定义当代中国建筑乃至当代中国文化的机会。

消极的一面：市场经济的危险是任何事物都可能被转化为商品。建筑学以及建筑师工作的意义被消费、被消解。

3）**社会的立场：**

关注社会及其存在的问题。社会问题具有综合性，公共空间、公共（低收入）住宅等问题具有政治性，历史保护的问题具有文化性等。

城市是一个政治、经济、社会、文化高密度综合体。

4）**文化的立场：**

认为当代的世界具有复杂性、矛盾性、模糊性、开放性、多元性；认同后现代主义哲学的认识论。中国文化处在转型时期，当代文化，特别是都市文化，正在形成的过程中，尤其不确定甚至混乱，从而为主动性工作创造了空间。同时目前工作具有实验性也是必然的。

在建立了以上立场的基础上，可以认为：

社会实践是商业的，但并不意味着建筑师对商业主义的盲目认同。对建筑学价值观的坚持，实际上也构成对资本主义的批判。

社会实践的实质是通过建筑设计服务社会，但并不意味设计能解决建筑以外的社会问题。

实践的组织形式、规模以及内容都不是决定性因素：

形式：可能是大公司式的、或工作室式的、或其他形式。

规模：既不从利益出发追求大，也不以艺术为目的选择小。

内容：可能包括建筑设计、规划、室内设计、展览/装置设计等等。

批判地参与并不意味着与业主的利益矛盾；可能的话，与业主共同关注立场性问题。建筑业主总是属于某一个人群，但建筑最终是为了全社会的。

2. 制定策略

策略 = 方向

策略是在特定立场上建筑师对进入一个工作时，在 方向、方式上的决策。

方向和方式都是具体的。

建筑面临的问题很繁杂。但建筑师的社会意识可能促使他/她特别关注公共空间，将主要能量投入公共空间的创造，其他问题退到相对次要地位。这是立场直接影响方向的例子。

在更基本的层面上，一个项目不是全方位地平均地展开研究/设计，而是有必要建立起一个主攻焦点。如有些大规模低造价办公空间，结构的突破难度很高，但在功能的组织上尚有发展余地，因此决定从使用而不是从建造入手。这便是方向上的选择。又如，以多种可能性菜单或单一答案启动设计，是方式上的选择。有策略的工作是主动的工作。

方向和方式可能是阶段性的。就中国传统的问题而言，我们先后选择了空间、建造和形式作为不同时期的工作重点。因为前人在继承传统形式/形象方面做了大量、成熟的工作；为了避免低效的重复，我们在实践初期决定从自己考虑更多、更熟悉的空间的角度出发探索传统。但过程不是简单线性的递进，研究积累、叠加，思考形式并不意味着放弃建造或空间。

所谓概念思维方法，实质上是限定问题的方式，即对某一事物是否可以转换视角去理解？从而加深对其的认识或发掘其更根本的性质。因此是分析梳理问题的工具。在非常建筑以往的工作中，将建筑作为人造地形看待是概念思维的产物。将单体建筑设计作为城市问题处理，是社会性的同时也是概念性的决策。概念思维并不限于策略制订阶段，而是贯穿了整个工作过程。

立场 / 策略的意义：

明确建筑立场是试图回答为什么做建筑的问题。制订策略是试图宏观地回答如何做建筑的问题。

制订策略 = 建立评价标准体系。在如何的问题上不依赖审美趣味作判断。

建筑师容易过分强调建筑审美趣味的重要性，尤其与业主或大众的趣味产生冲突时。由于趣味比较感性，使建筑师与业主或大众的交流又产生困难，导致建筑师往往被动地妥协或简单地坚持。

立场 / 策略把建筑的沟通放在讨论问题或思想的基础上。帮助建筑师超越趣味 + 控制的工作模式。

立场的根本性与策略的不定性，也使建筑超越风格。

3. 进行设计 / 研究

设计是在立场 / 策略的基础上做具体的建筑决定的过程，即试图微观地回答如何做建筑的问题。

设计的定义一：设计是实现立场、执行策略的手段。

进而，设计的定义二：设计 = 资源组织

由于上述立场本质上肯定了建筑实践的社会性，设计因此不但不可能回避社会实践的复杂环境，而应将此环境中的种种因素充分调动起来。

资源永远是有限的。然而，不同的组织方法产生不同的效益。

资源组织的态度将局限性认为是资源的一部分。局限可能包括业主、规划要求、基地、使用、造价、规范、 进度等。设计的挑战是如何将消极条件转化为积极条件。

要组织资源，就必须对资源分布的状况有准确了解，因此需要研究。

研究与设计的关系不是线性的，可能同时进行，并互为工具。也就是说，研究是连续的，如同概念思维，也贯穿设计的每个阶段。

研究的典型对象：
微观的：材料、建造、结构、围护、空间、使用、形式、基地等，即研究认识建筑自身。
宏观的：传统、城市、可持续性发展、生态，即研究认识建筑与社会的关系。

研究改变设计的意义：研究相对于创作，发现相对于表现。

创作与表现都暗示着建筑的想法是建筑师头脑中固有的，与设计作为资源组织的工作状态下，建筑师寻找答案是两个完全不同的方向。设计作为资源组织是立场指导下做出的选择，而不是设计定义唯一的可能。然而，在两个方向之间跳跃或摇摆只能消解方向。同时，我也不认为大多数建筑师，包括我自己，头脑中存在着既定的答案。

资源组织不否定建筑工作的创造性。事实上，深入的研究辅之以概念性分析是产生特定的解决问题方式的途径。既然是特定的，就很可能是非常规的。

非常建筑的社会实践是以中国为基地的，与中国的市场经济的发展同步，希望通过上述认识建立起的是当代中国建筑实践的状态。

作者简介： 张永和，非常建筑工作室创始人

原载于：《建筑师》2004 年第 4 期

用“当代性”来思考和制造“中国式”

刘晓都 孟岩 王辉

1. 引言

“中国式”居住是整个近现代的中国建筑史中不停歇的命题。对于中国几代建筑师的实践来说，“中国式”似乎成了每个人迟早要面对的问题。对这一问题的不同的解答也往往成为在当代建筑师谱系中分代和划界的重要参数。

在当下中国急剧全球化和超速城市化的语境下讨论“中国式”居住，是这个时代的建筑师对这一命题的特殊思考。它会掺杂着这个历史时期的文化成分和政治含义。于是乎，围绕这个问题便不断地衍生出新的相关问题，同时也使得“中国式”这一命题的空间边界变得日益模糊。

本文试图将“中国式”这一命题置放于一个更为广泛的文化背景之中，结合中国当代文化发展的现实状况，对“中国式”建筑实践的最新进展进行批判性解析。在肯定这一思潮的文化建树的同时，也指出它的种种弊端，进而提出中国当代建筑实践应转而关注中国“当代性”的问题，把建筑思考最大限度地贴近当下史无前例的城市化进程，并希望能产生出真正意义上代表我们所处的时代的“中国式”的居住建筑。

2. “中国式”制造

研究“中国式”的居住建筑，首先要研究“中国式”制造的方法论。中国文化的最大特征是它的同化力，可以以一定之规来吸纳、消解和再造一切新鲜事物。新时代条件下，“中国式”的居住建筑还未定型时，它已被一系列“中国式”制造的操作系统格式化，使“当代性”的种种得天独厚的条件无以发挥。

2.1 “中国式”幽灵——传统

中国目前急剧全球化所带来的是地域空间环境特征的丧失以及本土文化的快速分解与转化。过去十年间，信息技术的迅猛发展使不同文化之间从未有过如此贴近，于是乎，种种生存空间和文化价值之间的冲突与融合也表现得最为剧烈。这种文化图景背后最根本性的变革是旧有权力中心的转移、旧有权威性的动摇以及旧有价值评判体系的失效。这自然而然地导致了又一次类似当年孔老夫子所惊呼的“礼崩乐坏”的文化混乱局面。当人们刚刚热烈地欢呼信息革命的到来和迫不及待地享用“全球化”所带来的盛宴之际，猛然惊醒后发现祖祖辈辈生活的地方正在演变成自己也分辨不清的一片陌生土地；转瞬间，他变成了一个失忆的人，内心惊慌不安，生活缺少了依据和价值的参照；茫茫之中他渴望寻找到那曾经熟悉的话语体系，寻找那种被所熟悉的一切所包围的感觉，寻找在一个陌生和变得支离破碎的外部世界之中的一块“绿洲”——这时人们自然就会追溯失去的文化传统，也使传统更显纯洁。这就是当下“中国式”住宅热背后的普遍文化心态。

传统，作为“中国式”的幽灵，在这种情形下被感召，并不那么纯洁，因为有资格的感召者其实已尽享当代文明，只不过把传统作为一种可以拿捏的符号。这种符号首先是一种区域文化的标签，例如大屋顶可以表征中国。然而在当今全球化的语境下，符号已无地域的界限，它既可以是降落在纽约大都会博物馆顶楼上的江南园林，又可以是落户在年轻城市深圳边缘的粉墙黛瓦层层院落。作为一种可资选用的形式语言和文化符号的中国式，并非与它所处的地域文化有着强烈的对应关系。

符号化的传统是否等同于“中国式”，这又是一个已经持续了近一个世纪纠缠不清的问题，并不断地与各个历史时期的政治话语、文化主旨等相关问题缠绕在一起，成为一种和西式对立或对话的方式。人们也许说不清为什么要做“中国式”，然而当我们把这一潮流置放于其真实的境况中加以考察时，又会发现一条相对明晰的线索：对“中国式”的再提出或许是对虚假无端的殖民式“欧陆风格”和所谓新现代风格的“极少主义”等潮流的疲倦所致；或许是在于人们不再满足于暴发户式的占有感、转而回归东方式的清淡；或许更是在一种道义上的驱使下，在重振中国精英文化的感召下，以某种程度上回归传统的方式以反拨西方主义、庸俗主义的滥觞。从比较积极的意义上说，中国步入世界经济大国的时刻，中国人的自信开始在精英中回复，寻求更加独立的身份特征便成为一种需求。“中国式”居住无疑是一种可以立竿见影的招数。

2.2 “中国式”文法——借用

中国近现代建筑历史以来没有脱离开对“中国式”的理论探索和实践，并在每一代有特殊的参照系统。从第一代中国建筑师对中国传统官式形式的借用，到贝先生在北京香山对民居的借用，直至今天的年轻一代建筑师更时尚地对传统材料和构造的借用。当建筑师唠唠叨叨地讲述这样一个学术化和文人化的形式时，他们无形中建造了一个自我参照系统，而与大时代的风声雨声格格不入，从而丧失了与更大范围听众对话的可能性。这也是为什么当年对大屋顶的批判是社会和历史的必然。

中国人特有的实用主义智慧，又往往使借用变成错用。今天，建筑师对“中国式”的热情与地产商为“套牢”他的客户所需求的营销主题和文化身份认同感再次不谋而合。于是乎这种时不时要复现传统的传统，已然在商业地产操作下徒剩一具空壳。在一个彻头彻尾的商业社会之中，任何价值都是商业价值，任何产品都是商品，包括我们自以为是的传统文化的价值和它的物质载体本身。在这种情形下，上海“九间堂”似的深宅大院，其目的不是在弘扬传统，而是用传统的宏大气势来塑造新兴富裕阶层的社会身份。

2.3 “中国式”菜谱——时尚

中餐和西餐的一大区别是菜谱的长度。中餐并不比西餐有更多的主料，但中国人擅长用佐料的多样性来掩盖原料的贫乏。

随着中国社会逐步进入消费型社会，在计划经济体制下，住宅从作为千篇一律的配给品，成了可以包装成不同价值的商品。住宅设计也分解成两个可以独立操作的步骤：一个是可以批量套用的平面，一个是换来换去的立面。一个可疑的现象是开发商在户型上往往不事创新，而在形式上不遗余力地包装，使形式散失了严肃性，转而成为被时尚驱使的奴隶。

时尚在时下有广泛的社会基础。2006 年 3 月 5 日，在北京新兴的时尚中心“798”工厂举行了一场声势浩大的聚会活动，衣着时尚的青年在劲舞靓歌之中纪念 “志愿者日”。这一天起源于几十年前毛泽东题写“向雷锋同志学习”而开始的“学雷锋日”，有趣的是时下组织者的口号竟是“变高尚为时尚”。当一个社会由道德的说教价值观转向“时尚价值”的自我推动之时，它象征着一个一切标准基于“时尚”的时代的真正到来。

全球对信息的自由占有时代，使人们更加轻而易举地随意摘取当今世界即时发生的以及历史上曾经出现的所有样式，况且当代科技的发展亦足以让那些原本植根于当地地理和气候条件下的建筑形式和建造方式可以在地球上任意角落发生。当人们一方面可以前所未有地自由选择，另一方面又失去了任何价值判断的依据的时候。“中国人到底应该住什么样的房子”这样一个看似简单的问题显得越发难以回答，于是这种无所依托的命题就自然而然地沦为一个“时尚”的问题。

时尚在西方并不必然地成为有钱人的一种选择。但作为没有多少根基的中国有钱人，时尚是种有效的手段，它避免了一切历史的积累。这种对住宅样式的诉求已经远远超出了单纯对形式的审美需求，而越来越多地注入了文化和社会学层面上的考虑。人们对住宅样式前所未有的关注，在于住宅的样式事实上充当了对文化品位和社会地位的再界定的重大角色。“中国式”成为一种时尚，必然会获得欢呼，因为它带来了一个和西方的有钱人可以抗衡的基点：一个中国的 CEO 如果为远道而来的外国同行举行家宴，肯定更爱选择中式别墅，而不是西式的。当中国国力的积累使这种选择成为可能时，本可为研究“中国式”创造良好的机遇；可惜商业的炒作使这种机遇泡沫化为轻浮的时尚，“中式”成为鱼龙混杂的一股浊流，既缩水了好东西的价值，又使设计师无暇平静地思考。

2.4 “中国式”操作——主题

中国建筑的一个伟大传统是用文学性的操作来指鹿为马。古代建筑样式及其组合只有几种，人们仍乐此不疲地去异地瞻仰名筑，可能只是为了《醉翁亭记》。

大多数“楼盘”乐于使用四个字的命名。名称或多或少是点明了这组居住建筑物和其所构筑的环境氛围的某种“主题”，例如深圳的名楼盘“金玉兰湾”、“御景豪庭”、“水榭花都”、“仙桐御景”……它们有的暗示未来居住者的身份特征，另一些则指明了特定的地理和环境特征。这种四字楼盘主题有意无意中应和了古代造园命景的传统范式，像“濠濮间想”、“清风绿屿”、“四面云山”。然而抛开这种主题式的楼盘命景，就会发现它们的实质大多毫无特色，千楼一面，并且在环境塑造上也缺乏想象力。四字点景是借助文

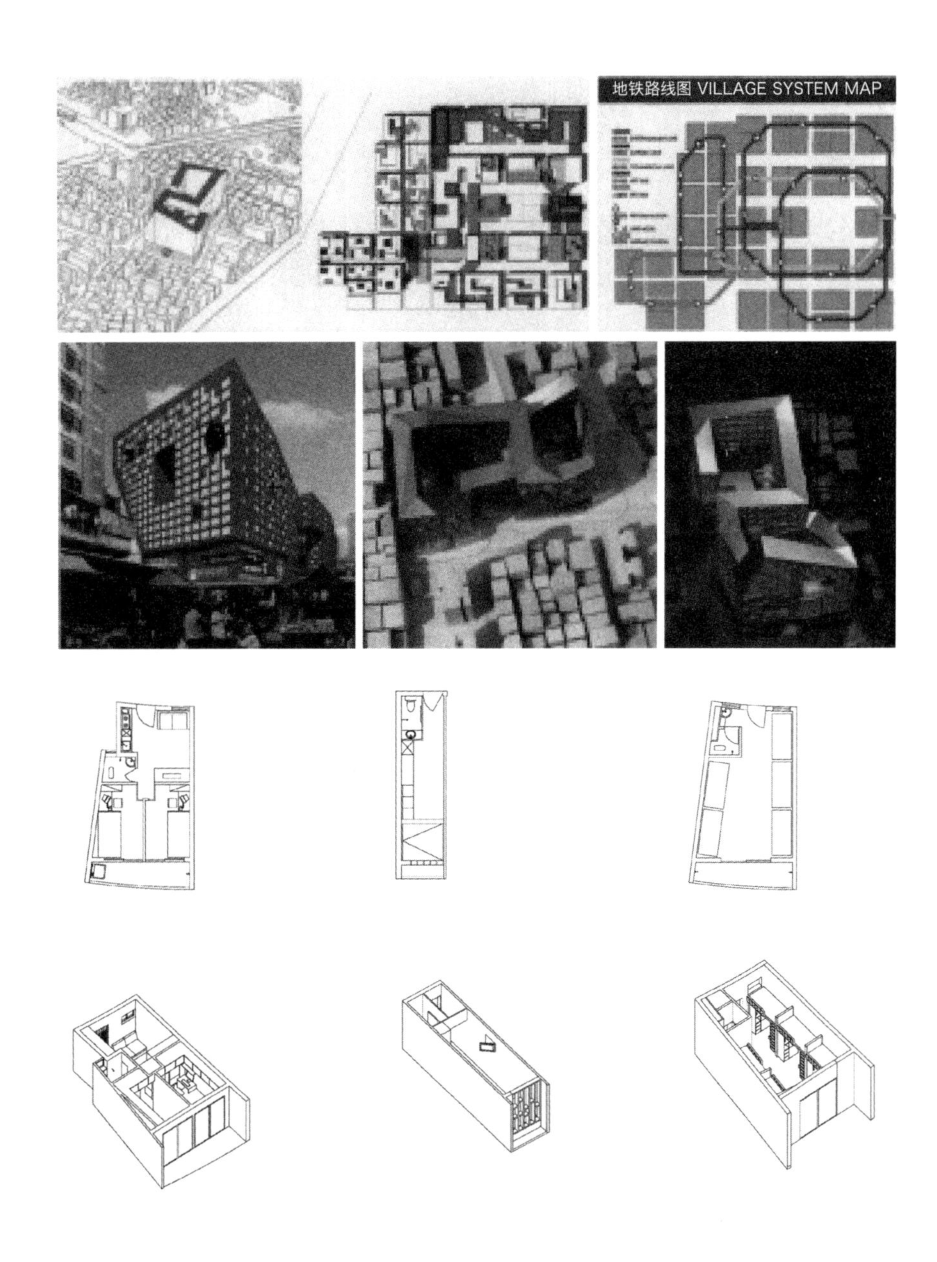

1 2
3 4 5
6

图 1-5. 城中村项目分析
图 6. 土楼公社户型图

字的想象以弥补现实中商品住宅的文化缺乏，进而为其购买者提供一种文化身份的象征，或是皇帝的新衣式的满足。

“中式住宅”也无疑更要弘扬这一传统，继续用主题式命景的方式在深宅大院之间构造了一个一个典雅的自我封闭的小天地。有趣的是，也许是有意与那些四字命景式的主题楼盘拉开距离，“中式住宅”大都采用了两到三个字的命名方式。像“观唐”、“清华坊”、“九间堂”、“第五园”，它们大多借用了某种与古代文化传统有关的字眼，突显其异常强烈的精英文化的身份特征。“九间”已接近帝王的规格；而岭南四大园林之后的“第五”，无异于无数的世界第八奇迹。

相对于四字命名五花八门的主题式楼盘而言，“中式住宅”的主题其实非常狭窄，它延续的是中国千年以来的文人文化的隐居式、逃逸城市喧嚣的居住理想。万科“第五园”是当下中国式住宅的一个比较典型和成功的实例。对这组建筑最直接的解读是一种江南传统民居和园林与时下流行的联排住宅和花园式公寓相结合。然而这种江南传统并非与其场地具有任何原生的形态和文化关联，它的“中国式”表达没有用岭南的地方性风格，而移植和借用徽州文化，使其多少有主题公园的意味。可以说“主题式居住”历年来的实践，除了选择不同的传统样式之外，本质上是一脉相承。无论前些年对欧式、北美式、殖民地混合式和各种说不清的式样的钟爱，还是近年来对“中国式”的再发现，这一实践都是全球化背景下文化融合与再生成的表现。无论它们各自的主题有多么不同，这种自成一体、内向经营的居住区模式正在使我们生活的城市成为一个个集锦式的“主题公园”。

3. 从“中国式”到“当代性”思考

中国文化的伟大魅力在于它的同化力。之所以要讲“中国式”，对于很多人来说是怕民族性的丧失。但这多少有些多余。同样是现代风格，一经中国人之手，总带有中国人的特殊理解，绝对不是西化的。比起复古的“中国式”，这也是一种当前的“中国式”。这种理解，扩大了“中国式”的外延。

“中国式”的“当代性”并不同于西方化。纵使是使用相近的形式语言，中国国情民情下的当代文化、生存现实以及视觉经验，与西方有天然的差异，使我们有着文化上的独特视角，这就使中国当代建筑有可能以自己独特的方式言说。大地震后重建的唐山就是一

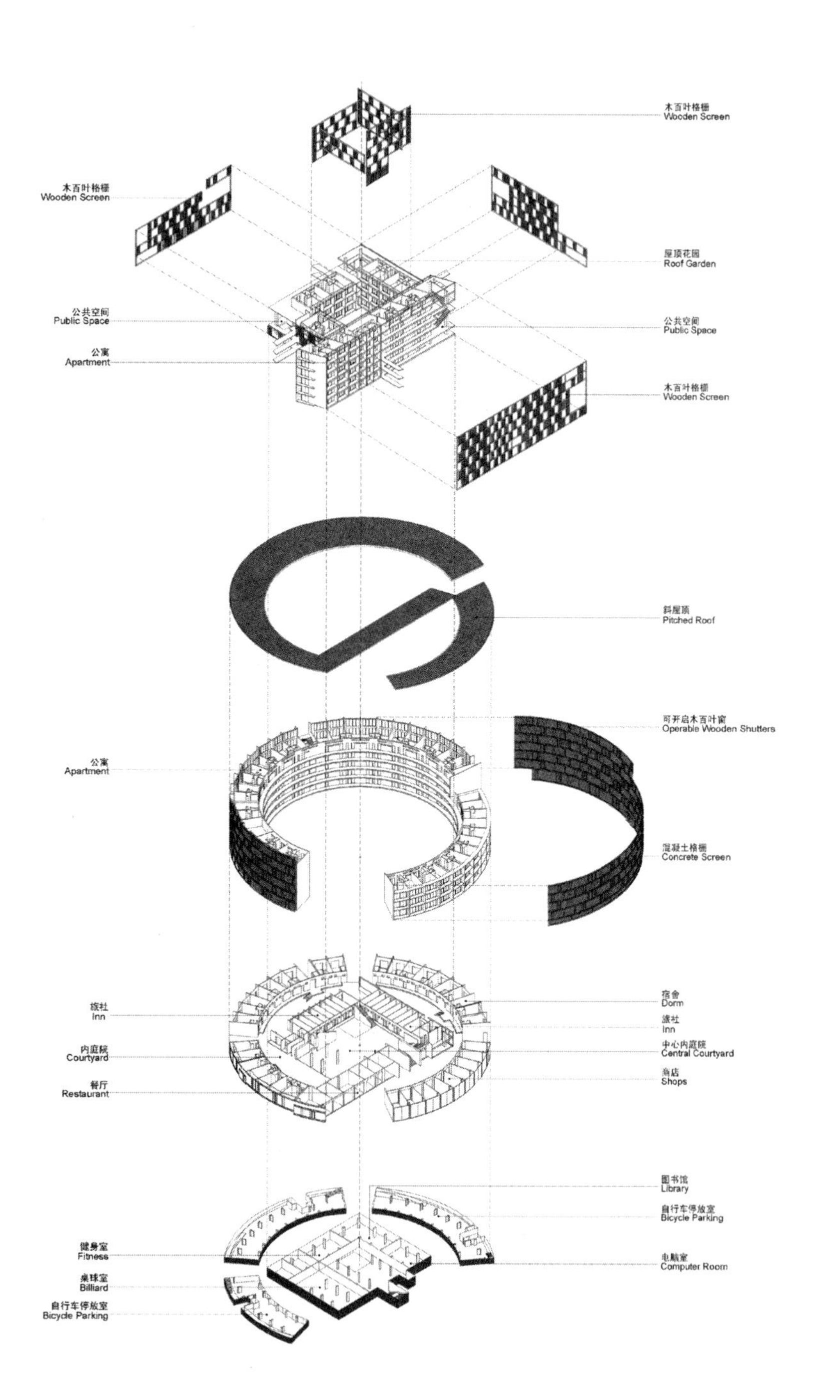
木百叶格栅
Wooden Screen
木百叶格栅
Wooden Screen
屋顶花园
Roof Garden
公共空间
Public Space
公共空间
Public Space
公寓
Apartment
木百叶格栅
Wooden Screen
斜屋顶
Pitched Roof
可开启木百叶窗
Operable Wooden Shutters
公寓
Apartment
混凝土格栅
Concrete Screen
宿舍
Dorm
旅社
Inn
旅社
Inn
中心内庭院
Central Courtyard
内庭院
Courtyard
商店
Shops
餐厅
Restaurant
图书馆
Library
自行车停放室
Bicycle Parking
健身室
Fitness
电脑室
Computer Room
桌球室
Billiard
自行车停放室
Bicycle Parking

图 7. 轴测图

个案例，它的多层、平行式的居住区提供了户户朝南、南北通风、宽敞庭院的居住条件，以及完善的老人中心、幼儿服务和其他公共设施，是非常理想的“中国式”居住理念的反映。这种在总图上看似单调乏味的居住模式，由于人的活动的介入，而在今天的现实中显得异常生动，异常中国特色。

我们不否认当前的设计主流是某种舶来的生活方式，但也应看到的是舶来的样式在侵蚀地域传统的同时，它也被本土文化所异化，而成为一种适合于实际的生活方式。试问，集合住宅的“三室一厅”是中式还是西式？它完全是在当代条件下的“中国式”，应当有其更合理的表现形式，既不需用欧陆风情来包装，也不需用中国古典来包装。它最需要的是用“当代性”来重新思考其“中国式”内涵。

可惜，一当引起“中国式”话题时，人们往往视最大量存在的居住于不顾，而醉心于在远离城市中心的低层、低密度住宅项目中寻找创作的机会。在这些创作中，打“中国牌”成为一个很有代表性的艺术策略，即在传统文化中选取有代表性的主题加以改造，进而形成一个自成一体的参照体系，一方面与西式有形式上的简单对立，另一方面又有西方观众易于理解的自明性。这种“文化迎合主义”的唯一缺陷是使形式上的“中国式”与“中国式”现实非常游离，使本来雄心勃勃的创作表面化和时装化。

中国正在进行世界上史无前例的城市化。正如库哈斯在研究珠三角时所看到，“珠三角随着一颗彗星的突现，以及当前‘未知之云’所产生的环绕珠三角的存在及表现的神秘外罩，都在证明存在着平行的宇宙，这种存在完全矛盾于全球化等于全球知识的假设”[①]。库哈斯十年前已然意识到中国的“当代性”是一种特殊的“中国式”，是无法用其他地区所产生的知识来完全解释和替代的。我们要补充的是这种“当代性”的“中国式”也很难在历史中国中找到答案，虽然它给予我们许多答疑的提示。

3.1 从“中国式”到“当代性”思考一：城中村

URBANUS 都市实践对深圳城中村的敏感在于我们意识到城中村是在中国城市化进程中一个城市所必然包含的内容，是当代都市的一种基本“户型”。当城市白领和精英开始热衷于中产阶级生活时，城市的另一个极端正向低收入阶层敞开更大的门。不要忘记中国农业人口的数量、比重及地理分布，以及后工业时代对农业人口的解放，更不要忘记这是一个城市的淘金时代。当前中国越来越多的城市人口能够用廉价的方式获得中产阶级的舒适性的同时，就会有成几何级数倍数的低收入阶级用并不舒适的生活条件来支撑这种舒适

8 9
10 11

图 8-11. 土楼公社

性。这种城市经济和社会的平衡需要城中村。

城中村笼罩着一种社会低收入者生活的快乐。他们过着一种“中国式”的日子，充满了对恶劣环境的适应力。正是这种“中国式”的应对外在压力的能力，使我们充分理解了不应用推倒重来的方式，而应用有机整改的方法，来解决在高密度的城市中低收入人群的居住问题，创造的一种生动的混合街区。这是一种全新的“中国式”居住形态。

3.2 从“中国式”到“当代性”思考二：土楼计划

以闽南地区为主体的客家土楼是一种原型特征极为强烈的中国传统民居形式。URBANUS 都市实践与万科合作尝试以土楼为原型做一个当代城市低收入住宅的研究时，摆在我们眼前的就是一个典型的中国式居住的问题。利用土楼的单元式平面布局与当代的集体宿舍或单身公寓都极其相近的特点，突出其向心性易于形成社区感和领域感的特性，使这个传统形式更好地适应现时的城市居住要求。我们的策略是提取土楼在居住模式和建筑形式上的精华之处，尝试创造一种新型的住宅类型，它遵循现时住宅设计和城市条件的基本要求，寻找解决低收入人群的居住模式，来组织一种高密度的商住混合居住形态，以保留南方城市低收入社区中所特有的街区生活、社区感和邻里关系。土楼计划是针对经济适用的开发项目，它不仅仅要制造经济的户型，还要制造经济且有效的社会空间。其成本又几乎可以被“零地价”和“低地价”来平衡: 圆形的平面可以适合城市中的许多边角废地，从而成为空地中的插件。 这种插入，在延续和填补了片断式的城市空间同时，带来了城市活力， 并可能成为未来城市无法再供应土地时的一种发展策略。

3.3 从“中国式”到“当代性”思考三：北京院子

院子是“中国式”的标签。URBANUS 都市实践介入某个北京的别墅项目时，意识到院子有多么重要的“当代性”。在这个物欲至上的时代，人们“活得匆忙，来不及体验”[②]，方觉中国文人的超脱飘逸才是应对尘世之累的最好武器。在这个意义上，东方的禅意的确是对高强度、高节奏、高效率的当代生活的合理调节。在这种“当代性”条件下，用“中国式”的院落空间和园林空间来规划低于 0.3 容积率的用地，的确比北美的独立住宅方式更加合理。当一切劳作开始收获，要物化为实物的报偿时，人们却去关注四大皆空的院子，这既是二律背反，又很自然。院子使对有形的东西的追求被无形的空间所化解——在这个体系下，无需雕栏玉砌，清汤寡水中便可享受天地的自然之妙；无需粉饰铺张，就能享受

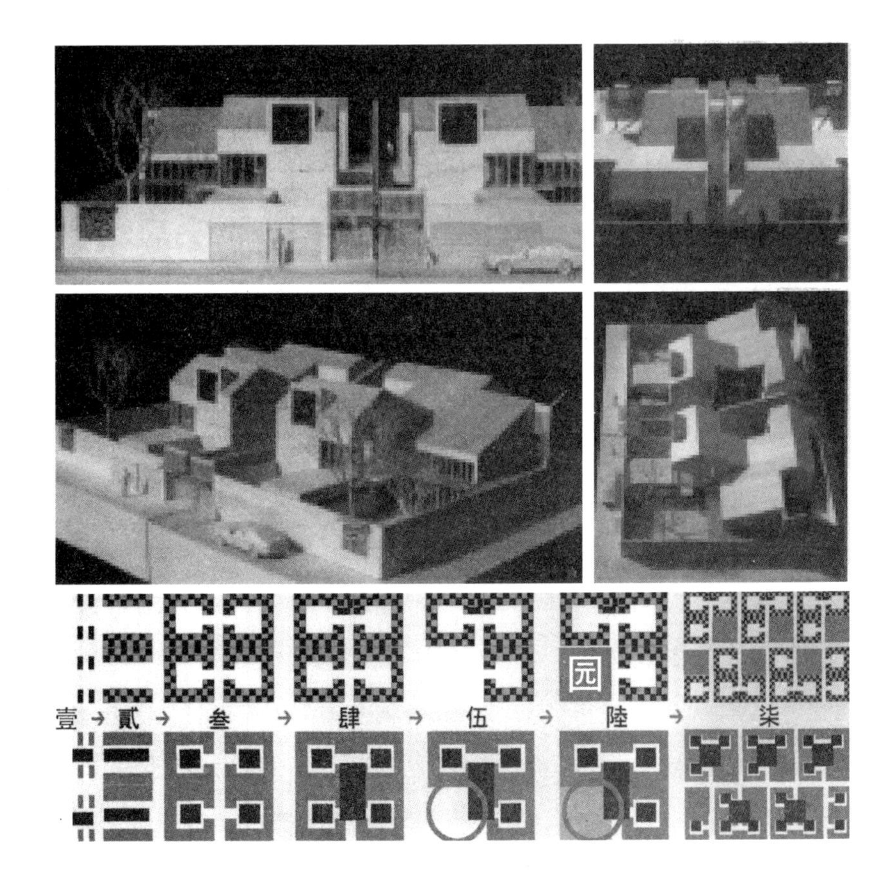

12 13
14 15
16

图 12-15. 北京院子模型
图 16. 北京院子分析图

起承转合于古典空间序列中所带来的世间的尊贵感和满足感。

4. 结语

当前“中国式”的流行，比当年的复古主义有更深刻的内涵，同时在实践中也涌现出前所未有的好作品。但正是这些好作品带来的良好结果，使“中国式”探索的指针继续指向历史建筑，而忽略了一个特殊时代的特殊条件。这种特殊时代的特殊条件，恰恰是我们这一代在回答“中国式”居住这一整个近现代中国建筑史中不间歇的命题时所得天独厚的条件，是我们这一代和上代的区别所在。

注释：

① Rem Koolhaas, *Great Leap Forward* [M], Tachen, 2001.28。

② 普希金语。

作者简介：刘晓都、孟岩、王辉，URBANUS 都市实践事务所合作伙伴

原载于：《时代建筑》2006 年第 3 期

“我在西部做建筑”吗？

刘家琨

如果不是马原鼓动，我想我不会再把《我在西部做建筑》翻出来添枝加叶。那本是一篇写给建筑杂志的文章，讲述的是我的建筑经历，它是这样开头的：

如果不是《时代建筑》提醒，我一直还觉得是别人在西部工作呢。“西部”这个词，通常让人联想到的是辽阔、苍凉，大漠长河等等，或许还加上从美国牛仔片那儿引进的某种气质，而我长期待着的蜀地，这个享乐主义的安逸平原，真的属于西部吗？——是真的，四川确实是在“西部”所属的十二个省、市、自治区内。这个“西部”真的太大了，看看地图，或许不如干脆说中国就是西部，只是在靠东靠南有一部分其他先富起来的地区。现在这种划分方式好像只关注了一件事：穷了就靠西。

我和我心目中真正的西部的确也有过一段缘分。

1984年，我已分配到成都市建筑设计院，还没有完全适应从学生变为国营单位小职员的沉闷生活。伏案制图的老工程师透过汗衫耸起的肩胛骨，使我心头涌起一阵阵莫名的恐慌。突然有一天，听说院里正在组织人员要去西藏！据说第二年达赖喇嘛要回西藏，中央决定了，有43项建设工程要赶在他回来之前在西藏各地完成。设计院分到了其中两项：那曲饭店和那曲群众艺术馆。那曲在羌塘，羌塘在藏北，藏北就是藏羚羊跑动的地方。哎呀！真是越说越令人神往了。我报了名，积极得很，生怕去不成。后来我才晓得，真正的形势其实是生怕我不去。当时我主要的长处是好像什么都不怕，另外也还能画一手水粉渲染图。那曲海拔4700m，因为缺的主要是氧气，所以缺别的就不算什么了。好些人被选中，选中的人也多有“火线入党”的决心。我那没来由的积极不光是父母有些反对，在单位里也显得颇为可疑。据说某领导提醒说，这个人，要看见他上了飞机才放得下心来。

那是我第一次坐飞机。习惯于在四川盆地稠厚的云层下感受太阳，突然看见天上面的蓝天和云上面的白云，我兴奋异常，一反常态很快给父母写了封信，其实主要是想说这些云，当时我哪里懂得父母的担心。多年以后，我陪儿子第一次坐飞机，他皱眉望着舷窗外说，小云在大云里面洗澡。突然涌出的回忆令我心里一步踏空，砰然作响。

那篇文章从杂志上又转发到网上，后来被节录后又登在《四川航空》上，在长途飞行的强迫阅读中，好多人在万米高空一边看文章，一边看一眼我儿子描绘的云中现场。有人对我夸他有文学天赋，虽然我知道不一定但仍然很高兴，同时也引起一番联想：从前也有人这样夸我——我的角色会不会是一个文学人的背景，“……其父是建筑师，年轻时曾热爱文学，为了实现自己未竟的梦想，他从小就对儿子……”，这样的角色近乎含辛茹苦，这样的寄托就像飞机投在云上的影子。我其实感觉他日后可能是个演戏的：长得像匹砖，出招前居然要掠一眼自己投在地上的影子。不管他长大干什么，有个建议我一定会给他提：早恋晚育，成家前独自上高原。

羌塘的高山草甸，月亮风景，山丘浑圆绵长。海拔越高的地方，地形落差反而越小，就像酥油茶快灌满了和碗沿的落差越小一样。超常的能见度和从未见过的辽阔使内地人的距离感错乱。“早上看见一枚帐篷，晚上才能见面”。当雄附近用土围子围起来的一棵树，那是从拉萨到羌塘的最后一棵树，或者说是从念青唐古拉山下来到拉萨的第一棵树。海拔5000m的古路兵站，汽车爆胎，用气筒打气，我们中最壮的能打到五十七下，我是五十四。壁立的乌云移过公路，烈日又来，被暴雨和冰豆子打湿的羽绒服开始冒烟，人像个热包子。从帐篷里冲出来的藏獒在五六十米的距离里没有追上我，那是我平生跑得最快的一次。扶着那曲的电线杆子抽一口气，像鱼养久了不换水。吴专员，诗名“草青”，吉普车一路烟尘，朝一片空旷草原用下巴指了指，那就是我那个群众艺术馆的工程用地。长年在干硬草原上掏草根吃的绵羊进化出一口龅牙，专吃装水泥的牛皮纸口袋。洗完硫磺温泉穿过草原回来，进了屋才看见脸上依然半明半暗已经被夕阳晒出了阴阳。压房顶的大石头。白脸牦牛在雾中的鬼样子。永久冻土带，九度抗震设防，地下的基础比地上的房子还大。

建筑出土的时候，我的智齿也在发芽。图书馆下面挖出一个暗洞，抽水机抽出了盲鱼。李兄，我那个工程的项目经理，半夜里被醉酒的藏族守卫用枪顶着在草原上走了一圈，大家都不敢上，生怕钢筋绊着他，使他扣了扳机。李安然无恙，现在是规划局长，权力大了责任也大，顶在他后背上的东西并不比当时软了多少。回忆回忆回忆，1984年到1987年，我常在拉萨游荡——但是我得打住了，这是给建筑专业杂志的文章。

因为马原，不由得想起当年西藏那个意气风发的文学圈。龚巧明冷峻灼热，马丽华内秀外讷，田雯话语反叛但内心可能相反，扎西达娃阴郁寡言。马原才情满溢，吴雨初目光一闪……我不属于那个圈子，我是成都来的朋友，给吴雨初和加措设计群众艺术馆的建筑师，以及龚巧明赏识的文学青年。我"半文学半建筑"，既这又那，像蝙蝠或青蛙。作为一个有点暧昧的边缘人物，我参加过他们在强盗林卡灌木河滩上烟雾缭绕的烤肉野餐。那时我和他们还不是熟朋友，如果加措和李新建不来照应我，我就只是坐在一边看着：马原甩动宽宽的手腕向拉萨河对岸扔石头，田雯在一旁惊呼。马丽华半闭着眼往烟里添柴。吴雨初兀自微笑，人不知在哪方……那是些激扬文字的日子，有一点创造历史的感觉，某人的一举一动都有可能被在场的某人写进作品而跻身经典——但时过境迁，烟消云散！龚巧明死在尼羊河里，冷面朝天，双手握拳。田雯死于塌方迸溅的石头。马丽华平地翻车摔断尾骨但逃过命劫。当年就流传着一种说法是西藏不庇护女能人，这说法多年后又经马原再说，变得像定论一样。那么它又庇护了谁呢？那片土地金光灿烂辽阔无边，人是个小黑点。

在一片无遮无拦无红线的草原上修房子，我有点不着边际。没有任务书，只好乱想想，翻翻资料集。最后是根据土围子的启发，用一堆房子围了大大小小一些院子。我一直没有亲眼见到那房子修成后的样子。1987年我专程去看，但那一片正在闹鼠疫，从当雄就封了路。听说最好看的是主体正面倾斜墙上尖尖的光影。倾斜墙？尖光影？看过照片我才知道其实是我画错了，斜墙和直墙有一个未曾料到的胡乱交接。那房子最高处也就两层，但诗人马丽华当时认为是"月光下壮丽的大厦"。那房子风光了一阵，后来听说成了设计中没有考虑过的"歌厅"。再后来，听说院子里面主要是挤满了避风的羊。生性敦厚慷慨的加措，第一任馆长，后来给我写了封不留情面的信，痛批了一些想当然的设计处理，因为他的宽厚，也因为他的耿直，我们是一辈子的老朋友。

藏胞自古以来的娱乐生活是围着火堆跳歌庄，男欢女爱，在一年一度的集会上骑马打枪扛石头，人家的群众艺术根本就不一定需要花那么多钱盖一片那种房子。我们这些自作聪明的人塞给人家这样一种自以为是的生活，而人家就那样生活！从此我知道了建筑设计的要旨并不是设计建筑。

就在几天前，李新建途经那曲，给我发来短信。“群艺馆皮相全毁”“拍些照片”“不忍！”“不忍也拍！”但新建再无下文，他在群艺馆前廊创作的壁画早就风雨剥蚀，他在布达拉宫脚下的旧屋也已经夷为广场了。不管难不难过，这正是生活。我从不拟定旧地重游的计划，像知青时代的乡村景色一样，那些西藏的往昔风景已成为我心中的原风景，在那些风景里，我才感到自己的一段生活是真实的。我想起马丽华写的诗句：不见不见 / 在永远的年代 / 有一个永远的翩翩少年。

1989 年。新疆。汽车在茫茫戈壁上向着公路的灭点进行，前面天上是孤零零一朵正在徐徐溶化的白云。人慢慢睡着了，一场好觉醒来，眼前竟然还是那幅景象，那朵云正在重新溶化，仿佛时光倒流。死了一千年不倒，倒了一千年不朽的胡杨林。喀什郊外林木葱郁但一片死寂的土坯村庄。香妃墓精美的砖墙，高大阴凉的墓堂里像亡灵一样飞上飞下的鸽子。远东最大的巴扎尘土飞扬，人喊马嘶，五颜六色，白杨叶子在烈日下闪闪发亮像摇钱树一样。银镯子成交，我们各自暗笑，双方都认为对方是傻瓜。同一辆驴车上，眼睛看上去比嘴巴还大的两朵少女，我们猪很想认识她们羊，但语言不通。

塔里木盆地发现了大油田，设计院不知怎么成了石油城的设计单位。石油城到底建在库车还是库尔勒，需要做个决定。我是专家组成员。我懂个屁！一位原已准备辞官回乡的常州来的市长，看见了库尔勒的大好希望，倾其全力接待：早上起床就要喝酒吃肉，四两一串的羊肉串中间那块肥的最香。博斯腾湖里坐快艇，钓不钓得上来中午反正都吃大鱼。大姑娘小姑娘载歌载舞，心怀不满的维吾尔小胡子男青年走了又来。腰上拴着铜链子，我从盘旋的直升机肚子上开的门往下看，一些斑斓的色彩，一片晕眩。石油城就定在库尔勒了，跟我的考察没什么相干。几年间，设计院在那边设计了半个城，我的任务是一个文化中心的设计。我，专家，给中央来的部长介绍方案，有点人模狗样的，但小飞机因为驾驶员在边境上多带了私货，据说超重飞不过天山，要赶一个人下来，赶的还是我。我在突然间变得空无一人的机场游荡了一下午，一面想象天山的山尖尖挂破了小飞机的肚皮，一面用枝条打死了好多蝴蝶。

我们被关在库尔勒郊区一个招待所里做设计。漫长的白昼，下班时间过了好像都还剩一个白天，成天趿拉着拖鞋，有事画图无聊了也只好画图。一盘磁带反复放，罗大佑的恋曲听得都进入新陈代谢，欲罢不能了。像大多数建筑师一阵一阵迷恋某种形态那样，也许是肥美的曲线看多了，我迷上了椭圆，死活做了个椭圆形大厅，把合作的同事们画惨了。后来听说它并不好用。幸好这一次我观察并体会到当地居民对户外集会活动的喜爱，在那个大厅外附加了一个室外剧场。据说倒是这个附加的户外空间比较受欢迎。建筑师在设计前应该尽量删除自我，观察现实。这个建筑我仍然没有见过，开工时我已离开。完工后留守的同事不懂摄影，专门挑了个凉快的阴雨天，拍回来一叠迷迷蒙蒙的照片。

对我这代的好些人来说，除了当知青时的青春期迷茫，1989 年之后的那几年，通常会像戈壁一样荒凉。理想幻灭，感情破裂，我个人的情节中还有一场真实具体的老屋烈火作为象征。我想出国，哪里都行，能不能以壮男之身随便嫁个外国胖婆娘。已在国外的朋友还帮我认真张罗了一阵，但何多苓正告我，那胖起来可不是你想的那种胖哦，再说你这样对人家也是极不尊重的。我想挣钱，哪怕从阴沟里爬出来，手上有叠钱就行。但这也不易，因为人人都在竞争。缩编情色小说，出演最差主角……，走新疆有点像前人走西口，总之是从位置到内心都必须另寻去处。戈壁的荒寂而不是雪山的雄奇更适合我的情绪。受聘于作协文学院当专业创作员的一段日子，其结果是使得我得了文学厌恶症。我放下拿不动的钢笔改摸绘图仪，同样也是一种逃避。

上大学之前从来未听说过“建筑学”，填志愿时连“仓库保管”和“皮革处理”都填了，无非也就是一个知识青年想跳出农村找个工作。毕业十多年间，主要的精力和兴趣都没放在建筑上，由我主持设计的两个建筑远在边疆没有见过，我想，从未经历过图纸变为物质的那种撼动，也许是我总是对建筑提不起兴趣的重要原因。1993 年，我已经考虑改行，这时恰逢同学汤桦在上海办个展，我作为朋友而不是建筑师出席。这次活动对我震动很大。从上海转道南京的列车上，窗外的景物纷纷向我诉说关于建筑的事情。我拍了很多照片，现在看起来图像不清动机不明，但从此以后，用同行的何多苓、翟永明的话说，我“一夜突变”，成了建筑人。

有很多词语可以修饰一个人的突变，转型，扬弃，甚至顿悟等，但具体的感受其实就是撕离。在南京的一间幽暗房间里，韩冬给我看他从诗歌转向以后的第一篇小说。看他用炼砖一样细密坚实的文字一层一层砌筑想象中的楼房，我感觉到自己正在一帧一帧地远离这种乐趣。其实我当时还没有向建筑真正迈出，但我已经在心里暗暗对文学说我还要回来。以后许多年我听许多人都说过类似的话，却没见一个人真正能够回来。我是不是也一样？我是不是不一样？相信前面的心有不甘，相信后面的自欺欺人；对我将要放弃的我已经失去信念，对我将要投身的我全无信心，但我就这样稀里糊涂地走了。今天我已明白，文学，这么困难的事业，真要做好，一生加天赋都嫌不够，哪容你进进出出！拔得出来的肯定就不是最深的根，人各有其命。

以画家罗中立的工作室为开端，我开始了在川西平原的建筑实践。罗中立工作室是当时国内首批兴建的艺术家工作室。这举动已经奢侈得令画家自己不安，投资建设当然更要节俭了。买地的时候已经约定要由当地人来施工。卖了地，想通过修房再挣点钱是情有可原的。就这么些农民兄弟，大家往田里一站，事情该往哪个方向去做好像不言自明，如果你执意要去干些花钱多技术上又难的事，不过是自找没趣。到修建何多苓工作室和犀苑休闲营地的时候，情况稍好，但也差不多。经过几十年的衰落，农村工匠的手艺已经失传，丢失得更彻底的是那种要把东西做好的质量意识。原本自下而上的技艺累积已经失去了基础，而在城里建筑业打工的农民，做的也多是杂活，带回来的也是新时代技术的低端甚至坏习惯，手上出来的活儿比原来就很粗制滥造的城市建筑更加粗劣。一眨眼，他们就会出错，有时令人啼笑皆非。但就是不会嘛，你就是把他打死又救活，他仍然会出错。扣工钱也只是说说罢了，但除此之外也没有别的制约，他已经在底线，你把他“社员的身份取下来也还是个农民”。

从最初的气恼，无奈到逐渐习惯，我自己慢慢调整适应：与人合作要多想人家的优点。传统技艺的丢失不是他们的过错。和城里一些做油了，胃口做大了的施工队不同，这些刚刚起步的施工队慢是慢点，生是生点，但却十分认真，对承接了这么“大”的工程有点诚惶诚恐。有工做，已经是一种满足。他们没有套路，听话，愿意学习，还特别不怕修改，只要认点微薄的工钱。他们有点质朴，也有点狡黠，还有一点我始料不及的上进心。为了避免大片墙面抹灰不平整，我干脆用乱抹以掩盖瑕疵。当然这也有另一种难度，它不像平整抹灰那样有一个明确的标准，需要掌握分寸。另一个难度是我没有想到的，不管怎么示范，那些民工千方百计总要把它抹平，但又不能真正抹平，弄得两头不靠。过了几天我才知道，原来他们心里暗暗打着些算盘：首先，他们并不真正相信城里人修的房子连“衣服都不穿”（指不贴瓷砖），当真那么没钱；其次，他们认为自己下死劲去抹还是抹得平的，就这样乱抹有点看不起人嘛。最重要的是，他们生怕以后会用没有抹平作为理由来扣工钱！我们划定了一块示范段，并规定抹平了才拿不到工钱。农民兄弟们你推我搡地笑成一团，觉得遇到了傻瓜。但将近完工的某一天，我正摸着墙壁检查效果，墙头上突然有个声音说，刘工，这狗日的还是有点好看呢。

在乡村盖房子自有其乐趣：川西平原，节奏舒缓。“菜花黄，明月东方，日西方。”“活儿比命长。”劳动力亦工亦农，放下裤脚修房子，卷起裤脚下田。我们的工地氛围跟从耕种季节，农忙冷清，农闲热烈，抢收抢种的五月间只有包工头蹲在墙头上兀自抽烟。工程不大，就那么些人，差不多都认识了。下工地的时候会有人在墙角打个招呼，手上拎个灰刀，脸上脏兮兮笑嘻嘻的。当然，是个甲方都急，但也不真正急成什么。反正不卖，也不向某个日子献礼，毕竟不像城里的房子，是某种强大规则下急吼吼的经济作物或政治作物。散漫是散漫，“明七暗八正九点”，但总是在做，所以总有个完。

1997 年发表在《建筑师》上的“叙事话语与低技策略”一文，记录了我在乡村完成这几幢房子的体会。由于“低技策略”这个概念，好多人记住了我。十年过去，不再有人提那些建筑，但却经常有人提起“低技策略”这个词和那段文字。比作品影响力更长久的是思想：“……面对现实，选择技术上的相对简易性，注重经济上的廉价可行，充分强调对古老的历史文明优势的发掘利用，扬长避短，力图通过令人信服的设计哲学和充足的智慧力量，以低造价和低技术手段营造高度的艺术品质，在经济条件、技术水准和建筑艺术之间寻求一个平衡点，由此探寻一条适用于经济落后但文明深厚的国家或地区的建筑策略。”

建筑设计和写作颇有几分相似：都是一种设计。都要先有一个构思（往往先有结局），然后想方设法寻找合理性，甚至制造合理性向这个结局走去，就像是实施阴谋。立意、架构、序列、节奏、伏笔、分寸、整体感、细节……所有这些用语和其含义都很近似。对一个从文艺青年转身而来的建筑师来说，建筑学不是学识和技术，而是常识加智慧。纵使还不成熟，但由于相对更熟悉那套调动感受的法则，因此比较容易避免贫乏平庸，营造出某种美学感染力。建筑学需要这些。今天看去，那些早期作品，可能更多是表面特征的而非内在风格的，是文学的而不一定是哲学的，更像是好故事而不是诗，也未必真正抓住了建筑学的核心价值，但它们已经是建筑了，虽然建筑学远远不止这些。

我在潜心于这几个乡村建筑的同时，也在干着设计院的政府大工程。这两类工程的指向如此不同，以至于崔愷后来看了戏称为“变脸”。我老大不小了，半路回家，重新起步，需要抓紧学习，必须要掌握的技术我正是在设计院恶补的。两年间，我已经懂得建造活动是怎样一件社会性系统性的事。办公室的同事教会我怎样画施工图，也带给我关于这个行业的现实感。老一辈建筑师不经意说的话至今记忆犹新：“人家出钱让你生活，又出钱实现你的想法，其他不要太计较了。”“这个细部人家是看不见，但是你自己心里看得见。”

比技术更重要的是进入当代建筑学的语境。虽然设计院的同事尽是建筑师，但当年好些人对学术思潮并无兴趣。我知道建筑学比起我在学校里知道的已经发生了很大的变化，但我还不在圈子里，建筑学前沿发生的事对我而言像些传闻。我不知道哪个建筑师在哪个位置，当年吓了我一跳的安藤纠夫后来又译成了安藤忠雄。巴拉干，我那么喜欢，但早知道他那么有名我也不敢学他了。出差日本，我亲手去摸了摸槇文彦、矶崎新、安藤忠雄的作品，那些作品和当时中国建筑的巨大的落差使我既兴奋又失落。

我交了辞职书，使很多同事感到愕然。几个房子画下来，从心理上我觉得自己已经是个建筑师了，而且我也考取了注册证，设计院也更器重我了，用一个领导的话说是“浪子回头”。在设计院，我有了一个看得见的前程。当我突然提出辞职的时候，有人分析我是在闹条件。当时真的许给了我当总建筑师，副院长什么的。我不是这个意思，我也不是那个材料，我还是辞职了。今天回想起来，我确实相当莽撞，但当时一切情绪都很真实，人有时候会被一些细节左右：我想要一张特别大的工作台，但我没有为什么要与众不同的理由，我说不出口。使我沉溺于中的那些小房子，和生产与收费无关。我在公共工程上翻来覆去的修改，给大家造成的返工，在设计院的流程中是个让大家努力容忍的麻烦，而不那样做我感受不到设计的乐趣，那样做了我自己又很内疚。另外还有一个理由——设计院通常那样——以一个不热爱建筑设计，不知建筑设计本身乐趣或本身对设计没有见地的人来当领头人，虽然确实是一种管理的需要，但也确实抹去了当一个建筑师最内在的那一点满足。

我晓得创业十分辛苦，前程未卜，如同运动员上场前先去趟厕所一样，我甚至匆匆忙忙赶完了后来发表在《今天》上那个长篇《明月构想》，准备接下来有一番苦战。但我没料到竟是如此艰难。好在我也有个底，大不了一无所有又当一回知青。北京三磊公司支持我度过了最初的基本生存。张永和在紫竹院那个寒酸而又洋溢着理想主义激情的工作室给了我极大的激励。

我的第一个工作室在一条仿古街上，三层坡顶楼的顶层，空间很高，只是停车不便，底层和二层又是个茶楼，甲方来找我时开始总有接待女郎笑脸相迎，但一听不是喝茶的马上又给个冷脸。但搬家的原因不是这个。公司结构的模糊和思维结构的冲突使该发生的都不可避免地发生，朋友都做不成。拆伙就像小离婚。我现在的工作室空间差多了，不过是普通的商住楼，但好在是在一个生活方便的老社区里，窗口常飘来饭馆的菜香或馊臭。“把建筑放在了生活里”，这是一个老外最近随口说出的观感，它成了我继续在这里工作的上好理由。

转眼就是十年！从 1999 年成立事务所到现在，我们一直在这里。一年到头，日理万机，忙于各种工程。这些工程千差万别，但基本关注点差不多一样：梦想和现实的平衡，本土资源和国际潮流的融合。

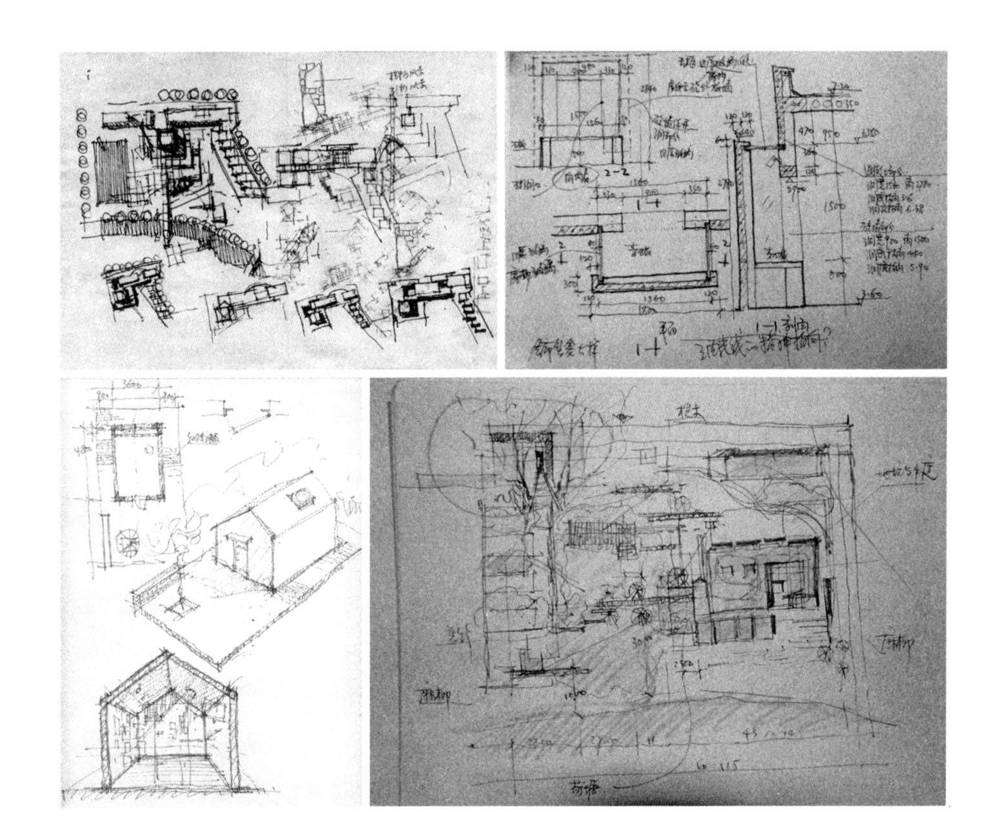

1 2
3 4

图 1. 犀苑草图
图 2. 鹿野苑壁龛大样草图
图 3. 胡慧姗纪念馆草图
图 4. 鹿野苑平面草图

鹿野苑石刻博物馆：野逸幽深，随机布局。一种结合当地施工水准的非正规工法使这组建筑有了实验性，糅合草根俚语使学院传统重现活力。

重庆四川美院雕塑系：在基地的苛刻限制下以对天光的最大争取来决定造型。对材料，尤其是人工的刻意运用。同样的人工做法在西方发达国家会难以承受，而在此则是富于人性的廉价资源。

安仁建川博物馆聚落文革之钟馆：利用而不是回避商业和文化的矛盾，将商业现实的纷繁和历史遗存的静谧分别极端化，强化各自的感染力，从而创造出独特的场所感，类似于中国传统社会中庙宇和周边世俗生活的依存关系。

南京“中国国际艺术展”：用化整为零的方式把大体量公共建筑转化为山水间的细密体块，使可能破坏环境的“多”变为以“多”为特色。用遍布乡镇的普通水泥材料替换传统砖瓦材料，构筑当代中国村落。

上海青浦新城建筑设计中心：以刻意的简单平凡应对复杂多变，用层层递进的公共空间把政府建筑表情转换为平易近人。

广州时代玫瑰园公共空间系统：用架空的城市小路穿越封闭的小区花园，探讨城市孤岛和公共空间的社会融合关系，以及重合城市绿地和小区花园的可能性。

……

多年的本土实践已经使我们的工作有了一种方向。早年表现为“低技策略”，现在我自己称为“处理现实”。我自认为它已经从某种手法发展为一种方法论，可以称为直面现实、利用条件、解决问题，或称为反扭现实。说起来容易做起来难，是处理现实还是被现实处理？现实究竟是什么？很难说得清楚。在向未来的疾驶中，现实是正在慢慢变硬的幻象。

建筑设计和写作还是相当不同：操作文字和操作物质。线性阅读和瞬间呈现。叙述之内和叙述之外。从一点展开想象和被物质包容。打不成省略号，一笔都不能虚。不是独自完成而是组织社会资源，就像导演。弄不好不是锁在抽屉里，弄不好要死人……。由于曾经是文艺青年，做建筑的这些年最常被问到的一个问题是关于建筑设计和写作之间的联系，回答很困难。“多一个参照系多一个判断角度。”“区分它们也许比混同更重要，弄清不同工具所长，避免用钥匙砍柴用斧头开门。”我尽力再清楚些：建筑首先是要把人和自然分开，然后把想要的东西从自然那儿拿回来。怎样隔怎样拿？建筑最动人的部分是其中最笨拙难言的那部分，词语可以让它慧根挪移。无中生有，参与造物，建筑学沾点神性；砖石土木，逻辑结构，建筑学情商不高。文字是人发明的并为人之中属于人的那部分感知，而高低硬软却是人之中动物那部分就已知的。熟铜烂铁，它们有明确的物理属性，铁和铜的文明属性呢？有点乱了。物质很古老，建筑很原始，建筑设计也许需要比写作更原始的能力。建筑的本质就在那些物质中，建筑不是什么的媒介和象征，它“直接就是”。站在做对了的建筑面前你会觉得做错了什么……噢！我到底想说什么？

还有几个十年？长年生活工作在一个地方究竟会不会成为真正的限制？我常常想，但不肯定。位处西南腹地，周遭大山环绕的四川是有点封闭，好在这已经是一个交通发达，信息过剩的时代了，真正的困难不在于缺乏交流而在于难以沉淀。“少不入川”，生活在这里，可能会土点懒点，但也因此可能保留一份质朴和从容。从平原中心的城市驾车出去几个小时，你可以经历从湿地水草到苔藓地衣的植物学断层，同时也路过汉、羌地段抵达雪域藏地。从时尚到蛮荒，这种风土人情的清晰剖面可以使人很容易感知一个世界的完整结构，避免认知单一感受贫乏。关于混杂丰富和融汇一炉，火锅应该算是一个象征吧。

玉米的生存策略和稻谷不同：玉米在中部结穗。这样它就既便于承接上部的阳光又便于汲取下面的营养，从而结出一个比挤在顶部结穗的稻谷更大的果实。待在一个中等地区，挨近自然与传统，同时也看得见国际潮流，也许有助于更清楚地了解中国最广大地区的普遍现实，而不那么容易迷失在超大都市流行主题的幻觉里——显然，这是我后找的理由，但也许有点道理。

越真实的理由往往越没道理：我母亲在成都，九十五岁了！最大的乐趣是看见儿孙就在跟前。我是她晚结的果子。孝就是顺。此外，一个人选择生活在成都，基本上就意味着野心不大，我的野心从未大过我的惰性。

5·12 地震那一刻，我其实在上海，第一时间的信息是：八级！就在成都！我刚刚参加过唐山地震遗址公园的评审，清楚八级意味着什么。妻儿老小，至爱亲朋，当确信所有的电话都打不通那个苍茫的时刻，我才刻骨铭心地意识到：我所有的一切都在那里，只有我自己不在！关于救灾重建我做的一切，扪心自问，真正的动因可能不是出自人道良知，也不大像是借机建功立业，更像是出自愧疚，是将功补过般的积极。

建筑设计和写作也许还有更内在的相似：往深处做，关键是找到自己以便放下，做事要发自内心。用废墟材料做“再生砖”，为普通女孩建纪念馆……都不像以往的设计那样受人委托，搜肠刮肚，而是涌浪一翻就在眼前。就我个人而言，这些事对社会意义大不大其实都不那么重要，是我自己非做不可。这样做，只是因为我身在四川，又是个建筑师。

我是四川人。尽管祖籍河北，爱吃饺子，我还是四川人。我生在这里长在这里，父亲葬在青城后山。这里是我的家乡，我在这里做建筑。建筑设计不只是我在现实生活中谋求功名利禄的工具，和文学爱好一样，它也是我漫游精神高峰和心灵深处的导游。这两样都是一辈子不够用的苦活，好处是可以让人一生向上。平行宇宙，循环时间，在哪里都是自己在，在哪里都在自己里。如果舞台不亮，自己修炼放光；不能海阔天空，那就深深挖掘。“在所有的建筑中我最喜欢井”。

2009 年 4 月

作者简介：刘家琨，家琨建筑设计事务所主持建筑师

原载于：《今天》中国当代建筑专辑，2008 年

谢英俊以社会性的介入质疑现代建筑的方向

阮庆岳

1. 前言

最早谢英俊是以表现客家文化为主题的几个作品，像是中国台湾的新竹文化中心、美浓客家文物馆（图1、图2）作为出发点，这阶段他着力在如何以工业化构筑的原则，回答民众对文化与传统，在建筑语汇以及空间上的期待。

也就是说，谢英俊的建筑作为，是从对工业化基本构筑原则的信仰起始，最早寻求的答案，则是在与文化性的联结上。9·21地震后，他受邀为不足300人的邵族进行家屋重建，经费主要来自民间捐款，材料以轻钢架、局部的混凝土、砖，搭配在地的竹子、木材等，由族内剩余的老弱妇孺，一起动手建出邵族村落，让震灾后居民有家可居，也使一个少数民族文化得到存活延续的机会。

这具有社会性意义的转变过程，到他2004年进入河北省农村，是线性的、随时间延续发展的有其相互间的联系脉络可寻。到目前为止，我们大约分成三个阶段来观察谢英俊：可以1999年台湾9·21大地震后的邵族家屋案，作为第一、二阶段的分野点，也就是谢英俊操作建筑时，在文化象征与社会性介入的分别阶段；2004年春天去河北省定州市，参与温铁军主导的晏阳初乡村建设学院（图3），则是第二、三阶段的分野处，这是他具体深化社会性作为，并同时对资本结构与现代性意义质疑与挑战的阶段。

2. 从简化构筑方法作出发

谢英俊长期在操作建筑时，对建材环保在地化、工法轻便简易、造价便宜化，甚至对在地物理环境（采光、通风、隔热等）情况，都有着极高的敏锐度，他自己这样说明他的构筑原则与目标：

在实践过程中，结合可持续理论框架，谢英俊/第三建筑/乡村建筑工作室逐渐形成协力造屋的技术性原则：1. 简化构（造）法；2. 开放建筑。

其中"简化构法"的具体内容包括：降低对高级工具的依赖性；暴露节点，让连接的技艺变得清晰易懂，方便操作与更换；降低工艺精度；利用天然能源，设计简单装置；充分结合当地技术，便于推行；积极改良传统方式。

"开放建筑"的概念为，通过不可变的支撑体与可变更的填充体组合，通过填充体的变化调整空间的配置，更换填充体可延长住宅的使用年限，适应不同地域多样化的生活习惯及模式。例如，同样的轻钢结构，选择不同的填充墙体，就能是应台湾、河北、河南等不同的地理气候，空间排布、附属的设置就能满足完全不同的文化、生活习惯。

"开放建筑"的原则包括：a. 机能与寿命不同的构造元素做分割；b. 以平行组装取代顺序组装；c. 保持构建独立，避免相互穿越；d. 寿命较短的构件提供可及性；e. 机械性接头取代化学性接头。

这虽是近期的说法，但整体上他的建筑作为，一直牢牢在这个轴线上做发展。谢英俊信仰建筑的工业化方向，但遵从的同时，也提出他的修正意见，其中首要的就是"简化构法"，这是考量构筑技术的不断难度化，与对特殊专门工具的持续依赖化，会剥夺弱势者自主参与构筑的权力。整个思维的目的，在于企图使构筑的参与权，能真正下放到更普罗的非专业阶层去。

第二个原则的"开放建筑"，则是在施工的合理性，与在地的对话上，维持有机的可调整性。基本上，这与工业化大方向，有着类似的顺势微调，因此重要性不如"简化构法"的原则，所具有的挑战与宣示意味。从这纯然以构筑作出发的建筑声张里，可以见出谢英

1 2 3
4 5 6
7 8 9

图 1-2. 美浓客家文物馆
图 3. 晏阳初乡村建设学院
图 4. 邵族家屋配置图
图 5-9. 邵族家屋

俊的建筑自我定位，已经贴近后期所触及的社会性思考位置。

3. 从文化象征到社会介入

土地高价化的过程里，土地权不断落入资本集团与权力机制的掌控里，房屋与土地同时转化为资本的计量货币，社会弱势者因此失去拥有居屋住家的生物基本权，这个问题是谢英俊挑战的社会问题。

他以协力造屋来作回应思索。在 2001 年 12 月中国台湾暨南大学的一场座谈会中，谢英俊表示："如果能够自己动手盖，买材料和部分工料外包的费用只要 15 万（人民币不足 4 万）。……这点安身立命的基本生活条件，难道不是基本的人权吗？"

谢英俊尝试由单纯化材料与简化工法开始，尽量使用可由邻近供应范围内，容易取得的简单工业与生态工料，由自己动手来施作完成，用简单、低科技、便宜、互助（互相换工）的方式，让人人都有能力与机会为自己盖出房子。

在南投邵族家屋构筑（图 4~ 图 9）的例子中，我们可以见到他使用山上到处可见的竹子，以及当初日本在中国台湾造林，目前在山区仍可见大量无用乌心杉木的废材利用，乃至于用土泥造屋的可能，都可见到尽量使用可重复再生或在地材料的思维走向。

但是这其中也碰触了是谁能够来协力造屋的问题。关于协力造屋的理念性，或可以得到社会的回响，但是实质上，却难撼动已经成形的社会结构。也就是说，选择协力造屋不只是选择一种盖屋方式，其实更在于作一种社会价值观、甚至生命意义与目的的抉择，被拿来作取舍抉择的对象，当然就是资本主义的价值系统与全球化社会结构下的自我位置性。

在谢英俊、刘国沧与本人的一次对谈里，纪录撰文的吴介祯写道："观察谢英俊的哲学观与永续观，他的美学价值最扣合阿多诺的美学体系。……阿多诺的美学不只是理论的探讨而已，他关心的是人类整体的命运。阿多诺认为以人为中心的人文主义，虚妄地以为人必定能主宰自己的命运，结果是傲慢地对地球施以暴力。除了这样前瞻的认识论与反省之外，阿多诺认为艺术创作的存在，是要对抗当代社会商品交换原则所造成的同一性，这样的努力，也见于谢英俊协力造屋的行动目标里。利用在地的材料与资源造屋，设计者的美学思考一开始就必须朝向建构社区特色的种种社会条件，这是都市里大规模开发、大批兴建不可能发生的。且在协力造屋过程里形成的自主意识与批判性中，资本主义所仰赖的逻辑与幻觉终将被撼动。”[1]

谢英俊对抗的是不断被资本化的人性，而这是他目前的最有趣处，也可能是最大的挑战所在。

4. 以小系统对抗大系统

面对资本主义仰赖的全球化大系统时，谢英俊强调底层社区多样小系统建立的重要性。也就是在现代化、工业化与都市化过程中，不断被摧毁与消失的生产、消费与分解，这样不断自我循环的有机小系统，就是他意图重新呼唤与再建立的目标。

谢英俊相信从小处、从个体、从基层开始作为，以及价值观的重新建立，才是可以仰赖的未来走向。这也是导向他后期意图借由合作社，来化解个体与外在大系统间控制关系的思维模式。

他在邵族案写道：“以最贴近生活的营建行为切入，将建筑形式作为降至最低，彻底的去商品化、去资本化、去工具化、去专业化（设计除外），……建筑的内涵不再只是局限于技术、社会、文化，甚至于美学、伦理等层面。”[2]

谢英俊是以建筑实干作为主要工具，来进行一场在意识、生命意义与社会结构上的战争。

现阶段，他从定州开始的建筑作为，以粪尿分离有机厕所（图 10~ 图 12）作为参与我2005 年在中国台湾高雄策展“城市甦醒”工作营 / 展览的启头，并接续一个室内礼堂，与两间分别是木构与轻钢结构的“地球屋”，再延伸到河南兰考（图 13）与宁夏等多个内陆省份的农村，陆续构筑主要以轻钢结构为主，搭配各样在地可持续建材的民居住宅。

他直接以中国底层的农村作基地，透过建立“合作社”式的民间运作模式，以“半封闭”的自主系统，也就是所谓的小系统，来摆脱对商品与货币的依赖，破解资本主义与全球化，对个体无所不在网络系统的控制。

之所以会选择中国农村，固然是因缘际会，但也是谢英俊认为中国农村正处在几个思考点（工业化正进入农村日常生活、资本主义借由全球化积极渗入，现代性神话与信仰的全面建立）的转戾处，谢英俊显然看到广大的中国乡村人口造屋需求与供给所牵涉的能源生态、经济和发展问题，是值得建筑专业者关注的焦点。

10 11
12 13

图 10-12. 粪尿分离有机厕所
图 13. 河南省兰考环保生态家屋

5. 谢英俊的三条战线

谢英俊此阶段的思考比以前清楚，目标也逐渐清晰。我认为谢英俊正展开三条主要的战线，一是他对工业化与建筑二者间关系的思索态度，二是对全球化背后推手资本主义的对抗作为，三是意图破解“现代性”符号的迷障。

谢英俊本质上相信工业化所能具有的正面意义，譬如因量产与模具化，可以提供给一般人的直接好处，但他同时对以工业化为名，不断藉垄断技术与材料供给，以实现自我利益化的过程，有着深深的疑虑。也就是说工业化于他看来，是把双面刃，既可救人也能杀人，必须小心应对。他一贯的对策，是采取接受相对低技、可由地方自己生产与供给的工业建材，对必须依赖上层供应的高技建材与工具技术，则采排斥态度，也就是不接受少量、精英、昂贵与远方的建材及技术，以保障普罗权益为思考优先。而在这同时，则尽力结合在地的可持续性建材，并对在地传统工法，抱持善意的互动性，以同时维护可持续性建筑的理念。

其次，是谢英俊相信“合作社”式小系统的建立，是用来与全球化大系统对抗的理想方法。他曾在邵族家屋重建的同时，鼓吹类似的观念，譬如共厨共食，易工易物，甚至不使用货币，但这样近乎“封闭式”的系统，因为难以推行而终于放弃。目前他在中国农村是采取半封闭式的系统，也就是对资本主导的外在系统，采取亦战亦和的双面同步应对。合作社的位置，是在结合群体的力量，不管在生产与消费上，以能够化解对外在大系统的绝对依赖性，维持弱势者的某些进退自主位置。他对合作社是这样说明的：

兰考乡村生态建筑推广的基础是当地的合作社，贺村合作社通过几年的工作在当地建立了信任基础，合作社的社员平日稳健的工作作风，也使得第一座住宅还未开始建造，就已经有更多的农户主动来要求为他们建造。曾经在台湾的社区重建，也是依托合作社的机制，虽然专业的针对建房的合作社机制还未形成，但通过合作社的力量，至少，有这样的一群社员可以很快组织起来。而为参与建筑队的社员给予工资补助，虽然构不成协力造屋的换工机制，但却是必要的第一步。

参与建造的最初两户户主均是合作社的社员，组建的建筑队也均是社员，这样的方式，使得乡村生态住宅的推广与合作机制联系起来，参加合作社，不但可以优先建造住宅，成本也有适当节省，还可以在为其他住户建造的过程中，获得工作机会。虽然，刚刚加入的队员，在不具备建筑施工技术的情况下，会担心无法适应工作。但设计中简化构造方式的策略，使得队员可以很快掌握技术，投入生产。

依靠合作社的力量，最初的加工工具可以在合作社的担保下，租借到一些个人无法租借到的工具设备。在后续的建造过程中，设立简单的建造加工厂，为合作社找出一条贴近实际的经济合作模式。这也是合作社作为经济合作组织迫切要解决的问题。仅仅是单打独斗的建造方式，不但增加建造的成本，也不可能作为设计机构长期从事这种工作的模式，那需要投入很大的精力。

但这系统的发展仍待观察与检验，尤其所谓的半封闭，究竟要与外面世界的上层系统，譬如银行资金系统、产销脉络系统等，建立起怎样程度的关系，甚至在未来能否避免与政经权力挂钩的危险，例如类似中国台湾早期农会的兴衰过程。以及所谓的半封闭系统，究竟只是目前的权宜措施，还是终极的理想模式，甚至人性的本质为何，至终也都会是不可免的检验处。

另外，关于对“现代性”符号的挑战，比较落在意识形态的对抗上。现代性代表救赎、进步与幸福的某种符号性，已经成功主导此刻人类的整体价值观，传统与旧习大量被弃绝，敞门等待未知新答案的进入。

这本来并非是谢英俊预设的对抗议题，但在他操作建筑的过程中，“现代性”与“反现代性”的讨论，不断绕着他的作为出现，不管是专业评论者或居住者，似乎都读出来谢英俊的某种“不现代”性格，也生出不安与疑虑，甚至因而有着排斥性。也就是说，谢英俊的建筑不够“现代性”，是他另外一个要对抗与化解的挑战。因为他的作为就算在现实检验上合情合理，同时具有理念性的社会关怀，然而想让期待某种现代性答案的民众，来相信“现代性”其实隐藏着虚构性，恐怕依旧不是易事。

6. 建筑的魔幻与现实

谢英俊在谈及邵族家屋重建时，这样写道：“说来也讽刺，所谓前卫、先进的理念，似乎无可避免地要在地震后贫困、无助、匮乏的状态下，才有游刃的空间。其实这也不奇怪，当大家谈论‘永续’的观念时，不也是在各种环境与生存危机的恐怖阴影下立论吗？眼前繁华奢华、光鲜亮丽的人间，与地狱相距又有多远？”[3]

谢英俊直指现代建筑的盲点与不公义性，与其作为可被人间理解的普世价值性，在专业界的潜在影响力，绝对不可小觑。他的作为并没有什么高深不可企及的专业难度，也不

14 15

图 14-15. 后巷桃花源

是他者所无法做到的，谢英俊的特质，在于他身体力行向这个世界证明，知识分子与专业者的社会公义态度，是必须亲身坚持与实践的。

谢英俊的作品长期显现他对于权力体制的质疑，与相信有理想的常民作为，而非折中妥协并有宣示意味的的权力性作为，才是拯救世界大环境的起步点。

谢英俊曾在一篇名为《魔幻与现实》的文章里，批判中国台湾建筑界的罔顾现实并自甘沉沦于魔幻状态里的现象，他说："中国台湾在国际化的强烈意图与作为下，我们偶尔回头看看这片土地，感觉就像在马奎斯所描写的魔幻世界里，在第三世界那种分裂的、与现代文明挂钩又逃离的两极化状态中。我们可以强烈地感受到，在诸多的调查报告、评论，或描述中国台湾的建筑现象时，也都全陷入这种情境里，只是那种书写的角度，常常是在西方观点下所作的魔幻描述，常常忘了这就是我们的现实。"[4]

显然，他对于"魔幻现实"与"真实现实"间的巨大距离，在批判中有着些许的失望与悲观。关于这部分的作品回应，可以看他参与我 2011 年在台北策划的展览"朗读违章"，其中他的作品"后巷桃花源"作为参考（图 14、图 15）。

就如同引他入中国农村的晏阳初，谢英俊至终究竟能为农民盖出多少家屋，可能不是他价值何在的评判点。他的价值更在于，他能直视时代弊端，勇于投身实践，毫不回避也义无反顾，对改革理想全然地相信，又具备信徒般无怨无悔的勇气与决心。

是理念、实践与价值观，使他具有广泛意义。

参考文献：

[1] 阮庆岳 . 城市的甦醒 [M]. 台北：麦浩斯出版社，2006，26-27.

[2] 程绍正韬，谢英俊，廖伟立，阮庆岳 . 黏菌城市—台湾现代建筑的本体性 [M]. 台北：田园城市出版社，2003，124.

[3] 谢英俊，阮庆岳，屋顶上的石斛兰 / 关于建筑与文化的对话 [M]. 台北：木马文化，2003，05.

[4] 程绍正韬，谢英俊，廖伟立，阮庆岳，黏菌城市—台湾现代建筑的本体性 [M]. 台北：田园城市出版社，2003，90.

作者简介： 阮庆岳，台湾实践大学建筑学系副教授

原载于：《时代建筑》2007 年第 4 期

营造琐记

王澍

“营造”而不“建筑”

从事建筑活动，在我看来，以什么态度去做永远比用什么方法去做重要得多。有两种建筑师，第一种在做建筑时，只想做重要的事情；第二种建筑师，在做事之前并不在意这个建筑是否重要，只是看这件事情是否有趣。至少，建筑于我，只是有闲情时，快乐地为自己安排的事情。我甚至一直回避“建筑”这个词，因为它前提在先地把“造房子”这件事搞得太重要了：多种综合的理解，需要“创造力”，更多地表达建筑师的“自我”、与时代同步、继承传统与历史等。这些重要的因素制造的一个危险是：众多建筑师甚至丧失了在生活中基本的感官经验。我也厌烦“设计”这个词。在今天，“设计”大概等同于“空想”。它是反映性的、策略性的和文学性的，因为它必须是有意义的，并为了有意义不断为建筑填加意义的灰尘。而我，只想在“营造”而已。“营造”是一种身心一致的谋划与建造活动，不只是指造房子、造城或者造园，也指砌筑水利沟渠，烧制陶瓷，编制竹篾，打制家俱，修筑桥梁，甚至打造一些聊慰闲情的小物件。在我看来，这种活动肯定是和生活分不开的，它甚至就是生活的同义词。“建筑”这种重要活动在今天只发生在“除了实际生活当中”，而实际生活总是平静无声的。我至今记得2002年和张永和兄的一次偶谈。他郑重地告诉我:什么时候我们能把房子做的和那些自发营造的平常房屋一样，但又有些许不平常。我说我有同感，但我心中说，那种不平常应是从内心，从建筑的里面生发出来，并且不需要依靠什么外在的“自我”特征。我总是把这段对话记成是我和他一起在海宁徐志摩旧宅中说的，仔细想想，应是我记错了，永和没有去过那里。

生活是琐碎的

罗兰 · 巴特是一位比人们想象得还要伟大些的人，他有一句话我一直可以背诵：“生活是琐碎的，永远是琐碎的，但它居然把我的全部语言都吸附进去。”在我工作室里有一组打在板上的照片，我的一位研究生拍自宁波慈城，并按我的意思，按街道立面连续排版（图1）。这个地方我带研究生去过很多次，但这组照片让我对“现场性”这个词产生置疑。一谈生活，人们就喜欢搬出“现场性”这个词，但这些照片使我惊愕的，这些平常中又透着不平常的房子诱惑我的，并不是我对现场调研的怀恋，而是某种更为模糊的东西。当这些房子成为沉思对象的时候，谁建造已经无关紧要。它们就如同一群有血肉的物，充满细碎嘈杂的对话和同形差异，不知其原因所在的手做痕迹，有血族关系的用材方式。总之，我看到的不是“文化”，也不是“地方性”，我看到的是群让我亲近的“物”。在这群“物的躯体”中，我看见了总是想更多地去表达的“自我”主体的裂隙和消退。而这种“物的躯体”吸引我的并不是形态方面的，而是“组构性”的，或者说，是匿名状态的。这种物的关系的最佳状态就在于不考虑形象。

当然，只是这样去看仍然是靠不住的，就像某些急于使用理论的先锋建筑师所做的那样，把这种“组构性”当作形容词来用。一直以来，我都禁止我的学生在文章里随便使用形容词。没有“形容词”意味着不用漂亮的形式把某物指出，对照片上的房屋来说，它们的关系就陷于某种不明朗的状态中。当象山校园建成后，有建筑师朋友善意的指出我的总平面做得不好，结构不清楚（图2）。也许，最初的时候，这种结构关系的不明朗状况容易让人迷失，甚至疲惫难忍，但逐渐地，它将显示出某种市井生活中才会有的琐碎谈话的状态（图3），那种接近生活本意的真的辩证形式。

就营造而言，这群房屋让我兴奋的在于某种“自动”营造的可能性。如果把“自我”

1	3
2	4a
	4b
	5

图 1. 宁波慈城街道建筑立面组图
图 2. 中国美术学院象山校园山南总图
图 3. 象山校园建筑间琐碎谈话的状态（摄影 吕恒中）
图 4. 象山校园两幢建筑瓦爿外墙的砌法比较（a14 号楼局部；b16 号楼局部）
图 5. “营造”适于发生在这样的状态中

的主体作为必须排除的限制，这群房屋的营造历程一旦起动，就把我的身心带向远离我个人想象的别处，带向某种超出“自我”的语言，没有记忆的语言，无凭借物的语言。

于是，“营造”的想象物开始了。就如我在象山校园二期中用的“瓦爿”砖砌，当我把它和原先房屋的形象关联彻底切断，工匠们就既不能阻碍，也不能保证它的意图。于是，真正有意思的事发生了，即使事先让工匠们砌了 20 多片 $4m^2$ 的样墙，也不能让工匠们得到大片施工中这些语词如何联结的方法。它彻底脱离了以外在形象来表现的符号系统。整个施工就只能在无参照物的情况下不中断的前进，一场愉快的历险，因为无法保证各工班能砌成一样的 (图 4)，尤其是施工面都蒙在脚手架安全网的后面。(这太幸运了)

我待在杭州

“营造”于我成为生活方式，那么我选择待在杭州就是对的。因为杭州平淡。我只需要在不声不响中去接受那里发生的事情。 这样也很惬意，没有谁逼你按某种社会的方式惬意，你可以自己选择。在我看来，“营造”适于发生在这样的状态中（图 5）。

建造一个“无定所”的世界

我在各种场合曾反复宣告：每一次，我都不只是做一组建筑，每一次，我都是在建造一个世界。我从不相信，这个世界只有一个世界存在。问题是，真正能做出某种“世界感”的建筑师向来是稀少的。“世界”这个词拓展了“建筑”活动的范围，它是“营造”的对象，是关于每一块场地的组构。它特别针对的是那种对世界的理解态度，即世界是建立在人与周围环境分离，城市与建筑和自然分离的基础上的。如果举一张中国传统的山水画为例，在那种山水世界中，房屋总是隐在一隅，甚至寥寥数笔，并不占据主体的位置。那么，在这张图上，并不只是房屋与其邻近的周边是属于建筑学的，而是那整张画所框入的范围都属于这个“营造”活动（图 6）。在这里，边界的两边，围合的内外是最直接的玩味对象。

不过，如果把“自然”搬出就能解决问题，例如那类把“自然本性”看作真实生活的源泉的泛泛而谈，是我所厌恶的。山水画的本意更像是对“被固定，被指定在一个 (知识阶层的）场所，一个社会等级（或者说社会阶级）的住所”的逃离，但这种逃离显然不是夺门而去，怒不可遏或是盛气凌人的那种，而是在平淡之中，另一种想象物开始了：那就是营造的想象。还是罗兰 · 巴特，他提出一种“无定所”学说（即关于住处飘忽不定的学说）来应对人生这种被固定，被指定的处境。我特别认同他的说法：“只有一种内心自知的学说可以对付这种情况。”[1]

类比与类型

当营造的想象展开，另一种世界出现了。例如身边的日常生活中那些琐碎的，但常被忽略的，甚至被我们认为是无意义的东西。事实上，人的社会活动之外的自然也经常处于无意义的状态。只有人们拿“自然”来“类比”说事时，它才出现，并经常立即获得一种平庸的尊敬，这也是为什么我对明、清文人画从不领情。在更早的画家身上，我们可以看到把山水作为一种纯物观看，并无什么“自我”表现欲望的纯粹的“物观”。如果不能回到这种纯粹的“物观”，是谈不上“营造”二字的。

这种物观只描述，不分析，不急于使用什么理论。例如我们可以看到的宋人韩拙在《山水纯全集》借洪谷子之口对“山”的描述：

“尖者曰峰，平者曰陵，园者曰峦，相连者曰岭，有穴曰岫，峻壁曰岩。岩下有穴曰岩穴也。山大而高曰嵩，山小而孤曰岑。锐山曰峤，高峻而织者峤也。卑而小尖者扈也。山小而孤众山归从者，名曰罗围也。言袭陟者山三重也。两山相重者，谓之再成映也。一山为岖，小山曰岌，大山曰祖。岌谓高而过也。言属山者，相连属也。言峄山者连而络绎也。俗曰络绎者，群山连续而过也。言独者孤而只一山是也。山冈者其山长而有脊也。翠微者近山傍坡也。言山顶冢者山颠也。岩者有洞穴是也。有水曰洞，无水曰府。言山堂者，山形如堂室也。言障者山形如帷帐也。小山别大山别者，鲜不相连也。言绝径者，连山断绝也。言崖者，左右有崖夹山是也。言礙者，多小石也。多大石者。平石者，磬石也。多草木者谓之岵，无草木者谓之垓。石载土谓之崔嵬，石上有土也；土载石谓之琚，土上有石也。言阜者土山也。小堆曰阜。平原曰坡，坡高曰陇，冈岭相连，掩映林泉，渐分远近也。言谷者通人曰谷，不通人曰壑。穷渎者无所通而与水注者川也。两山夹水曰涧，陵夹水曰溪。溪者蹊也，有水也。宜画盘曲掩映断续，伏而后见也[2]。”

6 7 8
9

图 6. 宋关仝《关山行旅图》
图 7. 当我们能用一个部件替换掉另一个的方式，叫出事物的名字
图 8. 一个世界被建造起来
图 9. 一种看似简单的结构上的相宜性，以及同形性的互互比例，矛盾的并置，让人不安的斜视

洪谷子用纯粹的描述法写出了一种山体类型学，一个结构性非常强的对象。他不是只说出“山”这个概念就够了，而是用有最小差别的分类去命名，当我们能叫出一种事物的名字，首先在于我们已经认识了它，当我们能用一个部件替换掉另一个的方式叫出事物的名字（图7），就像语词的聚合关系那样，我们就已建造起一个世界（图8）。用同样方法去描述房屋，就会产生宋《营造法式》这样的书。这就是我为什么说应该把《营造法式》当作理论读物来读，读出它的“物观”和“组构性”来。

“类型”是我喜欢的一个词，它凝聚着人们身体的生活经验，但无外在形象，它什么都决定了，但又没决定什么，洪谷子的一群“山”的构件都是只有形状而没有决定具体形式的，关键在于身心投入其中的活用，不是简单类比的复制，也不是怎样都行的所谓“变形”，而是一种看似简单的结构上的相宜性，以及同形性的互反比例，矛盾的并置，让人不安地斜视（图9），颠倒的叠印，层次的打乱，这种活动肯定不会是意义重大的，傲慢的，而是看似平淡的，喜悦的。《园冶》中用“小中见大，大中见小”来描述它。它述说着营造言语的快乐时刻。我的朋友林海种近日从太行写生归来，谈出类似的感受：以往人们画太行的方式都是错，实际上，爬太行时，眼前所见都是山的琐碎细节，用概括的方法去画，这些体会就都不见了，成了一种俗套。

哲学与修为

二日前，与十几个朋友在黄龙洞一朋友的山庄聚会，见到也在美院教书的王林。他站在竹亭下，如此平淡，以至有的朋友走来，半晌没看见他。我知道他，国学治得好，尤其《论语》讲得精彩，尽管没有大学文凭，还是被学院录用教职。座间谈起儒学，他淡淡的几句话让我心生敬意。他说：“儒学一向是用来修为的，但今天能以修为方式体会儒学的人太少。只剩下大学里的一些教授，把儒学当作哲学理论来讲，道理好像都懂，但他们都不会修。”这话意正而简，实际上，中国从来就没有“哲学”这种东西。就如“营造”肯定是和那些体系化的理论不同的东西，只能琐谈，甚至不能“琐论”。“论语”这个“论”字，也不可拿来轻易乱用的。

它让你进去

造房子确实是一种“空间”营造活动，但有意思的是，造了半天。“空间”未必出来，而且越是想表现“自我”，真正的“空间”就越造不出来。“空”这个字很需要玩味，它肯定不只是物理体积。我常拿南宋刘松年画的临安四景中的一张来谈空间问题，在那幅图中，左侧一大块岩石后，隐着一所面湖的房子。有趣的是，杭州西湖边并无如此硕大巨岩，这应是一种“无定所”的暗示。那所房子里，居中有一张凳子，如果设想坐在那里，那么立刻就有了一种在画中的视线。向右越过房前的月台，一道便桥，穿过水中的亭子，一直平视到右边画界之外，很远。而整张图，画家似乎是以与己无关的客观方式画出的。你看不到西方绘画中直视画外观者的目光。再拿一张宋代佚名画家的《松堂访友图》（图 10）来说，左侧一棵虬松后，隐着一所面右的房子，那棵松树与人相比，高大的有些怪异，应该也是“无定所”的场所性的意指，而坐在几乎同样房子的同样位置的主人的目光，不看走上台阶的访客，而是向右平视，目光直出画界之外。

亲手去做

如果说“空间”是要搁置“自我”才能进去的一种结构，“营造”就是要亲手去做才行。做要跟有修为的人去做，做之前，不必问太多问题。把每件事情从头到尾做完了就有体会，这种活动，是急切不得的。当然，“营造”也是关于如何适宜的建造的道理，有法式可循的，基本上是一种“见微知著”的过程。明白这些，即使面对今天快速的设计与建造，也可能做到“快中有慢”。

2006 年夏，业余建筑工作室的 5 个同事，与我们多年共事的 3 个工匠和我一行 9 人去威尼斯建造“瓦园”。决定做什么并不难，难的是如何做。800m^2 的真实建构，还要上人，经费拮据，只能在现场工作 15 天。我就跟大家说，要按《营造法式》的道理去做。去之前，我们先在杭州象山校园做了六分之一试建，摸清了技术细节和难点，但在威尼斯处女花园的现场，仍然面对着旁人看来不可能完成的任务。“瓦园”最终只用 13 天建成（图 11），我们因此赢得在场的各国建筑师的敬意。记得双年展技术总负责雷纳托来检查，他在“瓦园”的竹桥上走了几个来回，诚挚地告诉我：真是好活。但有意思的是，他的眼中没有看到什么“中国传统”，

10 13
11
12

图 10. 宋·佚名《松堂访友图》
图 11. 瓦园建造现场
图 12. 大片瓦面如同一面镜子
图 13. 五代·董源《溪岸图》局部

而是感谢我们为威尼斯量身定做了一件作品，他觉得那大片瓦面如同一面镜子，如同威尼斯的海水，映照着建筑、天空和树木（图 12）。他肯定不知道我决定做“瓦园”时曾想到五代董源的“水意”（图 13）。“瓦园”最后如我所料，如同匍匐在那里的活的躯体，这才是“营造”的本意。

参考文献：

[1] 罗兰 · 巴特 . 罗兰 · 巴特自述 [M]. 怀宇译 . 天津：百花文艺出版社，2006

[2] 俞剑华 . 中国古代画论类编 [M]. 北京：人民美术出版社，2004

作者简介：王澍，中国美术学院教授

原载于：《建筑学报》2008 年第 7 期

作为抵抗的建筑学
——王澍和他的建筑

李翔宁

伴随着近20年中国经济的飞速发展和大量建设项目的实施，中国建筑继中国文学、诗歌和电影之后，迈上了国际舞台。从1990年代初起，一些中国建筑师被冠以“先锋”建筑师之名，频繁地在国际建筑媒体和展览上出现，王澍无疑是其中最具影响力的之一。虽然“先锋”这个词汇今天显得那么过时和突兀，然而正如文化理论家阿多诺（Theodor Adorno）和比格尔（Peter Bürger）指出的，先锋的态度意味着对于产生先锋的文化和政治语境的一种抵抗。这种抵抗，或许是分析王澍作品和态度的一个线索。

建筑作为一个准自主（quasi-autonomous）的学科，从来没有停止过作为文化批判工具和经济资本的依赖者双重角色。今天西方理论界喋喋不休的“批判——后批判（Critical/Post-critical）”之争，或许在现代主义开始讨论先锋的伊始就已经存在，我们可以在两种不同的先锋理论中看到我们今天的论争：波乔尼（Renato Pogioli）区分了文化艺术的和社会政治的两种先锋，在这一点上他和阿多诺不谋而合，都认为艺术应当是自主的，可以和社会政治相分离；比格尔的先锋理论则赞同本雅明（Walter Benjamin）的观点，认为艺术不是个别个体的独立创作，而是由包括艺术家、批评家、博物馆和收藏家的整个文化体制所决定的。如果说马清运的建筑实践代表了后一种先锋的姿态，在和中国的城市和政治现实合作的过程中获得西方当代建筑所不具有的超大能量，那么王澍则始终是一个冷静的旁观者，以一种文人式的不合作姿态和中国的社会文化语境、甚至和建筑学的学科本身保持着距离。

王澍最早的作品是1980年代后期的海宁少年宫，虽然今天王澍自己已经很少提起这个作品，可是事实上我始终认为这个作品是理解王澍设计态度的一个起点。王澍告诉我这个设计的构思来自于他在天安门广场上看到一群少年在跳霹雳舞。1980年代改革开放之后，西方的文化堂而皇之地来到中国的土地上，对青年一代有特别的亲和力。霹雳舞这个来自美国黑人群体的舞蹈随着一个电影在中国的热播而传遍大江南北，在中国任何一个城市的街头，你都能看到一些半大的孩子在练习这种舞蹈。王澍属于中国建筑学生中最早痴迷于西方文化理论的一批，借着反复咀嚼不多的翻译文献的帮助，他早已将罗兰 · 巴特、德里达的理论了然于胸。而处身于这个似乎带着青春期逆反心理的时代，王澍也留着披肩的长发，以至于多次在大街上被错认为是和他留着同样发型的青年歌手刘欢。我们从他的这个作品中可以看到埃森曼解构主义建筑的影响，白色和红色网格的扭转穿插，这和当时仍被传统形式美学占据主导地位的中国建筑界而言，的确是一个离经叛道的习作。虽然这个作品没有引起太大的关注，但我始终觉得这个作品不啻是王澍最早的宣言：把建筑作为一种社会批判的工具，表明自己叛逆和抵抗的立场。事实上，回顾他这些年的实践道路，虽然建筑的外在形式不断发生潜移默化的改变，但这种“否定”（negation）和“拒绝”(refusal) 的姿态，却是一贯始终的。

在同济大学攻读博士期间的王澍，把对西方文艺理论的研读和为数不多的小品式的建筑创作结合起来，他的作品也多限于室内设计、装置和建筑小品，这一时期的他有点像闭关修炼，他的作品更多地靠他的写作来呈现，比如《八间不能住的房子》描述了他自己家的室内，《设计的开始》记录了上海南京东路上顶层画廊的创作，这些类似习作式的设计作品和他对于设计过程的独特思辨交织在一起，这一时期的设计更像是一种智力游戏，对于世界的认识在这些小品的磨砺过程中渐渐凝固成型。当然，他这个时期主导他写作——设计——写作生活步骤的，仍然是用西方的理论来观察和阐释今天我们中国的生活世界。即使首次出现的夯土试验，也还不是出于对中国传统文化的回归，而是“多少带有一点点颠覆的意思（王澍语）”，把现代建筑体系中最低级和被忽视的材料加以运用来完成一个介于建筑和雕塑之间的作品。

随后的苏州大学文正学院图书馆是我非常喜欢的作品，也标志着中国园林作为一个空间和文化模式，开始在王澍的建筑世界中扮演一个重要的角色。建筑的语言是西方的、现代的，然而空间的模式是传统的、经典的。一方面，你可以清晰地辨认出从埃森曼到西扎

（Alvaro Siza）这些现代主义的信徒们在王澍身上的影响：临水一侧的方盒子、斜向穿插的主轴线、斜向嵌入主楼的半个正方体体量；而背后那个可充当室外剧场的小台阶，也让人联想起埃森曼或者文丘里作品中著名的走不通的台阶；然而另一方面，来自苏州的那个方寸之间的小园林义圃的影响也是如此清晰：临水的茶室和水中的小亭子，这一切空间关系都被直接翻译成了现代建筑的语言，赋予了这座图书馆建筑俯仰生姿的空间造型。我把这个建筑看作王澍建筑语言的转折点，正是因为这座建筑将传统中国园林的空间与西方现代建筑的语汇揉在了一处，而且结合得毫无寸隙。在文正学院图书馆之后的作品中，前者开始占据越来越重要的位置，而后者则越来越被隐藏起来，直至似乎要消失殆尽了。

结束了上海的博士阶段学习，王澍回到了杭州。他的选择似乎也表明了他的一种立场：上海的城市变化太快，在这样的环境下人们连自己的生活也无法操控，而杭州作为上海的“后花园”，给了你独善其身的一块天地。这或许和他将自己的人生道路定位于一个“文人”不无关联。也许这是他的第二次宣言：以一种中国文化传统中的乌托邦，来拒绝当代中国建筑的急功近利和心浮气躁。他的建筑中也越来越多地出现中国传统建筑的元素：从曲线的大屋顶、青砖、白墙灰瓦到放大了无数倍的窗棂图案，这些在我看来，也都是对于当下中国西方建筑影响的普及乃至泛滥的一种抵抗。

王澍在他近年来的作品中执着甚至近乎固执地尝试着各种不同的可能性，当然这些可能性必须是来自中国本土的既有传统。这种执着乃至固执使得他的创作道路呈现出一种中国当代建筑师少有的延续性：相对大部分其他的“明星”建筑师们不断变换的建筑妆容，王澍剑走偏锋，以一己之力，始终在中国建筑被遗忘的传统中开掘。中国美术学院象山校区给他提供了一片难得的试验基地，王澍在这片演武场上从容地操练着自己的十八般武艺。

在中国建筑的传统中，王澍偏爱的是园林小品和民居村落这一派，这些原本只是一种远离中国传统体制的“趣味”，正如文人画本是消遣怡情之作，运用在庭院空间乃至别墅建筑中自不待言，但王澍最大的成就是完成了把这些闲情野趣放大和转换成为当代中国大型公共建筑的一种语言，这是需要极大的自信力和操控把握能力的。我常说中国园林太过阴柔，如果没有足够的自控和自持，很难不堕入精致繁琐的泥沼。恰巧王澍的性格中有着超强的意志力、极度的自信和来自北方血统的力量，使得他常常敢于将中国传统建筑的做法放大到一个超常乃至反常的尺度上，从而以义无反顾地简单明了平衡着建筑中的趣味，并达成一种中国当代建筑所特有的“大”（bigness）和纪念性。一个典型的例子是他设计的宁波老外滩的美术馆：建筑是王澍常用的方盒子，用的是青砖和木两种传统中国建筑的材料，但建筑的尺度超大，远远超过了常规意义上的美术馆，似乎只有像塞拉 (Richard Serra) 这样巨大的装置作品才能镇得住建筑超大的室内空间。但这样巨大的建筑，王澍似乎只是将一个方盒子的建筑小品放大了数倍，外围柱廊的工字钢都是超大断面，而门板也并没有因为尺寸的巨大而增添多余的细部和构造层次，一切似乎都是在计算机里将 AutoCAD 的图纸放大了。虽然使用了中国传统的建筑材料，建筑却具有了和帕提农神庙一样崇高的纪念性。

经历了象山校区数年的尝试和摸索，王澍用宁波新近落成的博物馆交出了一份成熟和令人信服的答卷。没有了象山校区多种手法的喧嚣，宁波博物馆更像一座历经风霜的古城堡，从容而沉静。它是象山的延续和提升，收来的旧砖瓦和独特的竹模混凝土表面浑然一体。整个建筑更像是一个隐喻：用历史的碎砖残瓦重塑一个当代中国的精神堡垒。这是怎样的一种气魄。

马清运说，真正伟大的建筑师一定是有着政治抱负的建筑师。王澍的抱负或者说使命感，也是使他区别于许多当代中国建筑师的，是他对当代中国建筑的“中国性”（Chineseness）的一种探求。王澍常常用来解释自己建筑哲学的，是倪瓒的那幅《容膝斋图》，一个小板凳似的房子，却可以容纳整个世界，成为万事万物的核心。这是传统中国文人倪瓒的生活世界，同样也是王澍的理想：建筑作为一种批判的工具，在这种拒绝和抵抗中确立在世界中的定位。王澍的这种批判和抵抗的态度，同样指向建筑学科自身：他给他和陆文宇的工作室起名为“业余建筑工作室”，表明他们和中国建筑师大肆建造的行为和身份保持着审慎的距离。和马清运进取的方式不同，王澍采用的是以退为进的策略，和中国当下的社会政治和文化体制保持着一种更为微妙的关系。或许这正暗合着中国文人在都市中造园的心灵际遇：保持一种退隐山林的姿态，却不放弃介入甚至改变社会和文化走向的志向。

漫步在宁波美术馆顶层的平台上，你似乎能够真切地感受到这种抵抗的立场：你处身的建筑像一座用历史和记忆重新塑造的堡垒，顶层的尺度让你产生漫步于一个中国传统村落的错觉。透过每一道建筑的缝隙，全中国随处可见的那种大规模开发所建成的建筑新区一齐向你脚下的建筑逼来，似乎要穿越博物馆周边的可怜的一圈空地将这座不合群的建筑异类撕裂、挤垮。正是这种强烈的势单力孤的体验愈发显现出这座建筑坚毅的立场，如同面对巨人的大卫，而王澍所面对的巨人，是这个急功近利的时代。让我觉得欣慰的是，孩子们依循自己直觉的导引喜欢上了这座神秘的建筑，他们在建筑的室内室外欢快地穿梭，进行着寻宝的游戏。如果我们的下一代人能够真正寻觅到从我们这一代人手中丢失的珍宝，那么这座建筑和它所象征的那种抗争就真正具有了意义。

作者简介： 李翔宁，同济大学建筑与城市规划学院副院长，教授，博导

原载于：《A+U》中文版 2009 年第 4 期

圈内十年
——从三个事务所的三个房子说起

朱涛

都市实践的合伙人之一王辉曾这样评价马清运："以老马的才华，来当建筑师，那真是天蓬元帅掉到圈里了！"言下之意是，太可惜了！本来他可以有多大的成就啊——如果把精力放在建筑设计以外。但实际上，我们今天可以看到，马清运并没有"屈才"。在掉到建筑圈里后——不管是不幸还是万幸，马没有甘于"命运的作弄"，而是以该圈为基地，"在狭义的建筑设计领域之外拓展自己的平台"，即所谓的"马氏平台"[①]。该平台除了仍搞建筑设计外，还开展很多"广义"的活动，如展览、教育、酿酒和旅游开发等。

本文是篇"狭义"的建筑文章，它是对马达思班、家琨建筑设计事务所、都市实践三家事务所过去十年来建筑设计实践的评析。当然，我的论述会涉及它们与社会、文化发展广阔背景之间的关系，但不管论述外延有多大，建筑作品的设计质量和其中融入的建筑思考以及它们对中国当代建筑发展的启发，始终是本文考察的焦点。为了强调核心价值、圈内价值——建筑学的价值，我特地从三家事务所的作品中各选出一个代表作，从对它们的形式细读开始，展开我的综合评述。

1. 马达思班——玉山石柴

通常，一个“成功建筑师”的实践轨迹是这样的：开始时年轻气盛、满脑子建筑热望，先从几个小项目入手，全力注入思考，精心锤炼语言，获得成功。于是，单便接得越来越大，事务所人越来越多，工作节奏越来越快，建筑师要应付的设计以外的事务也越来越繁杂，相应用来探讨设计思想和语言的时间越来越少……

值得一提的是，马清运的设计实践一开始却有过一个戏剧性的逆转：他是先从宁波天一广场这样的大型商业项目起步的。之后，他做了玉山石柴——为他父亲修的一个小房子。抛开所有建筑以外的事，我想说的是，通过这个作品，马清运向世人宣布：我也是可以做好房子的——如果我想做的话！今天不管“马氏平台”的业务多广泛、个人如何多才多艺，如果非要以专业标准，选一个作品来展示马的设计质量的话，我认为玉山石柴是最好的例子。

马清运曾写过一段自述，介绍该项目的背景。这段文字很珍贵，它显示出马语气诚恳，甚至有那么点谦逊的瞬间：“因为这是完全独立自主的，自己投资、自己设计、自己建造，建筑的问题就变成了一个非常根本的问题，第一没有半点虚假的东西，第二没有任何夸张的东西，第三，还没有任何理论的原因，因为按照一般的学术判断，如果带有任何过多的学术要求，就可能带来造价或施工难度的增加，这些直接影响到让你的口袋里多一分钱少一分钱。人在自己承担成本的时候，这时候做的选择是最诚恳的、最没有遮掩的，在这里隐藏所有理论说教的沟沟坎坎都全部填平了。”②

不管当时主客观状况究竟如何，总之它们共同成就了这个房子。在我看来，建筑师放弃了“虚假”、“夸张”和“过多的学术要求”，并不意味着他全盘放弃了对建筑形式质量的追求，而是恰恰相反，他得以集中精力推敲一些形式构成的最基本元素和关系，最终打造出一个有高超形式质量的房子。（图 1）

在平面规划上，建筑师首先设置了一个长方形的总体院落，然后嵌入两个正方形平面，一个为实体——两层高的室内空间，另一个是空虚——一层高的有较好私密性的内院。建筑师将这两个方形上下连在一起，嵌在长方形总体院落的左下角，这样自然在总体院落的右边和上部产生出一个反 L 状的空隙。该空隙中沿进深方向、较长和宽的一翼容纳了入口台阶、平台、大门和一个长条游泳池，院门打开后实际上成为一个纵向的视觉通道；较短和窄的另一翼则成为房屋后墙与后院墙之间的采光、通风空隙。（图 2）

进一步细读平面，我们会发现整个建筑和庭院的形式、空间秩序是由一套严格的轴

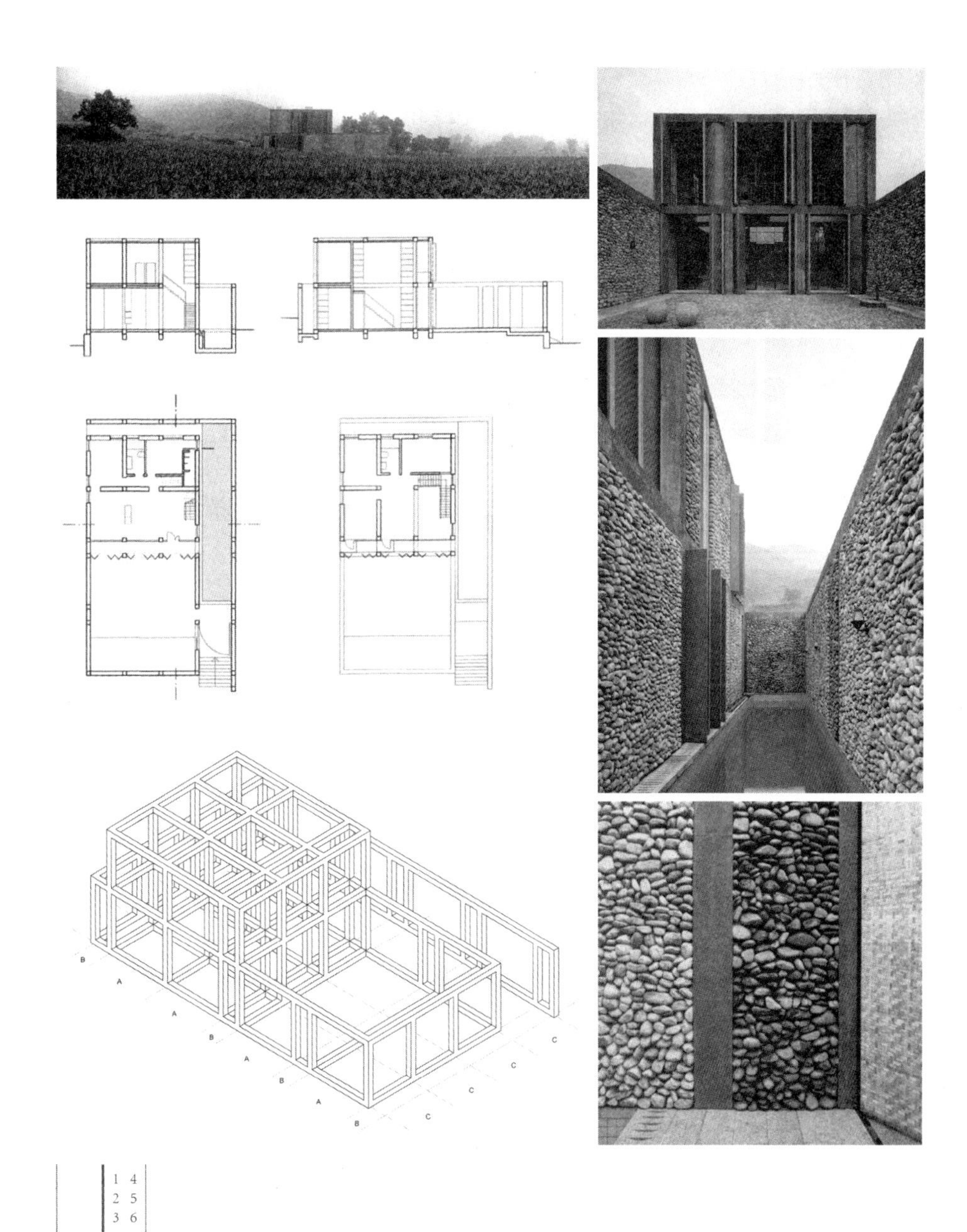

图 1. 玉山石柴外景
图 2. 玉山石柴剖面图和一、二层平面
图 3. 玉山石柴框架网格示意图（朱涛、陈铃燕绘）
图 4-6. 玉山石柴内院场景及填充墙细部

线网格控制的：沿进深方向，从院落前门，到前院、回廊、室内的两跨进深，直到建筑后墙与院墙之间的空隙，层层横向“空间带”是由一系列宽窄相间的“进”组成：BABABAAB；沿开间方向，三个建筑开间和建筑与院墙之间的游泳池则由四个间距相等的“间”组成：CCCC。（图 3）

这个轴线网格决定了建筑和院墙的柱网。均质的混凝土框架在三维空间中生成，既是建筑实际的结构骨架，也是概念性的空间限定网格。建筑师接下来要做的就是在框架里放填充物：比如在地面填充水泥砂浆地面、鹅卵石铺地和游泳池水等不同材料，在大部分外墙面填充当地河边拣来的鹅卵石，在内墙和顶棚表面统一贴竹节板等。值得注意的是，建筑师对某些细节控制得极其细腻，几近痴迷状态，比如在宽窄交替的外墙框架中，特意选颜色深浅不同的鹅卵石填充，以强化各框架内填充墙体间的视觉微差，形成韵律感。（图 4~ 图 6）

在清晰确立“框架＋填充物”体系后，建筑师处理门窗洞口的洗练手法也值得称道。显然建筑师想维持框架＋填充物整体的均质、纯粹性，不希望被更小一级尺度的门窗洞口破坏。在如此朴素的乡村住宅中，如果单纯以密斯式的大玻璃门窗填充整个框架，虽能有效表现空间空透感，却会牺牲采光、隔热、私密等功能舒适性。我们看到，马清运将所有需要开门窗部位都设为通高的孔洞，然后在孔洞内缘设玻璃门窗，在外缘设一系列竹节板饰面的折叠遮阳板。他在房屋正立面还特别设了一个 1.4m 进深的回廊（二层为阳台），落地玻璃门窗退到后面框架里，外边框架内设折叠遮阳板。这样所有门窗“填充”都可以在全虚（玻璃或空洞）和全实（遮阳板）状态之间灵活转换，既能随意调整室内舒适性，又有效维持了填充墙面的整体性。

也许有人会说这些手法本是欧洲很多纯净现代主义房屋的常规做法。但我想强调的是，玉山石柴于 2003 年在中国西北的土地上建成，是有文化意义的。在相当程度上，它可被看作中国建筑在 1990 年代后期追求纯净形式的一个实例展现。张永和的“平常建筑”和“向工业建筑学习”（与张路峰合写）以及张雷的“基本建筑”主张，加上一批青年建筑师、学者对“建构”的讨论，所有这些理论话语之间的一个共同点就是对建筑作为政治意识形态的象征和商业主义媚俗表现的拒斥，转而追求一种抽象、纯净的建筑语言。多少有点讽刺性的是，并没有直接介入这些理论讨论的马清运，不管是敏锐地感受到了当时的建筑文化气氛，还是完全无意识地照自己的意愿行动，在 2003 年推出该作品，为上述理论性诉求提供了一个令人信服的实例。

更进一步，我认为该房子还有助于我们量度中国建筑对纯净形式追求的限度或潜力。

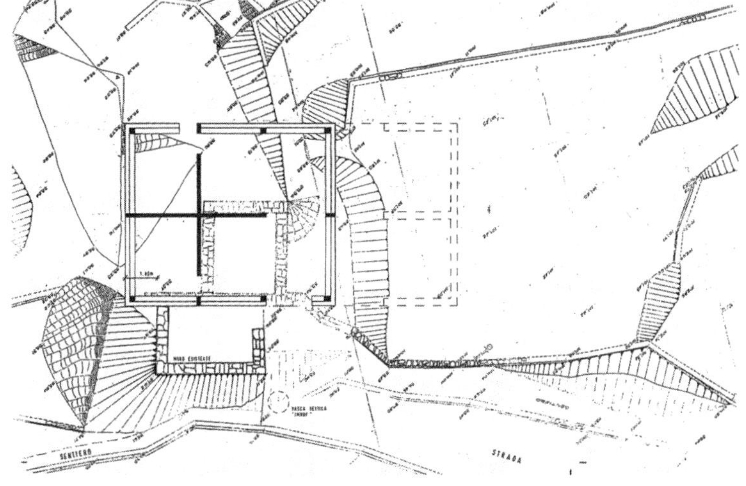

7
8

图 7. 石头房子
图 8. 外景

将玉山石柴与赫尔佐格与德梅隆于1988年在意大利塔夫雷(Tavole)修的石头房子(图7、图8)对比一下，或可帮我们深化这个讨论。后者同样在处理混凝土框架＋石头(片石)填充墙问题，但赫尔佐格与德梅隆有两个杰出的操作：一是通过在房子平面内部设置十字交叉混凝土墙，获得足够的结构稳定性，在相当程度上“解放”了外墙，使得外围结构框架异常纤细，几乎是构造柱和圈梁的尺寸；二是建筑师特意将外墙四个墙角处的混凝土柱隐藏在石砌墙后，只向外暴露出墙体中间的十字形框架。这使读者在房子前产生巨大的心理悬置，读解游移不定：难道这房子是由当地传统工艺干砌起来的承重墙结构，而墙中间的纤细十字框架仅起构造柱和圈梁的拉结作用？那为什么在房子顶层又会突然出现三面连贯的横条窗，而且在横条窗转角处居然又有混凝土柱冒出？该房子首先体现了建筑师对传统石墙砌筑和混凝土框架两种建造体系的深刻领悟和双重赞美，但建筑师并没有向任一体系或传统简单皈依，而是让两种体系相互进行“太极推手”，忽而举重若轻，忽而举轻若重，以反转手法同时突破了两种体系的形式规范。

玉山石柴与塔夫雷的石头房子，在肤浅的视觉层面上有相似之处，甚至后者可能就是前者的一个借鉴来源。但在深层形式操作上，二者有巨大区别。前者达致一种令人敬佩的建构清晰性，而后者在清晰性之上，还展现出一种高度抽象、自如的游戏性，使得该作品产生不同寻常的语义和诗意。这应对我们有所启发：对纯净形式的探索并不一定是通过一味缩减，最终达致单一层次的清晰性或简单性，而是有潜力通过作者的概念性思辨或创造性操作，获得一种语义层次丰富的复杂性——这在我看来，意味着中国建筑从1990年代末期开始的对纯净形式的探索，完全存在着向一个新方向开拓或新高度进发的契机。

可惜，之后马达思班的作品，并没有在形式质量上进一步开拓或提升，而是越来越倾向于在各种建筑时尚的兴奋点上跳跃。当然，总会有人争辩：马的兴趣和精力已经放在“狭义的建筑设计领域之外”了——那这就超出本篇的评判范围了。我最后能做的只是，站在建筑学立场上，模仿王辉的比喻，但做一个与他方向完全相反的悲叹：以老马天蓬元帅的才华，在掉到了建筑设计圈里后，没能安心驻扎在圈里，持之以恒地搞设计，太可惜了！

2. 家琨建筑设计事务所——鹿野苑石刻博物馆

19世纪德国建筑师和理论家散普尔(Gottfried Semper)曾将建筑建造体系宽泛分为两大

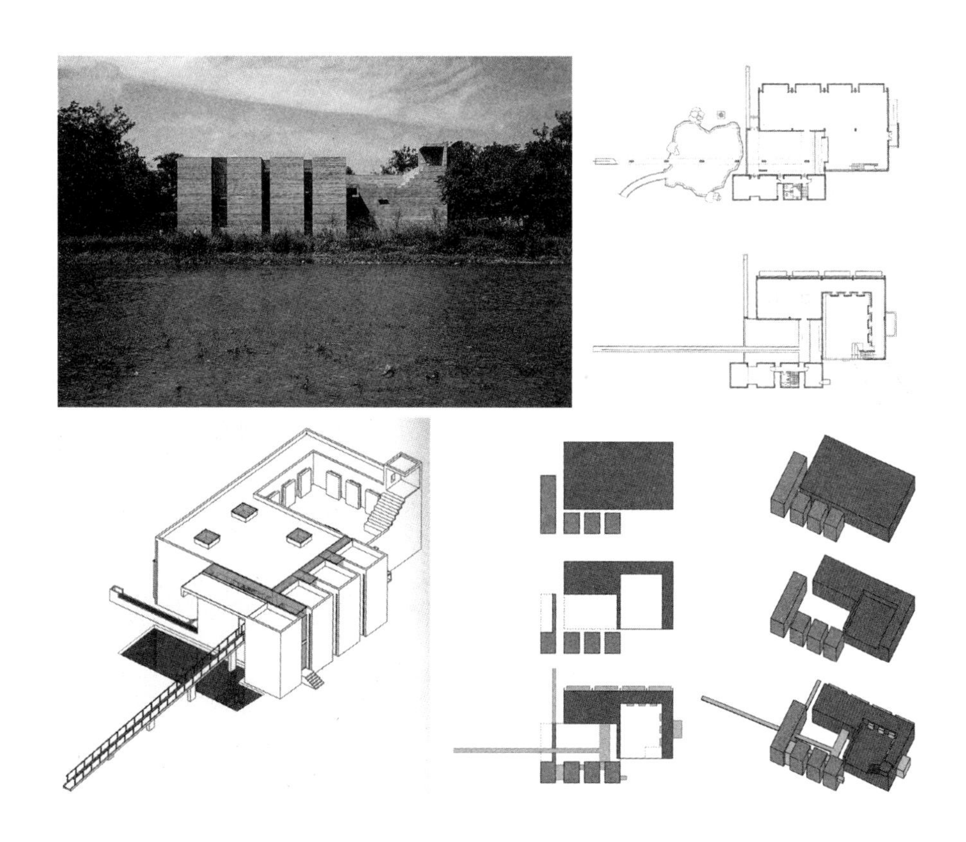

9 10
11 12

图 9. 鹿野苑石刻博物馆外景
图 10. 一二层平面图
图 11. 轴测图
图 12. 鹿野苑石刻博物馆体量空间切挖示意图（朱涛、章嘉恒绘）

类：一是框架的建构学 (tectonic)——一组线性构件联结起来围护出空间；二是固体的“切石术”（stereotomic）——通过对承重构件的砌筑或切挖获得体量和空间。在建构表现上，或进一步延伸到形式美学倾向上（不管实际结构体系如何），前者倾向于向空中延展和体量的非物质化，而后者则倾向于压向地面，厚重的体量稳固地坐落在大地上。若按此分类，显然马清运的玉山石柴可归为前者——它关注的是框架 + 填充墙的清晰性和诗意，而本节讨论的刘家琨的鹿野苑石刻博物馆关注的则是后者——即使该建筑是框架结构，建筑师对整体形式的追求是通过“切石术”来雕刻、切挖出体量和空间。

刘家琨曾这样表述他的设计意图：“博物馆藏品以石刻为主题。在建筑设计中，也希望表现一部‘人造石’的建筑故事。而清水混凝土是‘人造石’的重要内容。设计人希望得到其朴素和整体，得到一块冷峻的‘巨石’”。[3]在建筑构思上，刘家琨经常会从一些字面或画面上的“意向”出发——这显然与他深厚的文学和绘画修养有关，但他绝不会将这些文学或绘画的“意向”直接翻译为具象的建筑符号，如把房子设计成一把断裂的军刀来象征战争的惨烈之类。刘的力度在于他总是能为文学或绘画意向找到直接对应的建筑材料，从而保证他的设计绝大部分是在材质、建造、体量、空间、气氛和意境等抽象层面上展开。除了鹿野苑石刻博物馆选取了混凝土做“雕刻”材料外，另一个很好的例子是他在张晓刚美术馆方案中，选取砂浆抹灰这种民间工艺来传达张晓刚作品中那种“平涂”出来的木讷、迷离和感伤的“气质”。

在鹿野苑中，除了对建筑材料的敏感把握外，刘家琨的形式语言力度更进一步地表现在他对建筑体量和空间的雕刻上。我们不妨这样读解整个建筑巨石的雕刻过程：首先，几乎是以路易斯 · 康 式的“服务——被服务空间”的分类，建筑师将整个项目分解为两大部分（皆两层高）：中心巨石（被服务空间），容纳所有的展览空间，置于基地北部；四块一组的小石头，或混凝土“筒体”（服务空间），其中两个分别容纳办公室和楼梯间加洗手间，另两个共同容纳一个多功能厅，其中一个屋面还向北面纵深方向延长，覆盖了博物馆西入口的过渡空间。这里值得赞叹的一个细节是建筑师娴熟地利用外墙凹槽，将一个本来较大的多功能厅体量在外部形象上“分裂”为两个小体量，与旁边的办公室和楼梯间加洗手间筒体尺度相当，使它们在基地南边共同排成四块一组，整齐划一的石砌壁垒，与十米开外优美如画、水平回转的溪流和浅滩形成强烈对比，其场景令人过目不忘。（图 9~ 图 12）

建筑师继续在下一个层次上切割体量和空间，在中心巨石的西南角切割出贯穿两层高的门厅中庭。与此背靠背，在二层中部偏东南部位切割出一个屋顶庭院，这样中心巨石的

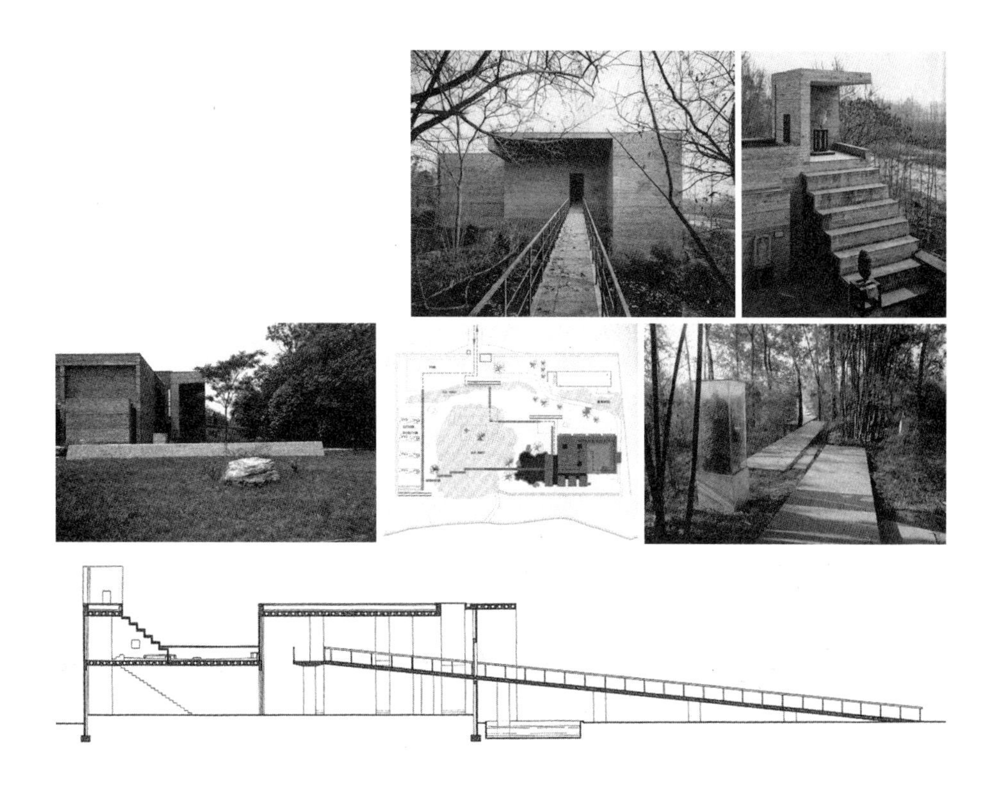

13 14
15 16 17
18

图 13. 鹿野苑石刻博物馆西边坡道入口处的灰空间
图 14. 鹿野苑石刻博物馆二层屋顶平台东南端大台阶顶端的“陈列亭”空间
图 15. 从鹿野苑石刻博物馆北立面可看到多样的采光处理
图 16. 鹿野苑石刻博物馆总平面及参观步行序列
图 17. 通往博物馆坡道的逐步升起的踏步
图 18. 鹿野苑石刻博物馆剖面图

剩余部分便是最终的室内展览空间。其他一系列小空间，如西边坡道入口处的灰空间（图13），二层屋顶平台东南端大台阶顶端的“陈列亭”空间（图14）等，都可被看作以同等手法切割而成。

接下来，建筑师必须妥善处理开窗问题，既要满足博物馆室内陈列的采光，又要保持建筑物“巨石”的实体雕塑感。前面提到马清运在玉山石柴利用遮阳板和玻璃两种均质的填充物来维持整体形式的纯净性，而刘家琨在石刻博物馆则是更进一步地运用实体雕刻的手法来采光，他一系列的操作中包括切挖凹槽——在实体缝隙间采光，将墙体外拉或嵌入小尺度的混凝土盒子——利用挡板或小混凝土盒子与主体墙体间的缝隙采光（图15），等等。

该建筑巨石的外墙是由“框架结构、清水混凝土与页岩砖组合墙”这一特殊混合工艺修建的。八年前我曾在“‘建构’的许诺与虚设”一文中对该建筑的最终成品提出批评。[④]我认为完全遮盖，而不是一定程度的揭示该建筑的夹层混合建造工艺，实际上失去了一个本来可更深一步揭示该建筑的丰富文化内涵的机会。但刘家琨明确表示：“比起展品背景的单纯性来，建构表现没那么重要。”[⑤]可以说，这种争论源于各方评判的立足点和角度不同，因此不可能、也没必要划一个简单结论。无论如何，该建筑在形式和空间上的高超品质，是丝毫不能否认的。我针对“建构表现”挑起的争论，实际上是想探讨如何或者有没有必要“更进一步”地揭示该建筑内含的文化矛盾和探讨某些“更深层次”的含义——这议题在我看来，似乎已超出该项目本身的狭义定义，而指向一个更宽泛的，如何在我们的文化语境中探讨和展示“现代性”的问题。这里我想换一个角度，以该建筑所创造出的空间序列，来探讨同一个问题。[⑥]

建筑师非常细致地规划了参观者走向和进入博物馆的空间历程：“沿树林边沿行进并穿越树林，是总平面布局中路线和心理序列安排的重要因素。林间小路沿路逐渐架起，架起是为了保持荒地的自然状态，形成行走者和场地的间离，从精神上脱离农地适应传奇。其中最具戏剧性的处理是，一条坡道由慈竹林中升起，从两株麻柳树之间临空穿越并引向半空中入口。在坡道的下面是自然状态的莲池（莲花是佛教的吉祥物）。虽然是平地，这博物馆的行进路线是先从二层进入再下到一层，目的是制造一些反日常的体验，并使参观路线有向下进入地宫般的感受”。[⑦]（图16~图18）

我想进一步追问的是：那“从精神上脱离农地适应传奇”的欲望起源于何处？那平地上“凭空”制造出的“反日常的体验”指向何方？这一切操作是否可理解为作家刘家琨将文学的线性叙事技巧向建筑的线性空间体验的一种直接转译？[⑧]还是一贯追求“此时此地”

的他，其实在内心中总是同时伴有另外一种冲动，要争取一种对“此时此地”的超越或者抗衡，追求如钟文凯所描绘的“与土地相对的天空，与重量相对的轻盈，与地域相对的普适，与推理相对的想象，与务实相对的浪漫”？[⑨]

也许这里将批评审视的焦距骤然拉开，反而有助于我们更精确地考察鹿野苑的文化定位。在1930年代的巴黎郊区，萨伏伊别墅的主人是驾车直接驶入房子底层的——正是汽车对居住的入侵，才使得房子被连根拔起，悬浮在空中。这种居住与土地间的断裂，如何才能获得一种新型——或说“现代性”的连接？主人在下车后进入门厅，面临两个选择：螺旋楼梯或坡道。“楼梯间断，坡道连接！”——柯布西耶总是这样宣称。那嵌入房子心脏地带的坡道，可以将主人连续“运动”到二层居住空间或花园中，并可继续通达屋顶花园——屋顶花园正是人们由于汽车入侵而失去地面之后在空中得到的补偿。连接、连续——利用中心坡道将机器、行走、悬置在空中的日常生活和自然以及各种纯粹几何体量等全都连接起来，形成一系列连续、动态、步移景异的空间体验——这是柯布西耶在现代建筑运动盛期界定的建筑现代性。

而在21世纪初的成都郊区，人们驾车到鹿野苑的场地边缘，必须停车，步行进入建筑师细心保护下来的河滩野地，顺着树林边沿，踏上逐步升起的石板，最终走上通入博物馆的坡道。坡道对柯布来说是用来连接被汽车占领的地面和悬浮在空中的居住，而对刘家琨来说却是为了形成行走者与自然荒地之间的“间离”——也许晚期现代主义的我们只有通过脱离大地，才能真正做到对大地的欣赏，也才能真正进入历史——以“适应”博物馆中那些石刻佛像所陈述的关于南丝绸之路南传佛教的传奇？与萨伏伊别墅植入心脏的坡道不同，鹿野苑的坡道除了一小段贯入门厅上空外，大部分被甩在建筑以外的风景中。博物馆建筑本身追求的显然不是柯布式的纯粹主义动态构图，而更接近康式的落地、坚实和稳定的新古典秩序。就我本人体验，从踏上坡道，直到穿过悬空的入口进入门厅中庭，的确能获得“脱离农地适应传奇”的体验。但继续向前，那种悬浮的空间体验就刹那间消融在“端正”的展览空间中了，甚至下楼时也没有明显体会到“进入地宫般的感受”。可能有很多因素促成这种前后不连贯的空间体验，也许因为陈列展品过于精彩，或堆放得太拥塞（尤其是底层大厅），也许由于一些斯卡帕式的建筑细节时常令我从对整体空间的感受中“分神”。但我感觉还可能有更深层次上的建筑形式语言的“间离”，这里姑且让我称为柯布式的动态感与康式的秩序感之间根深蒂固的“间离”——一种20世纪初高歌猛进的现代性与20世纪晚期回归秩序的现代性之间的对峙。这种对峙，在我看来，最初在何多苓工作室那里表现为斜向坡道与方形套盒般平面之间戏剧性的相互叠加和贯穿，而在鹿野苑则更表现为腾空的坡道与锚固在大地的巨石之间冷静的并列。

除了应对上述不同空间秩序之间的张力外，刘家琨还非常有勇气地展开了另一些层面上的冒险，尝试以不同手段来“处理”各种历史、文化资源与现实状况之间的张力：如在建川博物馆文革之钟馆中，让外部世俗的商业店铺与内部肃穆的历史陈列相互依存，以强化各自的空间身份；在四川美术学院新校区设计艺术馆中，将重庆山城聚落形态和近现代重工业建筑物形象与当代艺术学校嫁接；在胡慧姗纪念馆中以原型转化、材料反转的方式将临时性的救灾帐篷“固化”为一个永久性的地震遇难个人的纪念馆，等等。

单个作品，无论含义多么丰富，品质多么高超，总摆脱不了一种自我指认的封闭境地，最终容易在历史的演进中沦为孤立、偶然的碎片。刘家琨过去十年的实践给我巨大的启发：当大多数建筑师习惯于漂浮在无边的任意性、偶然性的汪洋中时，刘的策略是将自己的实践相对稳定地锚固在某些观念点上，以这些锚固点为基地，不懈地向纵深和外围探索，逐渐创作出一系列作品，来协调现代性和各种特定的地域文化传统、物质状况、人情世故之间的关系。是的，一系列作品——而不是单个彼此无关、完全任意的作品——这至关重要。它们合在一起，所铺陈出来的众多文化张力和应对策略，为中国当代建筑探索提供了罕见的深度、多样性和连贯的意义。如何能进一步开拓，发展出更有穿透力的建筑语言，来更有力地“处理”或“穿越”他所面对的现实——这是我本人对刘家琨今后建筑实践的更大期待！

3. 都市实践——大芬美术馆

在城市设计层面上，都市实践十年来的创作令人敬仰赞叹。他们勇于担当空间知识分子、技术专家和艺术家的多重角色，积极地参与很多大型城市项目的调研和策划工作。他们设计的一大批公共项目包括公共空间，其中很多已成为城市引以为自豪的地标和市民流连忘返的好去处。如果说中国大部分建筑师在商品化大潮下沦为开发商意志驱动下的画图机器，都市实践是少有的能一贯坚持城市文化理想和空间实践批判性，努力在政府、开发商和公众利益之间斡旋的事务所。

在建筑设计层面上，驱动都市实践创作的动力绝少源于建筑形式内在的生成法则和控制力，而大多来自建筑师对外部都市环境的感知。都市实践依赖于自外向内“编织”建筑——他们总是从对紊乱而富于生机的都市生活的观察和赞颂入手，以基地周边的环境素材为线索，向基地内部进行“故事性”的空间编织。在编织过程中，当他们发现迫切需要一种明确的形式策略时，他们会折中性地借鉴一些当代西方建筑界的通行形式手法——最终将各种线索编织成建筑。也许不是纯巧合，前面论及的玉山石柴和鹿野苑都坐落在中国乡村，而都市实践的兴趣点则一直在大都市。没有比“URBANUS 都市实践”更适合他们的名称了——将都市思考结晶，或将都市故事空间化，是该事务所十年来众多产品的核心追求，其中 2007 年落成的大芬美术馆可作为一个典型案例。[10]

该项目本身无疑充满故事性。大芬村是深圳龙岗区一个城中村。号称“中国油画第一村”的它，是一个完全无视传统艺术伦理，（才可）在粗放型产业上轻装上阵，靠大批仿制油画作品，行销全球，年产值达数亿元的村落。近来它得到政府的关怀，不单被列为“国家文化产业示范基地”，还要被进一步扶持“原创性”艺术创作，以期能将“低俗”、但生猛的产业与高雅、正统的艺术挂钩——大芬美术馆肩负着这个使命。这是一个矛盾：大芬村文化本是假画文化，但却是一种本真、率直、毫无隐讳的假。而现在却要修一个高级美术馆，去正儿八经地供奉“真”艺术，这将是对大芬村文化的体制化地扶持还是伤害？

建筑师敏锐地意识到这个矛盾，并以这个矛盾为中心线索开始编织空间故事，试图让建筑最终能够抗衡和包容这个矛盾。在功能和空间配置上，建筑师追求混合性；在与周边环境的关系上，建筑师尽力争取多种连接——这两方面措施都可被宽泛地理解为一种对“城市性”的追求。简言之，建筑师想以“城市性”来对抗美术馆体制化或自我封闭的趋势。

就我的观察，在展开设计操作时，建筑师并没有设置一个内在的强有力的形式生成规则——譬如类似玉山石柴的抽象格网和框架填充体系，或鹿野苑的服务——被服务空间分类以及空间体量雕刻法则，而是提供了一个宽泛、中性、类似柯布西耶的 Domino 的开放框架，尤其接近柯布在“四种构图”中的第三种构图对 Domino 的再阐释——一个开放的多层框架，其各层平面可根据不同情况分别填充不同功能和空间。（图 19）

我们不妨这样解读接下来的设计过程：建筑师先将“Domino 框架”平面形状切削成不规则多边形，以求与周边混乱的城市环境相呼应，并获得一种颇具“当代感”的美学趣味。然后，建筑师开始分别往框架的下中上三层中填充不同的功能组团，并接受各种外部城市环境力量向建筑内部的奔突。建筑师起初设想地面层在面向大芬村的西半部架空（东部嵌入山坡），仍作开放式的“低俗的”油画销售展厅和多功能厅等配套设施。如同萨伏

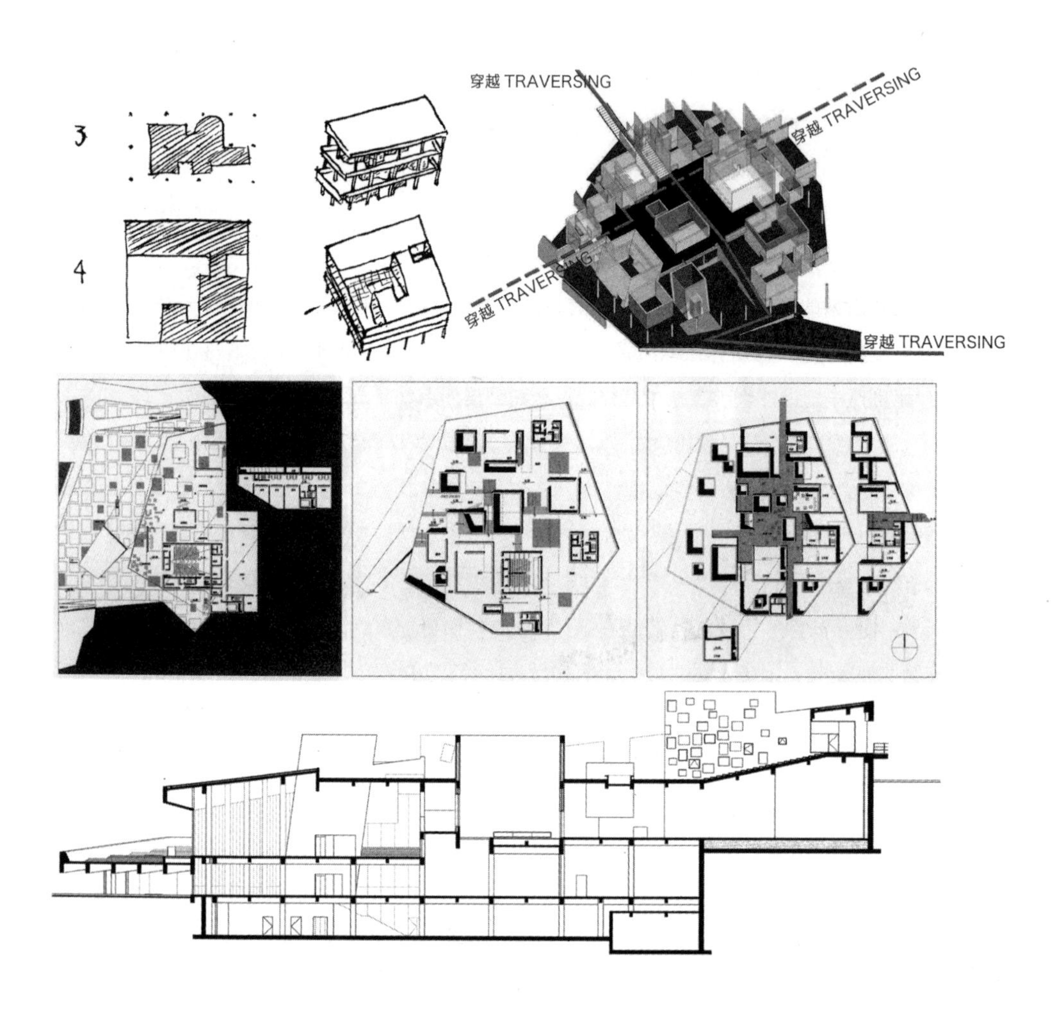

19 21
20
22

图 19. 柯布西耶“4 种构图”中的第 3、4 种构图图解
图 20. 大芬美术馆一、二、三层平面设计图（最终实施有所不同）
图 21. 大芬美术馆各层垂直贯穿和与周边社区水平连接示意图（最终实施情况有所不同）
图 22. 大芬美术馆剖面图

伊别墅底层架空以迎接汽车的驶入，建筑师指望美术馆底层架空，能多少与隔壁城中村内的油画销售街道相连，或至少相呼应；中层则填入“高雅的”艺术展览空间，它独自拥有一部颇为“体制化”的大台阶，甩到基地西南角上，可直接接纳广场上的参观人流；三层放置一个独立塔楼组群，每个塔楼可灵活出租为居住 / 创作两用的工作室。建筑师将塔楼们按模数聚集在一起，希望营造出一个空中“村落”，来呼应隔壁城中村中“集体无意识”地聚合出来的空间肌理。（图 20）有趣的是，这样的三层独立填充和各自不同体量塑造，最终叠在一起，在整体组织关系上又开始接近柯布“四种构图”中的第四种构图案例：萨伏伊别墅——虽然都市实践可能完全没意识到这一点。（图 19）

在完成这种三明治般的层状配置后，建筑师面临的巨大挑战便是如何实现两方面的打通：一是如何在建筑内部层与层之间建立起积极的空间联系，二是如何使建筑“融入”周边城市环境中。如果前一个问题处理不好，整个美术馆就会像一个失去了中心坡道的萨伏伊别墅，其内部各层配置都沦为孤立、静态的空间；而后一个挑战则更加严峻：美术馆自身的庞大体量，加上西面设置的开阔广场，已经不可避免地与大芬村的细密空间肌理形成强烈对峙——这只会导致美术馆的“体制化”形象，使之愈发显得像一座与社区脱节的“艺术圣殿”。

接下来的操作再次突现出都市实践一贯的设计思维：不管是建筑内涵的空间问题，还是建筑外延的都市主义问题，他们都倾向于把所有问题合并到“都市主义”的概念层面上来操作。除了前面提到的期待底层架空能与西面城中村呼应外，建筑师采取了两套“都市主义”操作来打通空间：自外向内的线性连接——将周边社区中的三条不同标高的“街道”向美术馆延伸、贯通，使美术馆与周边社区连接起来，欢迎周边居民自由通达、穿过美术馆；自上向下的面状贯穿——将三层独立塔楼群中的部分塔楼深浅不一地向美术馆下两层贯穿，形成高低不同的采光井、内庭园，或独立展室等一系列小空间，以期能为一、二层本来开敞的大空间带来一定的视觉阻隔，多少能给观者带来类似在城中村街道中游走的空间体验。通过巧妙利用地形，建筑师有时在剖面上将两套操作搭接起来，但在总体上它们基本呈现为各自独立的操作。（图 20~ 图 22）

与此平行的，建筑师还在建筑和基地表皮上做文章，以期营造出另一种“城市性”，或“城中村性”，在视觉质感上软化美术馆的“体制化”形象：将城中村地图图案叠加到西边广场铺地和部分外墙立面上，并设想以后画工可在框定的墙面上画画，形成更丰富的墙面质感。（图 23）

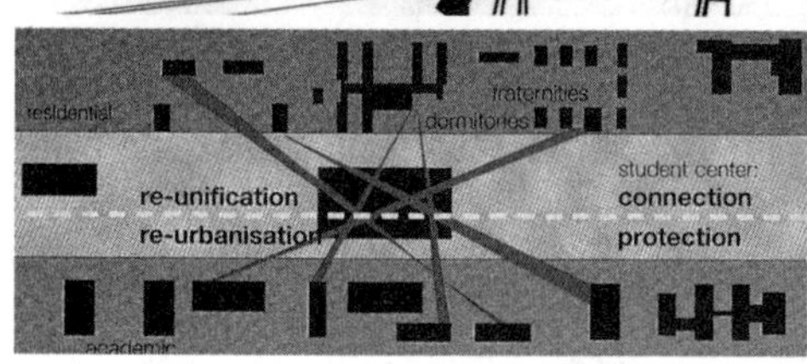

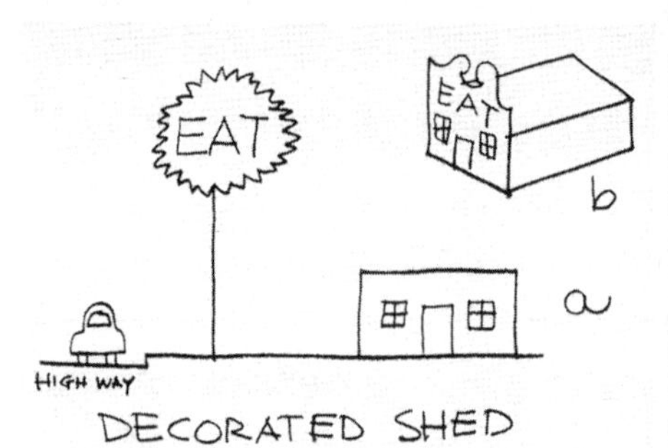

23 26
24 27
25

图 23. 大芬美术馆外墙立面使用示意图
图 24. 库哈斯的 IIT 学生活动中心与周边环境连接图解
图 25. 文丘里的“装饰的门面”图解
图 26. 大芬美术馆背立面鸟瞰
图 27. 大芬美术馆正立面鸟瞰

当然，建筑师的实际设计过程可能更复杂、动态，并且很大程度上依赖直觉。我的上述描述纯粹是出于分析的方便，为了揭示建筑师经常是在无意识状态下触及的一些深层问题。现在我想更进一步，用几个建筑史上的形式模型来总结都市实践针对大芬美术馆的形式操作。在我看来，至少有三个模型在同时起作用：一是如前所述在层状功能空间配置上，接近柯布西耶的 Domino 开放框架和萨伏伊别墅图解（图 19）；二是在建筑与周边环境关系上，接近库哈斯在伊利诺伊理工学院（IIT）学生活动中心的策略——利用建筑作为交通枢纽，和周边环境连接起来（图 24）；三是在建筑立面处理上，实际上暗合了文丘里的“装饰的门面”公式（Decorated Shed）（图 25）——美术馆墙面上的城中村地图图案，现在看起来更像埃森曼式的抽象符号，而当有一天画工在框定的墙面上画画后，就接近波普艺术或商业广告牌般的具象图像——不管怎样，宽泛说来，只要墙面与建筑的三维空间体量脱离，成为独立的传递信息的二维符号，都可被纳入文丘里的“装饰的门面”。总之，都市实践由外部环境向基地内编织空间的过程，颇接近一种层状叠加、绘制拼贴画般的操作。可以说，有很多形式模型在建筑师的意识或潜意识里起作用，导致很多不同层次和倾向的形式操作。这些层次偶尔相互交织，但更多时候则是各自独立展开，平行呈现。

遗憾的是，由于种种原因，大芬美术馆最终结果有很多折扣。在使用上，美术馆底层没有架空成为交易市场，反而被大玻璃封闭，成为最频繁使用的展览空间。一、二层在实际实施中都因为上部贯穿下来的小空间数量减少，最终难以赋予观者以城市街区游走的体验，而更多呈现为开敞的展览空间中偶尔散落着几个小空间单元。三层独立塔楼群在鸟瞰尺度上确实能与邻近城中村有所对话，但当人行走其间时，由于各塔楼过于封闭，很难生发出有生机的街道气氛，而更像走在一个布置了成组巨型雕塑体的屋顶花园上。邻近社区拒绝打开自己的院墙，与善意地伸过来的美术馆“街道”相连接……种种折扣，加上其他因素，都阻碍了一个真正混合型、能包容内在巨大张力的建筑生命体的诞生。现在，坐落在“低俗”、生猛的“中国油画第一村”边，大芬美术馆更多呈现为一栋高雅的“艺术殿堂”。（图 26、图 27）

该作品的核心价值其实在于其设计过程中，建筑师在众多文化矛盾——低俗与高雅、民间与体制、都市环境与单体建筑之间的积极思考。就本文而言，该作品的价值还在于将一个重要问题从潜伏状态一下子推到了都市实践和我们面前：有没有必要进一步努力，明确界定出都市主义话语和建筑形式质量之间的某种积极关系？经常，我们看到都市主义的思辨，可以推导出令人耳目一新的功能配置、人流物流组织、甚至空间关系的概念性图解，但却不能保证推导出高超的形式语言。这其实需要建筑师同时在另一端，在形式方面，向着都市主义反向做努力。放松那一端的形式探索，以一种几乎无意识的状态，临时、折中地借鉴各种通行的形式手法，很难形成一个意义连贯、逐步深入的文化创造项目，有时甚至会将建筑产品推向商业主义的边缘。

今天，将三家事务所十年来的实践成就并列在一起，一个现象令人叹为观止：在过去十年来，急剧的全球化和中国城市化进程，多么剧烈地冲击和瓦解了中国当代建筑师的实践基础！如果说，十年前中国青年建筑师尚可以共同立足于有限的几块观念基石上，朝着类似的方向探索新建筑文化——抽象空间、纯净形式、概念设计、建构学、批判地域主义等，那么今天这个共享的文化基础，在还没有稳固扎根之前，就已经被迅速分解掉了。从三家事务所的差别，我们可以明显感受到中国建筑师群体开始出现的巨大分野，这与各建筑师的不同文化视野和追求，以及选择的不同操作平台密切相关。

在我看来，刘家琨在过去十年中频繁谈论"现实感"，不停聚焦于"此时此地"的同时，反而越来越成为一个有强烈历史感的建筑师，越来越发展出他独有的长焦距的文化视野。在那个视野中，眼前的短暂时尚大都可以忽略，文化的演化是在广阔的时空中以缓慢、稳定和大尺度的状态进行的。"处理现实" 意味着建筑师在应付当下问题的同时，还要投入相当精力来处理现实中积淀下来的各种历史记忆。在建筑作品中，传统和现实只有在一种深厚的张力关系中才能彼此获得意义，也才能逐渐开辟出一个有意义的未来前景。刘越来越坚定地把工作重心放在建筑作为一种"长线"文化产品所承载的较为恒定的形式质量上。当然，他的事务所也生产些质量不高的产品，刘对它们的态度很清晰：干脆就不发表它们，不向世人公布。即使在建川博物馆文革之钟馆这样有"反文化"倾向的项目中，刘把外部世俗化的商业店铺与内部肃穆的历史陈列直接放在一起，为的是强化二者各自的空间身份和语言，而不是期待它们互相混淆，更不是让商业主义取代建筑学。此外，在操作平台上，我们不妨这样说，也许正是由于他长期"偏居"于中国西南腹地里一个（相对来说）悠闲安逸的二线城市，经常在郊区修房子，才能维持住一定的文化稳定性——"落地性"。

马清运可说刚好相反，他界定了另一个方向的清晰性：玉山石柴几乎成了一个特例，在其他作品中，形式质量几乎就不再是个问题。如果还有对"形式"的某些考虑，那多是在形状、符号、视觉冲击力和"说法"层面上进行的。马似乎接受了这样一种视野：当代文化终于被推向了现代性的一种最极端状态：不再有稳定的价值基础，更没有时间进行"积淀"，甚至都不再遵循一个有序的演化过程，有的只是瞬息万变的现象、潮流和形势，以及在背后操纵这一切的“能量”。建筑师能做的有意义的工作显然不再是细致地反思和努力调停文化冲突，以求获得某种综合性的结晶，而是以最高“能量”，对各种潮流做出即时反应和行动。这样看，他全然放弃玉山石柴那种“脚踏实地”的实践模式，投身于天马行空的“广义操作”，就十分容易理解了。今天忙于在全球化浪潮中冲浪的他，其操作平台与其说是在“某处”，或“建筑圈”里，倒不如说在空中的国际航班上——他已再次提升为天蓬元帅了。在空中那个“马氏平台”上，经济、政治和社会性等“广义上”的操作，占据了绝对中心。

既不同于刘家琨偏于西南的落地，也不同于马清运的天马行空，都市实践的力度存在于中间某个地方，但它对自己的定位多少有些暧昧、游移。他们选定“都市”为实践基地和中心素材，但在今天的文化语境中，“都市”可能是介于天地间最难精确界定的场域。如前所述，在理论话语和设计操作上，都市实践的重心在都市主义上，但另一方面他们似乎并不愿意全然放弃对建筑形式质量的追求，他们的内在困境在于尚未发展出强大的形式语言能力，从形式这个方向反过来有力地推动他们的都市主义实践。

据我观察，这种困境不是都市实践独有的，而是一种全球性的建筑文化状况。环顾世界各地的建筑院校、出版物和建筑创作，多少个建筑学生和青年建筑师在都市主义话语和建筑形式语言之间的断裂带中挣扎？这种状况如此普遍，已经远远超越了建筑师个人才能的范畴。即使对库哈斯——这个都市主义话语最有力的鼓吹者——来说，我们今天对“都市”都不可能再坚持一种单纯的读解了：“迷狂”的都市可以（曾经）被乐观地颂扬为人类追求现代性所能企及的终极舞台，但那个终极舞台，在今天却同样可以被悲观地诊断为现代性最终达至的黑暗结局——一个无尽的、被“垃圾空间”充斥，无人可以从中逃脱的反面乌托邦。从广阔的文化语境来看，也许正是全球化的生产消费体系决定了“垃圾空间”的生产消费模式，导致我们今天这种建筑文化的断裂状况。不无讽刺的是，也正是从这个角度，中国当代建筑得以迅速汇入到全球化的浪潮中。

2010 年 2 月 7 日于香港

注释：

① 祝晓峰，“打造‘马氏平台’”，《时代建筑》副刊“2007 年建筑中国年度点评”，2008/2。

② 马清运，“关于‘父亲宅’的自述”，《建科之声》，2004/05，39 期，20。

③ 刘家琨，《此时此地》（北京：中国建筑工业出版社，2002），110-112。

④ 朱涛，“‘建构’的许诺与虚设”，全文被选入朱剑飞主编，《中国建筑 60 年（1949-2009）历史理论研究》（北京：中国建筑工业出版社，2009），266-284。

⑤ 同 ③。

⑥ 关于鹿野苑的空间序列，除刘家琨本人的文字外，两篇评论文章对我启发很大：彭怒，“在‘建构’之外——关于鹿野苑石刻博物馆引发的批评”，《时代建筑》，2003/5，48-55；钟文凯，“灰色的天空”，《时代建筑》，2006/4，96-101。

⑦ 同 ③。

⑧ 刘家琨，“叙事话语与低技策略”，《建筑师》Vol 78；彭怒，“本质上不仅仅是建筑”，刘家琨，《此时此地》（北京：中国建筑工业出版社，2002），163-195。

⑨ 钟文凯，100。

⑩ 以下我对该项目的分析是在我本人“真的假和假的真”一文基础上发展出来的，原文刊于《时代建筑》副刊“2007 年建筑中国年度点评”，2008/2。

作者简介：朱涛，香港大学建筑系副教授

原载于：《Domus》中文版第 041 期

"东南西北中"与当代中国建筑的"双十结构"

冯原

本文打算从两个层面来切入主题。第一个层面是这个"东南西北中"回顾展；第二个层面是由这个展览的叙述所牵涉的背景与进程。这就意味着，我必须把三个事务所的十周年回顾展的"展出结构"与十年以来中国建筑生产的结构性变化作一番比较，以显示出两者之间的相互指证和渗透的关系。该展览的"展出结构"虽然是以一系列成果、话语和观念所组成，但是，恰好是这样一种精巧的安排——它以去芜存菁的方式提炼出了某种共同性，正如展览的标题所示，不仅在空间上，三家事务所的十年成果几乎涵盖了"全中国"；而且它在深层价值观上的共同性——正是这种共同性奠定了该展览的基础——显示了它们所面对的外部环境以及演化过程，因此，在场的"展出结构"与不在场的外部演化正好构成了一种认知上的图底关系。

基于上述的方法，从对比、分析两个层面的演进结构出发，我认为，三家事务所的十周年回顾展大致可以证明十年以来中国建筑生产发生了"文化转向"这么一个事实，从这个基本判断入手，我们也就可以把这个"展出结构"扩展为对十年来中国建筑生产转变的结构性分析。如此一来，我若是说有两个十年，它们之间形成某种"双十结构"，便是此意。

一

当然，只有把建筑的观念生产看成是建筑社会生产的“文化表征”时，才能为上述的方法提供一个共享的基本框架。如此，本文中所解释到的建筑，并非是已建成的建筑的物质实体，而是以物质的建筑为载体的文化现象与观念——它表征了建筑的社会意义，如同我们把社会看成一个有机体，那么建筑显然就是组成这个社会有机体外观的表象特征，反过来说，建筑的外显形象恰恰是内在的、不可见的社会性的文化表征。两者间的对称性可以成为在本文中解释和讨论建筑生产的第一前提。这样一来，“东南西北中”的“展出结构”便具有了双重的力学含义，第一重力学是“升力”——三家事务所的很多建筑作品展示了一种对于原有的政治经济环境的突破，然而，也正是因为这种向上的升力牵涉到了图底关系中底的部分——与升力相对立的阻力关系——这些建筑作品无不联系到构成社会阻力学的政治、社会或者经济的因素，从这个意义上来说，“文化转向”就可以看成是在升力与阻力的博弈中发生的现象，因而同样也具备了一种力学上的隐喻性。

能够把在场的“展出结构”与不在场的“文化转向”相联系的不可缺少的因素是构成历史进程的时间线，我把它称之为共享的背景，也就是说，今天无论我们要讨论三家事务所的创作还是要讨论十年以来中国建筑进程，这取决于我们采取什么样的视野，但是都离不开一个共同的历史背景。21世纪以来的中国建筑生产是从过去那个新中国的社会主义建筑实践发展而来的，不管我们怎样去看待这个历史背景，我们可以说是不分彼此地共享这个背景。

要对新中国社会主义时期的这段历史背景做一个评价，我认为用一个词或者一句话总结它，那就是“封闭性”，与之相对的概念是“开放性”（在相对的意义上，或在冷战的前提下，与西方国家或阵营相比）。我们可以把社会主义的中国建筑看成一个闭合的系统，虽然它也有向红色阵营打开的局部开放特征，但在总体上它不是开放性的。在这里，我并不打算详细地讨论组成新中国建筑的传统脉络，我们只需要了解到新中国建筑也是由不同的观念路径相互融合而成就够了，比如，民国时期由留学西方的建筑师带回的古典主义传统以及来自苏联的社会主义建筑的风格，简单来说，社会主义建筑的理念和思想也是一个混合的产物。但是在特定的历史时期，在以意识形态的对抗为主的冷战期间，建筑生产从属于总的政治经济模式的特征，在新中国的意识形态与资本主义针锋相对的方针压制下，建筑生产的物质性受到过度强调，而建筑的观念生产沦为国家意识形态专控的领域，在这个情况下，新中国社会主义时期的建筑设计与建筑师本身并没有什么可表现的空间。

上述的特征可以被看成是新中国早期支配建筑观念的“力学构型”。换言之，新中国前三十年意识形态控制下的建筑生产，其主要的观念可以称为“建筑民族主义”。社会主义 + 民族主义的诉求正好满足了向内封闭、向外斗争的双重性，它既中断了自 20 世纪早期就开始的现代性之路；也使得拒绝向外开放、向外交流的动力与追求民族式建筑的自我完善构成某种自我中心的循环论证。当这个共享的背景再延伸到新中国成立至今的后三十年时，也就是说，与改革开放的大趋势完全同步，中国的建筑生产从一个封闭体系走向了一个逐步开放的体系之中。于是，一直到 1990 年代中期，这个变化生成了第二种包含了两个重要因素的“力学构型”，首先是原有的制度松动后出让的空间，然后是新填补进这个由制度淡化后的空间的逐利资本，相比之下，新中国的第一个“力学构型”是一个完全的制度力学模型，没有任何资本力量介入的余地；当始自于 1980 年代的改革开放一波三折地进入到 1990 年代之后，资本开始拥有了合法性的自我形象。因此，1990 年代的“力学构型”是制度力学和资本力学的双重变奏，并分别决定了建筑的两个外显特征。从变化中的制度力学出发，“建筑民族主义”仍然可以看成是占据主流地位的价值观，只不过在新的时期里发生了相当的变异。在建筑民族主义一直得以延续的同时，资本力学模型衍生出另一种主要表现在房地产领域的风格表型——我把它称为“市场修正主义”。

决定这个“力学构型”中两种力量比的关键因素非迅猛发展的中国经济莫属。制度与资本对经济有着相同的渴望，这种渴望使得原来你死我活的两者相互合作，变成共谋者。这一方面使得资本拥有越来越大的表现空间，其显著的表征即是房地产市场和与之相关的建筑设计商业化的大趋势，另一方面又使得中国建筑生产呈现出明显的两极分化：在官方的、以意识形态诉求为主的公共建筑这一极，依然保留它特有的社会主义习惯性，形成了官方意识形态、大型公建、官办设计院的三位一体关系；在以资本为主导的“市场修正主义”这一极，由于制度力学向资本力学出让了大量空间，“市场修正主义”的特点是只求利润，只求市场导向，因此也形成了市场资本、房地产、商业设计的三位一体关系。所以，正是在这个历史的条件和趋势下，当“建筑民族主义”已经蜕变为一种虚弱的自我保护策略，而“市场修正主义”为了利益不惜一切之时，我们不难发现，两者之间貌似高度合谋的外表下其实潜藏着一个裂隙或者空当，这个空当就是观念生产的缺失，它使得 1990 年代以来的中国建筑在观念上迷失了方向，或根本不知所踪。然而，正是因为这个缺失，我反过来把它称为一个先机——它构成了以观念生产为主导的“先锋建筑”的起源条件。在这里，我借用了“先锋建筑”一词来指称与上述两种力量完全不同的一种“力学构型”，尽管从

1990年代中开始，它还难以被称为完整的“力学构型”，但是以张永和、刘家琨等人的活动为代表，已经为建筑的观念生产勾画了一个朦胧的轮廓。

二

这个时候我们有必要对什么是先锋建筑做一番解释。其实，任何试图精确定义何谓先锋建筑的想法都很有可能掉进了概念的陷阱，此时，我们最好以皮埃尔·布迪厄的说法——按照关系来思考——把有关建筑的概念放进关系的“力学构型”的对比之中，这样，什么是先锋建筑的定义，正好在前述的制度力学与资本力学合谋的态势下显现出来。“先锋”首先可以看作一种观念、是一种对前述两者做出双重拒绝之后做的姿态。也就是说，满足先锋这个定义的第一种因素必须是首先拒绝成为意识形态的附庸；第二种因素是必须拒绝资本的直接诱惑，反过来说，经过双重拒绝之后的先锋，其最重要的成果形成了价值观这个内核。所以，若是说先锋这个能指所对应的所指理应涵盖的一个领域来看，我认为，先锋建筑首先表现为一个价值的共同体，这样我们也就触及本文一开头就提到的那两个层面，本次“东南西北中”的“展出结构”与在新中国建筑生产的“力学构型”演进中浮出水面的价值共同体联结到了一起。

其次，与这个价值共同体相关的建筑创作同样也可以被当成一种文化表象，比如，从这个展览的题目“东南西北中”来看，“东南西北中”似乎是在建筑作品的散布空间上意指涵盖了整个中国大陆的版图。然而事实上，这个表象的空间版图关联着一个价值共同体的观念版图，也是从对比的角度出发，我们应该发现，这个观念版图扩展和延伸到一个全球化的背景之中。如此来看，我们就找到了这个价值共同体的价值之源。让我们再看一看本次展览的三家事务所的“血缘关系”，它们构成了一种中国特色式的“革命结构”，都市实践和马达思班似乎是由共产国际派遣回国的国际特派员，刘家琨虽然没有海外背景，但由于他的早期实践，可以说打造了先锋建筑的“西南根据地”。所以，起决定性的因素仍然是价值观。以上述的那个共享的社会主义建筑史为背景，这个价值共同体的基本倾向是在于延续了那条曾经被中断了的现代性之路，在某种意义上，在社会主义时期停滞不前的现代性之路，在改革开放的背景下，在把西方一共产国际和本土一先锋实践连接起来的全球化浪潮之中，以先锋姿态为表征的一批实验建筑师重新把它连接上了。虽然1990年代中后期先锋共同体的建筑师的处境不佳：既没有市场利润，也没有官方的认同。但是，有另一种力量能够支撑这个双重拒绝的态度并持续发挥作用。这就是与全球化有关的价值系统，就某种意义上来说，以先锋为表征的“力学构型”其实也是由两种力量合力而成，一个是国际主义视野中的本土实践者；另一个则是支撑这种这种实践的国际主义价值系统。因此，它也同样具有一个独立建筑师、观念探索、国际主义视野的三位一体关系。

然后，让我们再看一看最近这十年。从1999年前后开始，这也是三家事务所成立并开展实践的年代，当先锋建筑以一种特有的“力学构型”参与到中国的建筑生产实践之中，直到今天这个“东南西北中”展览的面世，它解说了几个事务所分别从中国的东、南、西并逐步向中心迈进的独立实践的进程，而这一进程又在宏观上与十年来的中国建筑生产发生了碰撞。因为，至少从2000年起，可以说中国的建筑生产进入到一个与过去相比完全不同的时期。在这里，起码有两个显著的特点是非常值得我们关注的。其中一个重要的变化源自2000年的国家大剧院竞赛。国家大剧院为什么是重要的开端，不仅在于国家大剧院这个项目的重要性，而在于它第一次扭转了长期以来占主流位置的“力学构型”，并开启了文化转向的方向。到了十年后的今天，2010年最有代表性的节点是2010上海世博会的中国馆，它非常奇妙地构成了原有的“力学构型”夺回失地的证据。这个前后相隔十年的颇为矛盾的结果跟三个事务所的实践形成了某种极具象征性的镜像对照。第二个重要的特点也是发生在2000年的国家大剧院竞赛之后，国家大剧院本来不过是一个官方主控的国家形象项目，但是在特定的背景下却成了引起巨大争论的公众话题，它导致了建筑从一个不太引起公众关注的领域转向了公众极度关注的领域。这个变化说明，中国的建筑生产终于得以从普通的物质生产领域转入到了话语生产领域，过去当然也有一定的话语生产，1950年代的国庆十大建筑也曾伴随着话语的生成，但是，只有在2000年以后，官方逐渐放松了原来主控的话语生产并向民间出让，建筑话语的民间化形成的舆论影响，无疑成为先锋派建筑的三位一体在2000年之后取得胜利的重要砝码。

三

到这里，我想我们应该能够辨识得出三家事务所的“展出结构”，这个结构指涉了三家事务所背后的三位一体的共同体关系。因此，三家事务所的十年回顾展不仅显现了自身的进程和成果，更重要的是显现了先锋派的“力学构型”如何从一个边缘位置迈入到主流位置的一个过程。当然，我们说进入到主流的位置，并非是说它占据所有的江山，但是这种多种“力学构型”相互博弈的态势表明了当下中国建筑生产的实质状况。

所以，在今天，要准确地说明当下中国建筑生产的“力学构型”到底是什么，可能并不容易，因为与其说边缘或主流是一种绝对的对立状态，还不如说今天的现实是一种多元并存的局面，或者说最起码它表达了某种不确定性。这也许就是我将这十年变化称之为“文化转向”的原因所在。多种“力学构型”的并存局面把中国的建筑生产改造成多种欲望的混合体，若是要以颜色来表征这个状态，那么，追求单色的欲望和追求混合色的欲望同样强烈，并且两种欲望依然在发生微妙的较量。

无论如何，“文化转向”的一个重要结果就是把昨天的从属于物质领域的建筑生产改造成今天的作为象征领域的观念生产这个变化。这就是说，当建筑的象征价值已经超越物质生产的实用价值成为主导生产的关键因素之时，建筑的竞争就从经济利益的分配转入到符合体系或符号斗争的竞争场中。正是这个前提下，我们才可以解读三家事务所的众多建筑实践成果所蕴藏的含义。比如，关于都市实践的土楼公社，就可以被看成是一个非常有趣的特殊性实践，因为它最起码综合了三种利益诉求完全不同的倾向性：第一个是地产商的需求，通常来说，作为地产商的万科集团要加入到观念冒险的队伍之中仍然是件不太好解释的事情；第二个对本土资源的国际化——具体做法是把一个中国传统的客家建筑样式“转译”一个为低收入人群特制的大型住宅；第三个倾向是，调动第一者的参与，并运用了第二者的策略，并把前述两者投入到一个全球的价值体系中，以获得创新的象征价值。把这三种倾向高度糅合到一起显示了应对当下环境和力学变化的灵活性与创造力。土楼公社的例子似乎证明，十年以来的文化转向确实具有一个必然的方向性，它也间接地说明了革命发生的外在条件，都市实践、马达思班和刘家琨事务所投入实践的进程史与中国的政治经济的脉动相当地吻合，因此，三家事务所的所作所为才恰如其分地为中国当下变化提供相当丰富的答案。

“展出结构”告诉我们的一个显在事实是，旧的意识形态的表征体系已经遭到解构之时，却是新的表征体系相互争夺的新的局面的开端。另一个恰当的例子是都市实践设计的大芬美术馆。我觉得大芬美术馆可能是个用于解释当下中国文化生产与建筑生产相互关系的典型范例。深圳的大芬村本来是一个为西方加工油画复制品的加工基地，它实际上是珠三角地区的密集型加工模式在手工油画上的反映。然而在最近几年中，由于中国城市急剧扩张和城市地位的提升，转型后的意识形态要追求新的文化目标，于是，加工型的大芬村被政府建构成一个文化主体。这个时候，都市实践相当成功地为大芬美术馆——这个从加工业基地升级为文化政绩的象征空间创造了一个非常国际化的外观建筑样式。建筑外壳与内核的分离与结合，其实潜藏着一种由过去表征体系的解构到新的表征体系建构的冲突与博弈的过程。大芬美术馆绝非一个形态奇妙的建筑那么简单，它可能告诉我们，今天的建筑师可能面对的是一个不太确定的位置，但是越是不确定的未来就越有很可能是孕育建筑师前程的大舞台。与新中国任何时候相比，由今天所展望的未来也许是最难以确定的，不过，也许正是因为建立表征体系的任务难以确定，它反过来也为今天的建筑师预留了比历史上其他时期更大的表现空间，当然，同样也无可怀疑的是，它也为当下所发生的"文化转向"的未来方向留下了寓言一样的谜团。

作者简介：冯原，中山大学教授，中山大学视觉研究中心主任

原载于：《建筑师》2010 年第 6 期

“现代”的幻象：中国摩天楼的另一种解读

李华

今天以西方物质形式为代表的摩天楼正在迅速地改变着我们的城市——我们的城市天际线和我们的都市环境，在快速都市化的驱动下，引发了中国建筑界对城市国际化还是本土化的争论与忧虑。然而这种忧虑似乎并没有影响在实践领域里摩天楼的大量建造，也似乎无法阻止城市里对建造更高、更大和更奇特的摩天楼的狂热追逐。这种矛盾和对立引发的问题是摩天楼这种西方建筑类型在中国的移植到底对中国人意味着什么？对中国人想象中的都市意味着什么？摩天楼在中国城市的这种移植的过程中，其概念是如何被转换和被再定义的？这也许是我们重新审视“本土化”的定义的一个起点。

摩天楼由于其西方的起源和在中国城市的生产，成了一个中与西、内与外文化的交点。从全球资本的角度，King 和 Kusno 指出，以摩天楼为代表的跨国空间和建筑类型在中国的建造，构筑了使国际投资者感到熟悉的城市环境，从而增强中国和中国城市在区域和全球经济中的竞争力[①] 他们的分析提供了一个外部的视野看待当今中国城市摩天楼的生产。然而，中国的城市空间不仅是为了吸引国际投资商，虽然引进外资是当今中国城市经济的策略之一，而城市最终是为城市居民所生活和居住的。在今天的中国城市里，摩天楼正更多地为中国人所使用。

摩天楼的概念似乎是自明的，但如果我们问摩天楼是什么的时候，会发现它其实是一个很难被定义的概念。它不像高层建筑或超高层建筑那样有着明确的技术指标，而更是一种文化和社会心理的相对概念。从内部的视野上来说，在中国，与摩天楼并肩出现的、或者说它承载的是对“现代”城市的想象，本文试图从“现代的幻象”的角度，解读中国的现代性和城市功能是如何通过摩天楼这种“西方”物质产物表现和运行的。

1. 西方摩天楼及其都市性

在“摩天楼：一种现代都市的建筑类型”中，马里奥·堪佩（Mario Campi）曾将摩天楼作为城市性质转变的产物和西方现代性的表达。[②]现代意义上的摩天楼诞生于19世纪末美国的芝加哥，由于商业的发展和地价的提升，向高处伸展的摩天楼成了商业成功的象征。20世纪上半叶，这种建筑类型在纽约曼哈顿的繁荣，不仅承继了芝加哥摩天楼的商业性和富裕的表征，而且对新移民来说还象征着自由与机会。当然，支持建筑物向高处不断攀升的是对技术发明和创造的热情。电梯、钢结构和稍后出现的钢筋混凝土结构为摩天楼提供了的发展空间与可能性。“这三项发明和由此支持的高楼大厦反过来成为美国增长的经济和工业实力的成果，并使得美国具有20世纪引导世界的力量。”[③]简而言之，西方摩天楼的建造表现了个体的富裕和成功、对技术的热望以及随后而来的对国家权力的象征。然而，建筑不仅仅只是象征的符号，从建筑都市的角度来说，摩天楼还是现代都市和社会构造以及经济运行的工具。

1.1 柯布西耶：“当代城市”的乌托邦

1920年代，柯布西耶描绘了一个300万居民的“当代城市”的乌托邦。柯布的都市模型是一个精心构筑的、系统化的层级结构，摩天楼办公区位于城市的中心，里面集中着城市的精英——管理者、实业家、科学家和艺术家等。除了工作空间外，摩天楼的屋顶花园是工余时间社会交往的沙龙。在这些摩天楼的中心是作为精英个体所需的休闲空间：时尚商店、咖啡吧、餐厅、艺术画廊、剧院和音乐厅。这些摩天楼形成了城市组织物质结构的一部分，是城市管理和经济运行系统的中枢。[④]通过进行明确的功能区分，将水平的空间集中在垂直竖向的摩天楼里，城市在被秩序化的同时，获得了大面积的绿地。因此，在柯布西耶的“当代城市”的模型里，尽管单幢摩天楼是高密度的，其目的并不是为了增加城市密度，而是为自由个体的健康提供充足的阳光和绿地。摩天楼对柯布来说是形成社会秩序，实现个体解放的工具。

1.2 库哈斯：幻象与现实的“曼哈顿主义”

1978年，库哈斯的《迷狂的纽约》（Deliriong New York）对摩天楼的城市性做了重新地注释。库哈斯笔下的曼哈顿不再是柯布西耶的理想化模型，而是在群体的欲望和幻象的驱动下，现实运行的结果——“拥塞的文化”。曼哈顿的摩天楼是经济和欲望相互交织的人造物，是似乎各种自相矛盾的极端的混合：在无差别的城市网格的前提下，建立的各自特异、相互区别的巨型建筑物；建筑室外的形象与室内的使用各自独立、相互分离；当摩天楼越远离土地时，却越接近自然；不断重复的竖向空间的叠加，为层与层之间相互各异、没有关联的功能提供了可能；“奇异的技术”制造着从极端人工到极端自然的环境……建筑不再是可控制的而是不可预期的活动。在摩天楼里拥塞的不是物理上的密度，而是堆积着个体各种幻象的、似乎非理性逻辑的文化。对库哈斯来说，在这些看似不相关的情节系列里，是资本和个体欲望驱动下的“曼哈顿主义”：即“在网格里建造的曼哈顿集体无意识欲望的现实”。曼哈顿的摩天楼不再是传统的象征主义，而是在“城市中的城市”运行机制下的创造物。⑤

柯布西耶和库哈斯对摩天楼的城市功能几乎提出了两种截然不同的工具性阐释。柯布西耶的城市模型是理性的、由上至下的和秩序化的，库哈斯的是动态的、平面的和欲望的。不过，无论是世俗意义上的摩天楼的象征，还是柯布西耶的理想都市模型和库哈斯的幻象的现实，其根本的出发点都根植于西方现代性中的个体性，它们之间的差别仅在于这种个体性表达和需求的不同方面。审视摩天楼在西方文化中的意义与功能，为我们了解其在中国的生成和转化提供了一个参照系。

首先，摩天楼是作为一个基本发展完善了的西方“产品”被引入中国的，我们接受的是其结果而不是过程，因此它作为富裕和权力象征的意义与图景被强化和放大，个体解放的表达被转化为集体愿望和力量的表征——城市和国家的形象与实力。通过群体愿望塑造的象征性的个体建筑形象，反过来成为个体表现和自我定义的追求。其次，摩天楼并不是中国建筑自身技术发展的结果，而是对技术成果的引进和再生产。与西方对技术热情的不同之处在于，西方更关注于新技术产生的可能性，并且这种新的可能性的探索又成为更新的技术发明和发展的动力。而中国更注重技术的应用和新技术的使用，并将其视为表现的手段，技术更多地成为象征意义表达的工具。就城市功能来说，中国城市一直着面临人多地少的矛盾，并且这个矛盾在当今城市的快速发展和人口剧增下更为突出。如果说柯布西耶“都市模型”里的摩天楼针对的是对已有的城市混乱的秩序化改造的话，那么中国摩天楼解决的是城市扩张和土地资源缺乏之间的矛盾，也就是说提高城市密度的问题。如果说库哈斯的“曼哈顿主义”讲述的是个体间在以机会均等的前提下（网格），对利益与欲望的追逐，从而形成个体间动态平衡的整体的话，中国的城市更是一种由上至下的、以政府操作的、对优势资源不平衡的占用为启动，从而激发市场经济中群体和个体对城市开发的投入。就由上而下的操作和商业利益最大化的追逐来说，中国摩天楼可以说是柯布西耶和库哈斯的模式的结合。然而，根植于中国城市特定的政治和经济的条件下的运作，摩天楼在中国事实上形成了其中国式的功能模式，并回应着中国现代性的表达。

2. 中国摩天楼的出现和现代的想象

从历史上看，中国摩天楼的大规模建设有在两个时期，即20世纪二三十年代的上海外滩和1970年代末以来的整个中国，它们之间既相互联系又有些微的区别。20世纪二三十年代上海的摩天楼最初是由到这个“东方巴黎”冒险的外国人建造和使用的，它基本上是纽约摩天楼的翻版。西方折中主义、艺术装饰风格、和有着早期现代建筑特点的形式炫耀着他们的成功与富裕。而对中国人来说，“上海的西方复古建筑在上海人眼里从来就不代表一种保守的建筑观念，相反，它却代表着一种新事物——它那古老的形式对上海人来说却是刚刚进来不久的新事物。正因为如此，当西方如火如荼的现代建筑波及上海的时候，并没有与复古主义建筑思潮形成对立，而只是在许多西方建筑式样中又加了一种摩登式样而已。”[⑥]这种对“摩登”和“新奇”的喜好，李欧梵先生在《上海现代》里就其文化意义和中国现代性作了更深入的阐述。[⑦]

李先生指出“摩登”在通俗的说法中是“新奇或时髦”的意思。当“西方现代性的物质形式传到上海时，引起了惊异、怀疑、崇拜和模仿”。与传统中国建筑和城市相异的、具有装饰风格的摩天楼形成的城市景观不仅给中国人带来了震撼，象征着物质的富裕，而且在其中、西对比的背后，是以物质为代表的对社会阶层的重新界定——富裕和贫穷。在对物质的幻象里，中国新兴的资产阶级或中产阶级获得了身份的定义。在分析20世纪初上海的出版文化时，李先生指出，在“新”与“旧”的两极化区分的背后是线性进步观的影响，并且这种进步观随着出版物，如日历的印刷和流行，浸入到都市的每日生活中。[⑧]由此，我们可以看出作为中国现代性载体的摩天楼是一种物质化的现代的幻象，它在审美的经验上是“新奇”，在社会文化的层面上是社会身份的定义，在意识形态上是线性的“进步观”。尽管进步观贯穿了整个中国的现代时期，而对物质化的“新奇”与身份认同却是在改革开放后的大众文化中重新浮现的，并似乎愈演愈烈。不过与20世纪二三十年代上海单纯的个体的炫耀不同的是，它纠合着城市集体象征和个体表达的追求。

3. 中国摩天楼的现代都市性

从1970年代末开始，中国城市兴起了第二次摩天楼的建设高潮，其最初的功能类型主要是外交公寓和涉外宾馆，如北京的16层装配式外交公寓、广州的白云宾馆等。由于其涉外的性质，摩天楼在城市里扮演了一个内与外之间中介的角色。在与西方和外部世界隔绝了几十年之后，西方的物质文明以摩天楼这种建筑形式进入了中国。不过，与其说它象征着西方，倒不如说它描绘的是一个“未来”生活的图景，是“现时”在物质生活贫乏的中国人对美好生活的愿望和幻象的投射。

1985年建成的深圳国贸大厦是当时全国最高的大楼。[⑨]从现在的角度和摩天楼的建筑设计上来说，深圳国贸大厦似乎没有什么新意，它更像是香港高层建筑的翻版。不过，在当时的中国，它所运用的“新”技术与材料，如玻璃幕墙、旋转餐厅、玻璃屋顶的中庭、观光电梯和室外广告灯箱等，都是新奇的建筑特色，它与当时普通城市和建筑的反差筑就了它的“现代”与“豪华”。从政治上来说，它是“改革开放”的窗口和是特区政策成功的标志。在经济上，它是一个计划经济下的产物。由于是政府划拨用地，它的兴建面临的并不是地价和城市人口密度问题，相反，这座政治标志物承担的是吸引资金、带动城市发展和聚集人口的功能。

在现在看来，就对日常生活的影响来说，深圳国贸最大的意义在于它对公众的开放。它曾经是深圳城市的旅游景点之一，也是新移民了解深圳的必访之地。其中庭四周需要用港币购买的外来商品、豪华装修的西餐厅、大面积的玻璃隔墙、不锈钢的扶手和玻璃的栏

1 2
3 4

图 1. 深圳国贸大厦外观（李华摄于 2002 年 9 月）
图 2. 深圳国贸大厦中庭（李华摄于 2002 年 9 月）
图 3. 上海金茂大厦凯悦酒店室内：各种元素组合的“怀旧”与“现代”（沈康摄于 2002 年 10 月）
图 4. 从外滩看陆家嘴金融贸易中心（沈康摄于 2003 年 5 月）

板、中央的音乐喷泉、磨光的花岗石地面和墙面以及永不停息的自动扶梯都展示出“另一个”闪亮的物质世界，和与当时都市生活的距离。这种通过直接面对物质所形成的富裕和权力的差距不同于中国的传统，传统中国的权力表征是通过不可视的层级的设置而产生的神秘与崇拜，如北京的紫禁城。[10] 与国贸同时期建造的中国其他的摩天楼大多由于涉外的原因，是不对普通中国市民开放的，它们的豪华、地位和权力依然是以不可视的想象和神秘保持的。而国贸大厦和其室内空间的构筑却将所有可触摸的、物质定义的豪华与现代直接展示在眼前，它使得人与人之间的差别变得可视、直接、物质和公开化。在售卖、消费和观看的活动中，个体的社会身份被直接地表现与定位，从而使其成了人与人相互关系的确认或重新确认的场所。在传统的中国社会中，身份和社会关系的确定是通过血缘维系的家族关系，在计划经济时期，中国城市中个人身份的确认是绑缚在其所属的工作单位上的。如果说这两者都是个体通过从属某个抽象系统而得到身份的确认的话，在国贸所表征的当代社会里，这种人与人的社会关系和身份确认是物质化的，在某种程度上说是更独立的，尽管这种相对自由的个体又在被统一的商业物质标准重新定义。此时，政治象征意义的国贸大厦成了都市和社会的功能空间。

1998 年建成的上海金茂大厦是一座更雄心勃勃的摩天楼，它当时不仅是全国最高，而且还是世界第三高楼。[11] 它有着与当年深圳国贸大厦相似的政治象征性、经济发展的作用和新奇感，不过是以更新的方式和技术进行操作和表达。与国贸不同的是，金茂大厦还具有强烈的对城市从过去、现在到未来发展上的定义与想象。在某种程度上说，金茂大厦似乎是一个怀旧与现代交织的建筑，其外观的造型取意于中国传统的密檐塔，层层叠叠的不锈钢装饰构件是两个极端的结合，一方面竭力地使这个传统的意象变得真实，另一方面又显示出现代的“新奇”。从城市的角度说，位于上海浦东新区金融中心的陆家嘴和世纪大道旁、与上海外滩隔江相望的金茂大厦，形成了两个观看视野的距离。从黄浦江对岸的外滩上看，金茂象征着这个城市的未来图景，而过去被遗留在背后。从金茂大厦 88 层的观光层上看黄浦江对岸的“老”上海及周围的新区建设，使整个城市获得了一个从过去到现在的定义，和对未来的憧憬。这两种视野的距离所暗示的时间序列“新”与“旧”、过去与未来，和在这种序列上的进步观与对未来的幻象，由于视觉的观看和身体的不可达于及形式上的隐喻被强化。

1990 年代后期，深圳国贸大厦逐渐衰落。其最直接的原因恐怕在于其产生之初埋下的矛盾。在由它激发的随后的城市发展和商业化中，其原有的运营和空间的独特性和优势在不断被其他建筑复制、更新和消解。而政治象征的短暂性并无法赋予这座建筑永久的活力，它被城市另一个新的象征物所取代——深圳地王大厦。不过无论怎样，深圳国贸的建设提供了一种建筑都市模式，即由政府的非经济行为制造一个新奇的地标性的建筑，以吸引外来资本的投入，从而带动一个地方的经济的发展和加强社会对未来想象的信心。尽管这种模式在后来的不断操作中有所调整和改变，其基本的内核并没有太大不同。建筑这时候已经不再是传统建筑教育上的建筑物，它的社会和城市功能消解了建筑师所关注的比例、尺度、美观等概念，成为都市功能运行的一部分。不过这种生产模式的危险在于其建筑空间和功能的可复制性和短暂的独特性，对建筑设计的影响上说，建筑被仅仅简化为一个图景和外壳的塑造。

当前很多对摩天楼泛滥带来的城市化的忧虑在于城市的相似性和无个性，其实传统的中国城市之间从形式到布局的理念并没有太大的不同，城市的个性也不是问题。在十八九世纪到过中国的外国人曾说，中国的城市其实很相似，去过一个城市就知道其他所有的了。然而，这毕竟是外来者的感受，尽管形式上的差异不大，中国传统城市里填充其间的是生活的积累和历经时间的生长而形成的连续的建筑、环境与人的关系。今天的中国城市由于对各种“特色”和速度的追逐形成的空间形态的断裂，使整个城市显得粗暴和突兀。针对当代中国的城市问题，摩天楼的建设是不可避免的手段之一，从历史的角度上看，它将会记载下当前中国的城市化和现代化的历程。问题也许不是接受还是拒绝摩天楼，与西方摩天楼的比较，不是一个价值标准判定的问题，而是确定自身特点的起点。中国的摩天楼已不是一个简单的“复制”的过程，而是植根于中国现代性和都市条件下的“中国化”。当中国建筑师思考建筑本土化的时候，我们的问题是如何理解中国的“本土”？从什么样的角度建筑师可以积极地、批判性地而不是被动地回应中国当代城市与生活的要求？

（本文的第二稿成文得益于武昕的批评和建议，在此深表谢意）

2005年5月15日第一稿

2005年5月20日第二稿

注释:

① Anthony D. King and Abidin Kusno, On Be(ij)ing in the World: 'Postmodernism,' 'Globalisation,' and Making of Transnational Space in China, in: A. Dirlik and X. Zhang (Ed.) Postmodernism and China, Durham NC and London: Duke University Press. 2000. pp. 41 - 66.

② 考虑到Mario Campi主要谈论的是西方摩天楼，这里西方现代性的西方为作者所加。Mario Campi, translated by Robin Beson, Skyscrapers: An Architectural Type of Modern Urbanism. Basel; Boston; Berlin: Birkhuaser, 2000.

③ Chris Abel, Sky High: Vertical Architecture. London: Royal Academy of Arts, 2003. pp.17.

④ Robert Fishman, Urban Utopias in the Twentieth Century: Ebenezer Howard, Frank Lloyd Wright and Le Corbusier, Mass., Cambridge; London: The MIT Press, 1999. pp.188 – 204.

⑤ Rem Koolhaas, Delirious New York: A Retroactive Manifesto for Manhattan. New York: The Monacelli Press, 1994.

⑥ 伍江，上海百年建筑史 . 上海：同济大学出版社 , 1997. pp.183.

⑦ 李欧梵先生的《上海现代》有中译本，由于作者手上只有英文版，本篇文章中的引用均为自己的翻译。

⑧ Leo Ou-fan Lee, Shanghai Morden: the Flowering of a New Urban Culture in China, 1930-1945. Mass. Cambridge; London: Harvard University Press, 1999. pp.13 – 81.

⑨ 关于深圳国际贸易中心大厦的建筑介绍，参见区自，朱振辉，深圳国际贸易中心，建筑学报，1986，（8）：62 – 67.

⑩ 对于这种不对称视线形成的权力空间的构筑，参见朱剑飞，边沁、福柯、韩非，明清北京权力空间的跨文化讨论，时代建筑，2003，（1）：pp.104 – 109.

⑪ 关于上海金茂大厦的资料介绍，参见张关林，石礼文主编，金茂大厦：决策 · 设计 · 施工 . 北京：中国建筑工业出版社 , 2000.

作者简介：李华

原载于：《domus》中文版 2005 年第 5 期

留树作庭随遇而安
折顶拟山会心不远
——记绩溪博物馆

李兴钢

1. 后果前缘

癸巳年腊月（2014 年 1 月），陪鲁安东兄在刚刚开馆的绩溪博物馆内随意参观，蓦然发现在展厅中有一副胡适先生的亲笔手书对联："随遇而安因树为屋，会心不远开门见山"（联出清同治状元陆润庠）。这幅年代不详的胡适真迹，在设计绩溪博物馆的四年多时间，从未有缘得见（图 1）。

惊异于此联的意境恰与绩溪博物馆的设计理念不谋而合。树与屋，门与山——自然之物与人类居屋之间的因果关联；随遇而安，会心不远——由自然与人工之契合，而引出与人的身体、生命和精神的高度因应。在博古通今、中西兼通的精英人物胡适心中，行、望、居、游，是自己理想的生活居所和人生境界。而这也正是绩溪博物馆设计所努力寻求的目标。

馆名"绩溪博物馆"，来自于胡适先生墨迹组合。而适之先生仿佛在近百年之前，即已为家乡土地未来将建造的博物馆，写下了意旨境界和设计导言。有趣的是，不断听到人说起绩溪的"真胡假胡"之典故：胡适之"胡"，乃为唐代时"李"姓迁入安徽后之改姓，故著名的胡先生是"假胡"，其实姓李。如此巧合，让人感觉如天意冥冥之中的绝妙安排。

那些古镇周边的山，想必胡适先生曾经开门得望，这棵700年树龄的古槐，不知胡适先生是否曾经触摸。一百年人类历史风云际会，在山和树的眼中，不过是一个片刻。还是那座山，还是这棵树，它们要后来的这个被称作“建筑师”的晚辈后生，与古镇和先人有个诚恳的对话。

2. 山水人文

四年多前，也是一个冬季，第一次来到绩溪，第一次踏上这片如今赋予新的建筑生命的基地现场考察。用地位于绩溪旧城北部，原县政府大院内。基本呈矩形，朝向偏东南。南北向长约136m，东西长约71m，这里很久以前曾为绩溪县衙，在博物馆施工过程中挖出县衙监狱部分的基础和排水沟等遗迹，设计也因地就势，借用实地遗迹保留为博物馆展览内容。当时用地内生长繁茂的40余株树木，树种繁多，包括槐树、樟树、水杉、雪松、玉兰、桂花、枇杷等（图2、图3），其中用地西北部有一株700年树龄的古槐（图4），这些树木是最初打动我们并推动设计发展的重要元素，并成为绩溪博物馆古今延续与对话的最好见证。 绩溪位于安徽黄山东麓，隶属于徽州达千年之久，是古徽文化的核心地带。“徽”字可拆解为“山水人文”，正是绩溪地理文化的贴切写照。绩溪古镇周边群山环抱，西北徽岭，东南梓潼山；水系纵横，扬之河在古镇东面山脚汇流而过，“绩溪”，也因此得名——县志记载：“县北有乳溪，与徽溪相去一里，并流离而复合，有如绩焉。因以为名。”当地数不清的徽州村落，各具特色，诸如棋盘、浒里、龙川……均“枕山、环水、面屏”，水系街巷，水口明堂，格局巧妙丰富，各具特色。而古往今来，绩溪以“邑小士多，代有闻人”著称于世，所谓徽州“三胡”——胡宗宪、胡雪岩、胡适，分别以文治武功、商道作为、道德文章著称于世。

3. 古镇客厅

绩溪博物馆设置了一套公共开放空间系统，其室外空间除为博物馆观众服务外，同时对绩溪市民开放。（图5）这个开放空间源自徽村的启示。在这个犹如村落般“化整为零”

1 2 3
4 5
6 7 8

图 1. 透过玻璃可看到展厅内胡适先生的手书对联（摄影：邱润冰）
图 2. 中间院子的小树林
图 3. 前院的玉兰树
图 4. 古槐
图 5. 明堂水院的游线
图 6. 内街与水圳（摄影：夏至）
图 7. 内街（摄影：李兴钢）
图 8. 屋顶观景台（摄影：夏至）

的建筑群落之内，利用庭院和街巷组织景观水系。沿东西“内街”的两条水圳，有如绩溪地形的徽、乳两条水溪，贯穿联通各个庭院，汇流于主入口庭院内的水面，成为入口游园观景空间的核心(图 6、图 7)。

观众可由博物馆南侧主入口进入明堂水院，与南侧茶室正对的是一座片石“假山”伫立水中，“假山”背后，是两大片连绵弯折的山墙，一片为“瓦墙”，一面是粉墙。两片墙之间是向上游园的阶梯和休憩平台。庭院中有浮桥、流水、游廊、“瓦窗”，步移景异的观景流线引导游客，经历迂回曲折，到达建筑南侧屋顶上方的“观景台”，可以俯瞰整个建筑群、庭院和秀美的远山(图 8)。茶室背后另有供游人下来的阶梯。也可继续前行，顺着东西两路街巷，游览后面被依次串联起来的其他庭院。

这里的街巷和庭院，与建筑周边民居乃至整个古镇数不清的街巷、庭院同构而共存。

4. 折顶拟山

源自“绩溪”之名与山形水势的触动，博物馆的设计基于一套“流离而复合，有如绩焉”的经纬控制系统，原本规则的平面经纬，被东西两道因于树木和街巷而引入的弯折自然扰动，如水波扩散一般；整个建筑即覆盖在这个“屈曲并流，离而复合”的经线控制的连续屋面之下，并通过相同坡度(源自当地民居屋顶坡度而确定，图 9)不同跨度的三角轻钢屋架，沿平面经纬成对组合排列(图 10)，加之在剖面上高低变化，自然形成连续弯折起伏的屋面轮廓，仿似绩溪周边山形脉络(图 11~ 图 17)。登及屋顶观景台放眼望去，层叠起伏的屋面仿佛是可以行望的“人工之山”，此时观景即观山，近景为“屋山”，远景借真山。因此，这个建筑不仅与周边民居乃至整个古镇自然地融为一体，也因其屋面形态而与周边山脉相互和应，并感动于观者的内心(图 18)。

胡适先生的“开门见山”，在这里成了“随处见山”——只不过有“假山”、“屋山”和越过古镇片片屋顶而望得的真山。而其中重要和相同的，是让人与这层叠深远的人工造景及自然山景相感应，得以“会心不远”，达致生命的诗意寄托。

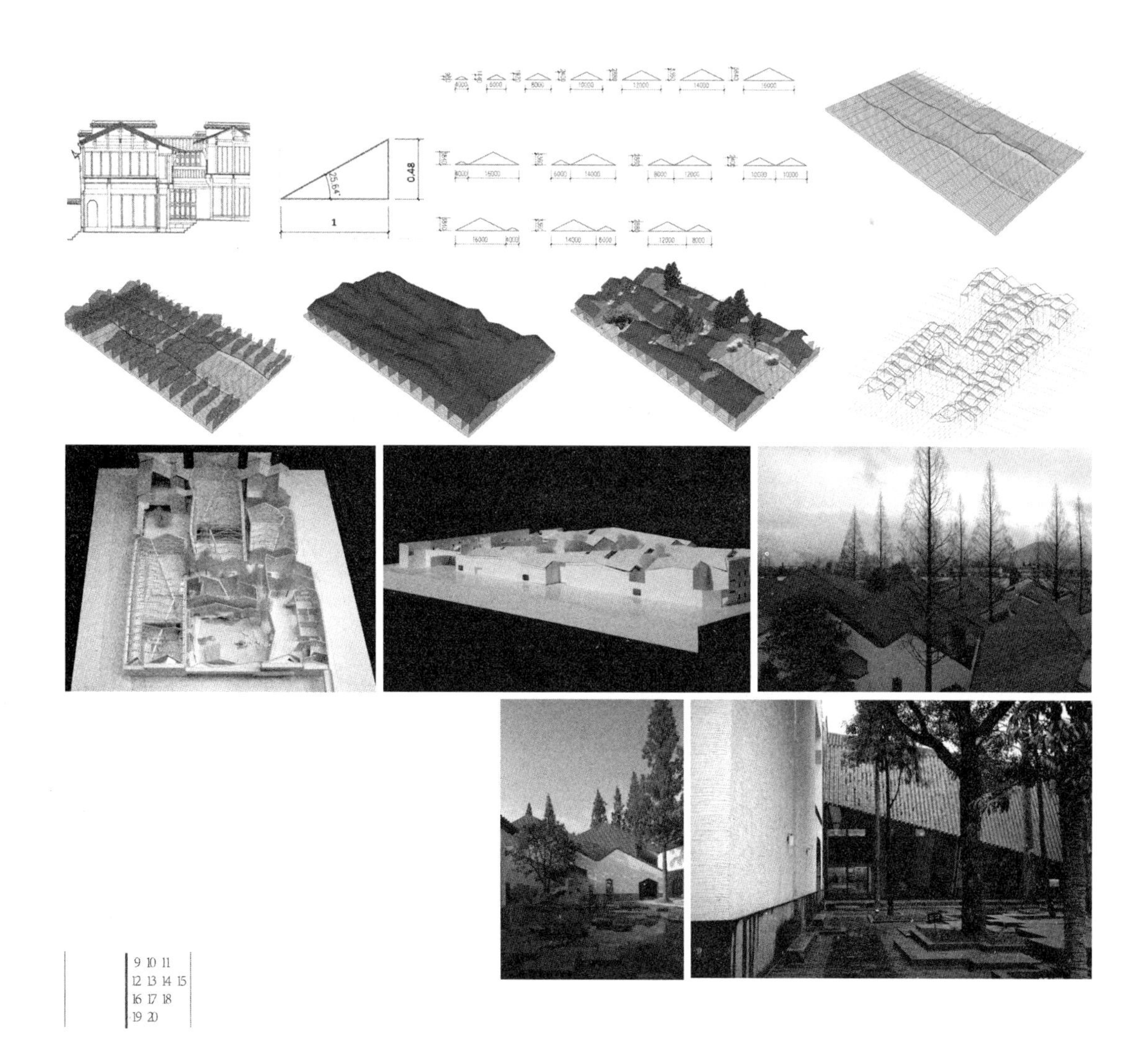

9 10 11
12 13 14 15
16 17 18
19 20

图 9. 三角屋架的剖面坡度源于当地民居
图 10. 基本屋架单元
图 11. 局部被扰动的经纬控制线
图 12. 叠加结构剖面，控制端墙高度
图 13. 生成屋顶连续曲面，控制屋脊走向
图 14. 在有保留树木的地方屋顶被挖空，形成不同的庭院
图 15. 屋顶结构图解
图 16. 屋顶结构模型（摄影：李兴钢）
图 17. 模型 - 沿街立面（摄影：黄源）
图 18. 屋 - 树 - 山（摄影：李兴钢）
图 19. “水院”保留树木（摄影：李兴钢）
图 20. “山院”保留树木（摄影：邱润冰）

5. 留树作庭

现场踏勘时的一个强烈念头是：在未来的设计中，一定要将原来用地中的多数大树悉数保留，它们虽非名贵或秀美，但却给这处经过很多历史变迁的古镇中心之地留下生命和生活的记忆。用地西北角院落中的700年古槐，被当地人视为“神树”，因为它实在就像是一位饱经沧桑、阅历变迁却依然健在的老者。

“折顶拟山”所形成的覆盖整个用地的连续整体屋面，在遇到有树的地方，便被以不同的方式“挖空”，于是，庭院、天井和街巷出现了，它们因树而存在、而被经营布置，成为博物馆的生气活力、与自然沟通之所。也得益于这些“因树而作”的庭院，这座建筑成为一个真正完整的世界。胡适先生的“因树为屋”，其实应该并非是将树建成房屋或者以树支撑结构，而是将居屋依邻树木而造，使人造之屋与自然之树相存互成，树因屋而得居，屋因树而生气，在居住者的眼中和心里，这样的整体具有真正的诗意，“随遇而安”。

最前面的“水院”保留了两棵树：一棵是水杉，在东侧公共大厅的窗外；另一棵是玉兰，在“假山”一侧，由于靠近瓦墙前面的粉白山墙，与从上面休息平台下来的楼梯踏步几乎“咬合”在一起。这株秀美的玉兰与几何状的片石“假山”一起，组合为水院的对景画面(图19)。水院后面的中间庭院“山院”，是保留树木最多的院落。松、杉、樟、槐，都在自己原来的位置，茂密荫蔽，它们是活的生命在默默静观四周变迁。配合几何状的隆起地面、池岸和西端弯折披坡下来的“屋山”，别有一番亦古亦今的气息(图20)。庭院东侧还有两株水杉，因它们的位置，序言厅和连接公共大厅的过廊特意改变形状让出树的位置，最后的结果仿佛是树与建筑紧紧贴偎一起或缠绕扭结一体。

沿西路街巷再往后面，为700年古槐留出了一个“独木”庭院，这个颇具纪念性的古树庭院处理较为开敞，古树后面有会议报告厅及上部茶楼可由此进入，方便兼顾对外经营。而若经一侧的楼梯上至二层贵宾休息室外的屋顶平台，古树巨大苍劲的枝杈向四面八方的空中伸展，被平台两侧的界面裁切成壮美的景象(图21)。

施工过程中，所有保留的树都被精心保护，待最后土建完成，经过清洗修剪，它们跟新建的房屋一起，亭亭玉立，生机勃勃，房屋也因树木的先就存在而不显生涩，它们因位置不同而关系各异，都仿佛天生的匹配，颇为感人，好一个“随遇而安”。

21 22
23

图 21. 古树庭院夜景（摄影： 夏至）
图 22. “假山”细部（摄影： 夏至）
图 23. 池岸细部（摄影：夏至）

6. 假山池岸

主入口庭院的视觉焦点，是一座由片状墙体排列而成的“假山”，与位于南侧的茶室隔水相对，并有浮桥、游廊越水相连，山背后一道临水楼梯飞架而过。这座“片石”假山，与池岸、台地、绿池等均基于同一模数而生成其几何形式，相互延伸构成，表面配以水刷石材质，使得山池一体，相得益彰（图 22、图 23）。假以时日，墙体池台生出绿苔，下面的植栽青藤生长爬蔓于层叠高低的片墙和台地，人工的建造才成为更加自然圆融的景物。“假山”之后有粉墙，状如中国山水画之宣纸裱托，再后为“瓦墙”，其形有如顶部“屋山”之延伸，层层叠叠，显近远不同之无尽深意。“片山”想法因画而成，那是一幅藏于台北故宫博物院的清版《清明上河图》，画中表现了中国山水画特殊的山石绘法，观画之后便酝酿出将此画中之山转化为庭园假山的几何做法。山体形态则源于明代《素园石谱》中的“永州石”，本意也是为博物馆外面“城市明堂”大假山而作的小规模实验，是有关“人工物之自然性”的尝试。

7. 明架引光

室内空间采用开放式布局，既充分利用自然光线，又将按特定规则布置的三角形钢屋架结构单元直接明露于室内，成对排列、延伸，既暗示了连续起伏的屋面形态，又形成了特定建筑感的空间构成，在透视景深的作用下，引导呈现出蜿蜒深远的内部空间（图 24）。

各展厅内部均布置内天井，由钢框架玻璃幕墙围合而成，有采纳自然光线与通风的功用，进而使参观者联想起徽州建筑中的“四水归堂”内天井空间（图 25）。延续博物馆建筑的三角坡顶为母题，设计了室内主要家具和大空间展厅中“房中房”式的展廊、展亭及多媒体展室，利用模数对展板、展柜、展台、休息坐具等展陈设施的形式和空间尺度加以控制，并以建筑屋顶生成的平面控制线为基础进行布局。室内除白色涂料外，使用了木材装修，增加内部空间的温暖感和舒适性。

24 25 26
27 28

图 24. 蜿蜒深远的展厅室内（摄影：夏至）
图 25. 室内天井自然采光（摄影：夏至）
图 26. 筒瓦用作脊瓦（摄影： 邢迪）
图 27. 屋檐收头处的“现代版”虎头滴水（摄影：邱涧冰）
图 28. “瓦墙”细部构造（摄影： 邢迪）

8. 作瓦粉墙

在古镇的特定环境中，徽州地区传统的“粉墙黛瓦”被自然沿用作为绩溪博物馆的主要材料及用色，但其使用方式、部位和做法又被以当代的方式进行了转化。

大量有别于传统瓦作的新做法用于建筑不同部位。其中，屋面屋脊和山墙收口一改传统小青瓦竖拼的做法，均采用较为简洁的筒瓦收脊与压边的做法（图 26）；传统檐口收头处的“虎头与滴水”瓦被加以简化为“现代版”（图 27）；应对曲折屋面而设置屋谷端部泛水等。瓦作铺地，以及不同形式的钢框“瓦窗”，亦有新意。值得一提的是面对水院的“瓦墙”，有屋顶瓦延伸而下之势，极易造成透视的错觉，像是中国画中的散点透视，屋面立面成为一体，仿佛“屋山”延伸倾泻而下。这片瓦墙，其构造原理延续了传统椽檩体系铺瓦做法，但由于其如峭壁般的形态，导致营造殊为不易。新的做法是采用将瓦打孔并用木钉固定于高低间隔的轻钢龙骨，按序自下而上相互覆盖叠加并加以钢网水泥结合一体，才得以构造成型（图 28）。入口雨篷、檐部、天沟、墙裙、地面以及外门窗框等处采用当地青石材料，颜色实为暗灰色，而当建筑顶部区域的自然面青石板表面涂刷防腐封闭漆料之后，石材表面如砚台沾水一般，立刻转为黑色，出乎意料地与“黛瓦”得以呼应。

古徽州传统的白石灰粉墙经由时间和雨水的浸渍，斑驳沧桑，形成一种特殊的墙面肌理效果，原想用白灰掺墨的方式做出如老墙一般沧桑的肌理形态，但因墙体的外保温层无法像传统的青砖一样与外层灰浆吸融贴合，经多次试验后无果，无奈最后被替代为水波纹肌理的白色质感涂料，这一做法完成后也成为绩溪博物馆一大特色，被称作“水墙”（图 29）。有山自有水，在中国的山水画作中，云雾水面乃至粉墙，起到的是将山景分层隔离，制造出景物和境界的深远之意。这一道道“水墙”，与池中的真水一起，映衬着“屋山”和片石“假山”，它们也是绩溪博物馆“胜景”营造中的重要构成（图 30）。

博物馆的建造由当地的施工和监理公司完成。这些本地的施工者们既未完全忘却也不再采用徽州传统的施工技术，既在使用又无法达到高超的现代施工技术水平，但他们仍然表现出具有悠久传统的工匠智慧和热情，与建筑师一起研发出“瓦墙”、“瓦窗”等传统材料的当代新做法，赋予建筑“既古亦新”的感受。

29
30

图 29. “水墙”细部（摄影：邱润冰）
图 30. “水墙”（摄影：李兴钢）

9. 向文化致敬

人所在地域的特定气候地理环境，经久形成和决定了那里人们的生活哲学，这应当就是大家日常所谓的“文化”。建筑师要通过营造物质实体和空间的方式触碰敏感的生活记忆，抵达人的内心世界。

在这个全球化和快速城镇化的时代，建筑设计如何能够既适应当代的生活和技术条件，又能转化传承特定地域悠远深厚的历史文化，是四年多来的工作中时刻思考探索的问题。因此在绩溪博物馆这个完全当代的城市博物馆中，人们仍然可以体验与以前的生活记忆和传统的紧密关联，那些久已存在的山水树木则是古今未来相通的见证和最好媒介。古已有之的营造材料和做法都仍可被选择沿用或者用现代的方式重新演绎和转化，使得绩溪博物馆成为一个可以适应国际语境和当代生活的现代建筑，同时又将传统和文化悄然留存传播。这个建筑本身可以成为绩溪博物馆最直观的一件展品；同时，绩溪博物馆作为公共空间与绩溪人的日常生活紧密相关，成为绩溪的城市客厅。

绩溪博物馆尚未开馆，即已引起网络的热烈传播和讨论，一位素不相识的上海绩溪籍网友发微博说“小时候在它的前身里生活过，骑过石像生，捉过迷藏。如今这里是县城的博物馆，月底即将竣工开张。感谢李兴钢工作室，这才是徽州应有的现代建筑。”这个微博被转发和评论很多，其中很多与博主背景类似的绩溪网友。这说明绩溪博物馆得到了绩溪人特别是年轻一代发自内心的支持和认同。

在看到胡适先生的手书对联后，回顾绩溪博物馆设计种种过往现今，心动不已、感慨交集之中，也在工作室微博上斗胆将此联略作改写，以致敬意：因树为屋，随遇而安；开门见山，会心不远。

作者简介：李兴钢，中国建筑设计院有限公司总建筑师，李兴钢工作室主持人

原载于：《建筑学报》2014 年第 2 期

境物之间：
评大舍建筑设计策略的演化

青锋

尽管有着新的材料与新的技术，有城市的生长与死亡，有突破前沿以及新边沿的设定，巩固与消亡，狂喜与挫败，或者是征服太空与森林的死亡，建筑的本质从未改变过。

——阿尔瓦罗·西扎

"即境即物，即物即境"，这是大舍为他们在北京哥伦比亚大学建筑研究中心举办的X-微展所起的名字。"即"意为接近，境是指"一个空间及其氛围的存在"，而物是指"建筑的实体"。[①] 从题目中不难读出，大舍将自己的建筑历程定义为对"境"与"物"这两个建筑本体主要构成元素的探寻。它像一个不断接近的过程，却因为目标与路径的迷惑而产生曲折与跌宕。这种情节也暗藏在这个命名中："即境即物，即物即境"，词序的转换在这里有着特别的含义，它用一种简单而分明的方式体现出大舍在"境物"之间的权衡与选择。如果说大舍早先的设计策略更倾向于"境"的营造，那么他们近期作品中的一个新动向是"物"的构筑开始占据更重要的位置。这种变化戏剧性地体现在龙美术馆与大舍之前作品的强烈差异之上，在设计策略与建筑语汇背后，所隐含的是建筑师对于建筑本源价值与实现手段的不同思考。本文试图分析这种转化的基本内涵，并且尝试使用从"空间范式"

转向“物”的理论框架来加以解释，进而讨论“物”的概念对于建筑实践的价值。

1. 三部曲

并非每一个建筑师都会认为有必要对自己过往的设计理念进行梳理与概括。很多人认为理论化的概念会约束甚至扼杀实践的复杂性与偶然性，进而抵抗整体性的分析与整理。而愿意这样做的人无疑对理念有更强的敏感与信任，并且乐于通过理论反省寻找实践的道路。大舍建筑的两位合伙人显然属于后者。在 2013 年底于北京哥伦比亚大学建筑研究中心举办的 X- 微展以及随后的 X- 会议上，柳亦春与陈屹峰对大舍 12 年来的历程做了清晰的剖析与分解。在他们看来，这 12 年的演进可以分为三段：第一是 2001~2002 年，大舍初创期，事务所设计的核心关注是项目功能性元素的安排，通过对既有功能要求的重组与拓展突破传统模式的桎梏，代表性项目是东莞理工学院；第二是 2003~2010 年，大舍逐渐建立特有的建筑语法，通过空间限定元素与组织方式的提取与转化，塑造以江南地区为原型的空间模式与几何关系，代表性项目是夏雨幼儿园；第三是 2010 年至今，大舍开始更多地关注建筑物质层面的内容，通过结构、材料、表意形态等物质化手段拓展意义获取的可能性，代表性项目则是即将竣工的龙美术馆。②

对于绝大多数观察者来说，大舍为人熟知并得到肯定的是他们第二阶段的一些主要作品，对第一与第三阶段则较为陌生。但如果在单个作品之外，同样关注建筑师思想与方法的转变，那么大舍的“三部曲”作为一个整体无疑构成了一个有趣的故事。陈、柳两位建筑师对这一转变的历程有充分的自觉与关注，因此才会以“即境即物，即物即境”这种含蓄的方式来概括第二与第三阶段之间的联系与差异。在这里，我们有必要对大舍“三部曲”做一下更为深入的分析。

首先是大舍初创的第一阶段。大舍将这一时期的主要策略描述为“使用的安排”，也就是通过对建筑主要使用功能进行梳理、分解、整合，形成建筑作品的核心组织结构，从而确定建筑的根本形态。最能够代表这种策略的是三联宅与东莞理工学院文科楼。在三联宅中三位业主密切的私人关系造就了一体化公共空间的必要性。因此，三个单元的一层形成连贯的整体，成为供三位业主共同使用的工作室兼客厅、厨房餐厅以及庭院。在二层，建筑分解为三个并列的住宅单元，服务于三位业主的私密生活（图 1）。尽管只是一个小建筑，

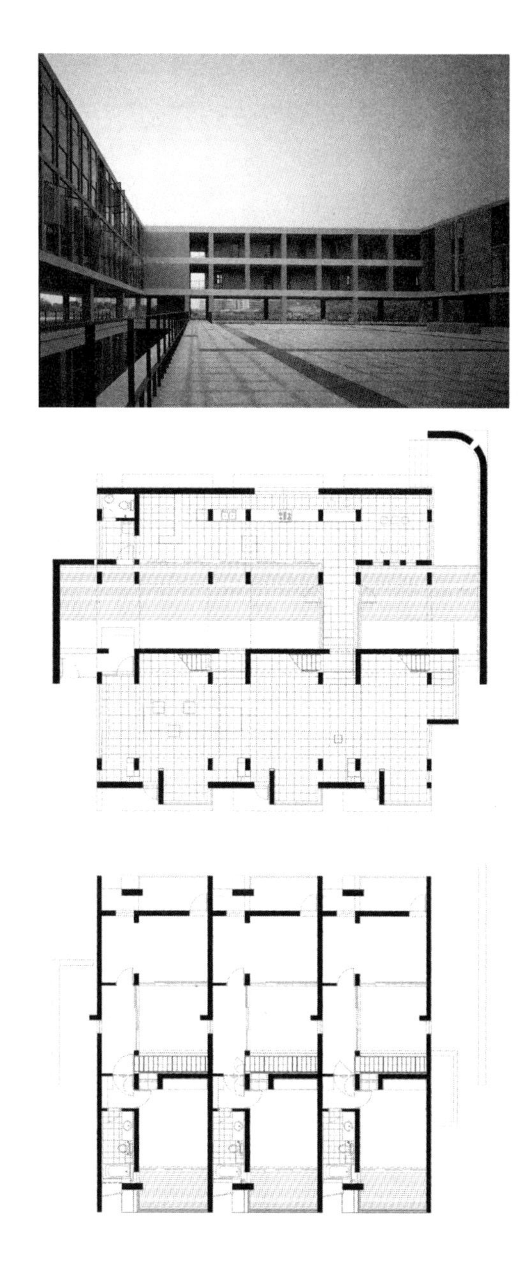

1
2

图 1. 东莞理工学院文科楼
图 2. 三联宅平面

三联宅实际上采用了现代主义传统中经典的公共区域在下、单元性私人房间在上的功能组织模式，在瑞士学生公寓、拉图雷特修道院等项目中屡见不鲜。新建筑五点中的底层架空所体现的也是这种模式，底层立柱提供了最少的阻断与切割，使地面能够更好地支持开放的公共活动。三联宅的一层平面明确地展现出底层架空的组织逻辑，大量独立立柱，而非墙体，将二层架起，达成了底层的开放贯通。

同属于这一阶段的东莞理工学院文科楼体现出更为强烈的现代主义特征，一道架空层分隔了容纳公共服务设施的基座与上部规整的方院。基座平台与架空层构成了开放的公共空间，同时也避免了建筑物对景观视线的粗暴阻挡（图2）。在这里，基座的作用格外重要，它填补了山体的斜面，创作出一道平滑的水平面，承载着上部纯粹的方形体量。基座成为复杂的自然环境与经典现代主义几何语汇之间的过渡。这种组织模式在密斯 · 凡 · 德 · 罗早期的里尔住宅（Riehl House）中得到过戏剧性的表现，也一直贯穿在他后期的大量作品之中。只有通过这个过渡，人们才能脱离日常俗物进入密斯建筑哲学中那个闪耀着真理光芒的精神世界。从这一方面看来，无论是勒 · 柯布西耶的底层架空还是密斯的基座，都起到了类似的作用——让现代主义的纯粹几何世界与错综复杂的现实地表之间保持距离，进而维护前者的单纯与独立。同样，在大舍的三联宅与文科楼中我们都可以清晰地阅读到基座与上层建筑之间的明确区别，这一模式甚至持续影响到他们后期的作品。

由上述分析可以看出，大舍第一阶段的作品具有强烈的现代主义特征。清晰的格网框架、明确的几何形体、近乎彻底的正交体系，这些特征让三联宅与文科楼归属于正统现代主义作品。尽管大舍所关注的是“使用的安排”，但功能组织是所有项目都需要考虑的，真正让他们这一阶段作品获得独特性的是实现的手段，也就是对一些经典现代主义元素的运用。遵循一个成熟的传统，对于一个初创事务所来说是非常合理的选择，而建筑师也需要时间走出之前的设计院体系，探索更具个性的道路。

2. 离，边界，并置

尽管很多人相信“新的时代必将造就新的建筑”这个经典的现代主义理念，并由此推断现代主义已经过时乃至死亡，但他们往往忽视了现代主义作为一种传统的潜在影响。对于当代建筑师来说，现代主义不再是一种有意识的选择，而是一种隐含的潜意识，在不知不觉中已经接受的根本前提。现代主义从表面的实践操作中隐退，实际上却沉入了建筑师对建筑本源与实现方式的根本理念之中。在无条件地接受这一传统的一些核心要素，并且自然而然地视之为建筑必然起点的过程中，人们也失去了跳出这一传统，接受其他可能性的机会。而想要这么做的人，所需要的不仅是操作的转换，更为困难的是挑战自己之前所秉持的理念，这需要自我批判的勇气、理论的自觉以及接受其他传统的敏感性。

大舍为人熟知的第二阶段作品就可以被描述为这一反省与重新选择的产物。不同于第一阶段对现代主义传统的全面接受，他们开始吸收其他传统的元素，进而塑造出与众不同的建筑效果。标志着大舍进入第二阶段，开始采取一种新的设计策略的是2003~2004年间完成的上海青浦区夏雨幼儿园，随后在2003~2010年的一系列作品，如青浦区私营企业协会办公与接待中心、嘉定新城幼儿园以及青浦青少年活动中心中得以延续。与第一阶段的经典现代主义秩序不同的是，在这些作品中大舍引入了一种新的、现代主义传统之外的元素：江南园林与城镇的空间肌理。以地域性文化充实现代主义单一的普适语言是全球很多建筑师普遍采用的策略，而对于出生于江南，成长于江南，并且生活工作在江南的大舍建筑师来说，这一策略的主要实现方式就是对当地传统空间类型的转移。这一转移成功地帮助大舍这一时期的作品脱离笛卡尔式正交几何体系的束缚，更为自由地吸纳不同空间模式。

“不可否认，我们的实践与我们对所在的‘江南’这样一个地域文化的理解密切相关，无论自觉或者不自觉，我们之前大部分的建筑都像一个自我完善的小世界……这个小世界的原型就是‘园’。”[3]大舍如此描述江南园林的空间原型在自己这一时期作品中的核心作用，他们进而提炼出三个操作性理念用于设计实践，分别是：离、边界、并置。在这三个范畴中，离与并置的关系更为密切，它们共同构成了具有江南特征的空间组织秩序。“离”（detachment）意味着维护部分单体的特异性与独立性，使之不被整体秩序所同化和吞噬。从某种程度上，离甚至要求对抗整体秩序的统一性，保持一种疏离的关系。“并置”所描述的是处于离的状态中的各种部分的关系，它同样意味着不以单一秩序强制规整保持独立性的部分单体，保持它们之间的差异性，并不试图掩盖冲突所造成的偶然性与复杂性。大舍认为，江南地区的“园”所遵循的就是这样的组织逻辑，它不同于现代主义所推崇的普适秩序（universal order）。

而“边界”则涉及不同的层面，一方面边界是构造单体独立性的基本条件，只有明确限定了边界才能获得区分于外界的可识别性。另一方面，边界也在社会生活中圈定一个受保护的领域，人们可以在其中营造不同于外部的、属于自我的“小世界”。江南文人的私家园林被高墙边界所围和的封闭性体现的正是这种在自己的小世界中独善其身的立场，“中国人的‘天人合一’是在院墙内完成的，这个院墙就是‘边界’。”[④]

这三个特征能很好地解释大舍2003~2010年之间的标志性作品。夏雨幼儿园虽然重复了之前基座加几何体的模式，但基座不再是过渡，而是设计的重心之一。在青浦新城边缘的旷地之中，一道相对封闭的墙体围合出一个独特的内部世界。最简明的解释是将基座的组织结构看作是明确边界内形态各异的小院子的离与并置，仿佛是传统江南园林平面的图底反转。(图3、图4)而上层的盒子所呈现的则是园林中分离的小房子之间的并置关系。在这里，建筑师所提取的是“园”的平面几何关系而放弃了传统园林中山石水景与植被、建筑的复杂性。建筑上下两部分的关系也同样体现了“离”与“并置”的关系。两种不同密度与形态的空间关系被简单地并置在一起，彩色小盒子与基座之间刻意塑造了分离的效果，在通常视角上，人们甚至无法看到两者之间是如何连接的。盒子与基座肌理之间的咬合也凸显了并置的偶然性，同样的关系也体现在办公区与教室区，以及办公区内部组织的方式之中。这种源自江南传统原型的复杂关系正是建筑师所刻意追求的，“因为通过不同关系的表达，就带来了建筑的丰富性，你看体量很简单、很干净，极少主义的状态，但是最后出来的感觉是很丰富的。那么丰富从哪里来？就是从关系来。”陈屹峰如此解释。[⑤]

的确，如陈屹峰所强调的，“离”与“并置”所描述的均为相互关系，而边界则限定了特定关系发生的范畴。这一时期大舍的设计模式往往遵循具体——抽象——具体的脉络，从具体的园林体系中抽象出清晰的几何关系，再使用简明的现代主义语汇再现这种关系。有趣的是，“从具体到抽象、从抽象到具体”恰恰是柳亦春为2012年“天作杯”全国大学生建筑设计大奖赛所拟定的题目，或许这两者之前有着并非偶然的关联。

大舍这一阶段的另外两个作品，青浦区私营企业协会办公与接待中心与青浦青少年活动中心虽然采用了更多正交体系的方形元素，但建筑的基本组织原则仍然延续“离”与“并置”的原则。青浦青少年活动中心将“将不同的功能空间首先分解开来，转化为相对小尺度的建筑体量，再利用庭院、广场、街巷等不同类型的外部空间将其组织在一起。”[⑥]（图5）并置的复杂性有助于激励“无目的的游荡以及随机的发现。”将这一项目与大舍第一阶段作品相比较，就会发现两者都基于功能分解的前提之上，“将建筑物根据预设的功能先分解、再组织，从而把设计的关注点放在分解后的各元素之间的关系上，这成为我们最近经常采用的设计方法”[⑦]，柳亦春谈到。但决定性的差别出现在重组的过程中。三联宅与文科楼所体现的是等级分明的、不可逆转的单一秩序，而青少年活动中心则呈现出无中心、无轴线、无层级的并存状态，任何单体并不从属于其他单体，以强硬的边界护佑自身的独立性。这样的结构更加类似于江南城镇的平民化特性，而建筑师的意图也在于此："一个建筑，也是一个小城市。"[8]

青浦区私营企业协会办公与接待中心以一道方形玻璃围墙环绕着一个独立的领域，围墙内建筑以"离"的策略分解为几个部分，然后再以类似于传统城市小广场的方式组织在一起。同样，这个广场通过差异"并置"获得的偶然性与东莞理工学院文科楼的"完美"方院相比较，所彰显的正是大舍第二与第一阶段设计策略中最重要的转变。

在大舍2003~2010年的很多作品中，我们都可以清晰地阅读到"离、边界、并置"的操作模式。借由这一路径，大舍成功地将江南地域特有的空间关系引入既有的成熟建筑语汇中，从而开始摆脱之前经典现代主义传统的模式限制。这种通过引入传统肌理，脱离现代主义经典的单一几何秩序，重新接受偶然性与复杂性的策略，从个体看来是大舍对于地域文化传统的回应。但是在更为宏观的历史背景上，这种做法实际上颠覆了现代主义传统中一个悠久而深入的笛卡尔信条。

这一信条可以追溯到笛卡尔的《方法论》(Discourse on Method)，这位数学家与哲学家清晰地表明他反感"古代城市中……无区别的并置，那里一个大的，这里一个小的，由此导致街道的曲折与不规则，人们会认为是偶然性，而非有理性引导的人类意志导向的安排。"[9] 相对于这种并置生成的偶然性城市，笛卡尔所推崇的是"一个建筑师在空旷场地上自由规划的充满规律性的城市。"勒·柯布西耶的付瓦生规划戏剧性地展现了笛卡尔的立场，他摧毁巴黎旧城，代之以规整的笛卡尔式摩天楼（Cartesian skyscraper）的做法虽然并未实现，但是在全球进行过"现代化"的众多城市中，笛卡尔的"理性"之梦最终以这种方式得以实现，改变了众多城市的历史与面貌。有趣的是，大舍在青浦区的很多项目正是在笛卡尔所推崇的空旷场地上展开的，周围既无历史街区也无重要景观的牵扯，而建筑师选择的却是重新引入传统城市与园林的偶然性与不规则形。这一历史背景之所以需要提及，是因为很多建筑师已经将笛卡尔之梦视为必然信条，而忽视了它实际上有自己的历史，缘起于笛卡尔，也受到笛卡尔的目的与方法的限制，并非亘古不变的真理。大舍的江南策略，他们从第一阶段向第二阶段的转变，则表明他们已经脱离了沉默地接受，开始自觉地抵抗某些现代主义经典信条的影响，从而拓展了自己建筑语汇的范畴，塑造出作品的独特身份。

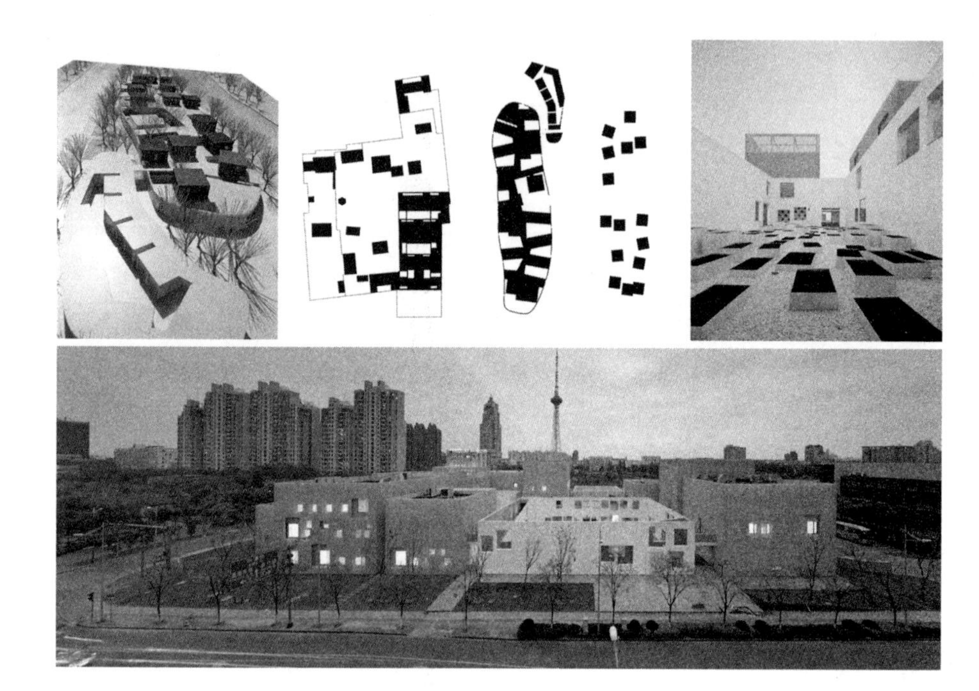

3 4 5
6

图 3. 夏雨幼儿园模型
图 4. 园林与夏雨幼儿园的图底关系
图 5-6. 青浦青少年活动中心

3. 境与空间范式

在描述第二阶段作品的根本倾向时，大舍使用了“境”的概念，意指“空间及其氛围”。也就是说大舍这一时期所关注的是空间这一建筑元素。前文已经谈到，在对江南园林与城市的引用中，大舍所提取的主要是空间关系，而舍弃了其他那些花草树木、砖石鱼虫等具体的物体及其特征。正如大舍对第一阶段的自我总结是“使用的安排”，但隐藏在这一描述背后的，并未提及的实际上是正统现代主义体系的一整套处理方式；在第二阶段“境”的概念背后也同样隐藏着另一个尚未被挑战的现代主义要素——空间范式。在很大程度上，这一要素控制了“离、边界、并置”的具体呈现方式，也给予大舍这一阶段作品依然强烈的现代主义特征。因此，尽管大舍通过对江南地域文化的引入在某种程度上突破了经典现代主义传统的一些信条，但是在某些核心理念上仍然受到这一传统理论话语的影响，这体现在“境”与空间范式的密切关联至上。而大舍第三与第二阶段的变化，恰恰在于进一步摆脱了空间范式的限制，在“境”之外对“物”有了更深切的关注，这也才会有龙美术馆与大舍之前作品之间巨大的差异。对于那些具备理论自觉性的建筑师来说，一个理念的变化的确可以改变从本源到实现的整个建筑体系。在这一节中，我们将进一步讨论空间范式与大舍第二阶段作品的关联，然后再讨论“物”的关注如何摆脱空间范式的制约，以及这种解放的价值。

所谓范式（paradigm）是指某种事物的规范、模式。通过托马斯·库恩（Thomas Kuhn）在科学哲学上的研究，这一概念被给予更为明确的含义。库恩将范式定义为科学体系的基础性的基本假设与思想结构，它有一系列核心概念、这些概念的结构关系以及所限定的范畴所组成。这些因素一同决定了该领域的研究内容，哪些问题应该被提出，这些问题所应该具有的结构以及科学研究的结果应该被怎样阐释。自库恩以后，范式的概念已经被广泛使用在各个学科之中，简单地说，它就是指一种基础性框架，决定了学科范畴以及研究开展所依赖的核心理念、核心问题，甚至是限定了对研究结果的理解方式。因此，在一个建筑思想体系中，一种范式限定了使用哪些根本性概念来讨论建筑，以及哪些与这一系列概念相关的问题应该加以讨论，以及可以用什么样的方式来解释建筑与事件。

范式概念的重要作用在于，让我们意识到任何一个知识体系都奠基于范式之上，也受到范式的约束与限制。范式的转换将会造成整体知识体系从概念到理论的全面转变，因此任何受到范式约束的知识体系都不能被简单地视为永恒的真理，因为范式本身可能并非无懈可击或者是别无仅有。正如前文提到的，对于现代主义这一独特建筑体系，我们必须意识到它也仅仅是一个传统，可以像其他传统一样被选择、被放弃。那么剖析现代主义理论体系的范式基础也能帮助我们理解这一理论体系的产生的模式，进而获得批判与选择的距离。基于这样的理由，本文提出了“空间范式”（spatial paradigm）的概念，借以强调空间概念在现代主义范式中的核心作用以及这一概念所隐含的后果。

空间概念的重要性在今天不言而喻，它已经是我们谈论建筑不可或缺的概念之一。这正体现出范式的作用，它并非给出一个精确的理论，而是限定了理论得以建构的基础，比如今天建筑理论体系中的空间概念。然而，纵使空间的概念耳熟能详，被所有建筑从业者们自如运用，它到底意味着什么？作为范式的一部分如何限定了建筑问题的可能性以及相应解答的倾向，这些问题并未得到所有人的重视。在使用这一概念的同时，人们往往接受了“空间范式”的一系列基本假设与基本立场，而放弃了对它的审慎反思以及选择其他范式的可能性。在这里，历史分析能够帮助我们认识到空间概念的相对性，阿德里安 · 佛铁（Adrian Forty）指出：“在 1890 年之前，‘空间’这一概念在建筑词汇表中并不存在。它的采纳与现代主义的发展有着密切的联系。[10]”正是从前现代主义到现代主义的范式转换，才让“空间”概念占据了在今天不可动摇的核心位置。佛铁进而分析了空间概念从最初进入现代主义范式开始所获取的不同含义以及它与众多建筑理论的内在联系。[11]

今天空间概念的普遍流行，很重要的一个原因在于，建筑师们认为在这一概念中，我们已经发现了“最纯粹的，无法化简的建筑实质——一种仅属于建筑的特性，能将建筑与其他艺术实践区分开来。”[12] 也就说，空间概念标明建筑的特殊性，为建筑脱离与其他艺术门类的牵绊，获得自主独立性（autonomy）提供坚实基础。而在另一方面，空间概念背后与现代科学，现代哲学的密切关联也使得建筑理论可以借用这些被人们认为更为“高深”的理论体系的学术光芒，使建筑学业获得科学性与哲学气质。

然而，要达到这两个目的，所付出的代价是建筑师也不得不接受空间概念中所隐含的一些导向与限制，进而约束自己的建筑语汇。这一点早已鲜明地体现在现代主义建筑中，也同样体现在大舍第二阶段以“境”为核心理念的作品之中。他们所付出的代价就是对实体与意义的压制，而获得的结果则是纯粹抽象的几何建筑语汇。

就第一个目的，确立建筑艺术的自主独立性来说，空间概念借由德国美学理论进入建筑领域，它将建筑审美的对象定义为空间，而非由石头、木头、混凝土构成的建筑实体。而在德国唯心主义美学理论的源泉——康德的思想中，审美的过程必定是非功利的，与任何目的、实用价值、甚至是作为事物的概念无关，只取决于艺术品的形式关系。那么一个简单的推论就是，建筑的审美是空间的审美，而这种审美是无关目的、价值与实体概念的，因此在讨论空间时不应该涉及任何意义与实体，仅仅应该关注空间的形式，也就是可以用几何语汇描述的形态与关系。

对于第二个目的，空间概念在现代数学、物理学以及宇航探索等领域中不可避免的广泛使用有利于建筑学科与当代社会最受人信赖的理性体系建立亲属关系。这种信赖起源于牛顿以绝对时间和绝对空间的概念为基础建立的物理学模型所赋予人们的，准确预测天体运行的能力。在牛顿理论中，绝对空间是完全独立的、匀质的、无穷的、无法感知的，取代了古典哲学中等级化的，对应于不同价值的场所（place）的概念。绝对空间成为与价值、利益、目的、情感乃至感官完全无关的事物，唯一可以用于描述和理解它的是几何尺度与关系。而牛顿这一假设的哲学基础还可以追溯到笛卡尔，他直接否认含混与迷惑的感觉（senses）能够给予我们认识真实世界的有效数据。因此，我们对于事物的五官感受以及情感反馈都应该被摒弃，"物体的本质，总体来说，不是由这样的事实——它是一个坚硬的，或者沉重的，或是彩色的，或者以其他任何方式影响我们的感觉的物体—— 所构成，它的本质是一种在长度、宽度、深度上具有延展的实体。"[13] 也就是说，对于世界的理解，我们只能信赖数学，尤其是几何的度量，身体感受等我们在日常生活中所依赖的路径必须让位于清晰、明确、永恒的机械性建构。

从这个简单的分析中可以看到，空间概念的两大支柱均隐含着去除感官、去除情感、去除利益与价值等等与人类意图有关的因素，仅仅依赖数学度量、依赖几何关系来理解空间，乃至于世界本质的要求。这或许才是空间概念并未言明的暗藏策略，它引导我们倾向于以抽象、几何化的方式看待空间与空间中的事物，回避身体、回避感受以及人的目的。当然这并不是说建筑师们完全自觉地接受了牛顿与笛卡尔的假设。真实的情况是，这样的空间概念通过现代科学的决定性胜利，进入绝大多数人所接受的理解世界的范式之中，进而形成了"空间范式"，在最深层上，甚至以难以察觉的方式影响了我们对建筑的讨论。没有人比蒙德里安更清晰地表明了这种影响，他写道："逻辑要求艺术成为我们整体存在的塑性表现：因此它必须同样是非个体的、绝对的事物的塑性表现，要消除主观感受的相互冲突……事实上，这是新塑性绘画的本质特征。它是长方形彩色平面的构成，表现最为深刻的现实。它通过对关系的塑性表现来实现，而不是展现事物的天然外观。"由此，对简单的纯粹几何形体相互关系的表达成为新塑性绘画，以及风格派（De Stijl）建筑的核心准则，并且通过施罗德住宅与巴塞罗那公寓等作品成为经典现代主义建筑的形式来源。即使那些并不接受这种构成策略的现代主义建筑师，也同样接受了以简单几何体与几何面为核心元素的抽象建筑概念。

如果说不是每个建筑师都清楚意识到这是一种特殊策略的话，大舍又构成了一个例外。“离”与“并置”所关注的并非部分本身，它们常常被简化为纯粹几何体，而是这些部分之间可以被几何化描述的关系。陈屹峰坦承，“我们更多的是从关系切入吧，而不是形态，或者其他东西入手。”[14]

而对于几何与关系这两个大舍第二阶段决定性的元素，陈屹峰进一步解释：“我们现在对关系更花心思，因为关系实际上是个很弱的东西，如果组成关系的元素与形态是简单的几何体的话，就容易把关系说清楚，这样关系就凸显了。如果把构成关系的元素复杂化以后，关系就会被掩盖掉，所以我们的建筑中会出现很纯粹的组合、很单纯的色彩，或者是很干净的面。”[15]而纯粹几何体的作用也不仅仅是凸显关系，柳亦春解释道：“为什么选择几何体？因为几何体本身说所携带的意义是比较少的。比如当比较纯粹的几何体出现时，我们就会更多地区关注几何体和几何体之间的空间，而几何体本身的形就是另外一个次一级的表现形式。”[16]两位建筑师用自己的语言重述了从笛卡尔到蒙德里安的思想脉络，去除感官、去除意义，仅仅剩下纯粹的几何关系，这一切内容均蕴含在“空间范式”所造就的，建筑师对空间概念的信任之中，以至于成为潜意识的一部分。如柳亦春所言：“说到几何体量，我觉得应该是一个无意识的行为，那可能是一个简单的喜好，或者说并没有对几何体量进行一个很有针对性的研究，很多时候设计中会有一些无意识的行为。”[17]而在无意识的表象之下，是范式与传统的持续作用，建筑的感染力被理解为“关系的美学”。[18]

除了“离”与“并置”之外，大舍第二阶段作品的其他一些特征也体现了空间范式的影响。比如他们作品中经常出现的轻盈感,这往往通过整面玻璃或者打孔铝板的使用来实现。在青浦私营企业协会办公与接待中心、嘉定新城幼儿园、青浦青少年活动中心中都体现得极为明显。这种做法的一种效果是消除不透明实体的厚重感，而为何要消除厚重感？或许一个重要的理由是笛卡尔所说的，坚固、沉重等个体感受是不可靠的，纯粹的几何关系应该被清晰地体验到，而不是被不透明的墙体所阻断。同样，大面积纯净粉刷墙面的使用也起到了类似的效果，结构、质感、交接等与材料的实体属性相关的元素都被粉刷面层所掩盖，墙、顶、柱等结构性元素都被呈现为几何面或几何体，从而令几何关系变得清晰和唯一。白色墙面在现代主义传统中的主导性地位与空间范式之间密切关系在这里又一次得到重申。

另一个值得讨论的细节是大舍经常使用的不规则窗洞在墙面上并置的做法。在嘉定新城幼儿园、青浦青少年活动中心等项目中，大量大小各异的窗洞密布在墙面之上，构成立面的主要特征。（图 6）不规则窗洞是传统建筑，包括江南民居的典型特征。这些由非职业建筑师建造的住宅往往根据家庭活动的需要考虑窗洞位置与大小，因此生活的多样性与复杂性也体现在窗洞大小与布局的偶然性上。同时它们也受到结构与房间大小的影响，因此体现出一定的节奏与韵律。但是在大舍的项目中，窗洞的数量与密度之大已经远远超越了传统民居的量级，观察者已不可能再将它们视为反映日常生活模式的民宅窗洞，而只能是视为另一种纯净的几何元素，它们之间的关系也不再体现生活方式的韵律，而是单纯的几何关系，就像其他被呈现为单纯几何体的房间单元一样。

从这些证据可以推断出，大舍将第二阶段作品的特征定义为对“境”的探寻是准确的，境的核心体现在空间的概念之上，这体现出“空间范式”仍然在左右建筑师的思考，它背后所暗藏的假设与倾向直接导向了大舍作品中强烈的抽象性几何关系。或许两位建筑师摆脱了笛卡尔对不规则并置的偏见，但是要摆脱他对数学与几何关系的推崇以及对身体与感官的压制还需要更多的努力，毕竟这种观点已经通过“空间”这个模糊而神秘的概念潜入建筑师对于建筑深层理解之中，我们需要一种更为坚决的决断才能抵抗它无形的诱导。

正是在这一背景之下，“物”进入了大舍建筑师的思考之中。

4. 身体与迷宫

谈及大舍由第二阶段转向第三阶段的过程，柳亦春描述了一个有趣的转折点，那就是2009~2010 年间完成的螺旋艺廊 I 内院的入口处。两道垂直墙面在这里夹出一条窄道，人们需要循路拾阶而上到建筑的顶部，再走下台阶进入平地上的内院（图 7）。就在走道终结，进入内院的端点上，建筑师“灵光一现”，将一侧的墙体弯曲，形成一个向顶部逐渐缩窄的入口。至于这一变化的意义，柳亦春认为，它迫使身体更密切地参与对建筑的体验。因为上部被收窄，人们走下台阶时会不由自主地弯腰低头，仿佛通过一道有特定身体行为参与的仪式进入内院。对于大舍来说，这一点或许可以标志着“物”开始在“境”的主导下逐渐浮现出来，得到更多的关注。而这里的“物”则是人的身体。

尽管有很强的戏剧性，但很难相信大舍的转变真的产生于这瞬间的顿悟。身体，或者

图 7. 螺旋艺廊的内院

说人物性的一面更早之前已经以另外一种方式出现在大舍的作品中，那就是迷宫。螺旋艺廊I实际上就是迷宫概念的简化，穿行路线虽然只有一条，但是，在弯曲与高度变化的双重影响下，你很难推测前方会遇到什么。这种迷惑性是迷宫最吸引人的地方之一。在此前完成设计的老岳工作室及住宅（2008~2012年）则更为彻底地体现了迷宫的特征。设计的来源是业主老岳的绘画作品《迷宫/修身持志、怡情养性》，画家描绘了一个由墙体围合的园林式迷宫，各式各样的人物与动物在迷宫的不同地方各自从事自己的活动。虽然大舍仍然采用了纯净墙面与不规则窗洞的形式语言，但是“离”与“并置”的策略却不再那么有效了，在迷宫错综复杂的交织关系中，部分之间的边界不再清晰，相互之间的关系也不再清晰，无法被辨认为不同单体的并置。如果说此前大舍作品中的多样性仍然被清晰的空间几何关系所约束的话，在老岳工作室的迷宫中，这种清晰性完全让位于含混与难以捉摸。而这实际上已经完全脱离了“空间范式”中所暗含的对明确几何关系的要求。笛卡尔期望通过几何的确定性与简单性摆脱日常体验的混乱与矛盾，而在迷宫之中，这一要求被完全反转。

在西方传统中，理性常常被比作阿里阿德涅的红绳，帮助人们走出身体感官与情感的迷宫。而大舍则希望人们回到迷宫之中，就像老岳绘画中沉浸于七情六欲的主人公一样。身体通过迷宫的隐喻已经存在于这个方案中，笛卡尔传统下“空间范式”的束缚开始得以松动。在一篇评论文章中，邹晖以“记忆的迷宫”来描绘自己对大舍建筑的感受，柳亦春也强调这篇文章中的迷宫、身体等概念对大舍近期设计的影响。

实际上，在当代理论语境中，尤其是受到现象学影响的研究中，身体是最常被提到的词语之一。它的重要意义之一，在于反转自笛卡尔以来，或者是说自柏拉图以来推崇抽象的理性静观压制身体感受的倾向。在建筑界，这种反转体现在空间概念统治性的衰落以及场所（place）概念的提升上。如佛铁所说“1970年代与1980年代后现代建筑的特征之一就是试图削弱‘空间’概念被赋予的重要性。”[19] 在康德与笛卡尔的传统中，空间的感知与分析都要求脱离身体感官、行为意图、传统文化的影响，与这样的空间理念所对应的是理性静观，无论是康德还是笛卡尔都认为单纯通过理性思考本身就可以发现最真实和正确的理论原则，而不应受到具体场景与行动的干扰。而在现象学体系中，这种理性静观者的概念已经被实践参与者的概念所取代，我们对世界、对自己的认识都是在实践行为中产生的，而行为就必定涉及意图、利益、价值、情感以及身体的参与。从这一角度来说，场所是比空间更为本源的概念。不同于空间的无穷与匀质，一个场所有其特定边界，特定的氛围，适用于特定的活动，有其特定的意义与价值。如海德格尔所说：“各种空间（spaces）通过地点（locations）获得存在，而不是通过‘空间’（space）。”在这里，“各种空间”实际上指的就是各种场所，它的特点来自于具体的地点，而不是那个抽象的纯粹的“空间”概念。我们同样应该以这种方式来解读巴什拉（Bachelard）的名著《空间的诗意》（The Poetics of Space）。或许更贴切的命名应该是《场所的诗意》（The Poetics of Places），在书中作者描述的正是一个一个特殊场所对于我们的意义，如鸟巢、壳体、角落、抽屉等等。柳亦春对巴什拉的阅读与引用表明了这一理论走向对大舍的影响。在天作杯竞赛的题目解读中，他不仅提到巴什拉的阁楼与洞穴，还明确写道“当我下意识地给那块18m见方的基地叠加了一个坡度的时候，筱原式的具体性的神灵已经在我的体内偷偷地游荡开来了。其实，我可能想要的是些更为具体的‘具体性’们……在当代建筑潮流越来越趋于细窄的困境中，丰富的具体性背后，隐藏着多么丰富的建筑学啊！[20]而并非巧合的是，这次竞赛的一等奖，苏黎世联邦理工大学建筑学院李博同学的设计恰恰是一个明白无误的巴什拉式作品。不仅仅巴什拉《空间的诗意》中的引言直接出现在图面上，整个设计都借用邹晖老师的题目来总结，可以被准确地描绘为“记忆的阁楼”，一个巴什拉专注讨论过的场所。

对身体与材料具体性的关注，也体现在柳亦春对结构日益浓厚的兴趣上。在一篇名为“像鸟儿那样轻”的文章中，[21]他着重探讨了石上纯也的桌子与约格 · 康策特（Jurg Conzett）的步行桥等两个作品的结构原理与内涵。虽然这两个作品都将轻薄的视觉感受推至极致，但柳亦春分辨出两者的重要差别。在石上纯也那里，“抽象性的思考及其表达是首位的，结构、构造与材料在完成了它们的任务之后，最终隐退在空间之后，然而由此产生的空间形式，却又离不开这背后的结构、构造与材料。极致的技术产生了极致的形式，却并不一定要表达技术本身。”[22]而康策特的桥则“在形式上忠实地表达了他的结构。美即在峡谷上方跨越潺潺溪流的凌空一线，也在进出无所不在的材料细节之中。”[23]两者的区别在于：“石上不在乎原本可以很结构性的东西被刻意遮掩掉，而是借此去强化他想表达的轻薄、抽象，而康策特的桥则是非常诚实地将每一颗螺钉都展现在了我们面前。”前者关注的是抽象的空间形式，而后者则力图展示不同材料与构件的具体特性。

因此，薄只是一种表象，柳亦春的分析展现出表象之下不同的动机，在这两者之间的权衡，柳亦春通过引用卡尔维诺的话，含蓄地表达了自己的立场。“应该像一只鸟儿那样轻，而不是像一根羽毛。”[24]卡尔维诺借用保尔 · 瓦莱里（Paul Valery）的诗句来阐明自己对轻的理解。鸟儿与羽毛的区别在于，鸟通过自己的力量与努力抵抗身体的重压，获得飞翔的自由，她是精确的、确定的和坚定的，而羽毛不过是无意识地随风飘零，伴随它的是模糊、偶然以及不由自主。鸟的腾飞实际上象征了人对轻逸的渴望，那就是摆脱生活困苦的沉重与束缚，获得轻松和愉悦的自由。卡尔维诺认为，这是“人类学的稳固特征，是人们向往轻松生活与实际遭受的困苦之间一个链接环节。而文学则把这一设想永久化了。”[25]所以，卡尔维诺所推崇的轻不是让人变成没有重量的“非人”（比如羽毛），进而拒绝现实的沉重，而是像希腊神话中的柏修斯一样，“承担着现实，将其作为自己的一项特殊负荷来接受现实。”[26]这就犹如鸟儿能托载着自己的身体，依然振翅高飞。我们不应该拒绝身体、拒绝现实，而应该举重若轻，不让那些过于沉重的东西将我们压垮。

因此，在轻的背后，所隐藏的同样是身体的感受，对重量的负荷，以及对生命困苦的反应，这些丰富而具体的内容显然无法被纯粹的空间几何关系所呈现。也是基于这个原因，柳亦春评价伊东丰雄的多摩美术大学八王子校区图书馆中的薄拱结构：“伊东在经历了银色小屋、仙台媒体中心以及TOD'S之后，忽而将技术的表现性适当抑制，便似乎就又回到了那个已被拆除的中野本町之家，那个具有某种原始感的永恒空间中去了，他开始希望借由这种原始空间，去找回都市游牧者逐渐迷失的身体性，而身体性的迷失，正是技术的副作用。”[27]尽管空间一词仍然出现，但这段话真正的核心是身体，是身体在这个具体场所中所感受到的仪式化氛围。

从以上论述中可以看到，大舍的转向显然不能被描述为灵光一现的顿悟，而是有着明确理论背景的自觉性反思。实际上，在“境”的概念中，大舍除了强调空间之外，也同样提到了空间，或者更具体地说是场所的氛围。只是，在“空间范式”导控下的纯粹几何语汇与场所氛围的营造存在理念上的冲突。因此，要真实现氛围，甚至是强化氛围，建筑师不能仅仅依靠空间，或者是“空间范式”之中的空间，他们需要更为强有力的手段。

5. 龙美术馆

很难不去设想螺旋艺廊I的转折点与龙美术馆之间的潜在关系（图8）。两者的直接联系是放弃了大舍此前作品中几乎从未受到挑战的竖直墙面。在经典现代主义语汇中，竖直墙面与平屋顶都被呈现为几何面，在空间几何关系中，它们除了位置不同以外，并无品质上的差异。空间的匀质并不欢迎重力导致的上下之分，多米诺体系中地板、楼板、顶板实际上并无差别，从结构到用途均别无二致。而墙面在竖向上弯曲的一个直接后果是造就

8
9 10

图 8. 龙美术馆西立面
图 9. 龙美术馆原址煤料斗
图 10. 龙美术馆

了一个特殊的顶，人们能明确地感受到墙体从地面升起，在竖向上延伸，然后在头顶俯下，围合出一个受庇护的领域。在这里，地面、墙面、顶面不再是无差别的几何面，而是有着具体的、不同的作用，同时表现出一种护佑的姿态，塑造出有着更强烈安全感的氛围。这正是巴什拉所描述的窄小的、斜屋顶下的阁楼所具备的特殊意义。在大裕艺术家村以及龙美术馆的设计中，这种意义通过不同的屋顶形式体现出来，大舍非常清楚这种做法与之前设计策略的巨大差异，陈屹峰谈到，在此前他们会刻意避免使用这种有明确喻义或者传统符号的元素，而现在这不仅不再是一个问题，反而成为大舍新的探索方向——意义的获取。

意义的重要性在前文讨论中已经有所提及，如果我们存在于世界的基本方式是实践参与，那么实践的目的与价值，或者说它的意义就成为人们存在方式的基本元素之一。而生命本身，作为整体的实践，也可以被视为探寻生命意义并且试图实现它的过程，萨特（Sartre）称之为人的“根本性事业”（fundamental project）。由此我们可以看到，身体的涉入、意义的获取、对巴什拉的阅读等等因素在大舍建筑思考中属于一个整体，起源于对人应该是以什么样的方式存在的本源性思索，而体现在建筑实现上则是大舍从“即境即物”向“即物即境”的转变。

为何“物”能起到如此关键的作用？一方面物在某种程度上可以被看作空间的对立面，在“空间范式”中所要压制的硬度、重量、色彩、触感等等恰恰是物的基本特质，也是人们日常生活中直接体验到物的性质，正是在这些日常接触中，行为的意义得以实现。在另一方面，具体的物本身也往往是意义的载体，它的形态、质感、构造方式往往等唤起人们对某种文化内涵的回忆。大舍两位建筑师也强调了物的这种双重性：“建筑的物质性实际上也就是意味着在作为概念的建筑中，具有本质价值的‘架构’是重要的，这是建筑之所以能‘站立’以及构筑为‘物’的骨骼。而另一方面，由于物本身必然携带着意义的特性，架构也同时承担着建筑的象征性和文化性的侧面。[28]”使用“架构”一词，意在避免“结构”概念过于工程化的理解，大舍试图通过这一概念强调结构的文化内涵。因此，架构与意义，是大舍强调物的两种方式。这也是他们在龙美术馆原址上留存下来“煤料斗”长廊中所发现的价值（图8）。这是一个纯粹的架构，严格遵守材料的力学限度，将承接方式、受力关系、材料质感毫无保留地呈现出来。同时它也是一个明确的宣言，所彰显的是工业生产对纯粹目的、技术效率、理性控制的坚定追求。这些品质，或者说是“美德”早已超越产品生产，成为我们所认同的价值范畴的一部分。正是因为这样的特性，煤料斗被作为遗产在龙美术馆中保留了下来，而它背后所蕴含的双重价值则以另外一种方式体现在龙美术馆最核心的建筑元素——伞形单元当中。

在以空间几何关系为主体追求的建筑中，建筑元素往往被抽象为纯粹几何体或者是面，而其内部的结构、材料差异、设备管线则成为被纯色粉刷所掩盖的对象。这也是大舍第二阶段很多作品所常常采用的方式。而龙美术馆的伞形物却与此不同，裸露的清水混凝土墙面明白无误地告知人们材料的真相，模板的印记与韵律将建造过程也呈现出来。物质的视觉特征与操作方式一览无余（图 9）。在表面之下，伞形单元有着精心的结构设计。在已经建成的框架式基础上，建筑师在柱梁两侧升起两片混凝土墙，两片墙体中间则留出充分的空洞供管线通过。在顶部随着墙体向两侧延伸，墙体间的空洞也随之变大，足以容纳更多的照明、消防、空调管线，甚至能让人直立行走通过（图 10）。这种利用刻意设计的中空结构容纳设备管线的做法很容易让人想起路易斯 · 康对服务与被服务的论述，他把这种结构称为“空的石头”（hollow stone）。这一做法所带来的安置设备管线的便利性自然不言而喻，但是它的意义显然并不仅限于此。这样为管线专门设计特定的空洞与任由它们随意散布或者以一道饰面加以掩盖的做法最大的不同也许并不在于哪种更为便利，而是建筑师对于设备管线的态度。是给予它们足够则尊重，像给予人关怀一样给予它们应该有的尊严，并且为其提供特属的领域，还是将它们视为负赘，草草应付或者是简单掩盖。这与管线是否可见无关，所体现的是更深层次的对物的态度，是否能够尊重那些被我们认为是最微不足道的物，这实际上会深刻地影响建筑师的设计思想，康与砖的对话或许就是一个杰出的例证。探索细微事物的本质，并且找到与其本质相适应的安置方案，这让建筑师从某种程度上更接近于造物主的角色。在众多宗教理论中，造物主不仅仅创造了世界，创造了所有的物，而且还给它们设定了相应的位置，为整个世界的结构上好了发条。阅读建筑，阅读每一个物体在建筑整体中的位置与关联，就仿佛阅读整个世界，或许这才是弗兰姆普敦 (Frampton) 所强调的建构的表现层面中最重要的内涵之一。[29]

虽然在龙美术馆中，所有这些建构性的考虑都被墙体所遮挡而无法被观察者直接阅读。但真正有价值的是建筑师的立场确立起来，即使它没有展现在最表面上。有了这种立场，建筑师就获得了一种新的路径、新的领域去展现那些曾经被“空间范式”所压制的建筑魅力。而纵观建筑历史，我们会发现，这其实是数千年来建筑艺术的支撑力量之一，反而是“空间范式”变成了一个短暂的特例。一个值得反思，值得怀疑的特例。

如果说伞形物的建构意义并不容易为人所知的话，那么它与拱顶的亲缘关系则传达出直接而强烈的意义参照，这也是龙美术馆最能给人以震动的地方（图 11）。柳亦春承认，

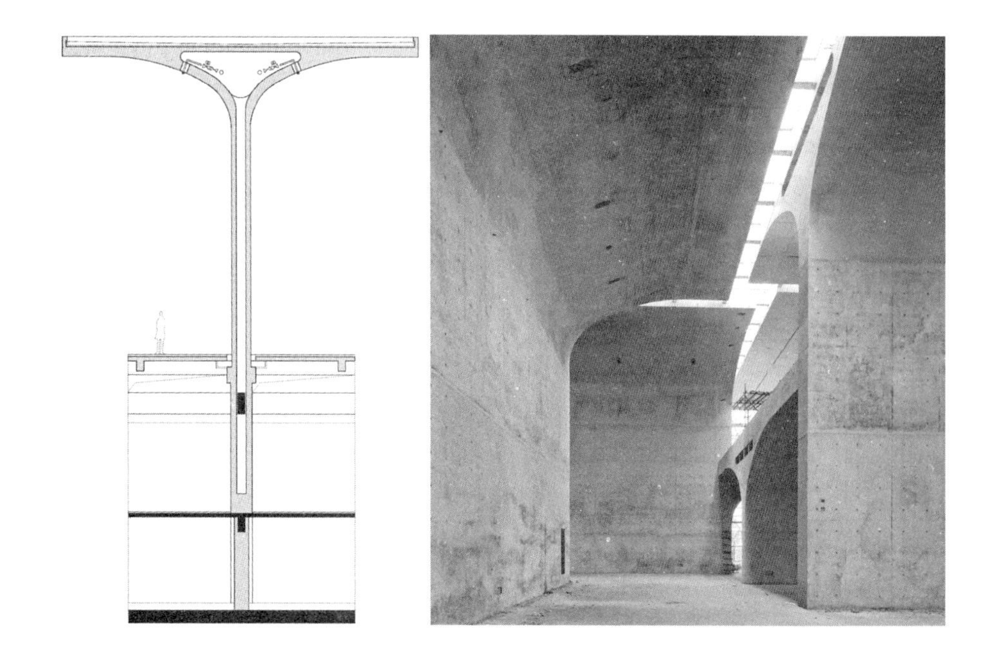

11 12

图 11. 龙美术馆伞体单元
图 12. 龙美术馆

在设计这一元素的过程中，他们一开始所关注的只是伞形物所特有的支撑与覆盖的性质，并未有意塑造拱顶。而当设计最终转化为连续的曲面墙体，建筑师自己也被它所创造的意义与氛围所震动，“在大比例的工作模型只完成了一半的刹那，‘罗马’这个字眼就如灵魂附体”[30]，柳亦春写道。尽管拱顶氛围的出现有一定偶然性，但是如果建筑师仍然像他们之前在第二阶段中所说的，排斥意义、排斥象征、排斥历史元素的直接借用的话，这种偶然性甚至不可能发生。罗马绝非一日建成，而对于当代建筑师来说，愿意接受罗马的辉煌并且呈现在自己的作品中也同样需要相当难度的思想准备。只要看看在当代建筑中能够呈现出罗马建筑气质的作品有多少就可以想见这样做的难度，拉斐尔 · 莫内欧（Rafael Moneo）的梅里达博物馆当然是其中的翘楚。而在中国，除了那些附加在表面的拱窗以及象征政府威严的穹顶以外，龙美术馆或许是唯一一个能让我们真切感受到古罗马最伟大建筑元素感染力的作品。两位建筑师的惊讶完全可以理解，他们所惊讶的也许不仅仅是建筑效果，同样也有在“意义获取”的道路上所展现出的新的（或许可以说是旧的）可能性。

很自然的，我们会将龙美术馆与路易斯 · 康的金贝尔美术馆相联系，虽然都与拱顶有关，但两者在力学结构上都不是真正的拱，两者的形状也都不是经典的半圆形，包括拱顶的天光、材料的选择也都有相似性。但是两者的差异也不容忽视，康选择转轮线（cycloid）截面是为了减弱半圆拱顶的高耸，避免过于隆重的氛围，而在龙美术馆，伞形结构的平面尺寸更大，在很多地方甚至延展到两层层高，以更为宏大的体量塑造出比金贝尔美术馆更为强烈的纪念性。另外一个重要的区别在于，金贝尔美术馆的拱顶所凸显的是路易斯 · 康不断强调的房间（room）的概念，一组拱顶下就是一个明确限定的房间，不应该受到破坏，他写道：“拱顶抗拒划分。即使真的被分隔了，房间也仍然是房间。你可以说，房间的自然本性是她总是具备完整的特征。”[31]在龙美术馆，拱顶的这种完整性显然受到了挑战，站在巨大的伞形结构下，人们感受到的是实际上是半个拱，伞形物不同方向的交错也打破了金贝尔秩序严明的单元序列，制造出不同区域之间连贯的流动感。这一差异的效果之一是让伞形物本身的实体感变得更为突出。这是因为在金贝尔的“房间”中，拱顶是房间整体的组成部分，它与地面、墙面、立柱共同作用，形成一个完整的房间，人们感受到的是一个被拱顶覆盖的房间。而一旦房间的概念失去主导，拱顶与其他元素的整体性被削弱，那么伞形物的独立性也就获得更多的表达自由。这也是大舍的天光处理不同于金贝尔之处，每一个伞形物都被天光所环绕，直接暴露的光缝强化了个体的独自站立。

这些光缝的另外一个作用是让我们清楚地意识到，即使有着拱的形态，但这个伞形物毫无疑问是一个不太常见的，需要特殊结构考虑的悬挑结构（图 12）。的确，金贝尔也不是纯粹的拱顶结构，并未像真的拱顶那样将侧推力传达到拱顶的两边。可是对于普通观察者来说，拱顶的文化印象会让他们自然而然地认为两侧的拱顶处于互相支撑的平衡状态。被反射板遮挡的天光也避免了对这一理解的过分干涉。但是在龙美术馆，这种误解不会再出现，建筑师让人们明白无误的阅读到伞形物的结构属性。巴什拉曾写道，拱顶对人的包裹呈现了人们“梦想获得亲切感的伟大原则”[32]，独自站立、坚定地向两侧伸出双臂的伞形结构让我们去设想这样一个物，为了营造庇护与安详，需要付出艰苦的努力来抵抗重力的负荷，它甚至没有同伴的帮助，仅仅依靠自己的力量与强度。这或许会让亲切的氛围变得有些“沉重”，但也会更加强烈（图 13）。这又一次表明了，对于意义的获取与传达来说，物，以及物的属性是同样强有力的手段。

因此，我们可以说龙美术馆与金贝尔美术馆非常重要的区别之一，是伞形结构物在整个建筑中的地位比康的拱更为重要。康所关注的房间是围合物与其中被限定的空间做构成的整体，而龙美术馆中伞形结构作为物的存在属性则超越了其他因素。当然，这绝不是对两个建筑的品质进行高低之分，而是想说明在实现“意义获取”的根本性目标上，大舍在龙美术馆中如何深入地探索了物的潜力。

6. 物的纪念性

在 X- 微展上，大舍选择用“Been”来翻译“物”，很显然这个词汇的选择与现象学，尤其是海德格尔的理论有所关联。而在笔者看来，也许更为恰当的翻译是“thing”，它使得我们可以借用海德格尔在《艺术品的起源》（The Origin of the Work of Art）中的经典论述来讨论龙美术馆中的另一个特征，物的纪念性。

虽然主题是关于艺术品，但是海德格尔在这篇文章中首先讨论了一个更为普遍的问题，什么是物（thing）？他首先否定了三种错误的观点，第一种将物看作有各种偶然性质的实体，第二种将物看作各种感官知觉的结合，第三种将物视为物质与形式的结合。尤其是第三种观点在艺术理论中最为流行，物质只是艺术家形式创造的原料与领域，只有形式才是实质，由此导致的形式美学思想自然会走向对物质层面的贬低。而海德格尔的观点是，“离我们最接近的，也是最真实的物是我们身边的使用物品（use-object）。”因此，物的基本特性

13
14

图 13-14. 龙美术馆

是它的工具性（equipmental being），它对于我们有某种用途、价值或者意义。所谓的纯粹的物（mere thing）实际上“也是一种工具，一种被剥夺了工具性的工具。”[33]这与前面谈到的人的根本存在方式是参与性实践的理论是相符的，如果人的任何活动都与意义有关，那么对于人来说，所有的物也都应该有意义，才能成为生活世界的一部分。这一点也是大舍所认同的，“物本身必然携带着意义的特性”，我们已经分析了龙美术馆中伞状物背后所指涉的各种意义内涵。

然而，工具性的物是我们所熟知的东西，并无任何特殊之处，为何需要将它渲染得如此神秘，给予它这么强烈的纪念性？我们需要一种解释来帮助理解龙美术馆中伞状物所呈现的纪念性。海德格尔的后期哲学为我们提供了一条线索。的确，生活世界中的物都具有意义，这种意义从属于这个世界中各个事物、事件构成的意义框架，在这个框架之下的物展现为一种工具。然而，我们必须意识到，也许有不止一种、甚至是无穷多种的意义框架，那么物可以呈现为不止一种，甚至是无穷多种的意义或者是工具。只是因为我们在选择一种意义框架的同时，实际上也抛弃了其他无穷多种意义框架的可能性。因此，当物在我们选择的意义框架中彰显为某种工具的同时，它在其他框架中彰显为其他工具的无限可能性却被掩盖了。而那些能够认识到这一过程的人，对物的本质有真正深刻思考的人，会理解在物作为某种意义载体背后所蕴含的无穷的丰富性（infinite plenitude），海德格尔称之为物的“大地特性”（earthy character）。[34]而当我们面对无穷的时候，一种自然而然的态度是敬畏，也就是说，即使面对最卑微的物，有这种哲学敏感的人也会抱有某种敬畏，纪念性由此而生。这样的态度在康与砖的对话中可以看到，在卡洛 · 斯卡帕对石头这种材质的各种可能性的探索中都可以看到。相比于对英雄、权威等存在于当下意义框架之内的事物的敬畏，这种本体性（ontological）的纪念性，物的纪念性更为根本与深刻。

这一理论或许能够解释我们在康、在斯卡帕、在卒姆托、在筱原一男这些对“物”情有独钟的建筑师的作品中常常体验到神秘感的原因。因为物所蕴含的无穷的丰富性是被掩盖的，是处于我们理解世界的意义框架之外的，那么它注定是无法被言明，无法被清晰理解的，神秘性由此而来。我想这也许也能用于解释龙美术馆中，在伞形物之下所感受到的崇高感。

并没有足够的证据表明大舍的建筑师也受到这一理论背景的影响，虽然他们对《空间的诗意》等现象学文献的兴趣很有可能产生这样的关联。但是他们在 X- 微展简介中的最后两句话让我们很乐于做这样的推测：

“‘即物即境’，对建筑学本体性建造的讨论或实践立场仍有积极意义，就像简单的架构与覆盖也可以因为与我们身体或脚下大地间的直接性关系而构筑永恒。那么，我们还相信永恒吗？”[35]

或许没有任何物是永恒的，即使是宇宙。但是对于人的世界来说，物的“大地特性”，它隐退的“无穷的丰富性”是超越时间、超越空间，超越我们可以理解或想象的范畴之内的，这种无法穷尽的神秘性才构成了最深刻的永恒。

7. 结语

“即境即物，即物即境”，这里面出现最多的是“即”字，它表明大舍对自己处于“境物”之间立场的肯定，这两者对于他们来说都是建筑本体中不可或缺的元素。但必须承认，这不过是一种面面俱到、略显圆滑的说法，优秀作品的产生需要坚定的选择，而非在各种重要元素中瞻前顾后。评论分析的目的不是列举所有参与影响的因素，而是试图剥离出建筑师赖以做出决定的本源性倾向，这意味着在境物之间做出肯定的选择。这也是本文强调，甚至是在某种程度上夸大大舍在境物转变上的程度与戏剧性的原因。这当然不是为了贬低“境”而推高“物”，而是想要呼吁人们对“物”这个在“空间范式”中被压制的元素给予更多的重视。通过“物”，建筑师能够更密切地介入意义的游戏，从而让建筑物更亲密地融入生活的故事中。不可否认，“物”的元素及其某些特征从最开始就已经在大舍的作品中出现，东莞理工学院计算机馆、朱氏会所这样的作品也并不容易以境物之别进行划分。但我们仍然愿意冒着这样的风险突出“物”的回归，目的也不仅仅在于肯定大舍设计策略与语汇的拓展。从更广阔的视角看过去，大舍对“物”的探索并不是孑然独行，他们的行动实际上从属于一个群体性的倾向。关注当代中国建筑发展的人们会注意到，对“物”的重视已经越来越明显地成为一些当代建筑师的自觉选择，比如王澍、刘家琨、李晓东、华黎、张轲等等。即使从最表面的观察也不难发现，“物”的沉重与厚度在他们近期的代表性作品中传达出极为强烈的声音。在东亚建筑圈中，这些中国建筑师的厚重倾向与日本当代建筑中盛极一时的“轻”形成了明显的反差。而更为有趣的是，在轻重两方，“物”均出现在建筑师的当代话语中，如何解释这一现象，并且探索其内在机制仍然是一个有待研究的问题。

在明星建筑师的光环之外，让我们回到日常，还有另外一些的事例令大舍的故事富有吸引力。

清华大学建筑学院二年级设计课的一个题目是幼儿园与老人院，近几年教师们往往用大舍的夏雨幼儿园作为范例来讲解设计思路。每年也总会有好几个学生模仿“离”与“并置”的做法，大舍“即境即物”阶段清晰的操作方法、明确的空间关系以及典型性的现代主义语汇都非常适合学生们掌握。但是进入“即物即境”阶段的大舍想必不会再有这样的学生缘，龙美术馆这样的作品几乎无法化简为一套简明的设计策略被二年级学生所沿用。

但是，这并不意味着大舍新的策略与学生之间的关系变得疏离。在笔者上学期讲授的“外国近现代建筑史”课程最后，学生们被要求为自己最尊重的建筑师设计一座纪念碑，而最终获得最多敬意的，是康与斯卡帕。

“那么，我们还相信永恒吗？”学生们以这样的方式，对大舍的问题做出了回应。

（致谢：感谢大舍建筑设计事务所主持建筑师柳亦春与陈屹峰为本文提供的协助，文中所用照片与图片均由大舍事务所提供）

注释：

① 引自“即境即物，即物即境”X-微展前言，哥伦比亚大学北京建筑中心，北京，2013年12月。

② X-Conference，哥伦比亚大学北京建筑中心，北京，2014年1月18日。

③ 引自“即境即物，即物即境”X-微展前言。

④ 柳亦春，“离，一种关系的美学”，未发表文稿。

⑤ 大舍，大舍，当代建筑师系列（北京：中国建筑工业出版社，2012)，151.

⑥ 大舍，当代建筑师系列（北京：中国建筑工业出版社，2012)，8.

⑦ 柳亦春，“离，一种关系的美学”，未发表文稿。

⑧ 大舍，大舍，8.

⑨ Rene Descartes, *Discourse on the Method : Of Rightly Conducting the Reason and Seeking Truth in the Sciences*,London: HV Publishers, 2008, 17.

⑩ Adrian Forty, *Words and Buildings : A Vocabulary of Modern Architecture*,New York, N.Y.: Thames & Hudson, 2000, 256.

⑪ *Words and Buildings : A Vocabulary of Modern Architecture*,New York, N.Y.: Thames & Hudson, 2000, 265.

⑫ *Words and Buildings : A Vocabulary of Modern Architecture*, 256.

⑬ 引自 A. Koyré, *From the Closed World to the Infinite Universe*,USA: John Hopkins Press, 1968, 101.

⑭ 大舍，大舍，153.

⑮ 大舍，150.

⑯ Ibid.

⑰ Ibid.

⑱ 柳亦春，“离，一种关系的美学”，未发表文稿。

⑲ Forty, *Words and Buildings : A Vocabulary of Modern Architecture*, 268.

⑳ 柳亦春，"从具体到抽象，从抽象到具体，" 建筑师，no. 161 (2013): 115.

㉑ "像鸟儿那样轻，" 建筑技艺，no. 5 (2013).

㉒ Ibid.

㉓ Ibid.

㉔ 伊塔洛 · 卡尔维诺，未来千年文学备忘录，trans. 杨德友（辽宁教育出版社，1997), 12.

㉕ 未来千年文学备忘录，trans. 杨德友（辽宁教育出版社，1997), 20.

㉖ 未来千年文学备忘录，3.

㉗ 柳亦春，"像鸟儿那样轻 ."

㉘ 引自“即境即物，即物即境”X- 微展讲座，哥伦比亚大学北京建筑中心，北京，2013 年 12 月 24 日。

㉙ 见 Kenneth Frampton, John Cava, and Graham Foundation for Advanced Studies in the Fine Arts., *Studies in Tectonic Culture : The Poetics of Construction in Nineteenth and Twentieth Century Architecture*,Cambridge, Mass.: MIT Press, 1995, 16.

㉚ 柳亦春，“架构的意义”，未发表文稿

㉛ 引自 Alexandra Tyng, *Beginnings : Louis I. Kahn's Philosophy of Architecture*,New York ; Chichester: Wiley, 1984, 175.

㉜ Gaston Bachelard, *The Poetics of Space* : Translated from the French by Maria Jolas. Foreword by E\0301tienne Gilson (New York: Orion Press, 1964), 24.

㉝ Martin Heidegger, Basic Writings, ed. David Farrell Krell, *Rev. and expanded ed.* (London: Routledge, 1993), 156.

㉞ Basic Writings, ed. David Farrell Krell, *Rev. and expanded ed.* (London: Routledge, 1993), 194.

㉟ 引自“即境即物，即物即境”X- 微展前言，哥伦比亚大学北京建筑中心，北京，2013 年 12 月。

作者简介： 青锋，清华大学建筑学院讲师

原载于：《世界建筑》2014 年第 3 期

拓展阅读篇目

1. 历史与综述

[1] 钟训正 奚树祥 . 建筑创作中的“百花齐放，百家争鸣”. 建筑学报，1980，（1）.

[2] 戴念慈 . 中国建筑师走过的道路和面临的问题 . 建筑学报，1984，（2）.

[3] 现代中国建筑创作研究小组 . 现代中国建筑创作大纲 . 新建筑，1985，（2）.

[4] 龚德顺 邹德侬 窦以德 . 中国现代建筑历史 (1949—1984) 的分期及其它 . 建筑学报，1985，（10）.

[5] 龚德顺 邹德侬 窦以德 . 中国现代建筑历史 (1949 ～ 1984) 大事年表 . 建筑学报，1985，（10）.

[6] 周卜颐 . 正确对待现代建筑 正确对待我国传统建筑 . 时代建筑，1986（2）.

[7] 张在元 . 关于中国建筑创作的几点思考 . 建筑师，1986（6）.

[8] 顾孟潮 . 新时期中国建筑文化的特征 . 世界建筑，1987，（2）.

[9] 关肇邺 . 从“假古董”谈到“创新”. 建筑学报，1987，（4）.

[10] 艾定增 . 神似之路：岭南建筑学派四十年 . 建筑学报，1989，（10）.

[11] 艾定增 . 中国建筑理论酝酿着突破——八十年代中国建筑五大思潮述评 . 建筑师，1991 年 9 月，总第 42 期 .

[12] 张钦楠 . 八十年代中国建筑创作的回顾 . 世界建筑，1992，（4）

[13] 王明贤 . 戴念慈现象与中国当代建筑史 . 建筑师，1992 年 10 月，总第 48 期 .

[14] 萧默 . 50 年之路——当代中国建筑艺术回眸世界建筑，1999，（9）.

[15] 崔勇 . 论 20 世纪的中国建筑史学 . 建筑学报，2001，（6）.

[16] 郑时龄 . 境外建筑师在中国的实验与中国建筑师的边缘化 . 时代建筑，2005，（1）.

[17] 朱剑飞 . 关于“20 片高地”：中国大陆现代建筑系谱研究 (1910s-2010s). 时代建筑，2007，（5）.

[18] 邹德侬 张向炜 戴路 . 20 世纪 50-80 年代中国建筑的现代性探索 . 时代建筑，2007，（5）.

[19] 朱涛 .“摸着石头过河” 改革时代的中国建筑和政治经济学：1978-2008. 时代建筑，2009，（1）.

[20] 何如 . 事件话题与图录—— 30 年来的中国建筑 . 时代建筑，2009，（3）.

[21] 章明 张姿 . 当代中国建筑的文化价值认同分析 (1978-2008). 时代建筑，2009，（3）.

[22] 何镜堂 . 岭南建筑创作思想—— 60 年回顾与展望 . 建筑学报，2009，（10）.

[23] 曾坚 罗湘蓉 . 从禁锢走向开放，从守故迈向创新——中国建筑理论探索 60 年的脉络梳理 . 建筑学报，2009，(10).

[24] 邓庆坦 . 中国近、现代建筑史整合研究——对中国近、现代建筑历史的整体性审视 .. 建筑学报，2010，(6).

[25] 唐克扬．当代中国建筑的第三条路．建筑学报，2014，（3）．

[26] 王凯 曾巧巧 武卿．三代人的十年 2000 年以来建筑专业杂志话语回顾与图解分析．时代建筑，2014，（1）．

[27] 诸葛净．寻找中国的建筑传统 1953——2003 年中国建筑史学史纲要．时代建筑，2014，（1）．

2. 理论与话语

[1] 王天赐．香山饭店设计对中国建筑创作民族化的探讨．建筑学报，1981，（6）．

[2] 曾昭奋．建筑评论的思考与期待——兼及“京派”“广派”“海派”．建筑师，1982 年 10 月，总第 17 期．

[3] 周卜颐．谈后现代与我国的建筑创作．建筑学报，1987，（11）．

[4] 周卜颐．中国建筑界出现了“文脉”热——对 Contextualism 一词译为“文脉主义”提出质疑兼论最近建筑的新动向．建筑学报，1989，（2）．

[5] 曾昭奋．后现代建筑三十年．世界建筑，1989，（5）．

[6] 聂兰生．新居与旧舍—乡土建筑的现在与未来．建筑学报，1991，（2）．

[7] 邹德侬 刘丛红 赵建波．中国地域性建筑的成就、局限和前瞻．建筑学报，2002，（5）．

[8] 薛求理．中国特色的建筑设计院．时代建筑，2004（1）．

[9] 冯仕达 虞刚 范凌 李闵．建筑期刊的文化作用．时代建筑，2004（2）．

[10] 蒋妙菲．建筑杂志在中国．时代建筑，2004（2）．

[11] 朱剑飞 薛志毅．批评的演化：中国与西方的交流．时代建筑，2006（5）．

[12] 朱涛．近期西方“批评”之争与当代中国建筑状况——“批评的演化——中国与西方的交流”引发的思考．时代建筑，2006（5）．

[13] 王凯．中国建筑中的“后现代主义”辨析．华中建筑，2006，（12）．

[14] 李凯生．乡村空间的清正．时代建筑，2007，（4）．

[15] 顾大庆．中国的“鲍扎”建筑教育之历史沿革——移植、本土化和抵抗．建筑师，2007（2）．

[16] 彭怒 王炜炜 姚彦斌．中国现代建筑的一个经典读本——习习山庄解析．时代建筑，2007（5）．

[17] 周诗岩 王家浩．重写，或现场：中国建筑与当代艺术结合的十年．时代建筑，2008（1）．

[18] 吴志宏．现代建筑“中国性”探索的四种范式．华中建筑，2008（10）．

[19] 李华．“组合”与建筑知识的制度化构筑——从 3 本书看 20 世纪 80 年代和 90 年代中国建筑实践的基础，时代建筑 2009，（3）．

[20] 饶小军 . 公共视野：建筑学的社会意义——写在中国建筑传媒奖之后 . 新建筑，2009（3）
[21] 朱亦民 . 设计思想与设计竞赛中国建筑师与日本——新建筑——设计竞赛 . 时代建筑，2010，（1）.
[22] 华霞虹 . 当代中国的消费梦想与建筑狂欢——1992 年以来 . 时代建筑，2010，（1）.
[23] 袁烽 . 数字化建造——新方法论驱动下的范式转化 . 时代建筑，2012，（2）.

3. 实践与批评

[1] 马清运 . 传统状态中的现代策略——上海青浦曲水园边园 . 时代建筑，2005，（1）.
[2] 钟文凯 . 对刘家琨四川美院新校区设计艺术馆的两种阅读 . 时代建筑，2008，（1）.
[3] 周榕 . 时间的棋局与幸存者的维度——从松江方塔园回望中国建筑 30 年 . 时代建筑，2009，（3）.
[4] MAD 建筑设计事务所 . 梦露大厦 2006—2011. 时代建筑，2010，（1）.
[5] 李翔宁 . 在蜷缩与伸展之间 阅读张雷的两个建筑作品 . 时代建筑，2010，（1）.
[6] 朱亦民 . 设计思想与设计竞赛 中国建筑师与日本《新建筑》设计竞赛 .. 时代建筑，2010，（1）.
[7] 朱涛 . 中国建筑师的历史意识 . 建筑师，2010 年第 6 期 .
[8] 李东 许铁铖 . 批评视野中的十年“民间叙事”（1999—2009）——兼论中国当代建筑的批评 . 建筑师，2010 年第 7 期 .
[9] 柳亦春 陈屹峰 . 情境的呈现——大舍的郊区实践 . 时代建筑，2012，（1）.
[10] 王硕 . 脱散的轨迹—对当代中国建筑师思考与实践发展脉络的另一种描述 . 时代建筑，2012，（4）.
[11] 崔愷 .“嵌”——一种方法和态度 . 城市环境设计，2012 年 Z1 期 .
[12] 丁力扬 . 从现代主义建筑在中国的移植评中国当代建筑师实践的现代性 . 时代建筑，2013，（1）.
[13] 青锋 . 依然蜿蜒——歌华营地体验中心与现代主义传统 . 建筑师，2010 年第 3 期 .
[14] 朱竞翔 . 新芽学校的诞生 . 时代建筑，2011（2）.
[15] 刘涤宇 . 从“启蒙”回归日常 新一代前沿建筑师的建筑实践运作 . 时代建筑，2011（2）.
[16] 庄慎 华霞虹 . 选择在个人与大众之间 . 建筑师，2012 年第 3 期 .

图书在版编目（CIP）数据

当代中国建筑读本 / 李翔宁主编. — 北京 ：
中国建筑工业出版社，2015.1
（当代中国城市与建筑系列读本 / 李翔宁主编）
ISBN 978-7-112-17733-2

Ⅰ. ①当… Ⅱ. ①李… Ⅲ. ①建筑学－中国－文集
Ⅳ. ①TU-0

中国版本图书馆CIP数据核字(2015)第022511号

责任编辑：徐明怡　徐　纺
整体设计：李　敏
美术编辑：孙苾云　朱怡勰
责任校对：焦　乐　张　颖

当代中国城市与建筑系列读本
李翔宁主编

当代中国建筑读本

李翔宁　主编
*
中国建筑工业出版社出版、发行（北京海淀三里河路9号）
各地新华书店、建筑书店经销
北京中科印刷有限公司印刷
*
开本：787×960毫米　1/16　印张：27¾　字数：516千字
2017年4月第一版　2017年4月第一次印刷
定价：88.00元
ISBN 978-7-112-17733-2
(26982)